製品紹介、MV、インタビュー、Vlog etc. はじめてでもきちんと作れる!

Premiere Pro
構成から効果まで
魔法のレシピ

宇野謙治
佐原まい
【著】

ナツメ社

◆注意

・本書はパソコン（Mac）を使用して解説をしています。
・本書はAdobe Premiere Proを主に使用しています。Premiere Proの設定、バージョン、使用しているテーマ、パソコンのOSや設定によって、画面表示や再現性が異なる場合があります。
・本書に記載されている内容は、情報の提供のみを目的としており、著者独自の調査結果や見解が含まれています。
・本書の運用は、お客様自身の責任と判断により行ってください。運用の結果や影響に関しては、ナツメ社及び著者は責任を負いかねますのでご了承ください。
・その他に記載されている商品名、システム名などは、各社の各国における商標または登録商標です。
・本書では、™、®、©の表示を省略しています。
・本書では、登録商標などに一般に使われている通称を用いている場合があります。

◆素材データのダウンロードについて

本書で使用している素材データは、弊社ホームページよりダウンロードできます。
https://www.natsume.co.jp/
上記の弊社ホームページ内の本書のページより、ダウンロードしてください。

はじめに

このたびは、『構成から効果まで Premiere Pro 魔法のレシピ』をお手にとっていただき、まことにありがとうございます。本書は、Adobe Premiere Proを使用した実用的な操作解説書です。

Premiere Proは、アドビシステムズが開発した世界的にも高いシェアを誇る動画編集ソフトです。カット編集やさまざまなエフェクト、カラー調整やテロップ、合成など、動画編集に必要な機能が一通り備わっています。

Premiere Proの操作方法は多岐にわたり、操作や数値の組み合わせ次第でさまざまな編集を行うことができます。また、動画素材のほかに効果音やBGMなどを組み合わせ、うまく構成していくことで、さらに魅力的な映像表現が可能となります。

本書では、初めてPremiere Proに触れる方が「動画編集者」として１人前になれることを目指して書かれています。まず、そもそも「動画とは何なのか？」という基本事項から確認したうえで、Premiere Proのダウンロード方法から画面の見方、機能について解説を行っていきます。その後は、順を追って一通りの操作方法を解説していきます。手順は細かくていねいに解説しているので、順を追って読み進めていけば、プロならではのデザインや表現テクニックを習得できるでしょう。操作方法やエフェクトの使い方はもちろん、同じアドビシステムズが開発したAfter Effectsとの連携方法や「音」についての考え方も解説しています。加えて、本書を執筆した2人の著者が実際に動画編集（MVやインタビュー、Vlogなど）を行う際にどのような手順で行っているかも解説しているので、ぜひ参考にしてみてください。

本書の内容をすぐに実践できるように、素材データ（一部を除く）を用意しています。本書を読みながら実際に手を動かして操作することで、ご自身の制作のヒントや新たな発想が生まれるきっかけにもなるかもしれません。

本書が皆様の制作の助けになりますことを心から願っております。

編者

本書の使い方 How to use

Recipe番号とタイトル
各Recipeの番号と、その内容がタイトルとして表記されています。

DLデータ
Recipe内で使用したデータをダウンロードできるようになっています。

Recipeの内容・要点
Recipeの概要や要点がまとめられています。

MEMO
操作手順の補足や動画編集の豆知識などが解説されています。

手順解説
番号順に、そのRecipeを完成させるための操作手順が解説されています。

Download Recipe48 佐原

Recipe 48 動きに残像を付ける

残像を用いて印象的に仕上げることができます。長い尺の動画素材を早送りをするだけでは機械的な印象ですが、残像を付けることで「早送り」も印象的な演出の一部として成り立たせることができます。

MEMO
動画素材を撮影する場合は、カメラを固定にするのがオススメです。カメラに動きがある動画素材に残像をつけると、画面全体に残像がかかり仕上がりが悪くなってしまいます。カメラは固定で撮影し、被写体だけが動いた方がより効果的な残像を演出できます。

1 動画素材を配置し、速度を変更する
タイムラインの「V1」に[Afterimage.mp4]を配置し、クリップ[Afterimage.mp4]を右クリックし[速度・デュレーション]をクリックします。「速度」の値を「1000%」と入力します。

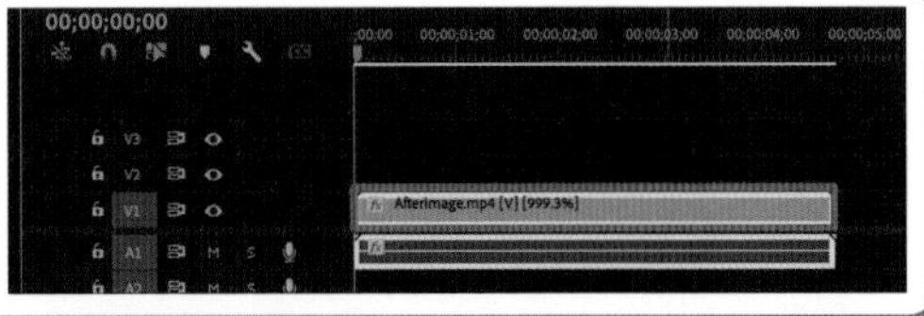

2 残像用のクリップを複製する
「V1」のクリップを、option キー(Windowsは Alt キー)を押しながら「V2」にドラッグし複製します。その際、真上に複製せず、やや右へずらして配置します。
右へずらして配置するほど残像が大きくなります。
この「V2」に複製したクリップ「Afterimage」が残像用の動画素材になります。
それぞれのクリップで、重なり合わない部分は削除して整えてください。

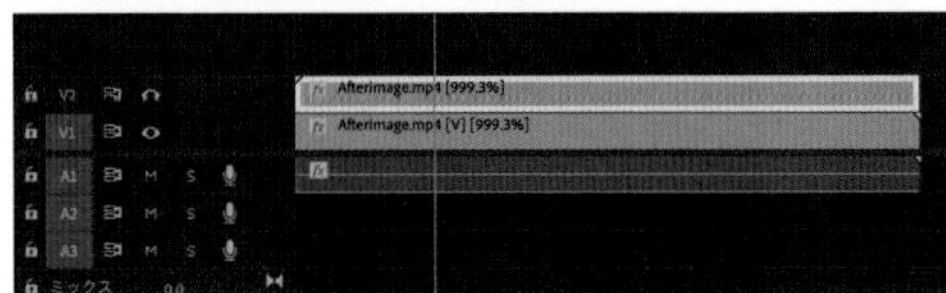

124

✤ Column

章末にはPremiere Proや動画編集に関するこぼれ話が掲載されています。

Column エフェクトの基本を覚えるメリット

動画編集に興味を持ったあとで、テレビ番組やCM、YouTubeなどを視聴すると、多くの映像演出が使われていることに気付くはずです。イラストに動きを加えたり、テキストをキラリと光らせたりと、その演出方法はさまざまなものがあります。素材単体では目立ちにくい要素も、動画編集によって演出を加えることで、視聴者の記憶に残りやすい印象的なシーンに仕上げています。

そのような演出は、Premiere Proに備わっているエフェクトをマスターすれば再現できるものもたくさんあります。しかし、単にエフェクトを適用するだけで、すぐに効果的な演出を実現できるわけではありません。というのも、先述したような効果的な演出は、Premiere Proに収録されている多種多様なエフェクトを「組み合わせる」ことで、初めて1つの演出として成り立っているからです。

そのため、いきなり高度な演出を再現することを目指すのではなく、エフェクトの基礎を一つ一つを覚えることが重要です。このエフェクトの基礎を覚える工程を経て、何気なくテレビで見かけた演出技法も、自分なりにどのエフェクトを組み合わせれば実現できるか分解できるようになります。

Chapter3までは基礎的なエフェクトの解説を行いましたが、Chapter4からはそのエフェクトを組み合わせたり、他のPremiere Proの機能を掛け合わせながら演出を行っていきます。どんなエフェクトを組み合わせて、演出を実現しているかも確認しながら実践してみてください。

100

✤ 執筆者

Recipeの執筆者を表記しています。

3 残像用のクリップを半透明に加工する

「V2」にあるクリップを選択した状態で、「エフェクトコントロール」パネルから「不透明度」の「描画モード」で［ソフトライト］をクリックします。

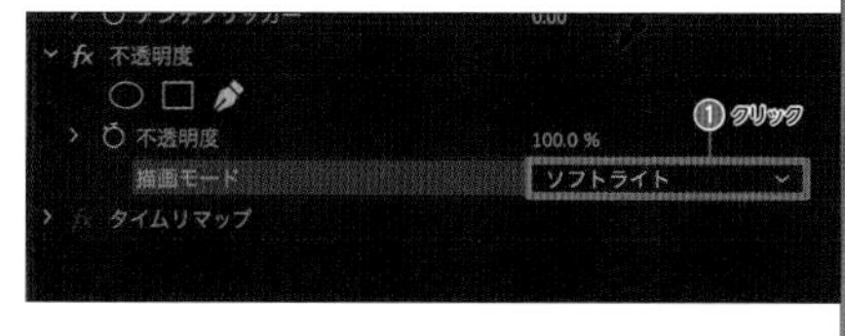

4 残像感を馴染ませる

「V2」にあるクリップに「ブラー（ガウス）」を適用します。「エフェクトコントロール」パネルで「ブラー」の値に「10」と入力します。

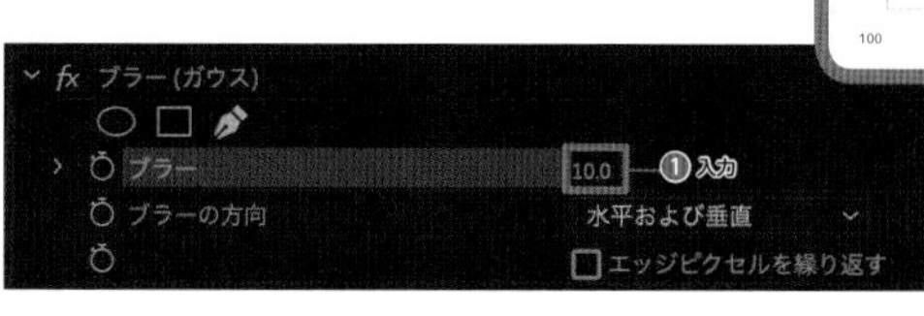

5 ネスト化する

「V1」「V2」のクリップを両方選択し、「右クリック」→［ネスト］をクリックし、［OK］をクリックします。すると、1つのクリップにまとめられます。

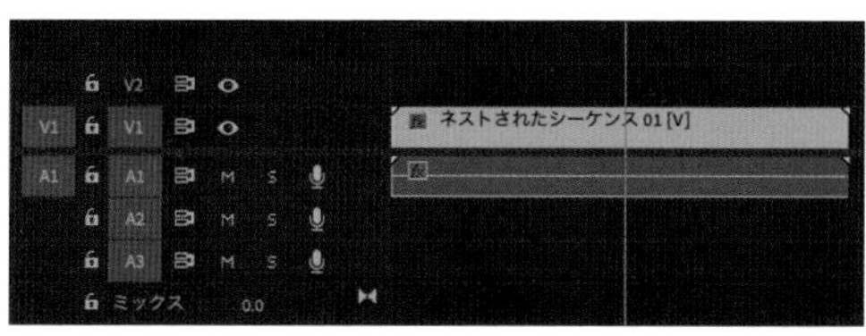

6 画面の大きさをアニメーションさせる

ネスト化したクリップを選択した状態のまま、「再生ヘッド」を「00:00:00:00」に合わせ、「エフェクトコントロール」パネルから「スケール」に「120%」と入力し、のアイコンをクリックします。

「再生ヘッド」をクリップの最後に合わせ、「スケール」を「100%」とします。

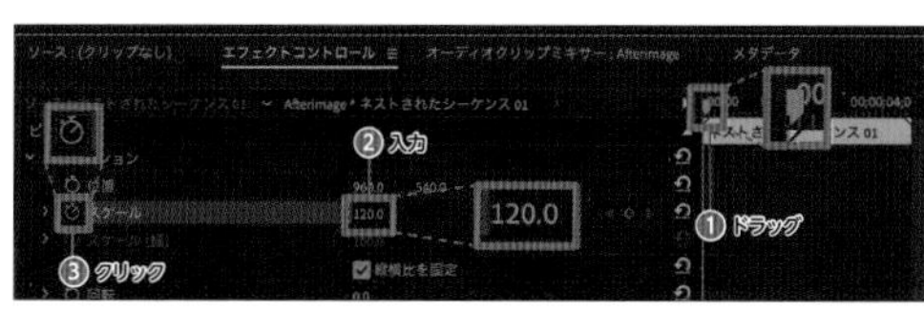

動画素材がカメラ固定で単調になってしまっていたものが、スケールのアニメーションで擬似的にカメラワークをつけることができました。

✤ インデックス

そのページのChapter名が表記されています。

Chapter 4 エフェクトを組み合わせるレシピ

and more...

軌道を描く演出に応用する

今回のレシピでは、クリップを1つ複製することで「残像」を作成しましたが、この作業を繰り返していくと、残像がたくさん現れるようになります。

例えば、ボールの軌道を描く演出であれば、クリップを何度も複製し、停止したいボールの位置で「フレーム保持」をし、最後にクリップごとのボールだけが表示されるようにマスクをかけていくと、右の写真のような仕上がりになります。

125

✤ and more...

応用や発展としての追加情報が解説されています。

目次 Contents

Prologue » 動画ことはじめ

Chapter 1 » Premiere Proを知る

Chapter 2 » 基本の編集レシピ

Chapter 3 » 基本のエフェクトレシピ

Chapter 4 » エフェクトを組み合わせるレシピ

Chapter 5 » 映像と音を洗練させるレシピ

Chapter 6 » After Effectsとの連携レシピ

Chapter 7 » 知っておくと便利なレシピ

Chapter 8 » プロのお手本レシピ

Prologue

動画ことはじめ

動画編集を理解するには、まず動画を理解する必要があります。動画の定義や重要性はもちろん、今後頻出する基礎的な用語の解説やワークフローまで、しっかりと理解して編集に臨みましょう。

「動画」について知る

動画編集を学習する前に「動画が効果的な3つの理由」「動画編集をはじめるメリット」「そもそも動画とは何なのか」といった基礎を理解しましょう。

なぜ動画を使うのか

企業や個人を問わず、一昔前は文章や画像による情報発信が主流でした。しかし近年は、YouTubeや各種SNSに動画を投稿することで、より視覚的に印象付ける情報発信が可能になってきています。それではなぜ、動画がより効果的であると考えられているのでしょうか。そのことをあらかじめ理解するため、以下に、動画におけるメリットを3つ列挙します。これらをしっかりと把握しておくことは、動画編集者として「視聴者に伝わる動画」を作るうえでも有効です。

①正確に伝えられる

動画は、文章や静止画では伝えにくい複雑な情報も正確に伝えられます。たとえば、料理の作り方やパソコンの操作方法、楽器の演奏方法などを目の前で実演しているように見せられるのです。また、動画は映像だけでなく音も使うことができるため、英会話やボイストレーニングなどにおいても強みを発揮します。

②感情を伝えられる

わかりやすく感情を乗せることができるのも、動画のメリットです。文章で複雑な感情を表現するには文才が必要ですが、動画を使えば声や表情、仕草によって自然に感情を伝えることができます。そのため、自分が伝えたいメッセージをよりストレートに発信できるのです。

起 承
転 結

③意図通りの順番で伝えられる

文章は、しばしば流し読みや読み飛ばしをされてしまいます。その点、動画は基本的に、一度再生したら自動的に進むため、飛ばされるリスクが大きく下がります。このことによって、作り手の意図した順番でメッセージを受け取ってもらうことができます。

今こそ動画編集をはじめる理由

YouTubeの公式ブログには、毎分60時間分の動画がアップロードされ、1日の動画視聴回数は40億回と記されています。数年前までは、YouTubeは見るだけという人が多かったのですが、近年は多くの企業や個人がYouTubeで独自のチャンネルを持ち、さまざまな動画をアップロードしています。このことは、統計にも現れています。

❖ 動画広告市場推計・予測 <デバイス別> （2018年－2023年）

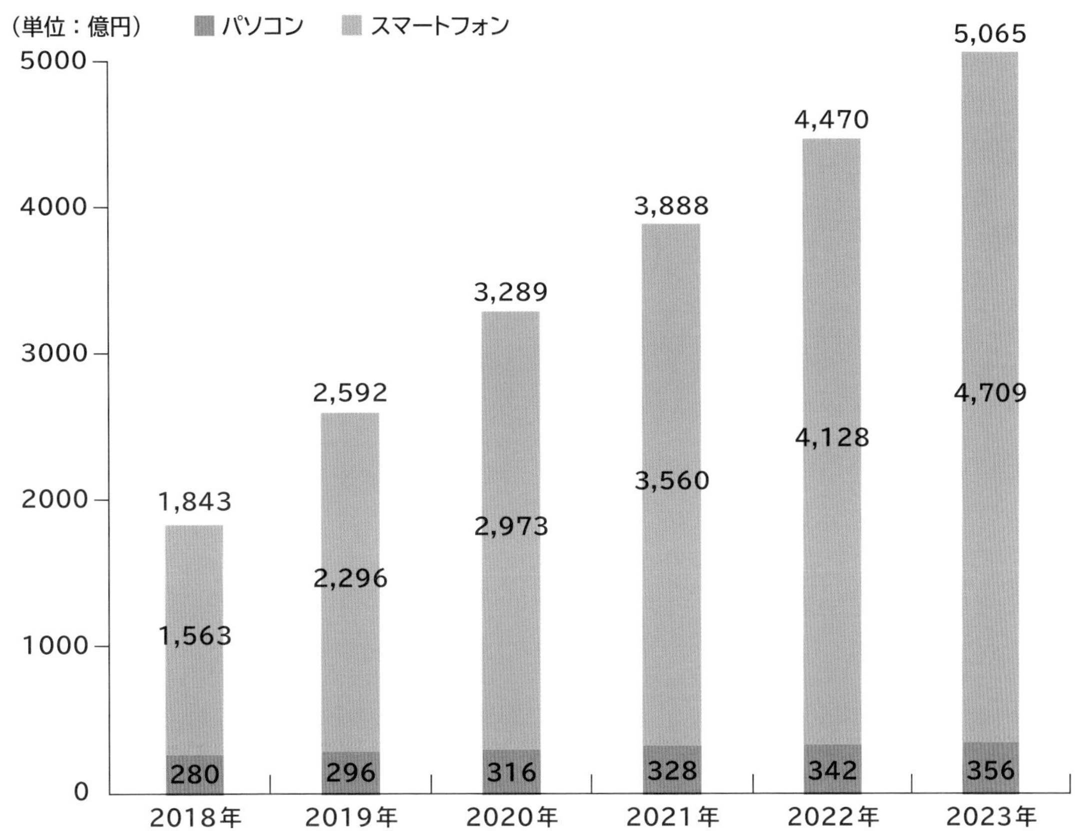

出典：https://www.cyberagent.co.jp/news/detail/id=24125

上記の通り、国内の動画広告市場は右肩上がりで伸びており、とくにスマートフォンにおける市場が大きく伸びています。2021年の国内スマートフォン加入者予想数は約8000万人といわれており、今後もこの傾向は続いていくでしょう。インターネットもどんどん身近になり、空いた時間に動画を視聴する人も増えています。さらに5Gサービスの提供が開始され、通信が高速化することで、4Kなどの大容量・高精細な動画もスムーズに視聴することができるようになります。このまま動画市場が拡大していけば動画編集の需要も拡大するため、このタイミングで動画編集を学び副業や本業にするチャンスだといえます。

❖ パソコン1台でどこでも働くことができる

動画編集の仕事では、クライアントから動画素材を受け取って編集し、最後に納品するという流れが一般的です。動画素材の受け渡しはネット上で行えるので、実際に会わずに完結させることができます。そのため、Premiere Proをインストールしたパソコン1台あれば、自宅でもカフェでも出張先のホテルでも、場所を選ばずに仕事をすることができます。また動画編集というと、高度なスキルだと思われていることも多いのですが、下は小学生から上は80歳を超えた年配者までが、動画を編集してYouTubeに投稿しています。実際にはほかのさまざまなスキルと比較しても身に付けやすいスキルなのです。この本1冊だけでも、趣味や仕事を問わず、スキルがしっかりと身に付くはずです。

動画の基礎知識

ここでは、動画編集をはじめる前に最低限理解しておく必要がある用語をざっくりと解説します。取り上げるのは、「フレーム（フレームレート）」「アスペクト比」「解像度」「タイムコード」の4つです。この4つの基礎を理解できているかどうかによって、完成した動画の品質にも影響が出ます。まずはしっかりと基礎知識を身に付けていきましょう。

❖ フレーム（フレームレート）

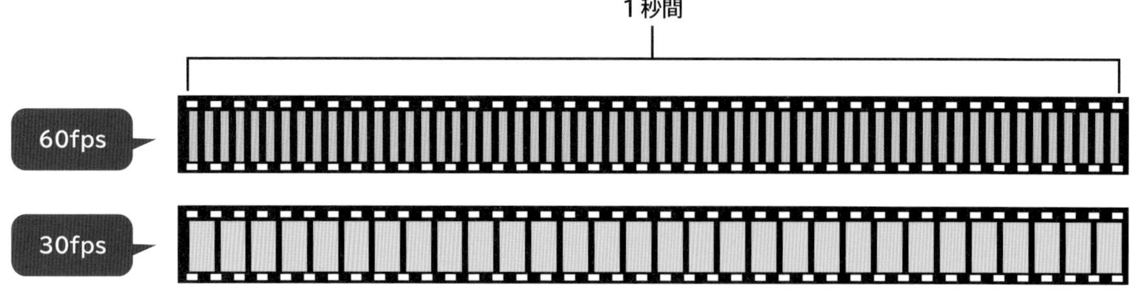

動画は、「パラパラ漫画」と同じ原理で、静止画像を高速かつ次々に表示することで動きを表現しています。この静止画像のことを「フレーム」と呼び、1秒間に何枚のフレームを使って動きを表現しているのかを「フレームレート」と呼びます。フレームレートの単位は「frames per second」の頭文字を取って「fps」と表記します。たとえば、1秒間に24枚のフレームで動きを表現する場合は「24fps」、1秒間に30枚のフレームで動きを表現する場合は「30fps」、1秒間に60枚のフレームで動きを表現する場合は「60fps」と表記します。

❖ アスペクト比

3：2

16：9

4：3

1：1

動画の横と縦の比率のことを「アスペクト比」といいます。YouTubeをはじめ、現在主流なのは、横長のワイド画面16:9のアスペクト比です。最近のカメラやスマートフォンのカメラも、多くは16:9のアスペクト比に対応しています。このことを知らないと、スマートフォンで縦撮りした動画をYouTubeにアップした際、左右が黒く表示されてしまい見栄えが悪いといったケースが生じることがあります。視聴者が必ずスマートフォンで観るのであればこれでいいのですが、そうではない場合は、上述の16:9のアスペクト比で動画を作ることをお勧めします。ちなみに、Instagramで最適なアスペクト比は1:1の正方形、1.91:1の横長、4:5の縦長で、上記の16:9の動画をリサイズして投稿することになります。

❖ 解像度

4K（3840×2160）
FHD（1920×1080）
HD（1280×720）
SD（720×480）

解像度とは、動画の密度のことです。1インチにどれだけドットが含まれているかを表しています。解像度が高いということはドットの数が多いという意味で、それだけ細かな部分まで表現されたなめらかな画像だということになります。「SD」と呼ばれる一昔前のアナログテレビの解像度は、720×480です。「HD」と呼ばれるハイビジョン映像の解像度は、1280×720です。「FHD」と呼ばれるフルハイビジョンの解像度は1920×1080です。「4K」と呼ばれるウルトラハイビジョンの解像度は3840×2160です。もちろん、解像度の高い映像は臨場感があってよいのですが、非常に容量が重いので、とくに長時間の動画となると扱いにくい傾向があります。また、せっかく4K動画をYouTubeなどに投稿しても、視聴者のディスプレイが「FHD」までしか表示できないモデルであれば意味がありません。技術革新によって4Kディスプレイも安価になってはきましたが、まだまだFHDのディスプレイが多数派を占めているのが現状です。

❖ タイムコード

動画編集では、時間を利用して特定のフレームを指定する「タイムコード」というものを利用します。たとえば「00：07：58：23」と表記されている場合は、先頭から「7分58秒23フレーム目」という意味になります。24fpsの最後のフレームは24ですので、「00：07：58：23」の次のフレームは「00：07：59：00」というように、1秒繰り上がることになります。

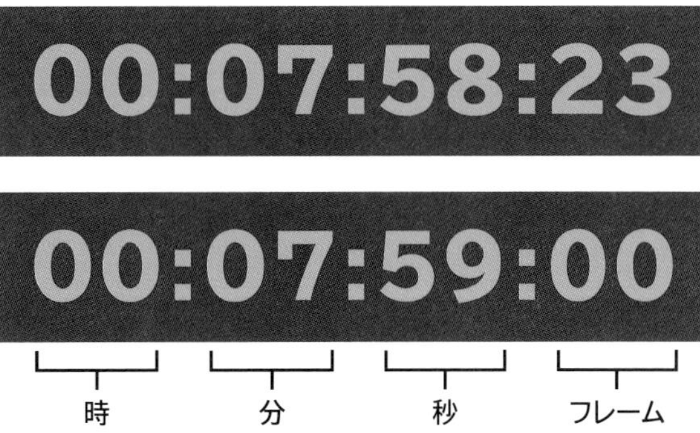

Recipe

02 スキル習得のステップ

本書では、Premiere Proの様々な機能を「レシピ」として解説しており、基礎から応用まで段階的にスキルの習得ができるようになっています。ここでは、そのステップの全体像を確認してみましょう。

ステップを踏んで、スキルを身に付けよう

Premiere Proは、ホームビデオやYouTube向け動画など比較的小規模な動画編集から、テレビ番組や映画のような大規模な動画編集でも使用されているアプリケーションです。これらの動画を作り出すため、Premiere Proには多くの機能が備わっていますが、それだけに操作方法で混乱してしまうかもしれません。そこで本書では、段階的にスキルを身に付けられるよう、各ステップに応じてPremiere Proの機能を厳選した構成になっています。各ステップを着実にこなしながら、Premiere Proの使い方をマスターしましょう。

ステップ1：簡単な動画を一通り作る

✣ Chapter1 Premiere Proを知る

✣ Chapter2 基本の編集レシピ

Premiere Proの用語や考え方に触れつつ、カット編集やテロップを入れる方法を解説します。ここで習得したスキルだけでも簡単な動画編集を行うことができるようになります。

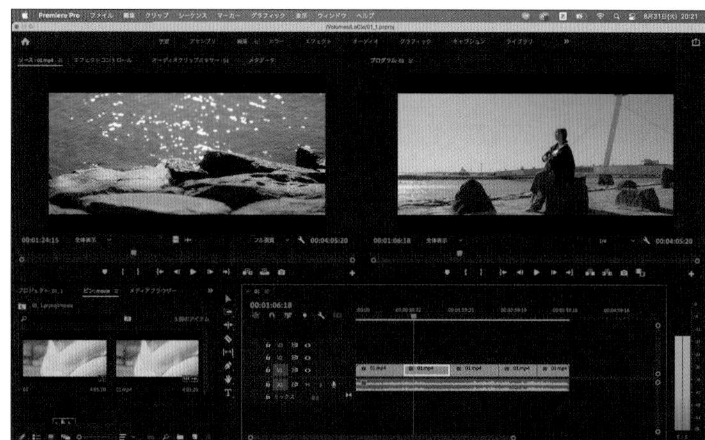

ステップ2：動画に演出を加える

✣ Chapter3 基本のエフェクトレシピ

Premiere Proに備わっている「エフェクト」を適用して、動画に視覚的な演出を加えていきます。ここで解説する一手間を加えるだけで、より印象的な動画に仕上げることができるようになります。

ステップ3：演出の組み合わせ方を覚える

❖ Chapter4
エフェクトを組み合わせるレシピ

複数のエフェクトを組み合わせることで、より印象的な演出を作ることができます。どの組み合わせが、どんな効果を生み出すかにも注目してみましょう。

ステップ4：色調や音の品質を高める

❖ Chapter5
映像と音を洗練させるレシピ

動画の色味や音質を洗練させて、動画全体の品質をさらに高める方法を解説します。ステップ2、3のような派手な演出ではありませんが、動画の雰囲気作りや音声の聞きやすさなどに関わる重要なステップです。

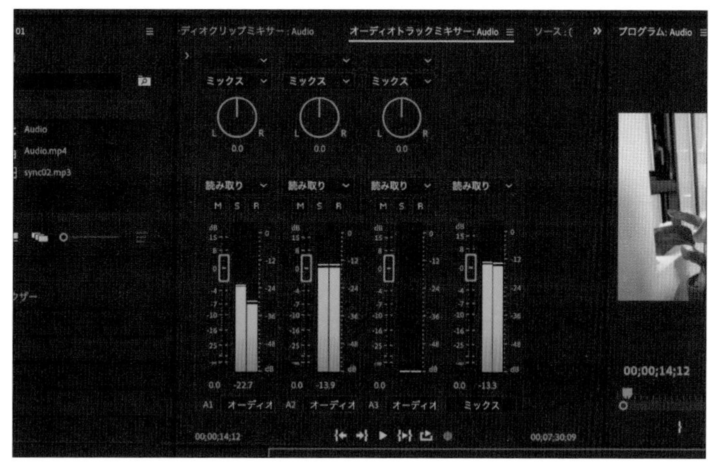

ステップ5：さらなる高みへ

❖ Chapter6
After Effectsとの連携レシピ

❖ Chapter7
知っておくと便利なレシピ

❖ Chapter8
プロのお手本レシピ

アニメーションの作り方や実践的な制作過程を踏まえながら、より高度なスキル習得を目指します。効率的な操作手順や、筆者の実践手順から学べるテクニックの解説も行っています。

Recipe 03 動画素材を準備する

動画編集には、準備が必要です。ここではスマートフォンで高品質な動画を撮影するポイントと、撮影した動画をパソコン（Mac）に保存する方法を解説します。

動画を撮影する

初心者の方が最初に動画素材を用意する場合、スマートフォンのカメラで撮影したもので十分です。プロの世界でもスマートフォンのカメラは活用されており、近年では一部、もしくは全編スマートフォンで撮影された映画もあるほどです。かつ、以下に紹介するポイントを押さえれば、高品質な動画素材を準備することができます。ここでは、そのようにして準備した動画素材をパソコンに保存する手順も含めて、解説していきます。

画質とフレームレートの設定

720p HD/30 fps
1080p HD/30 fps ✓
1080p HD/60 fps
4K/24 fps
4K/30 fps
4K/60 fps

まずは、画質とフレームレートを確認しておきましょう。iPhoneの場合、［設定］→［カメラ］→［ビデオ撮影］の順にタップします。基本的には「1080p HD/30 fps」か「1080p HD/60 fps」で撮影します。

グリッド表示設定

グリッドとは格子状の補助線のことです。iPhoneの場合、［設定］→［カメラ］の順にタップして、［グリッド］という項目をタップしてONにすると、カメラで撮影する際に目印となる線＝グリッドが表示されます。この線を目安に傾きや構図のバランスを確認することができます。

横位置で撮影する

テレビやパソコンのモニターは横長のワイド画面（16:9）なので、基本的にこのサイズの動画を編集します。スマートフォンを縦位置にして撮影すると左右に真っ黒なスペースができてしまいますので、横位置で撮影するようにします。

ピントと明るさを固定する

iPhoneであれば、動画撮影モードでピントと合わせたい部分を長押しします。すると画面に「AE/AFロック」と表示されます。右側に太陽のアイコンが表示されるので上下に動かし明るさを調整します。これでピントと明るさが固定されます。

撮影した動画をパソコンに保存する

動画編集は、データ管理を適切に行うことで作業効率が格段にアップします。ここでは、スマートフォン（iPhone）で撮影した動画をパソコンに保存する一般的な手順を紹介します。なお、AirDropを利用するにはWi-FiとBluetoothが必要です。あらかじめ、iPhoneの［設定］から、Wi-FiとBluetoothをONにしておきましょう。

1 AirDropの設定を確認する

Finderのメニューバーで［移動］→［AirDrop］の順にクリックします。「このMacを検出可能な相手：全員」と表示されていることを確認します。

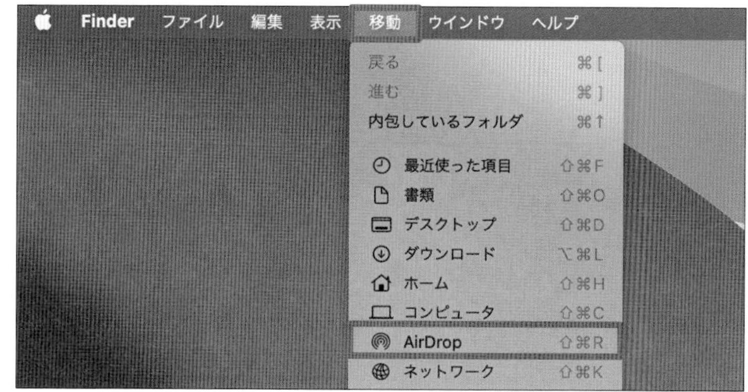

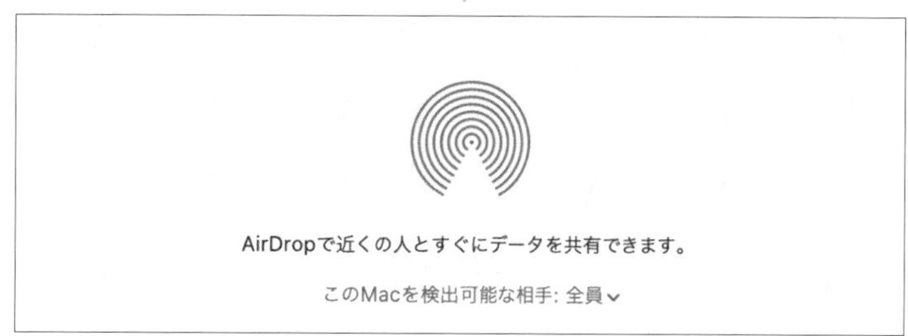

2 保存用フォルダを作る

素材を管理するフォルダを作成します。素材を保存したい場所で右クリックし、［新規フォルダ］をクリックします。わかりやすいフォルダ名を付けておきましょう。

3 AirDropで保存する

iPhoneの写真のアイコンをタップしてパソコンに移動させたい動画を選択し、共有アイコンをタップしてからAirDropをタップします。表示されるパソコンをタップします。移動した素材をすべて選択して先ほど作成したフォルダに移動します。

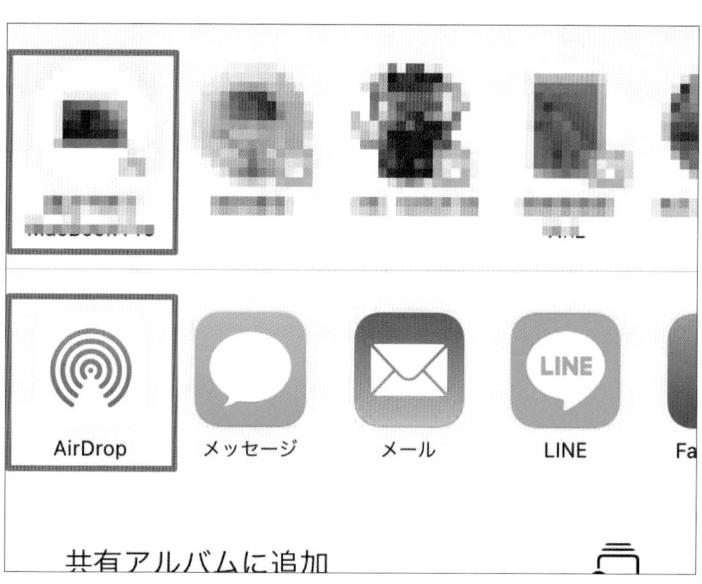

MEMO

Windowsの場合

Windowsのパソコンの場合は手順**3**の画面で［iCloudリンクをコピー］をタップし、発行されたリンクをパソコンに送ることでダウンロード・保存できます。

Recipe 04 動画編集のための機材

動画編集に必要なパソコンのスペックや、あると便利な機材を紹介します。紹介するものはあくまで目安です。ご自身の予算や目的に合わせて購入してください。

パソコンのスペックの目安

動画は、画像やテキストに比べて重いデータであるため、編集作業には一定のスペックを備えたパソコンが必要です。とはいえ、動画編集ができる明確なスペックの基準があるわけではありません。はっきりしているのは、高いスペックであればあるほど作業が快適になるということです。反対に、処理にかかる時間を待つことができれば、低いスペックのパソコンでも動画編集をすること自体は可能です。以下に、著者がお勧めするパソコンのスペックの目安を記します。なお、Adobeの公式ページ(https://helpx.adobe.com/jp/premiere-pro/system-requirements.html)でも、必要なスペックがまとめられているので参照してみましょう。

- **CPU→Mac OS：M1チップ、Windows OS：Intel Core i5以上**

  パソコンの頭脳に当たる部分で、編集作業の快適さに大きく影響します。フルHDの編集であればCore i5、4K画質など大きな映像データを編集する際には、Core i7以上がお勧めです。

- **メモリ(RAM)→8GB以上**

  動画編集に必要な計算処理の結果を一時的に保管する場所です。メモリ量が多いほど、CPUの性能を最大限に発揮できます。

- **GPU(VRAM)→4GB以上**

  映像を描画することに特化したパーツです。近年のCPUは内蔵グラフィックが優れているものも多く登場していますが、別途、GPUも搭載しているパソコンを選ぶと、より快適に作業ができます。

and more...

迷ったら「M1 MacBook Air」

Macといえば「動画クリエイターがよく使っていて、オシャレだけど価格の高いパソコン」という印象をお持ちの方も多いかもしれません。しかし、2020年に発売された「M1 MacBook Air」は、比較的手ごろな価格でパワフルな処理性能を発揮してくれるモデルです。ある程度予算に自由が利き、かつ細かい設定を考えることが面倒だという場合には、最適の選択肢といってよいと思います。筆者も「M1 MacBook Air」を愛用しています。

カメラ

近年のスマートフォンは画質がとても向上しており、それだけでも十分きれいに撮影することが可能です。安価なデジタルカメラを購入するよりは、スマートフォンで撮る方がよい場合すらあります。ただし背景をぼかしたり、暗所でもきれいに撮影したりするなど、さらなるクオリティを求める場合には、右のような一眼レフの導入もお勧めです。

▲FUJIFILM X-T4

▲iPhone 13

Prologue 動画ことはじめ

外部マイク

補助機材の筆頭に挙げられるのが、マイクです。動画においては、目に見える情報だけでなく、耳に聞こえる音がどれくらいクリアであるかということも品質に大きく関わるためです。一眼レフやスマートフォンの内蔵マイクでも、ある程度の音質で収録することはできます。しかし、外部マイクがあると、さらに動画全体のクオリティを上げることができます。

- **おすすめのマイク**

  RODE Wireless GO
  RODE VideoMicro
  SHURE MV88+ ビデオキット(iPhone向け)

外部ストレージ

動画のデータは、ストレージ容量を圧迫しやすいため、パソコン本体(ローカル)に動画を保存しすぎると、新しく動画を保存できなくなったり、パソコンの処理速度が低下したりします。そのため古い動画データは、できるだけ外部ストレージに移動させることで、パソコン本体のストレージに余裕を持たせましょう。外部ストレージには、HDDとSSDがあります。大容量の保存でも安価なものがHDD、データの移動が早く済み、コンパクトなものがSSDです。予算に合わせて検討してください。

▲SanDisk ポータブルSSD

佐原

動画編集のワークフロー

ここでは、動画編集全体のワークフローを確認してみましょう。各工程の詳しい解説は、Chapter1以降で行っています。

動画編集の手順

1 素材を用意する

動画編集をするには、まずは動画を撮影する必要があります。作品であれば絵コンテを作成したり、インタビュー動画であれば台本を作成したあとで、実際の撮影に臨みます。ホームビデオやVlogであれば、とにかくどんどん撮影し、動画素材の数を増やしていく手法も考えられます。

2 新規プロジェクトの作成

素材をパソコンに保存したら、Premiere Proを立ち上げます。はじめに「新規プロジェクト」を作成して、編集作業スタートです。ここで作成される「プロジェクトファイル」とは、編集素材の管理や、作業経過を保存するための大元のとなるファイルを指します。

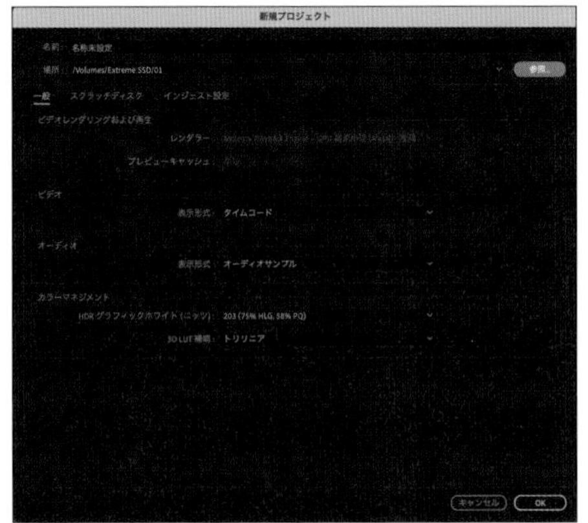

3 素材データの読み込み

編集する素材を読み込みます。動画素材に限らず、音楽やイラストなど、動画全体に関わるものすべてを素材データとして読み込みます。読み込んだ素材とPremiere Proのリンクがつながると、画面内に表示されるようになります。この読み込まれた素材データを「メディア」と呼びます。また、シーケンスに並べられた素材データを「クリップ」と呼びます。

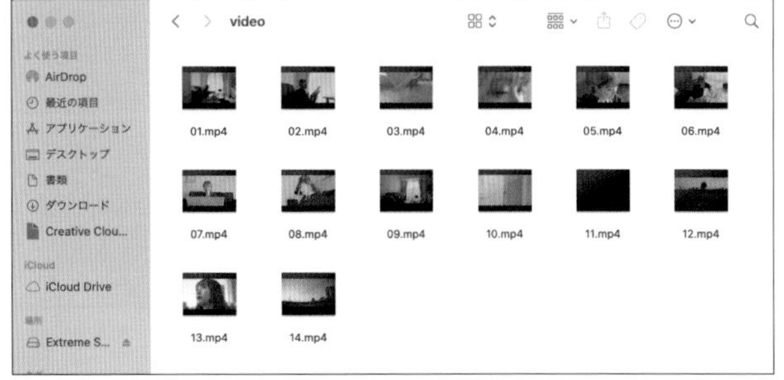

4 カット編集

読み込んだクリップを、「タイムライン」と呼ばれる作業領域に並べていきます。必要に応じて並び替えたり、不要箇所をトリミングしながら、動画としての一連の流れを作成します。この作業を「仮編集」と呼ぶこともあります。

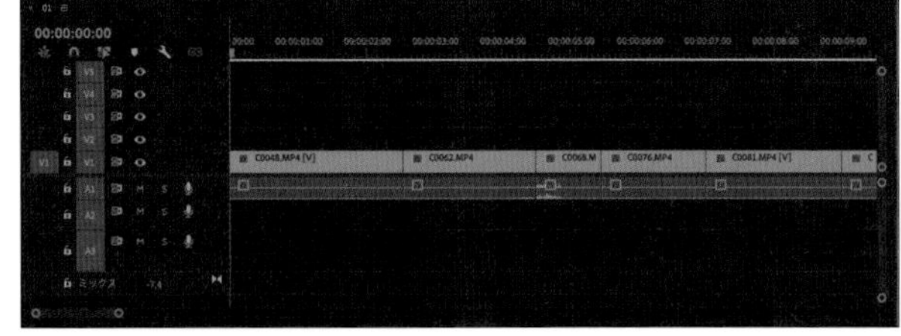

5 エフェクトの追加・カラー調整

続いて、さまざまな演出を追加して魅力的な動画に仕上げていきます。動画素材にエフェクトをかけたり、クリップ同士のつなぎにトランジション(場面転換)をかけたりして、演出を加えます。また、カラー調整をして、好みの世界観を作ることもできます。

6 テロップの挿入

動画だけでは伝えきれない情報や強調したいセリフなどをテロップとして追加します。タイトル表示や字幕、補足情報など、その役割は多岐に渡ります。

7 オーディオを追加

タイムラインに、BGMや効果音の追加、オーディオレベルの調整を行います。また、もとの動画素材に含まれる音声とBGMとで音量のバランスを整えたりします。ミュージックビデオなど先にBGMが決まっている場合は、BGMの追加を先に行い、そのBGMのテンポに合わせてカット編集する場合もあります。

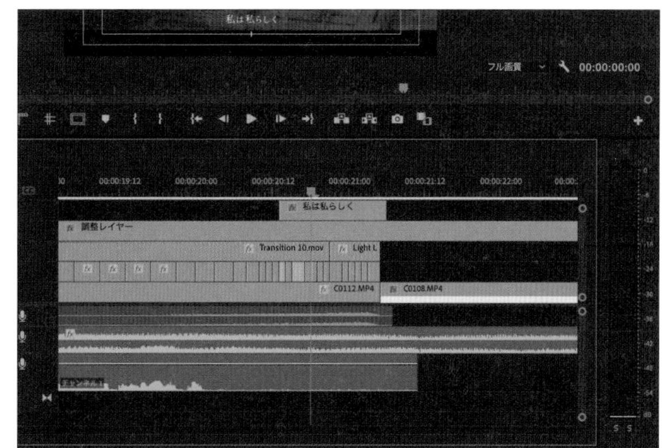

8 完成プロジェクトの出力

編集作業がすべて終わったら、1つの動画ファイルとして書き出します。プロジェクトファイルは、あくまでも編集経過を保存しているファイルであるため、その経過をPremiere Proで一時的にプレビューしていることになります。しかし、この作業を行うことで、Premiere Proを持っていない人でも視聴することができたり、YouTubeにアップロードすることができるようになります。

Columm /// いい動画素材とそうでない動画素材

動画素材には、編集しやすい動画と編集では対応することができない動画が存在します。ここではスマートフォン撮影を前提に、いい動画素材を撮影するポイントを紹介します。

・水平を意識して撮影する

基本的に動画は水平を意識して撮影します。スマートフォンで動画を撮影するときは、必ずグリッド(P.18参照)を表示させて、横の線を目安に水平を維持するようにしましょう。

・白飛びや黒潰れを防ぐ

カメラはセンサーに光を取り込み撮影します。日中に撮影すると日差しが強く、白飛びすることがあります。反対に夜間での撮影では黒潰れすることがあります。スマートフォンで日中に撮影する場合は、明るさを調整し、暗い場合は照明を活用しましょう。

・ピントを合わせる

被写体にしっかりピントが合っていないと、焦点のぼやけた映像になってしまいます。その場合、編集で修正することも難しいので、最大限注意したいポイントです。撮影の際は、必ずピントを合わせたい場所を長押ししてから撮影するようにしましょう。

・手ブレに注意する

手持ちのカメラで歩いたり走ったりしながら動画を撮影すると手ブレが入ってしまい、画面酔いの原因になります。足を開き脇を締め、両手でしっかりスマートフォンを持って、手ブレしないよう意識して撮影しましょう。または、スマートフォン用の三脚やジンバルを活用することをおすすめします。

・基本的な構図を知っておく

構図とは「被写体をどの位置から、どの角度で、どの大きさで撮るのか」を指します。もっとも一般的な構図は「三分割法」という構図です。モニターにグリッドを表示させ、線が交わる4点と線を目安に被写体を配置します。

・光の当て方を意識する

太陽や照明をどのように被写体に当てるのかによって、素材の雰囲気はガラッと変わります。基本的には、カメラ側から被写体を当てる「順光」や、斜めから被写体に当てる「斜光」で撮影します。また、被写体の後ろに太陽や強い光があると「逆光」となりますが、表現としてはきれいに映る場合もあります。

以上を意識して撮影してはみたものの、どうしても納得がいかないという場合には、プロの動画素材をダウンロードするという手もあります。動画素材には、有料のものもあれば無料のものもあります。ただし、無料だからといって自由に使えるとは限りません。動画には著作権や肖像権などがあり、クレジット表記を義務化している素材などがありますので、必ず利用規約を読んでから使うようにしましょう。とくに、海外のサイトなどは英語表記であるため、上述の注意点がわかりにくいことがあります。

Chapter

1

Premiere Proを知る

動画についての基本的な知識を把握したところで、いよいよPremiere Proを触ってみましょう。インストールの方法や画面の見方などを解説していきます。

Premiere Proをインストールする

Premiere Proをインストールするには、まず「Creative Cloud」というクラウドサービスに登録する必要があります。その手順を含めて解説していきます。

Creative Cloudを購入する

「Creative Cloud」とは、Premiere Proをはじめとする「Photoshop」や「Illustrator」など、Adobe社が提供するクリエイティブツールをインストールするためのサービスです。価格はプランごとに異なりますが、サブスクリプション制(定額課金制)を採用しており、安価なプランであれば月額2,728円(2021年12月現在)から利用をはじめることができます。

1 AdobeのWebサイトにアクセスする

https://www.adobe.com/jp/products/premiere.htmlにアクセスして、[購入する]をクリックします。

2 プランを選択する

プランの選択画面が表示されたら、[個人向け]をクリックし、[次へ]をクリックします。

サブスクリプションの選択画面が表示されたら、好きなもの(ここでは「年間プラン　月々払い」)を選択してクリックし、[次へ]をクリックします。

次のページでAdobe Stockの契約についての確認画面が表示されますが、通常は使用しないため[今は結構です]をクリックしてください。

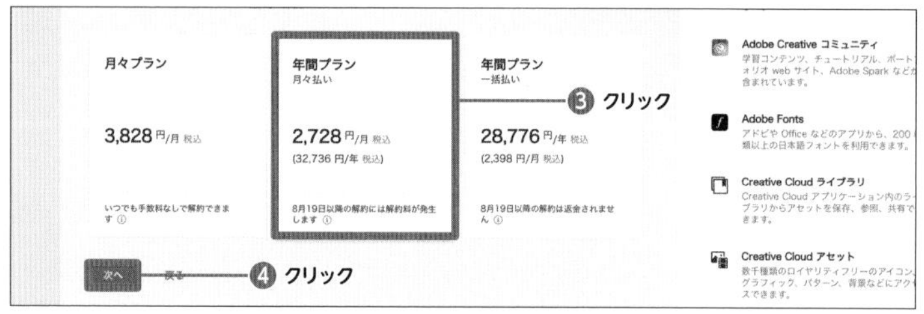

3 メールアドレスや決済情報を登録する

登録画面が表示されたら、メールアドレスを入力し、[続行]をクリックします。

次の画面で決済情報を登録すれば、Creative Cloudの購入が完了します。

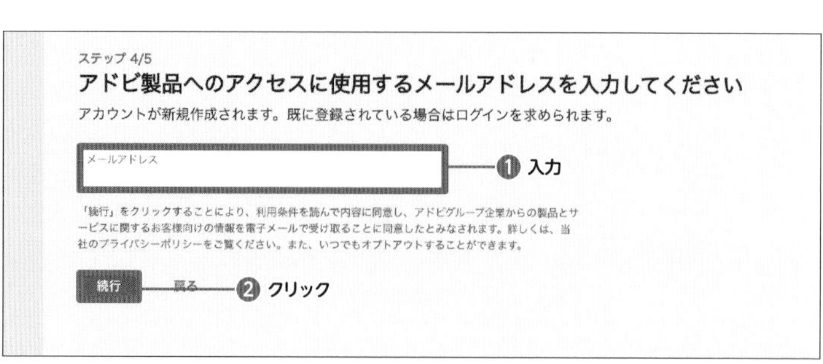

MEMO

Creative Cloudの利用には、Premiere Proの「単体プラン」と、Adobe社のアプリがすべて使えるようになる「コンプリートプラン」があります。Premiere Proのみでの動画編集の場合には「単体プラン」でも十分です。
ただし、Adobe社の提供するアプリは、アプリ間でのシームレスな連携が魅力です。たとえば、書籍内でも紹介するAfter Effectsなどの利用も想定される場合には「コンプリートプラン」がお勧めです。

Premiere Proアプリをインストールする

1 Creative Cloudにログインする

https://creativecloud.adobe.com/ccにアクセスして、メールアドレスとパスワードの登録を行い、[続行] をクリックします。

MEMO

初めてログインするときには、アカウントの登録が必要です。画面の指示に従ってメールアドレスなどを入力し、アカウントを登録してから以下の手順を確認してください。

2 アプリのタブを開く

Creative Cloudのトップ画面が表示されたら、[アプリ] のタブをクリックします。

3 アプリをインストールする

Creative Cloudで利用できるアプリ一覧画面が表示されたら、その中からPremiere Proの[インストール]をクリックすると、インストールが開始されます。

Recipe 07 フォルダ作成とデータ管理

動画編集では、動画だけでなく画像やBGMを「プロジェクトファイル」で管理します。その際、フォルダを管理しておくと作業効率の向上に繋がります。

データ管理の重要性

動画編集データを管理する目的は「時短」と「リスク管理」のためです。たとえば、編集したプロジェクトファイルを誰かと共有したり、あとから再編集したりするケースを考えてみましょう。その際にしっかりデータ管理をしていないと、探すのに時間がかかるだけでなく、最悪の場合はデータの紛失にもつながることがあります。そのようなリスクを避けるため、編集に先立ってフォルダ管理のルールを把握しておきましょう。

プロジェクトファイルとは

プロジェクトファイルとは、編集作業の内容が保存されている根幹となるファイルです。動画制作に使用する「02_Footage(フッテージ)」や「03_Asset(アセット)」のデータと紐付けられています。そのため、プロジェクトごとにフォルダを作り、スムーズにアクセスできるように自分に合った管理方法を探してみてください。

and more...

おすすめのフォルダの構造

ここでは、効率的に作業するためのフォルダ構造の一例を紹介します。まず、先頭のフォルダには、「20210101_プロジェクト名」のように名前を付けます。このようにすることで、どこにデータがあるのかがひと目でわかるようになります。それだけでなく、さまざまな動画編集を行なった後でも、制作時期からさかのぼって探すことができます。

右はその実例です。先頭のフォルダの中には、「01_Project(プロジェクト)」というフォルダがあります。ここには、プロジェクトファイルが保存されています。「02_Footage(フッテージ)」というフォルダには、編集に使用する動画素材が保存されています。「03_Asset(アセット)」というフォルダには、画像素材やBGM、SEなどの素材が、「04_Render(レンダー)」というフォルダには書き出した動画、つまりWebサイトなどにアップできる状態になった動画が保存されています。

2021_0101_プロジェクト名
「年_日時_プロジェクト名」で保存、日付順になるので、どこにデータがあるのかひと目でわかる

01_Project
プロジェクトデータ、オートセーブのデータ

02_Footage
撮影素材

03_Asset
BGM、PSDデータ

04_Render
書き出しデータ

実際の画面では
こんな感じ（Mac）

01_Project
02_Footage
03_Asset
04_Render

1 フォルダを作成する

デスクトップの余白を右クリックして［新規フォルダ］をクリックします。Windowsの場合は［エクスプローラー］をクリックし、任意のフォルダをクリックして、フォルダ内の余白を右クリックし［新規作成］をクリックします。

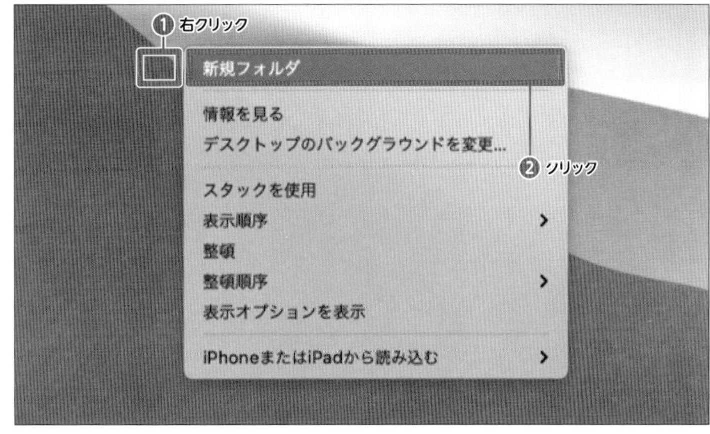

2 フォルダ名を変更する

日付と任意のプロジェクト名を入力します。

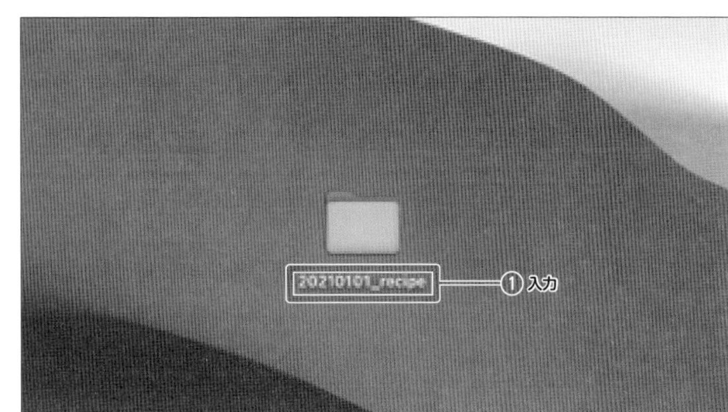

3 フォルダ内にフォルダを作成する

手順**2**で作成したフォルダをダブルクリックし、左ページ下の図を参考に4つのフォルダを作成します。動画編集を始める際に、毎回このフォルダ構造を作成すると時間がかかります。1つテンプレートとしてフォルダ構造が作れたら、新しい動画編集を始めるタイミングで、このフォルダ構造をコピーして使い回すと効率的です。

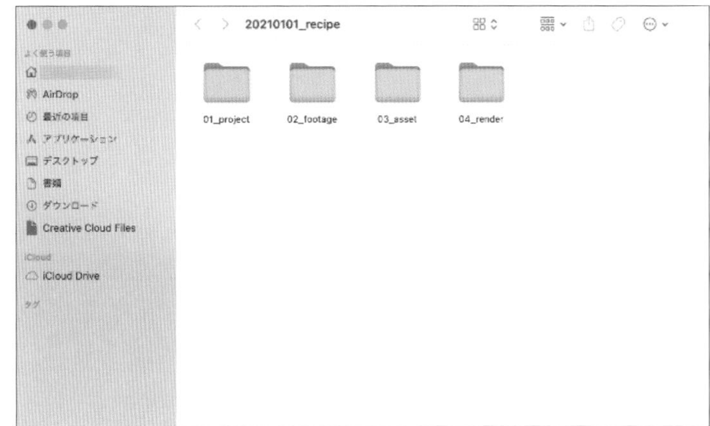

and more...

フォルダ名の注意点

くり返しになりますが、フォルダ名やファイル名を付けるときは「日付」が基本です。同じ日付でも「0916」「20210916」「9月16日」など、さまざま表記が考えられますが、数字キーのみで入力できる「20210916」といった書き方がいいでしょう。また、区切り文字は「-」(半角ハイフン)か「_」(アンダーバー)を使いましょう。スペースで区切ったり、「/」(スラッシュ)や「.」(半角ピリオド)で区切ると、予期せぬエラーの原因となるためです。特にNGなのが「半角のカタカナ」と「全角の英数字・記号」です。これらを使ってしまうと、WindowsとMacなどの環境の違いによってファイルの順序が変わったり、文字化けが起こったりする原因になります。プロジェクトファイルは文字列でリンクを繋いでおり、文字化けが起こると正しくPremiere Proが立ち上がらないことがあるので気を付けましょう。

Recipe 08 新規プロジェクトを作成する

保存方法がわかったところで、実際にプロジェクトファイルを作成してみましょう。ここではあわせて、終了方法も紹介しています。

Premiere Proを起動する

1 Launchpadをクリックする

デスクトップ画面で、Dock内のLaunchpad（Windowsの場合は［スタート］）をクリックします。

2 Premiere Proをクリックする

インストールした［Premiere Pro］のアイコンをクリックします。

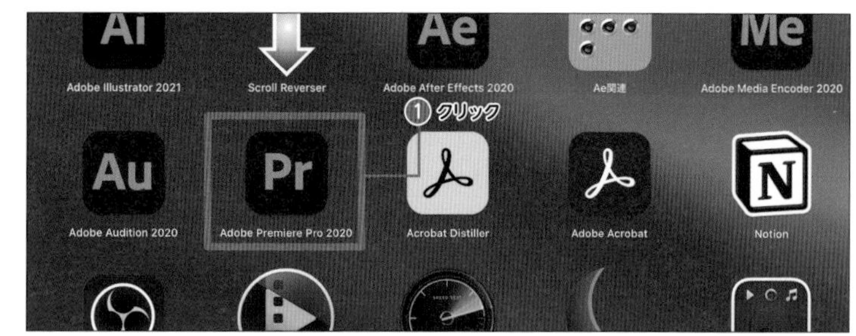

新規プロジェクトを作成する

1 新規プロジェクトを起動する

［新規プロジェクト］をクリックします。

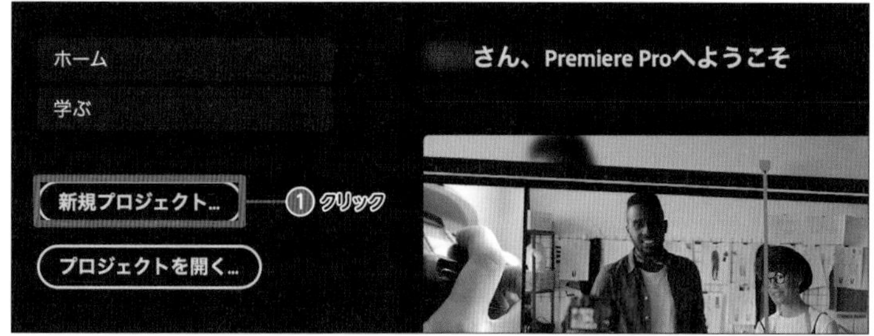

2 プロジェクト名と保存先を設定する

新規プロジェクト作成画面が表示されます。「名前」にプロジェクト名を入力して、［参照］をクリックし、保存したいフォルダを選択します。［OK］をクリックすると、新規プロジェクトが作成され、編集画面が表示されます。

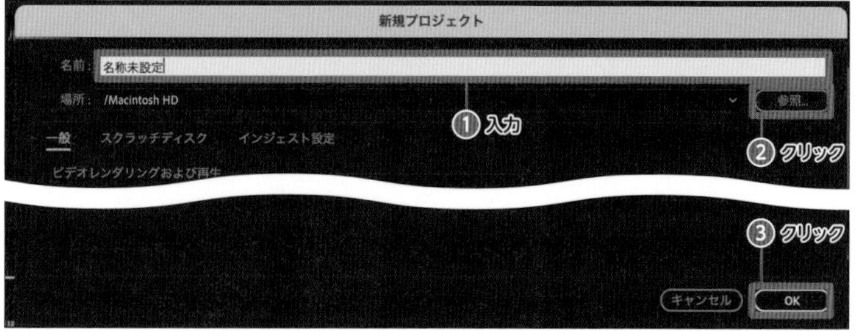

Premiere Proを終了する

1 メニューバーから終了する

[Premiere Pro] をクリックし、[Premiere Proを終了] をクリックします。Windowsの場合は、[ファイル] をクリックし、[終了] をクリックします。

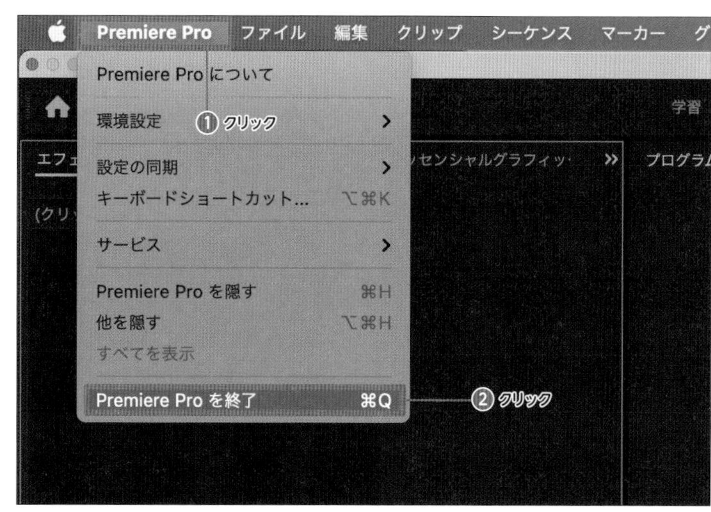

MEMO

保存されていない編集作業データがある場合、閉じる前に「ファイル「○○○」を保存しますか？」というメッセージが表示されます。保存したい場合は [はい] を選択し終了してください。

and more...

新規プロジェクト作成の詳細設定

左ページでは確認しませんでしたが、新規プロジェクト作成画面では、「一般」「スクラッチディスク」「 インジェスト設定」という3つの項目から詳細な設定を行うこともできます。基本的には初期設定のままプロジェクトの設定を完了しても問題ありませんが、以下のように、用途に合わせて設定すると、より快適に編集作業を進行できます。

1. レンダラー

Premiere ProではGPUの機能を使うことで編集中の動画を高速に処理することができます。「一般」の中にある「レンダラー」の項目で「GPU高速処理」がある場合には、そちらを選択します。初期設定で「高速処理」が選択されている場合もあります。

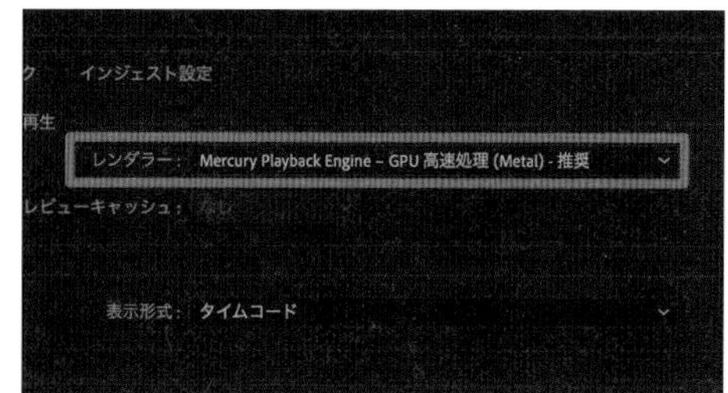

2. スクラッチディスク

動画編集中にはプロジェクトファイル以外にも、キャプチャしたビデオやバックアップファイルなどを保存することがあります。任意の場所に保管したい場合には [スクラッチディスク] をクリックして、保存される場所を指定しましょう。基本的には [プロジェクトファイルと同じ] をクリックすれば問題ありません。

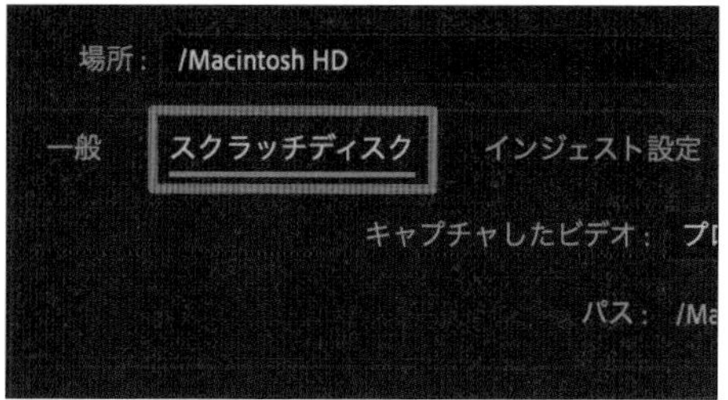

3. インジェスト設定

「インジェスト設定」を有効にすると、タイムラインに並べた動画素材などを、プロジェクトファイルと同じフォルダ内にコピーしてくれます。これによりオリジナルデータをバックアップでき、またファイル移動によるリンク切れも防ぐことができます。ただし、動画を複製していることになるので、パソコンへの負荷も大きくなります。

Chapter 1 Premiere Proを知る

画面構成と各パネルの役割

Premiere Proにおいて、各画面の名称と役割を把握することは、今後すべての作業に関わってきます。ここでしっかりと確認しておきましょう。

Premiere Proの画面構成

Premiere Proの編集画面は、複数のパネルの組み合わせで構成され、１つの大きなウインドウとして表示されます。このレイアウト全体を「ワークスペース」と呼びます。ワークスペースを構成するパネルは複数ありますが、すべてを表示すると作業が行いにくいため、用途に合わせたパネルの組み合わせが、あらかじめ用意されています。以下の画像は「編集」のワークスペースが表示されている状態です。

❶メニューバー

データの保存や環境設定、シーケンス設定など、編集全般に関連するメニューを選択できます。

❷「ワークスペース」パネル

編集用途に合わせたワークスペースに切り替えることができます。既定では「編集」のワークスペースが選択されていますが、たとえば［カラー］をクリックすると、色調補正が行える「Lumetriカラー」パネルなどが表示されます。

❸「ソースモニター」パネル

プロジェクトパネルに読み込んだ動画や音声をプレビュー再生するためのパネルです。動画素材のうち、使用したい箇所を指定することもできます。

❹「プログラムモニター」パネル

タイムライン上を動画をプレビューするモニターです。このモニターで動画を確認しながら編集作業を行います。このパネルの詳しい機能は次のページで解説しています。

❺「プロジェクト」パネル

Premiere Proに読み込んだ素材一式（映像、静止画、オーディオファイル）を確認できる場所です。倉庫のような役割であるといえるでしょう。

MEMO

タブを切り替えることで、「エフェクト」パネルなどほかのパネルを表示させることもできます。

❻「ツール」パネル

編集で使用するツールが選択できます。クリップを分割する「レーザーツール」やテロップを入力する「テキストツール」などがあります。長押しするとさらに複数のツールが表示され、別の機能に切り替えられるツールもあります。

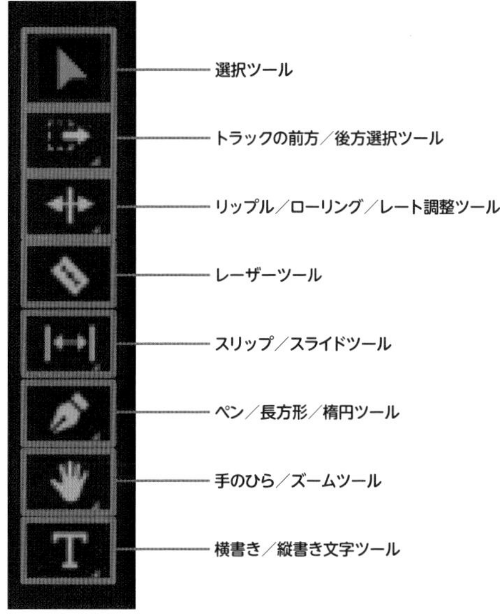

❼「タイムライン」パネル

編集作業を行う、メインとなる場所です。「タイムライン」パネルでは、動画やBGMを時系列に沿って編集する「シーケンス」を作成します。

また、シーケンスの中にある「V1」や「V2」のラインを「トラック」と呼びます。

「V1」と「V2」どちらにもクリップがある場合には、より上の階層にある「V2」のクリップが優先的にプレビュー表示されます。

❽「オーディオメーター」パネル

再生中のクリップのオーディオレベルをリアルタイムで表示します。オーディオレベルは、デシベル（dB）で測定され、そのレベルに応じて色が変化します。

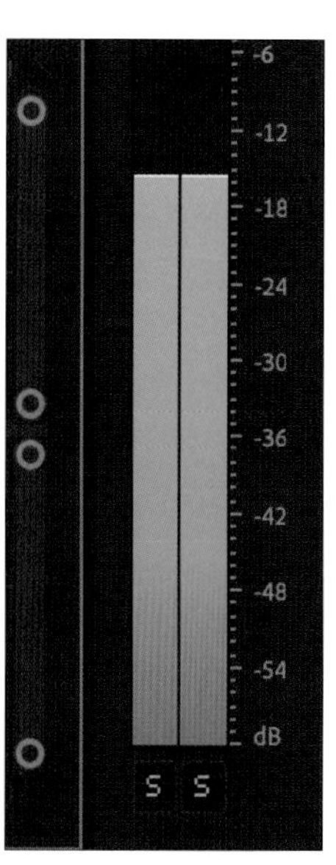

動画をプレビューする

動画をプレビューする際は、「プログラムモニター」パネルで行います。その際にもさまざまな機能を利用できるので、ここで確認しておきましょう。

❶マーカーを追加	タイムライン上にマーカーを付けます。
❷インをマーク	動画にイン点を設定します。
❸アウトをマーク	動画にアウト点を設定します。
❹インへ移動	再生ヘッドをイン点へ移動します。
❺１フレーム先へ戻る	動画を１フレーム戻します。
❻再生／停止	動画を再生／停止します。
❼１フレーム先へ進む	動画を１フレーム進めます。
❽アウトへ移動	再生ヘッドをアウト点へ移動します。
❾リフト	イン点とアウト点で選択した箇所を切り取ります。
❿抽出	イン点をアウト点で選択した箇所を切り取り、クリップ間を詰めます。
⓫フレームを書き出し	プレビューに表示しているフレームを静止画に書き出します。
⓬比較表示	２つの映像を比較して表示します。

and more...

快適にプレビューを再生する

パソコンのスペックや、進行中の動画編集の状況によっては、動画のプレビューがかくつく場合があります。そのようなときは、「プログラムモニター」パネル内の「再生時の解像度」を下げることでかくつきを解消できることがあります。既定では「フル画質」になっているので、「1/2」、「1/4」と下げていくほど、スムーズなプレビュー再生を行いやすくなります。

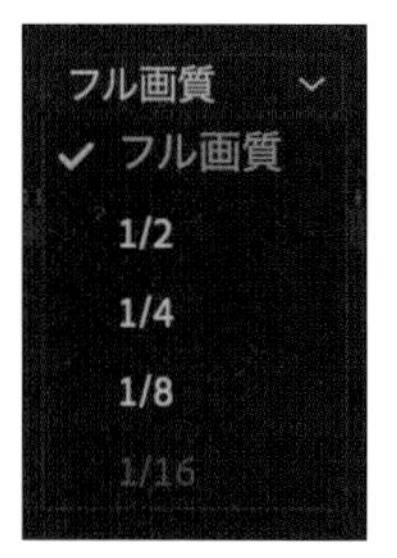

Recipe 10 ワークスペースの切り替え

Recipe10では「編集」のワークスペースを解説しましたが、ここでは、そのほかのワークスペースについてもざっくりと解説していきます。

ワークスペースの切り替え方法と各機能

Premiere Proには、既定のワークスペースがいくつか用意されています。ワークスペースは用途に合わせて、タブのように切り替えることが可能です。基本的には「編集」を使っていくことになります。

学習　アセンブリ　編集 ≡　カラー　エフェクト　オーディオ　グラフィック　ライブラリ

❖ アセンブリ

素材の読み込みとカット編集を並行して作業しやすい

❖ 編集

編集作業が行いやすい、バランスのいい構成

❖ カラー

色調補正を行いやすい

❖ エフェクト

エフェクトを追加していく編集作業が行いやすい

❖ オーディオ

オーディオにエフェクトをかけたり、補正したりしやすい

❖ グラフィック

アニメーションのテンプレートが扱いやすい

❖ キャプション

自動文字起こし機能によりテロップを追加しやすい

❖ ライブラリ

素材の読み込みや整理が行いやすい。クラウド上の素材も読み込める

and more...

オリジナルのワークスペースを作ろう

前述の通り、ワークスペースは、既定のパネルの組み合わせが保存してありますが、自分好みのオリジナルワークスペースを作ることもできます。よく使うパネルやそうでないパネルは人によって違うので、動画編集に慣れてきたら、以下の方法によって、自分が作業しやすいと思うワークスペースを作成し、作業を効率化していきましょう。

①パネルを表示する／非表示にする

ワークスペースに表示されていないパネルは、[メニューバー] の [ウィンドウ] から必要なパネルの名称を選択することで、表示することができます。誤ってパネルを閉じてしまった場合にも、ここから表示させましょう。各パネルの☰をクリックし、[パネルを閉じる] をクリックすることで非表示にすることもできます。

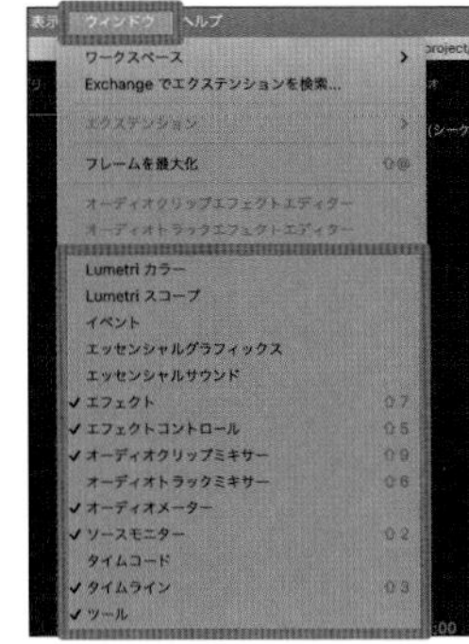
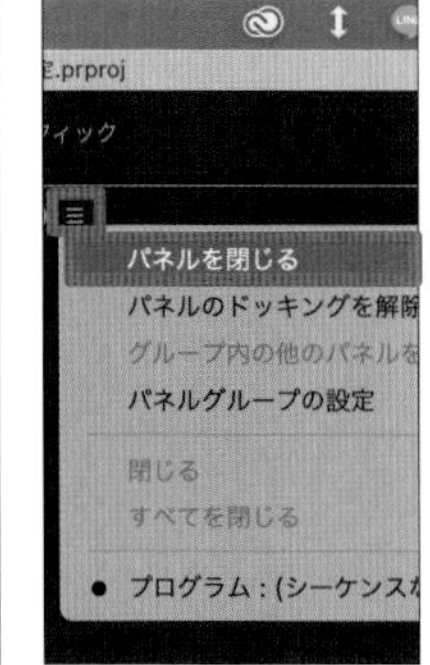

②パネルをグループ化する

ワークスペースの中には、複数のタブが入っているものがあります。そのパネルのタブを選択したまま、別のタブ付近にドラッグ＆ドロップすると、もう一方のパネルにグループ化されます。これにより、よく使うパネルをタブとして一箇所にまとめることができます。

③ワークスペースを保存する

自分好みにカスタマイズしたワークスペースは、保存することができます。「ワークスペース」パネルの☰をクリックし、[新規ワークスペースとして保存] をクリックします。好みのワークスペース名を入力し、[OK] をクリックすると保存されます。

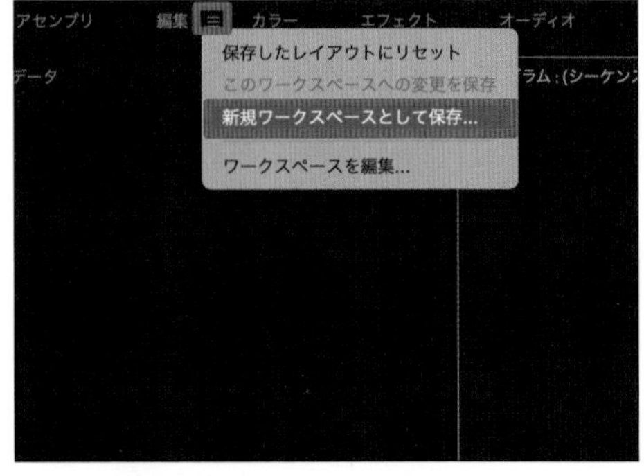

④初期化する

オリジナルのワークスペースを作ろうとしたものの、むしろ使いづらくなってしまったときは、いったんもとに戻しましょう。ワークスペースパネルの☰をクリックし、[保存したレイアウトにリセット] をクリックすることで初期化できます。

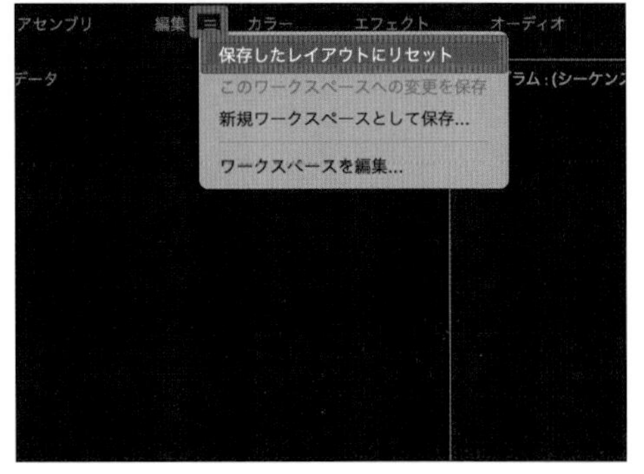

Recipe 11

素材を読み込む

ここから、動画編集の具体的な作業を解説していきます。まずは、いちばん最初の手順として、動画素材を読み込むことからはじめましょう。

「プロジェクト」パネルに素材を読み込む

1 「プロジェクト」パネルをダブルクリックする

「プロジェクト」パネルの［メディアを読み込んで開始します。］をダブルクリックします。

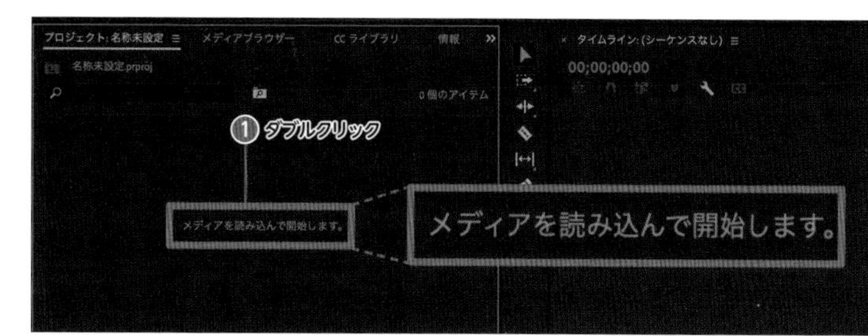

2 素材を選択する

素材読み込み用の画面が表示されたら、目的の素材をクリックします。なお、command（Windowsは ctrl）を押しながらクリックすると、複数の素材をまとめて選択することも可能です。目的の素材をすべて選択したら、［読み込み］をクリックします。

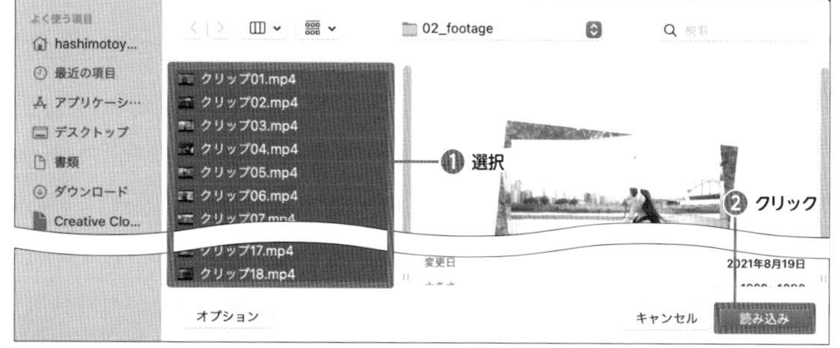

3 素材が読み込まれる

「プロジェクト」パネルに素材が並べて表示されます。

このようにPremiere Proに読み込まれた素材の総称を「メディア」と呼びますが、本書では、音声と動画の区別を付ける際など、必要に応じて適宜「音声素材」「動画素材」と呼称することもあります。

MEMO

ドラッグ&ドロップで読み込む

Finderで素材を選択し、直接ドラッグ&ドロップで「プロジェクト」パネルに読み込むことも可能です。この方法の方が直感的であるため、操作しやすいかもしれません。好みの方法を選ぶとよいでしょう。

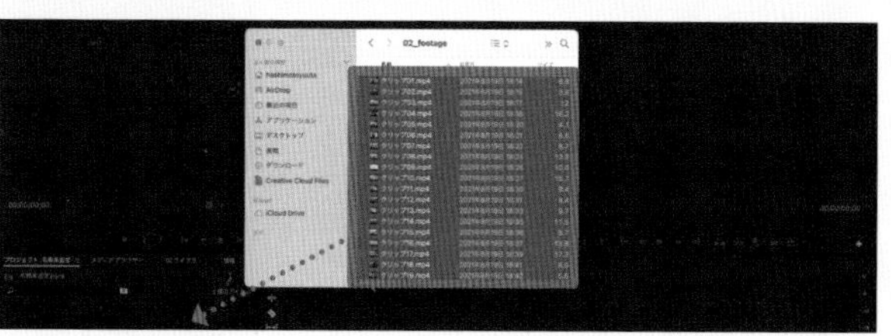

素材を管理しやすくする

「プロジェクト」パネル内でフォルダを管理することで、効率的な作業ができるようになります。このように、Premiere Proのプロジェクト内で作成するフォルダのことを「ビン」といいます。

1 新規ビンを作成する

「プロジェクト」パネルの下にある■をクリックします。

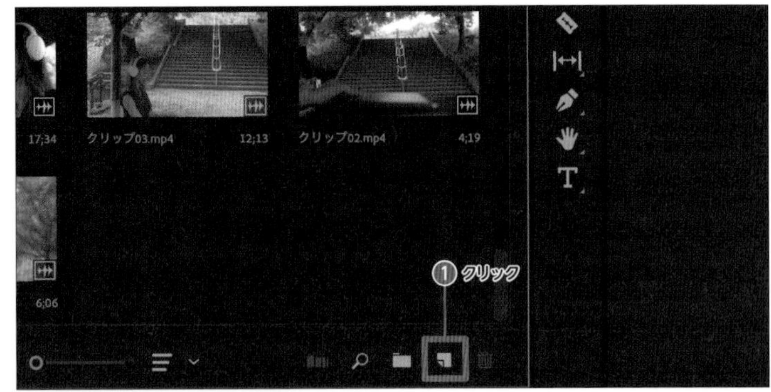

2 名前を変更する

既定では「ビン」と表示されている名前が変更できるようになっているので、好みの名前を入力します。

あとから名前を変更したいときには、作成したビンのフォルダアイコンを右クリックし、[名前を変更]をクリックします。

3 読み込んだ素材をビンに移動する

対象となる素材をクリックし、フォルダにドラッグ＆ドロップすると、素材がフォルダ内に移動します。

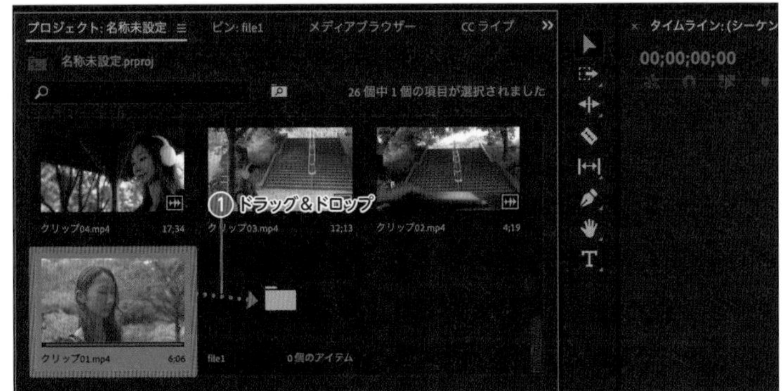

4 ビンの中身を確認する

フォルダのアイコンをダブルクリックすると、中身を確認することができます。

このとき、「プロジェクト」パネルから、「ビン」タブに移動していることがわかります。

and more...

「プロジェクト」パネルの素材表示方法を変更する

「プロジェクト」パネルの表示方法は、「リスト表示」、「アイコン表示」、「フリーフォーム表示」の3つがあり、パネルの左下のボタンから切り替えることができます。編集作業の用途や進行状況に合わせて切り替えると、より画面が見やすくなります。

①リスト表示

素材が一覧で表示されます。そのため、素材の数が多いときに目的のものを見つけやすいというメリットがあります。また、動画のフレームレートなどの詳細情報も確認できます。リスト上部の［名前］をクリックすることで、名前順に並び替えることも可能です。

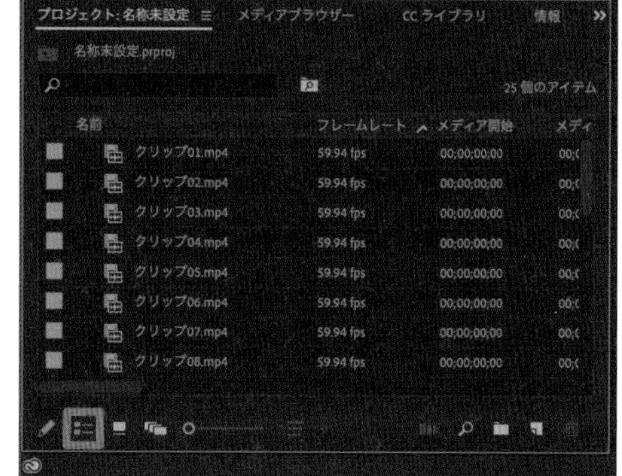

②アイコン表示

素材がサムネイル表示されるため、どんな動画素材かを視覚的に認識できます。スライダーを左右に移動させることで、簡易的にプレビューすることも可能です。動画編集に慣れるまでは、この表示方法がもっともわかりやすいと思います。

③フリーフォーム表示

素材のサムネイルが表示される点は「アイコン表示」と同じですが、こちらは素材をドラッグすることで、自由に配置することができます。素材どうしの関係性を視覚的に把握したいときに便利です。

Recipe 12 シーケンスの作成をする

素材を読み込んだら、「タイムライン」パネルにシーケンスを作成しましょう。シーケンスを作成すると、その設定に応じた時間軸が表示され、動画編集をはじめる準備が整います。

自動設定のシーケンス作成

シーケンスとは、時間軸に沿ってクリップを管理する場所のことです。多くの構成要素によって設定されていますが、ここでは動画編集をすぐにはじめられるよう、もっともシンプルな方法を解説します。

1 動画素材をタイムラインに追加する

「プロジェクト」パネルから、該当のメディアを「タイムライン」パネルにドラッグ＆ドロップします。

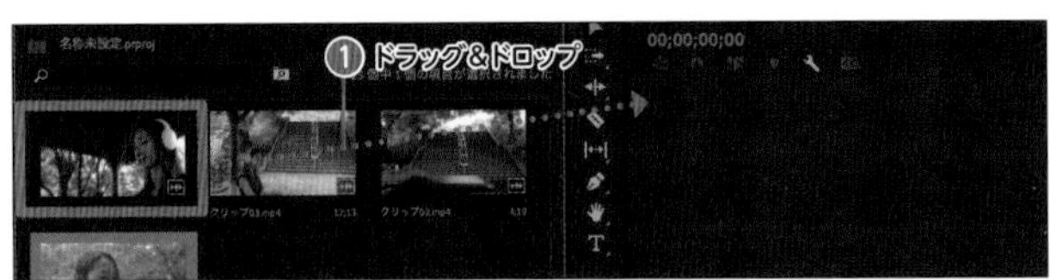

2 新規シーケンスが作成される

このようにメディアが「タイムライン」パネルに配置されると、「クリップ」と呼ばれます。クリップと同時に、自動でシーケンスが作成されます。シーケンスの設定も、動画素材の仕様に合わせて自動で設定されます。

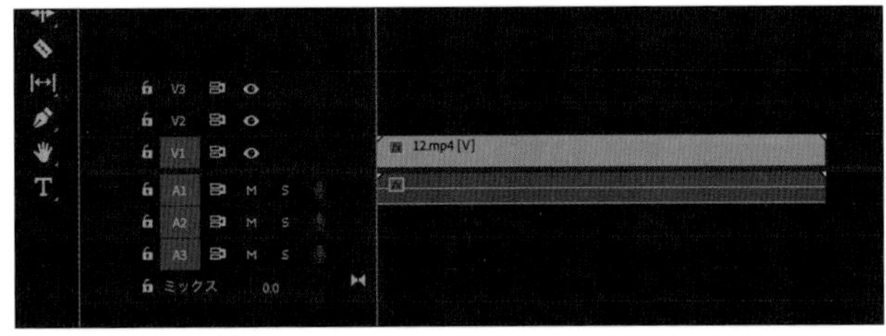

3 シーケンス名を変更する

シーケンス名は、最初に配置したクリップ名と同じです。「プロジェクト」パネルには、クリップとシーケンスが両方が表示されるので、区別しやすいように名前を変更しましょう。

「プロジェクト」パネルに表示されているシーケンスを右クリックし、[名前を変更] をクリックすると、任意の名前に変更することができます。

and more...

「プロジェクト」パネルで、シーケンスとメディアを区別するには？

「プロジェクト」パネルで、表示されているシーケンスとメディアとで同じサムネイルになってしまい、区別がつきにくいことがあります。

シーケンスの場合は、サムネイルの右下にアイコンが表示されます。そこで区別し、シーケンスとわかる名称に変更しておきましょう。

手動設定のシーケンス作成

シーケンスで設定した項目は、どんな状態で動画を書き出すか、といった場面に関係があります。たとえば、横長の動画素材を、編集後は正方形の動画として書き出したい場合もあるかもしれません。

クライアントワークなどで納品形式に指定がある場合には、手動で設定を行った方が安全です。自動設定で作成すると思わぬトラブルになる可能性があるので、手動での設定に慣れておきましょう。

1 新規シーケンスを作成する

メニューバーで［ファイル］→［新規］→［シーケンス］の順にクリックします。

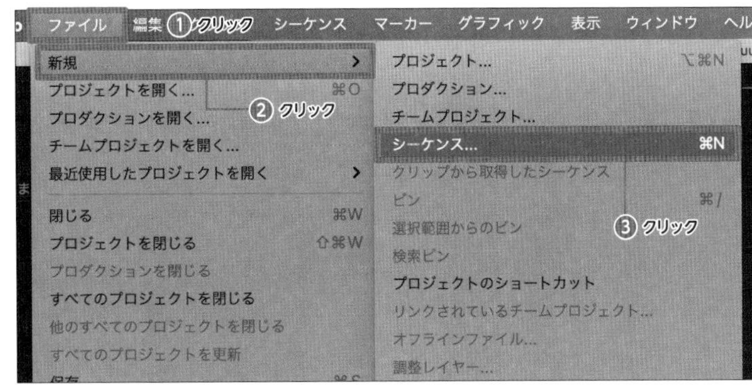

2 プリセットを選択する

シーケンス設定をするためのウィンドウが表示されます。「シーケンスプリセット」タブで、目的のプリセットを選びましょう。今回は、汎用性の高い［AVCHD］、［1080p］、［AVCHD 1080p60］を選択します。

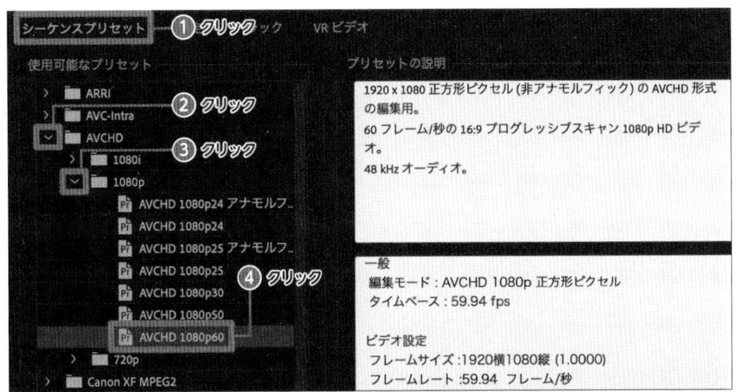

手動で新規シーケンスを作成する場合には、シーケンス名が「シーケンス01」となっています。変更したい場合には、任意の名前を入力しましょう。

［OK］をクリックすると、新規シーケンスが作成されます。

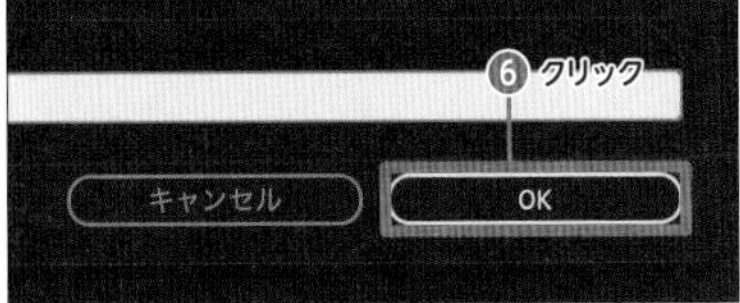

and more...

詳細なシーケンス設定を行う

手動で新規シーケンス作成をする際に「シーケンスプリセット」タブで、プリセットを選択しましたが、「設定」タブで、「編集モード」を「カスタム」にすることで、プリセットにない詳細な設定を行うことができます。

たとえば、「フレームサイズ」に「3840×2160」と入力して4Kサイズのシーケンスを作成したり、「1080×1080」と入力して正方形のシーケンスを作成することもできます。

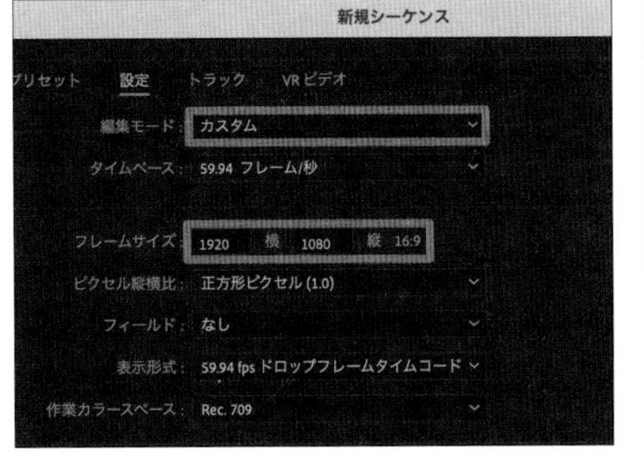

シーケンス設定を確認／変更する

1 シーケンス設定を開く

メニューバーから、[シーケンス] → [シーケンス設定] をクリックします。

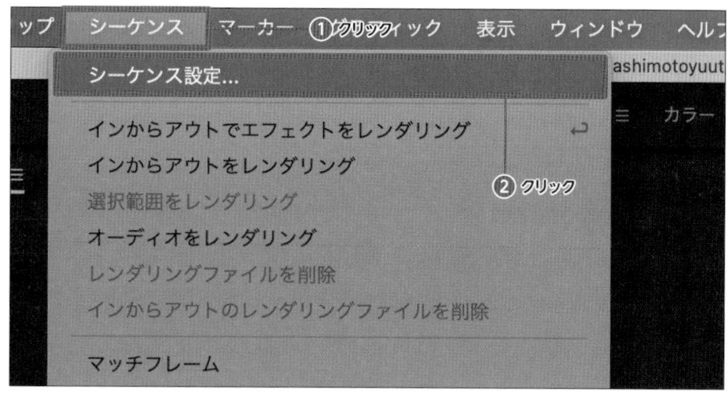

2 シーケンス設定を確認する

現在のシーケンス設定を確認することができます。この画面から直接、各項目を変更することもできます。

確認・変更が完了したら [OK] をクリックして、ウィンドウを閉じます。

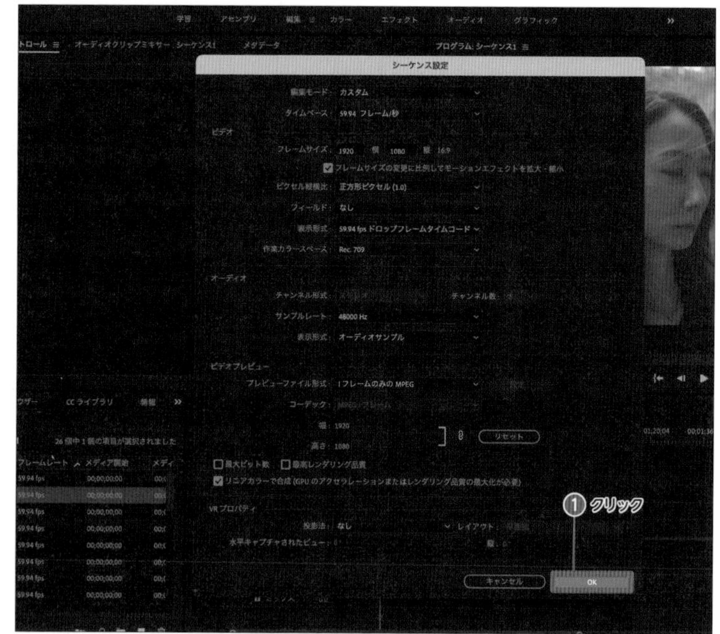

MEMO

動画素材とシーケンス設定の仕様が一致しないときの警告

作成済みのシーケンスに、仕様が異なるクリップを配置すると、警告が表示されます。

作成済みのシーケンス設定を優先する場合には、[現在の設定を維持] をクリックします。

クリップの仕様を優先する場合には、[シーケンスの設定を変更] をクリックします。この操作によって、前述した「自動設定のシーケンス作成」と同等の手順を踏んだことになります。

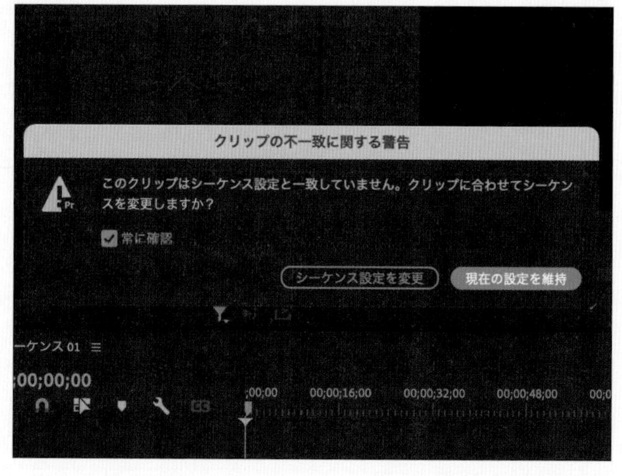

Recipe 13 プロジェクトを保存する

動画編集の作業を一時的に中断したいときや終了したいときには、必ずプロジェクトを保存しましょう。あとで作業を再開したいときに、保存したプロジェクトファイルから再開できるようになります。

プロジェクトを保存する

メニューバーで、[ファイル]→[保存]の順にクリックします。保存中は「プロジェクトを保存」の画面が表示されます。

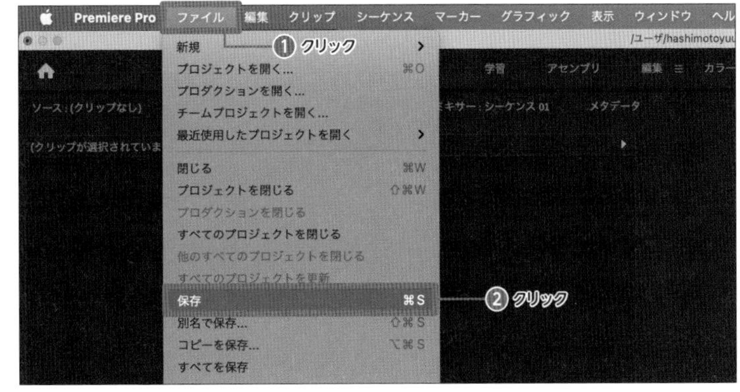

MEMO

ショートカットキーですばやく保存する

command + S (Windowsは Ctrl + S) のショートカットキーでも簡単に保存することができます。動画編集では、パソコンに大きな負荷がかかると予期せずアプリが終了する(落ちる)ことがあります。こういった場面でも再開しやすいように、切りのいいタイミングで保存するように意識しましょう。

保存したプロジェクトを再開する

保存したプロジェクトは、保存先のフォルダ内にあるプロジェクトファイルをダブルクリックすることで再開することができます。

MEMO

拡張子「.project」の、編集工程を保存してあるファイルを「プロジェクトファイル」、Premiere Pro上で1つの動画編集する際に発生する、ありとあらゆるファイルのことを「プロジェクト」と呼びます。

プロジェクトの自動保存を設定する

前述の通り、予期せずプロジェクトが終了してしまうなどのトラブルに備え、細かくプロジェクトを保存する必要があります。しかし、作業に集中していると、ついつい保存を忘れてしまうこともあるでしょう。

そんなときのために、Premiere Proには「プロジェクトの自動保存機能」が常時作動しています。念のために、ここで詳細設定を確認してみましょう。

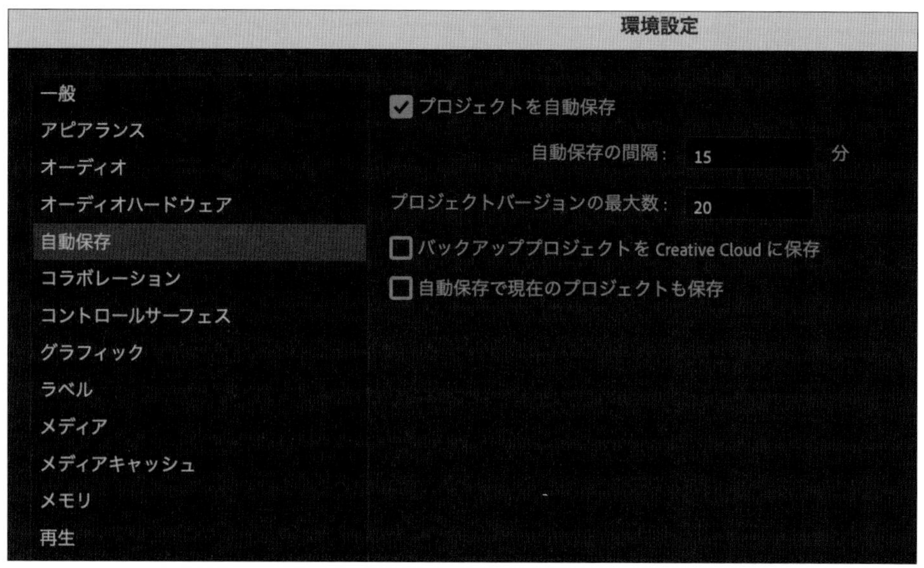

メニューバーで［Premiere Pro］→［環境設定］→［自動保存］の順にクリックします。「環境設定」内のウィンドウが開き「プロジェクトを自動保存」の設定項目を確認できます。設定項目には、「自動保存の間隔」と「プロジェクトバージョンの最大数」があり、それぞれ以下のような機能があります。

✣ 自動保存の間隔

自動保存する間隔を設定できます。手動で保存をしなくても、ここで設定した時間の間隔で自動保存されることになります。プロジェクトファイルは、この自動保存のたびに別々のファイルとして個別に保存されていきます。

✣ プロジェクトバージョンの最大数

自動保存されていく個別のプロジェクトファイルの最大数を設定できます。たとえば「20」と設定すると、21個目のファイルは作成されず、古いファイルから順に上書き保存されます。

自動保存されたプロジェクトを開く

自動保存が行われると、プロジェクトファイルを保存しているフォルダ内に「Adobe Premiere Pro Auto-Save」というフォルダが自動生成されます。そこにバックアップとして、自動保存されたプロジェクトファイルが保存されます。上記で設定した「自動保存の間隔」で、「プロジェクトバージョンの最大数」の設定個数ぶんだけ保存されています。予期せずアプリが終了してしまったときには、このバックアップを確認しましょう。なお、ファイル名には、自動保存時の日時が表記されるので、基本的には最新の日付のファイルで再開しましょう。

名前
名称未設定-2021-08-30_13-59-15.prproj
名称未設定-2021-08-30_14-21-08.prproj
名称未設定.prproj

Chapter

2

基本の編集レシピ

Premiere Proの操作方法を確認したら、基本的な編集のレシピを学んでみましょう。このChapterをマスターするだけでも、「動画編集ができる」というレベルにまで到達できるはずです。

Recipe 14 タイムラインパネルの役割を知る

Premiere Proは、「タイムライン」パネルにシーケンスを作成し、クリップを並べて1本の動画作品に仕上げていきます。ここではその主な機能と役割を解説します。

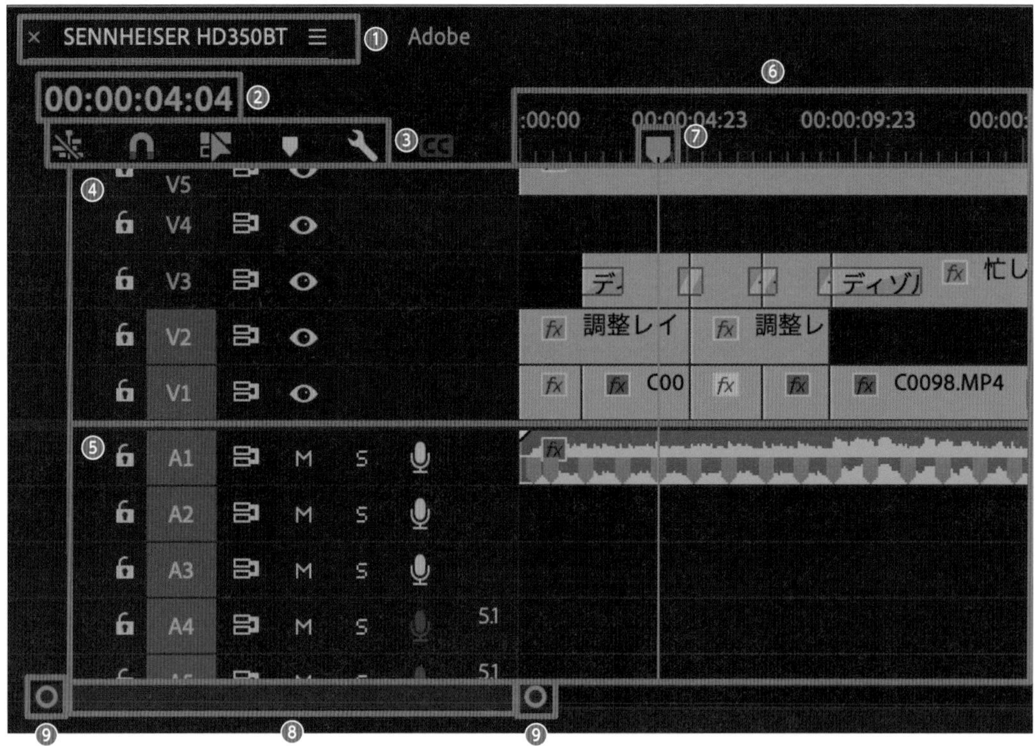

❖ ❶タブ

新規シーケンスを作るとタブで表示されます。シーケンス名をクリックするとシーケンスを切り替えることができます。

❖ ❷タイムコード

動画編集における時間軸のうち、「❼再生ヘッド」の位置が「時:分:秒:フレーム数」の順に表示されます。フレーム数についてはP14を参照してください。

❖ ❸ツール

各種ツールが表示されています。青く表示されているボタンは有効化された状態で、白く表示されているボタンは無効化されています。

❖ ❹ビデオトラック

映像や画像を配置するトラックです。

❖ ❺オーディオトラック

音声やBGMを配置するトラックです。

❖ ❻タイムライン

シーケンスの時間を表示する時間軸です。

❖ ❼再生ヘッド

ドラッグして動かし、カットする場所などを決めます。重なっているフレーム映像が「プログラムモニター」パネルに表示されます。

❖ ❽スクロールバー

ドラッグしてタイムラインをスクロールします。

❖ ❾ズームハンドル

スクロールバーの左右の端をドラッグしてタイムラインの拡大／縮小をします。

トラックを追加する

ビデオトラックやオーディオトラックは、クリップをドラッグ＆ドロップすることで増やすことができます。また、ビデオトラックやオーディオトラックの空いている部分で右クリックするとメニューが表示され、[1つのトラックを追加]や[複数のトラックを追加]をクリックすると増やすことができます。

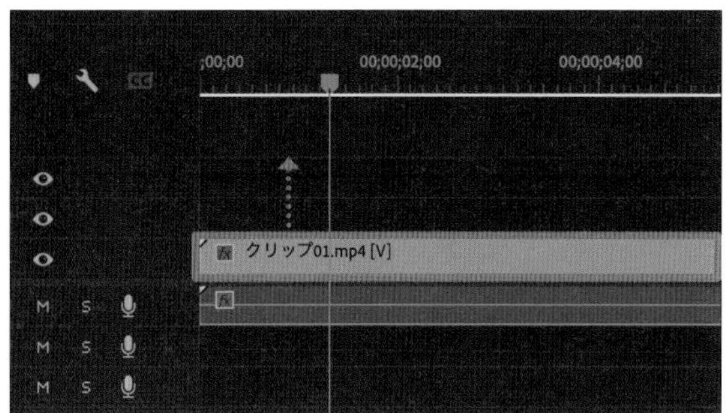

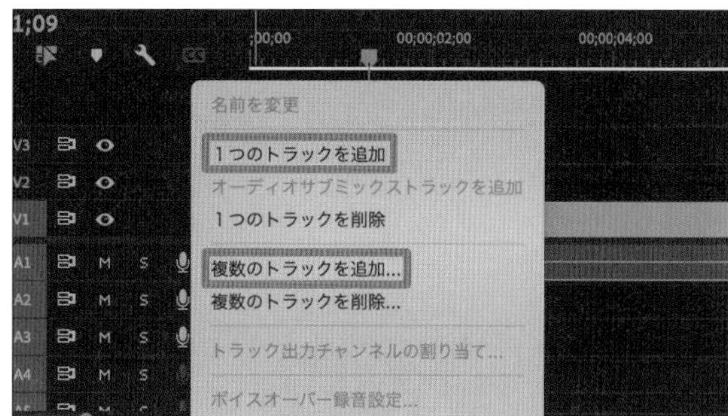

非表示とミュート

各ビデオトラックには、目のアイコンがあります。クリックすると、そのトラックに配置されたクリップが非表示されます。再度クリックすると表示されます。

オーディオトラックには「M」のアイコンがあります。クリックすると、そのトラックに配置された音がミュートになります。再度クリックすると音が出ます。

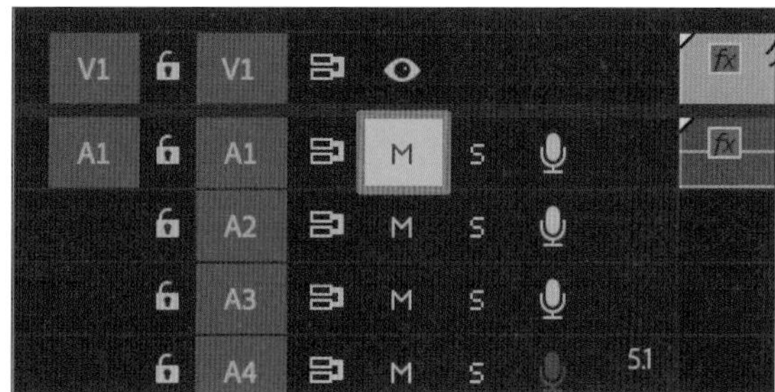

トラックの縦幅を変更する

各トラックの縦幅を変更することができます。高さを変更したいトラックの空いている部分でダブルクリックすると拡大されます。再度ダブルクリックするともとのサイズに戻ります。

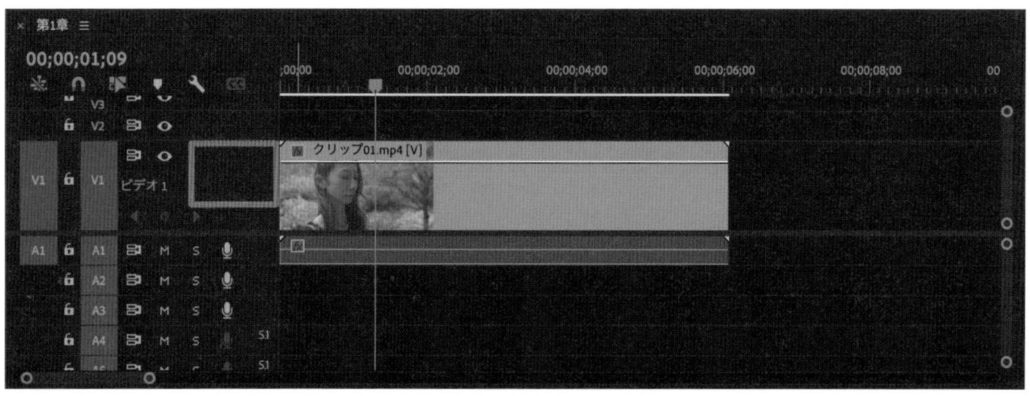

クリップの編集方法

「プロジェクト」パネルに配置した動画や音声、画像などの素材を「クリップ」と呼びます。ここでは、クリップの基本的な操作方法を解説します。

クリップを配置する

ドラッグ＆ドロップで配置する

「プロジェクト」パネルに読み込んだメディアを「タイムライン」パネルに配置するには、「タイムライン」パネルの「ビデオトラック」にドラッグ＆ドロップします。動画内に音声も含まれている場合は、「オーディオトラック」にもクリップが配置されます。また、作成したシーケンスとクリップが一致していない状態で、メディアを「タイムライン」パネルにドラッグ＆ドロップすると、右下の画像のようにシーケンスの変更をするかしないかを求められます。これについてはP.42を参照してください。

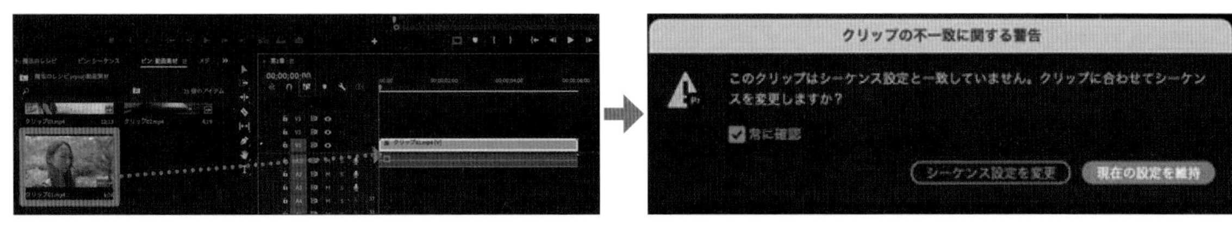

映像と音声を分割する

シーケンスのリンクを解除する

映像と音声を分割する方法を2つ紹介します。1つは、「タイムライン」パネルで、「リンクされた選択」のアイコンをクリックする方法です。クリックすると映像と音声が分割され、それぞれ別の素材として編集を行うことができます。もしくは、クリップを右クリックして［リンク解除］をクリックします。

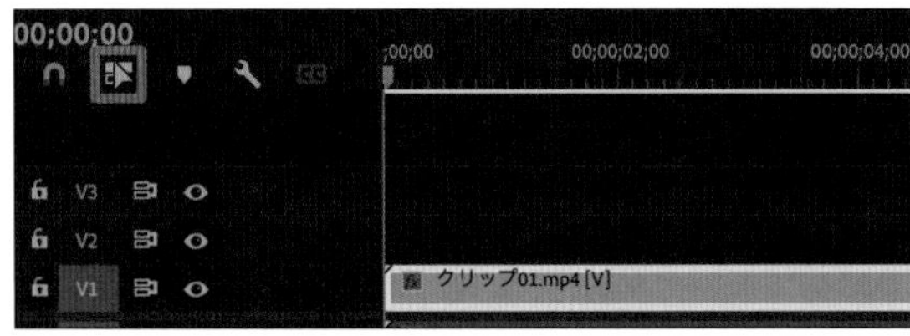

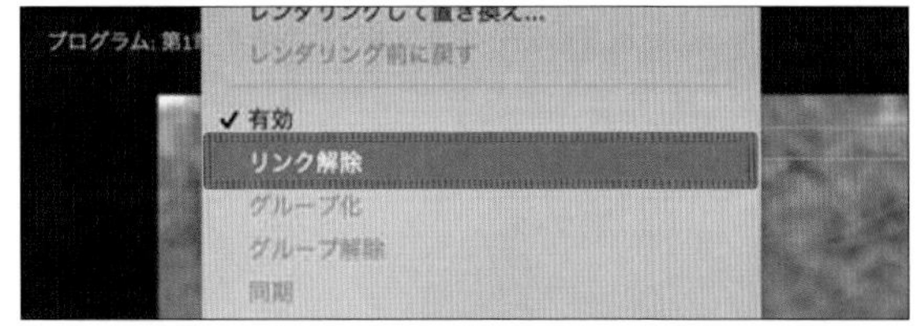

「プログラムモニター」パネルで分割する

もう1つは、「プロジェクト」パネルに読み込んだ動画クリップをダブルクリックするか「ソースモニター」パネルにドラッグ＆ドロップして始める方法です。すると、「ソースモニター」パネルに動画が表示されます。

右の画像の❷からシーケンスにドラッグ＆ドロップすると映像と音声の両方が配置でき、❸のアイコンからビデオトラックにドラッグ＆ドロップすると映像のみを配置でき、❹のアイコンからオーディオトラックにドラッグ＆ドロップすると音声のみを配置できます。

クリップを並べ替える

✣ 移動先にドラッグ＆ドロップする

「タイムライン」パネルに配置したクリップを移動させるには、移動させたいクリップを選択してドラッグ＆ドロップします。このとき、別のクリップの上にドロップさせてしまうと上書きされてしまうので注意しましょう。もしも上書きしてしまったら、command + Z（Windowsは Ctrl + Z）を押せば1つ前に戻すことができます。

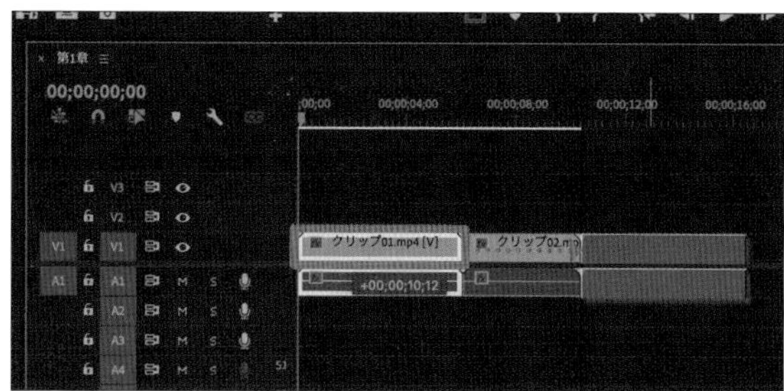

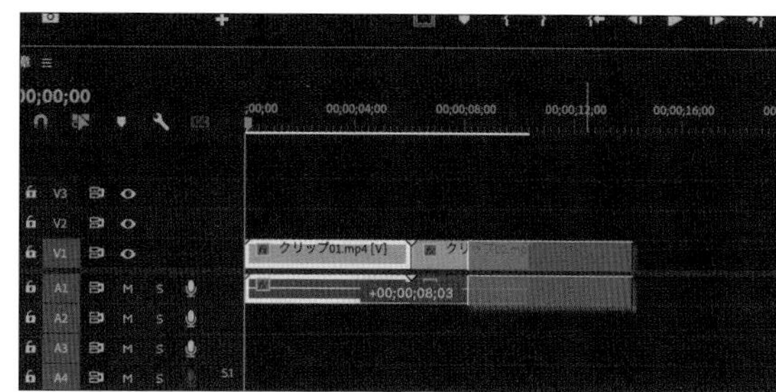

クリップを削除する

✣ 1つのクリップを削除する

「タイムライン」パネルに配置したクリップが不要になった場合は、不要なクリップを右クリックして、［消去］もしくは［リップル削除］をクリックします。不要なクリップを選択して delete キーを押しても削除できます。

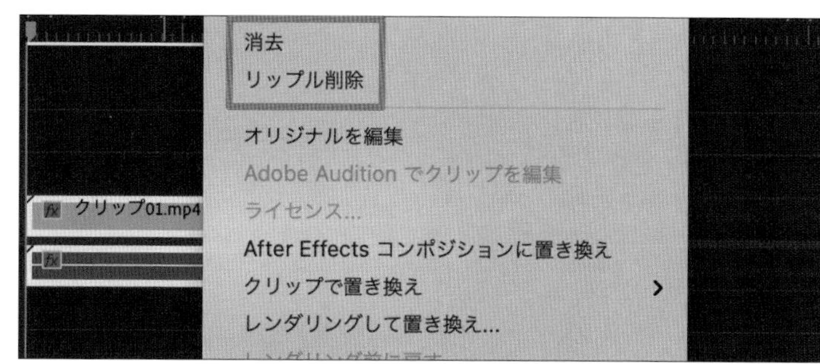

✣ 複数のクリップをまとめて削除する

不要なクリップが複数ある場合は、不要なクリップがすべて選択されるようにドラッグして、上記と同様の操作を行います。このとき shift キーを押しながらクリップを選択しても、複数のクリップを選択することができます。

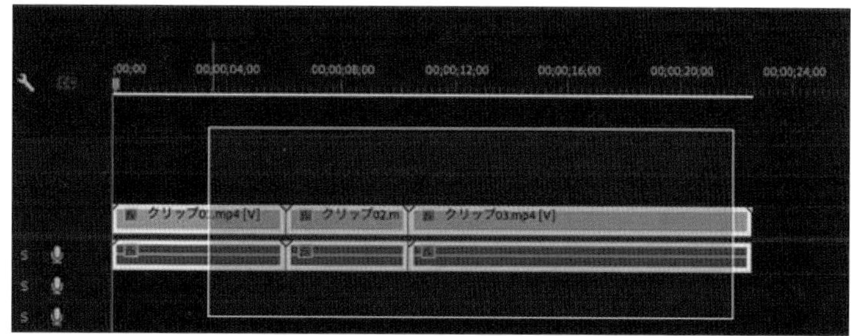

MEMO

クリップとクリップの間にスペースがあると、その部分は動画の再生中に真っ黒な画面として表示されてしまいます。このスペースを「ギャップ」と呼びます。「タイムライン」パネルで「スナップイン」のアイコンをクリックします。これにより、分割された2つのクリップどうしを近付けるだけで磁石のように引き寄せられるため、ギャップができなくなります。

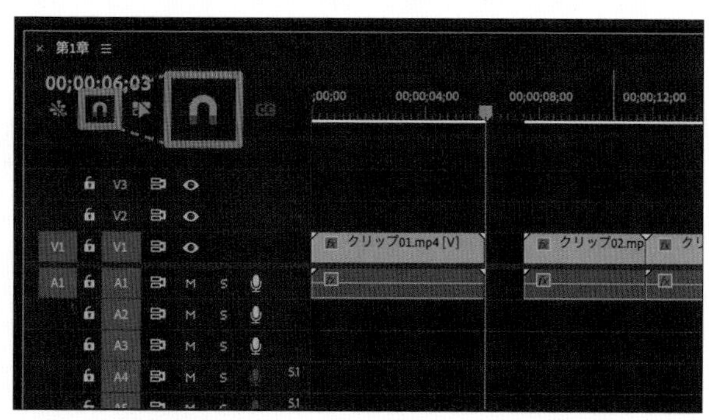

Recipe 16 カット編集を行う

動画の不要な部分を削除し、必要な部分だけをつなぎ合わせていく作業のことを「カット編集」と呼びます。そのための方法を、ここでは3つ解説します。

「レーザーツール」で分割する

「タイムライン」パネルに配置したクリップをカットする場合、基本的には「レーザーツール」というツールを使って分割します。

1 ズームハンドルで拡大する

カット編集は1フレーム単位で細かく行うことが大切になるので、ズームハンドル（P.46参照）でタイムラインを拡大させます。

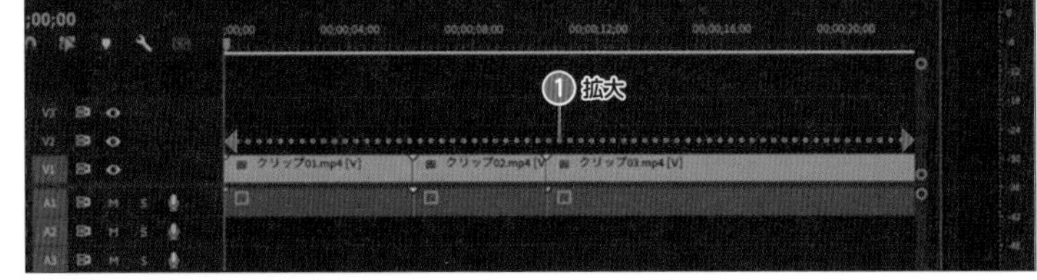

2 再生ヘッドを合わせる

「プログラムモニター」パネルを再生し、映像や音声を確認してカットしたい位置で停止させ、再生ヘッドを合わせます。

3 「レーザーツール」に切り替える

「ツール」パネルにある■をクリックします。もしくは、キーボードの C キーで■に切り替えることができます。

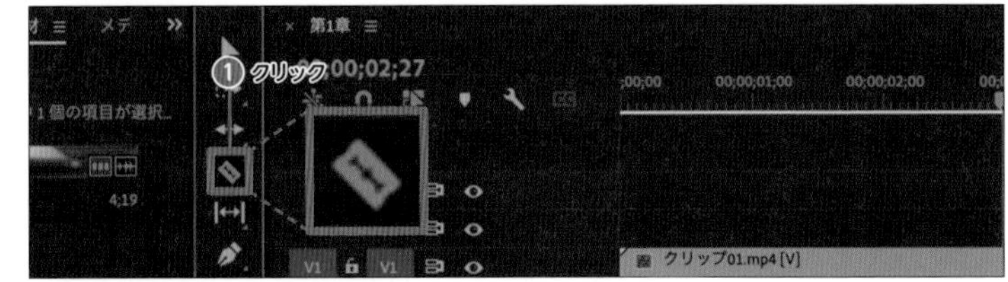

4 クリップをクリックする

再生ヘッドが置かれたクリップの上でクリックします。これで1つのクリップが2つに分割されます。

5 不要なクリップを削除する

2つに分かれたクリップのうち、不要になったクリップを右クリックし、［消去］をクリックすると削除されます。

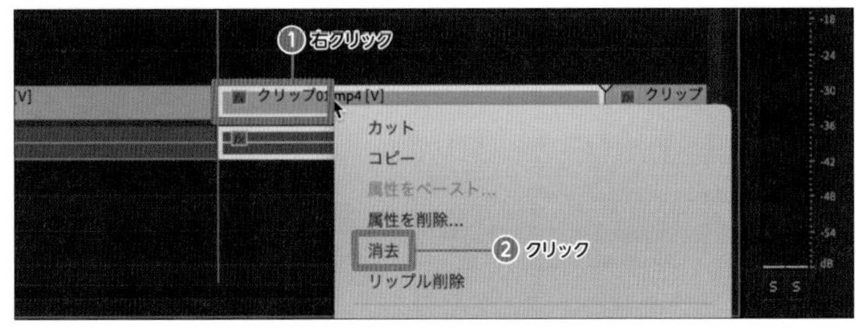

「レーザーツール」でカットするポイント

このようにレーザーツールを使ってカットする際、より効率化できるポイントを解説します。なお、ここで紹介しているショートカットキーはP.222でも取り上げますが、とにかくよく使うものであるため、先に覚えてしまいましょう。

選択ツールとレーザーツール

C キーを押すとレーザーツールに、V キーで選択ツールに切り替えることができます。また、キーボードショートカットをカスタマイズして使えばワンクリックでカットやリップル削除 (P.53参照) ができるようになります。

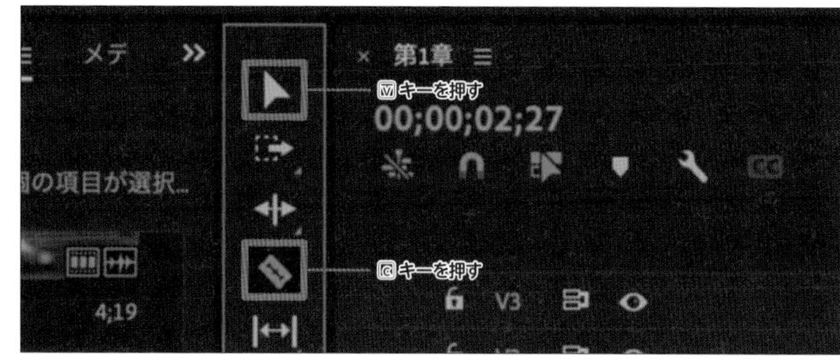

再生速度を上げる

▶をクリックすると「プログラムモニター」パネルで再生できますが、このとき L キーを押すと再生速度を上げることができます。再生速度を上げることで、編集のスピードも上がります。

音声波形を目安にカットする

説明会やインタビューなど、音声が重要である動画を編集する場合、音声波形を目安に編集すると効率よくカット編集ができるようになります。

1 オーディオトラックの幅を広げる

「タイムライン」パネルの「A1」と「A2」の境界にカーソルを合わせ、ドラッグして幅を広げます。これで波形が見やすくなります。

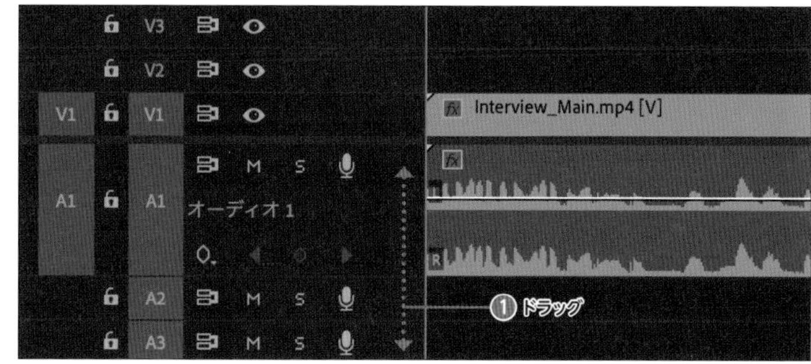

2 波形を目安にカットする

波形がない部分は音声が入っていない部分で、波形が飛び出ている部分が話し始めている (音声が入っている) 部分です。そのため、「プログラムモニター」パネルで再生しなくても、この間はカットしてもよいと判断できます。

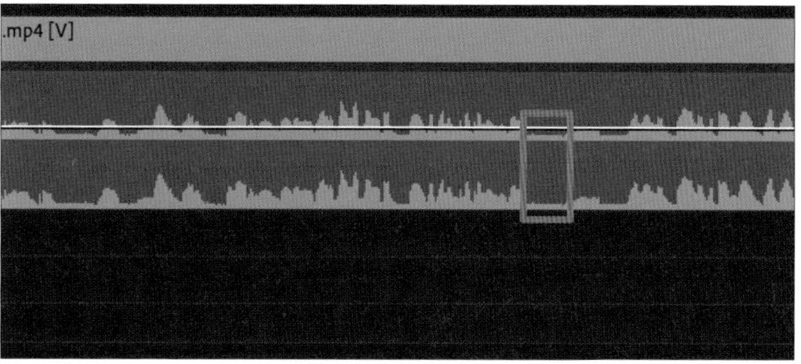

ソースモニターで必要な部分を抜き出す

「プロジェクト」パネルに読み込んだメディアを「ソースモニター」パネルに表示させると、必要な部分だけを抜き出すことができます。

1 ソースモニターに表示させる

「プロジェクト」パネルで、カットしたいメディアをダブルクリックして「ソースモニター」パネルに表示させます。クリップを選択して「ソースモニター」パネルにドラッグ＆ドロップすることでも表示できます。

2 イン点を打つ

「ソースモニター」パネルの再生ヘッドを動かして、抜き出したい部分の先頭に合わせてをクリックします。するとイン点が打たれます。

3 アウト点を打つ

「ソースモニター」パネルの再生ヘッドを動かし、抜き出したい部分の先頭に合わせてをクリックします。するとアウト点が打たれます。

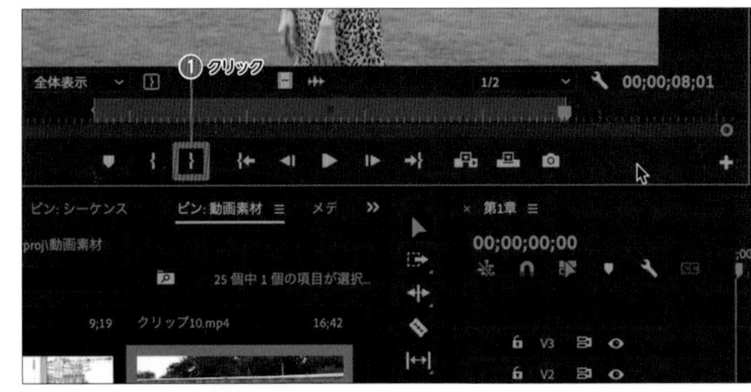

4 タイムラインに移動する

この状態で「ソースモニター」パネルから「タイムライン」パネルのシーケンスにドラッグ＆ドロップすると、イン点からアウト点までの動画が配置できます。からビデオトラックにドラッグ＆ドロップすると映像のみを配置でき、のアイコンからオーディオトラックにドラッグ＆ドロップすると音声を配置できます。

トリミングで長さを調整する

クリップの不要な部分を切り取って必要な長さを残す作業を「トリミング」と呼びます。

1 クリップの端にカーソルを合わせる

選択ツールを選択した状態で、「タイムライン」パネルに配置したクリップの先頭もしくは終端にカーソルを合わせます。

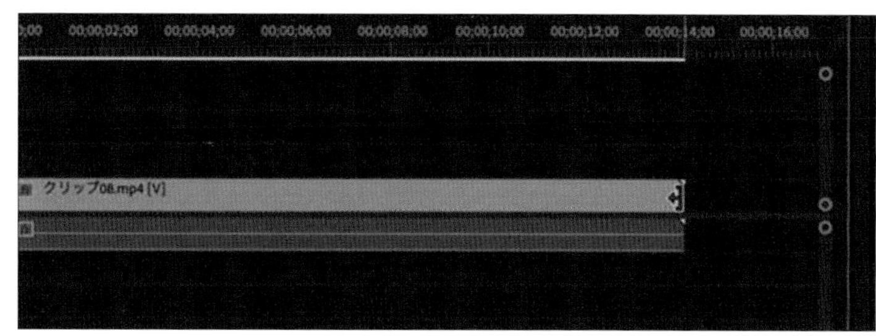

2 クリップの先頭（終端）をドラッグする

カーソルが赤く変化し、左右にドラッグすることでクリップの長さを調整できます。このとき、再生ヘッドをトリミングする位置に合わせておくと、より調整しやすくなります。

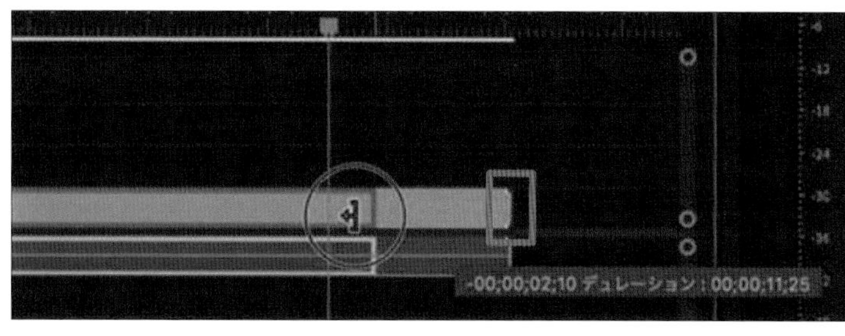

「リップルツール」でトリミングする

1 ギャップを確認する

「タイムライン」パネルにクリップが複数配置されている状態でトリミングするとギャップができてしまいます。そのような場合は「リップルツール」を使うとギャップができず、効率よく編集作業ができます。

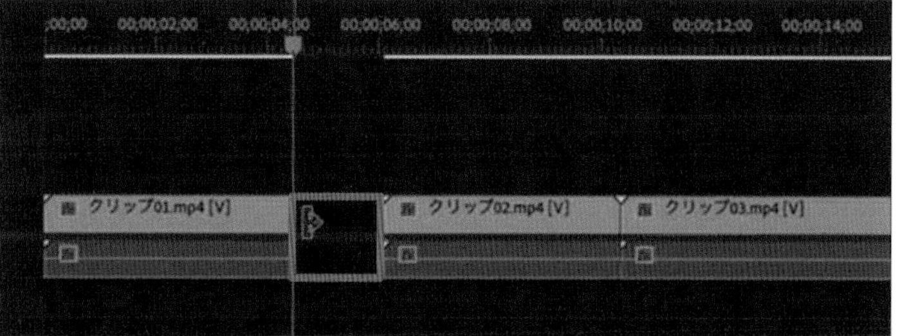

2 リップルツールを選択する

「リップルツール」をクリックして選択し、シーケンスに配置したクリップの先頭か終端にカーソルを合わせます。

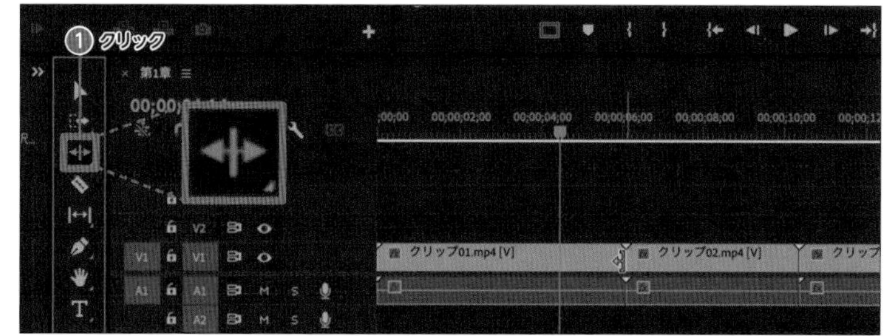

3 クリップの先頭（終端）をドラッグする

カーソルが黄色く変化します。左右にドラッグするとクリップの長さを調整でき、隣に配置されたクリップは自動的に詰められます。

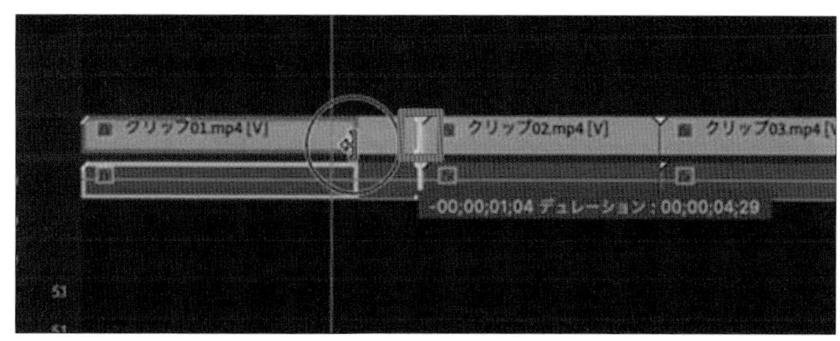

Recipe
17 ズームイン／ズームアウトする

動画編集は、「エフェクトコントロール」パネルを中心に行います。ここでは、その操作の基礎となるズームインとズームアウトの作り方を解説します。

ズームイン

1 ズームインを適用する位置に合わせる

[17.mp4]を「タイムライン」パネルにドラッグ＆ドロップします。「プログラムモニター」パネルを見ながら再生ヘッドをドラッグして動かし、ズームインを開始する場所に合わせます。

2 クリップを選択する

[エフェクトコントロール]のタブをクリックし、「エフェクトコントロール」パネルを表示して、編集したいクリップを選択します。

3 キーフレームを打つ

「エフェクトコントロール」パネルで、「位置」と「スケール」の左側にあるをクリックします。すると「エフェクトコントロール」パネルのタイムラインに「キーフレーム」と呼ばれる印が打たれます。

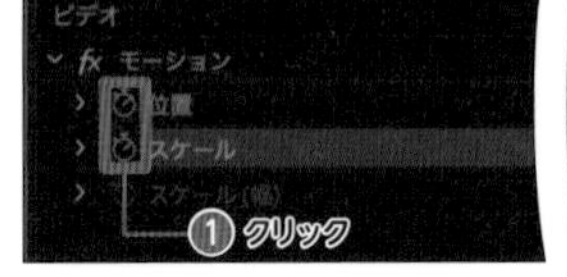

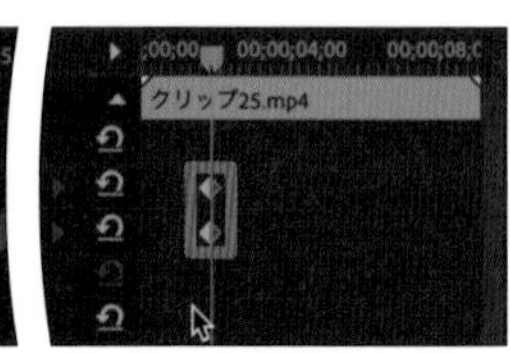

4 ズームインが完了する位置に合わせる

ズームインが完了する位置まで再生ヘッドをドラッグして動かします。

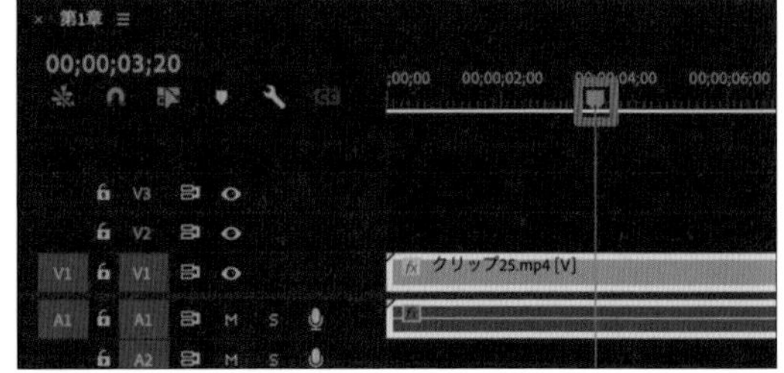

5 位置とスケールの値を調整する

「プログラムモニター」パネルを見ながら、拡大したい部分が中央に配置されるように「エフェクトコントロール」パネルで「位置」と「スケール」の値を調整します。「エフェクトコントロール」パネルのタイムライン領域にキーフレームが打たれ、ズームインが完成です。

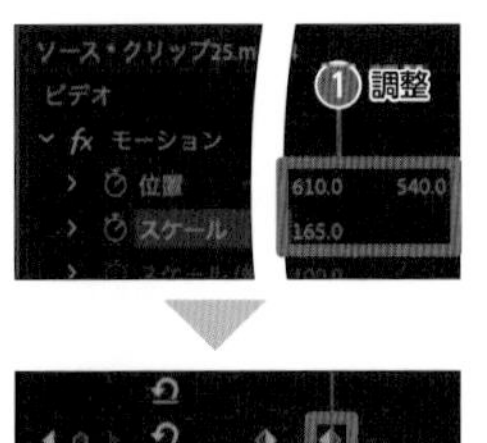

ズームアウト

1 ズームアウトを適用する位置に合わせる

「プログラムモニター」パネルを見ながら再生ヘッドをドラッグして動かし、ズームアウトを開始する場所に合わせます。

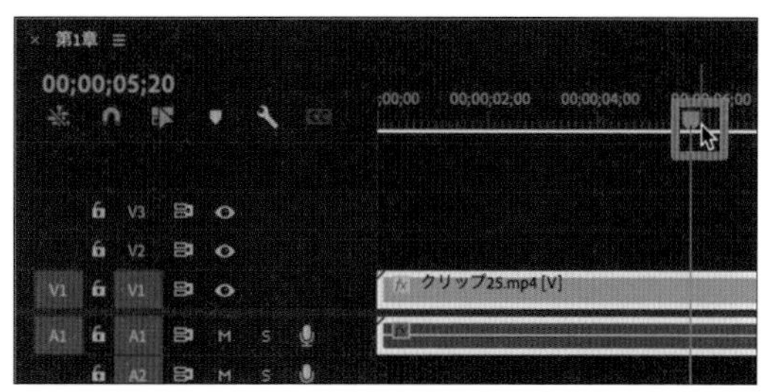

2 キーフレームを打つ

「エフェクトコントロール」パネルで、「位置」と「スケール」の■をクリックします。すると現在の値でキーフレームが打たれます。

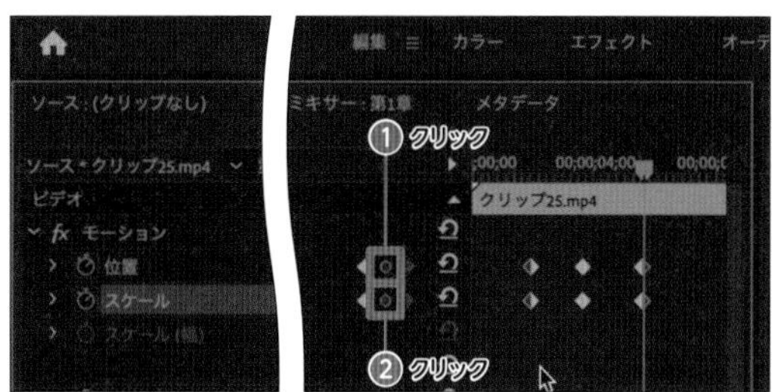

3 ズームアウトが完了する位置に合わせる

「プログラムモニター」パネルを見ながら再生ヘッドをドラッグして動かし、ズームアウトが完了する位置に合わせます。

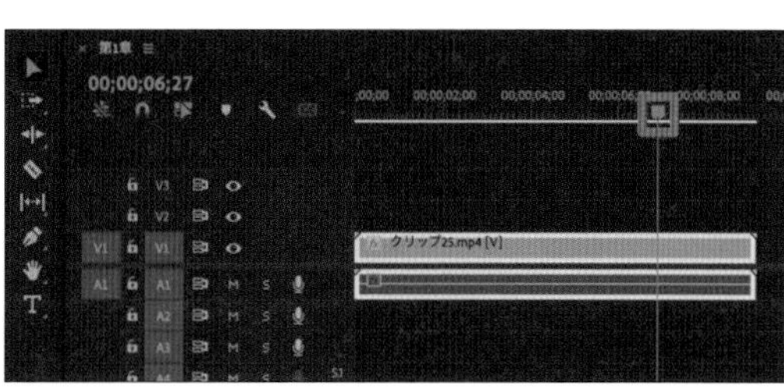

4 パラメーターをリセットする

「エフェクトコントロール」パネルで「位置」と「スケール」の■をクリックし、パラメーターをリセットします。「位置」と「スケール」の値がデフォルトに戻り、キーフレームが打たれます。ズームインからズームアウトの完成です。

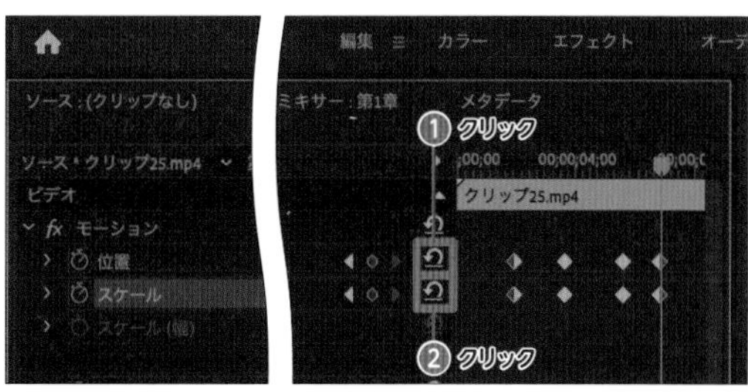

MEMO

タイムラインが確認できない場合

「エフェクトコントロール」パネルにタイムライン領域が表示されていない場合は、■をクリックすると表示されます。

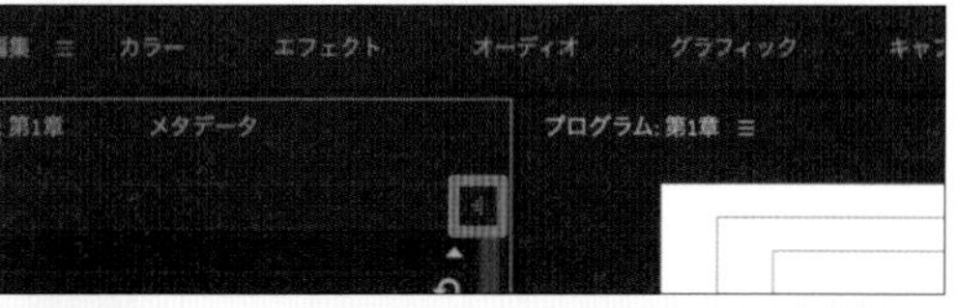

ズームインの注意点

ズームインで拡大しすぎると画質が荒くなりますので注意しましょう。また、位置とスケールの値をもとの素材のサイズ以下にすると、上下左右のどこかが何も表示されない真っ黒の画面が入ってしまいますので、こちらも注意しましょう。

Recipe 18 フェードイン／フェードアウトさせる

徐々に映像が映し出される「フェードイン」と、徐々に黒い画面になっていく「フェードアウト」の作り方を紹介します。なおこの解説は、「エフェクトコントロール」パネルの操作の基本も兼ねています。

フェードインを適用する

1 再生ヘッドを先頭に移動する

フェードインは動画の先頭に適用することが多い効果です。ここでは、再生ヘッドを先頭に移動させます。すると先頭にあるクリップが自動で選択されます。

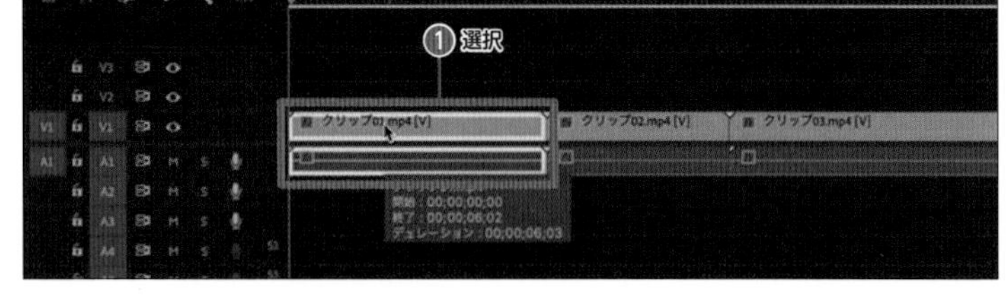

2 不透明度の値を変更する

「エフェクトコントロール」パネルで「不透明度」に「0.0%」と入力します。

3 キーフレームを打つ

「エフェクトコントロール」パネルで「不透明度」の⏱をクリックします。すると「エフェクトコントロール」パネルのタイムライン領域に1つ目のキーフレームが打たれます。

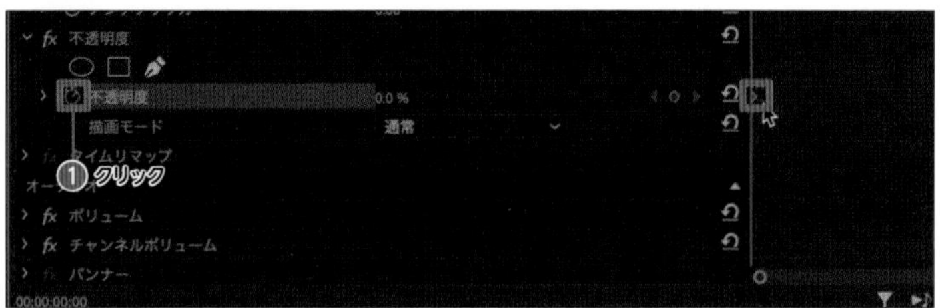

4 再生ヘッドを移動する

再生ヘッドを動かして、映像をはっきり表示させたい場所（フェードインを終わらせたい場所）に合わせます。

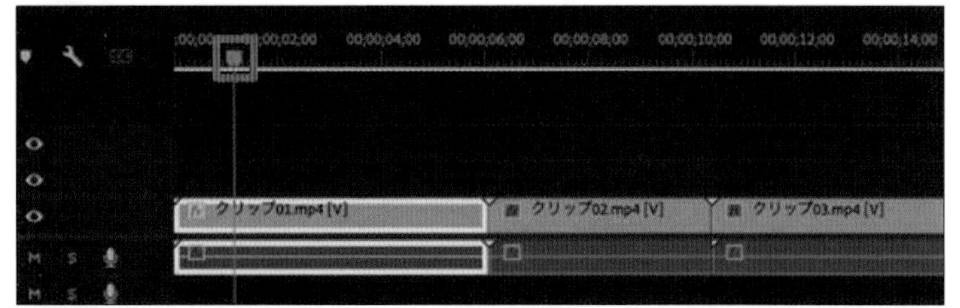

5 不透明度の値を戻す

「エフェクトコントロール」パネルで「不透明度」の値を「100%」に変更します。すると2つ目のキーフレームが打たれます。これで黒い画面から徐々に映像が表示されるフェードインの完成です。なお、キーフレームをドラッグして位置を調整することで、変化のスピードを変更させることができます。

フェードアウトを適用する

1 再生ヘッドを最後尾に移動する

フェードアウトは映像の最後尾に適用することが多い効果です。ここでは、再生ヘッドを最後尾に移動させ、「エフェクトコントロール」パネルで再生ヘッドがかかっているクリップを選択します。

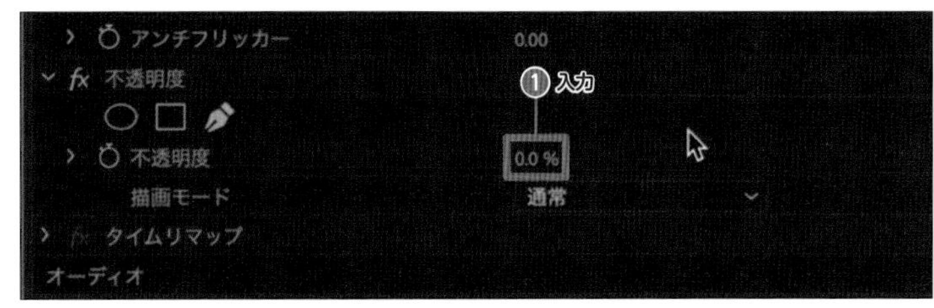

2 不透明度の値を変更する

「エフェクトコントロール」パネルで「不透明度」の値を「0.0%」にします。

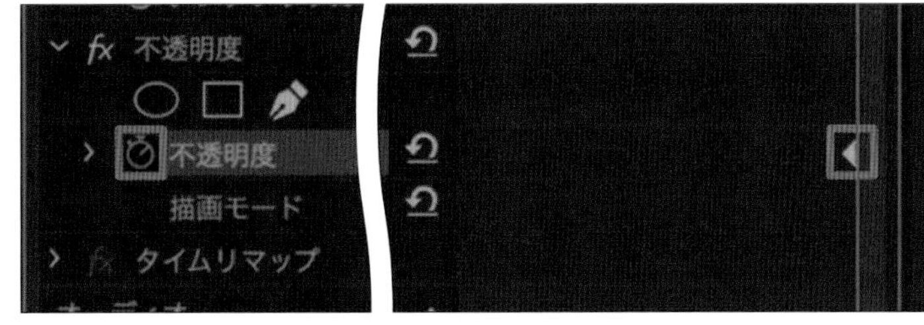

3 キーフレームを打つ

「エフェクトコントロール」パネルで「不透明度」の■をクリックします。すると「エフェクトコントロール」パネルのタイムライン領域に1つ目のキーフレームが打たれます。

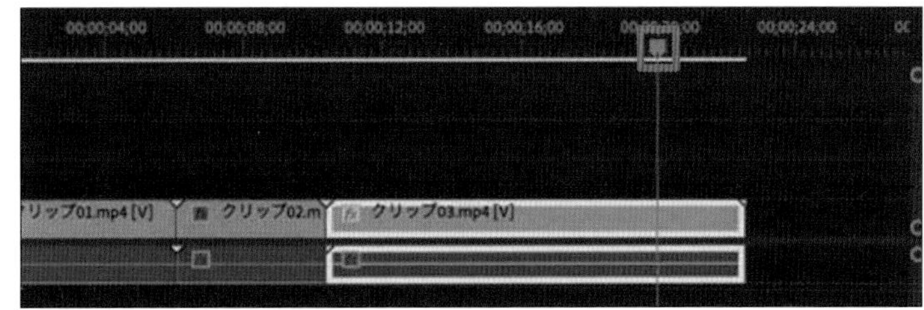

4 再生ヘッドを移動する

再生ヘッドを動かし映像が徐々に消え始める場所に合わせます。

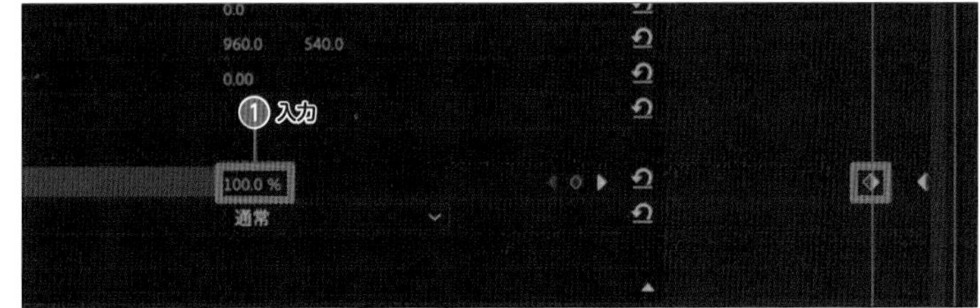

5 不透明度の値を戻す

「エフェクトコントロール」パネルで「不透明度」の値を「100%」にします。するとと2つ目のキーフレームが打たれます。これで映像が徐々に消えるフェードアウトの完成です。

MEMO

ここでは「エフェクトコントロール」パネルの基本的な操作を覚えるために、キーフレームを打ち、フェードインとフェードアウトを作る方法を解説しましたが「ディゾルブ」というトランジションを適用させると簡単にフェードインとフェードアウトを作ることができます。詳細はP.62で解説します。

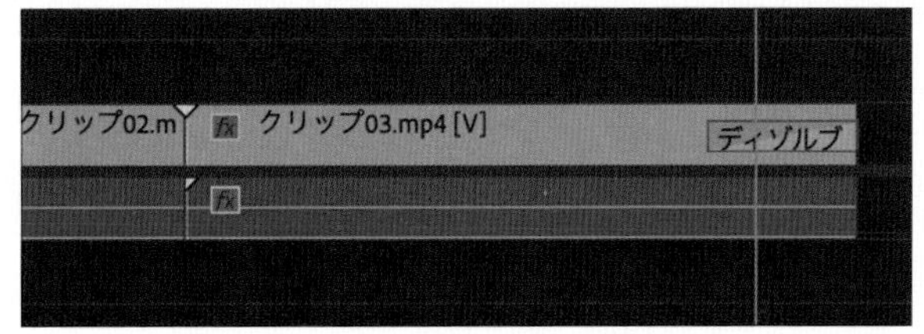

Recipe 19

早送り、スロー、逆再生にする

「タイムライン」パネルに配置したクリップは、速度を変更したり逆再生したりすることができます。ここでは、早送りとスローモーション、逆再生の方法を解説します。

早送り＆スローを適用する

1 速度を選択する

「タイムライン」パネルに配置した［19.mp4］を右クリックし、［速度・デュレーション］をクリックします。

ラベル
①クリック
速度・デュレーション...
シーン編集の検出...

2 速度変更後のクリップを自動調整する

「クリップ速度・デュレーション」が表示されたら、［変更後に後続のクリップをシフト］をクリックしてチェックを付けます。これで、速度を変更したあとのクリップの長さが自動で調整されます。

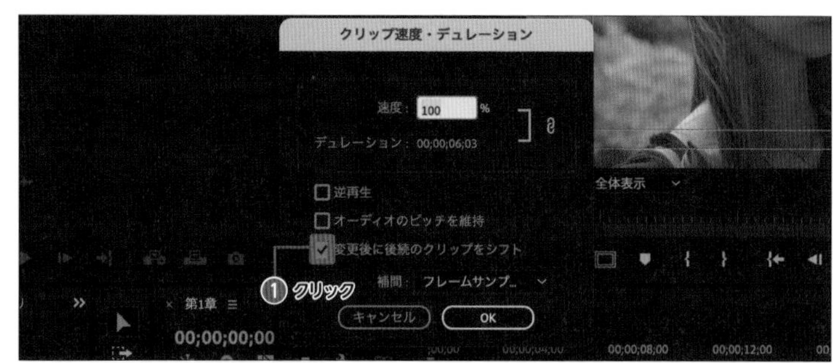

3 速度の数値を調整する

早送りする場合は「速度」の値を上げ、スローにする場合は下げて、［OK］をクリックします。

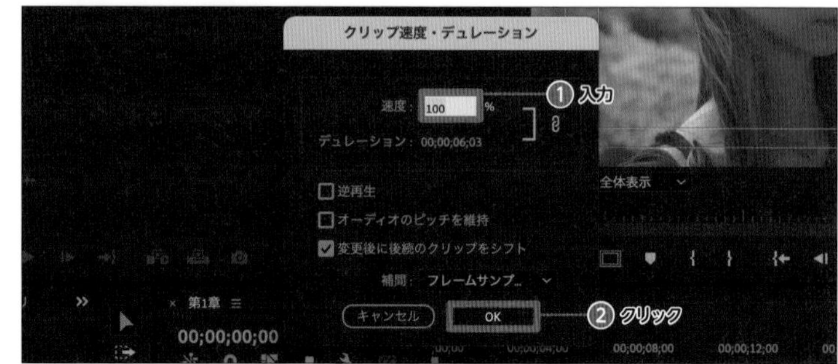

MEMO

スローを適用するときの注意点

スローを適用する際は、フレームレートを頭に入れておかないと、映像の品質が悪くなってしまうことがあります。たとえば、「24fps」のシーケンスに「24fps」のクリップを配置したケースを考えてみましょう。両者が同じ数値である場合、少しでもスローにするとフレーム数が足りなくなるため、カクカクした映像になってしまうのです。この場合、シーケンスよりもフレームレートの高い映像を配置する必要があります。24fpsのシーケンスで30fpsのクリップをスローにさせる場合は、24÷30=0.8という計算から、80%まで落とすことが可能です。60fpsのクリップであれば24÷60=0.4という計算から、40%まで落とすことが可能です。30fpsのシーケンスで60fpsのクリップをスローにさせる場合は、30÷60=0.5という計算から、50%まで落とすことが可能です。120fpsのクリップであれば30÷120=0.25という計算から、25%まで落とすことが可能です。
ただし、正確には24fpsは23.976fps、30fpsは29.97fps、60fpsは59.94fpsなので限界までスピードを落とすのではなく若干の余裕を持たせるようにします。

逆再生する

1 速度を選択する

「タイムライン」パネルに配置した [19.mp4] を右クリックし、[速度・デュレーション] をクリックします。

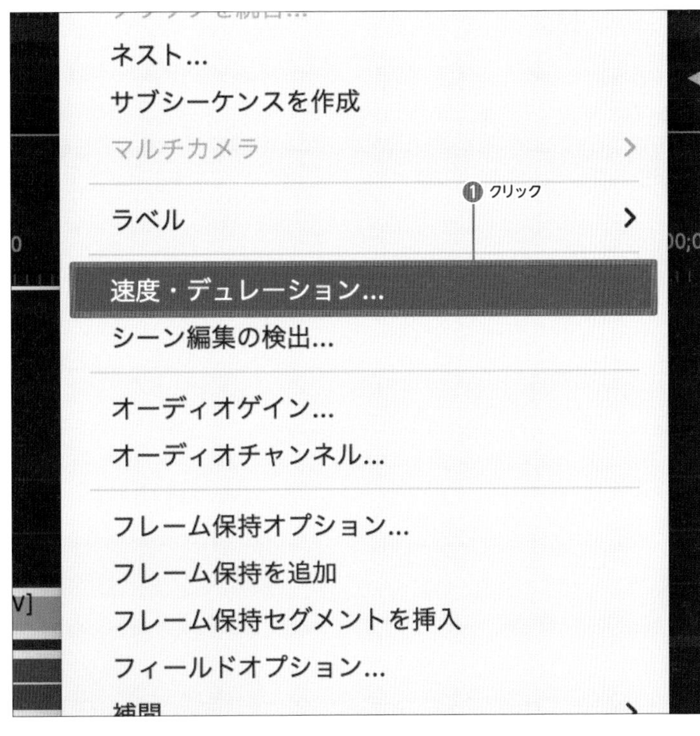

2 逆再生にチェックを入れる

「クリップ速度・デュレーション」が表示されたら、[逆再生] をクリックしてチェックを付け、[OK] をクリックします。

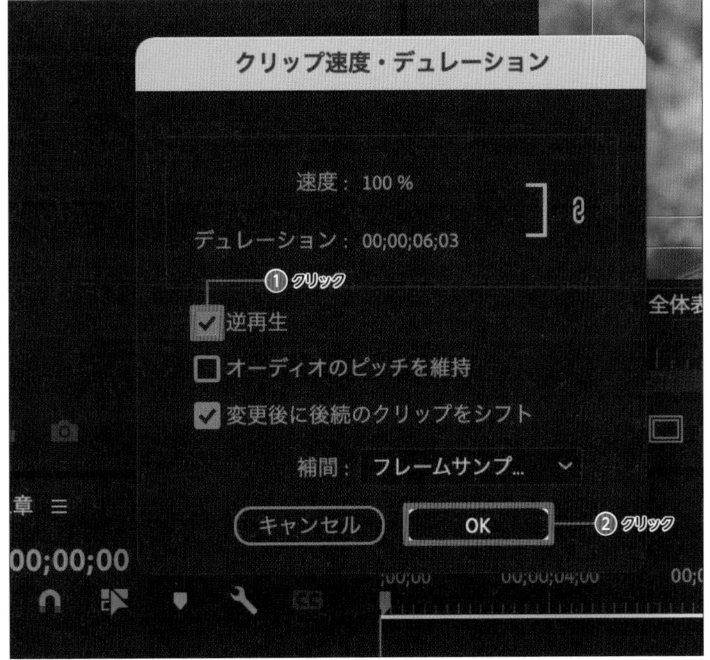

MEMO

逆再生とスピード調整の組み合わせも可能

「逆再生」にチェックを付けて「速度」の値を変更すれば、バラエティー番組やショートムービーなどで使われているような、「過去の回想シーン」風の演出が可能となります。また、上記手順3の画面の「補完」で、[フレームブロー] や [オプティカルフロー] を選択すると、独特のブレたような映像になり、手軽に質感を高めることができます。

Chapter 2 基本の編集レシピ

Recipe 20

テンプレートを活用して、タイトルを入れる

テンプレートを活用すれば、初心者でも本格的なテロップを簡単に作ることができます。ここではさまざまなテンプレートを無料で使える「mixkit」というサイトを取り上げて解説します。

「mixkit」とは

「mixkit」は、無料かつクレジット表記不要で商用利用OKの動画素材を多数配布しているWebサイトで、その中に本節で扱うタイトルテンプレートも含まれています。以下の手順でアクセスし、Premiere Proで活用してみましょう。

1 「mixkit」にアクセスしてテンプレートをダウンロードする

https://mixkit.co/free-premiere-pro-templates/elegant-golden-title-459/にアクセスします。[タイトル]をクリックし、好きな無料テンプレートを選択してクリックし、[ダウンロード]をクリックします。

2 解凍する

zipファイルがダウンロードされたら、ダブルクリックして解凍します。

3 ファイルを確認する

解凍したフォルダをダブルクリックし、モーショングラフィックスのテンプレートファイルが入っていることを確認します。

ファイル名の最後にある拡張子が「.mogrt」と表示されているものが、モーショングラフィックステンプレートです。

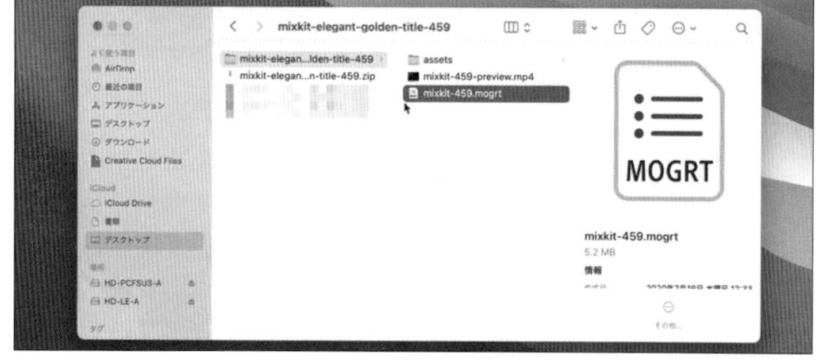

4 Premiere Proを表示する

Premiere Proを起動し、メニューバーで［ウィンドウ］→［エッセンシャルグラフィックス］の順にクリックします。

5 インストールする

「エッセンシャルグラフィックス」パネルが表示されたら、手順**2**で解凍したフォルダを表示し、モーショングラフィックスのテンプレートファイルをドラッグ&ドロップします。

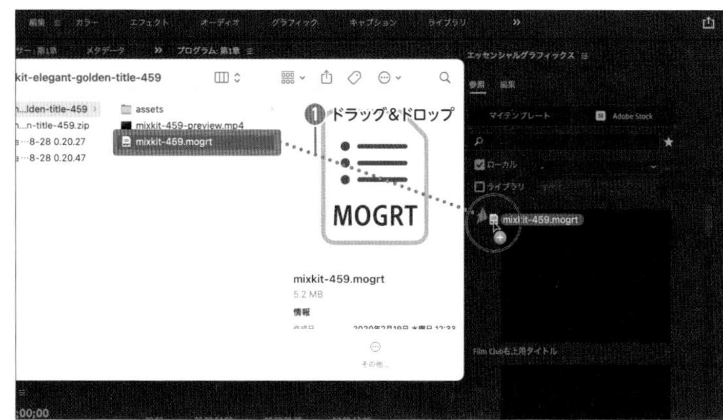

6 「タイムライン」パネルに配置する

配置が完了したら、タイトルを入れたい場所のビデオトラックにドラッグ&ドロップで配置します。なお、タイトルを入れる背景となるクリップ［20.mp4］は、あらかじめ「タイムライン」パネルにドラッグ&ドロップしておきましょう。

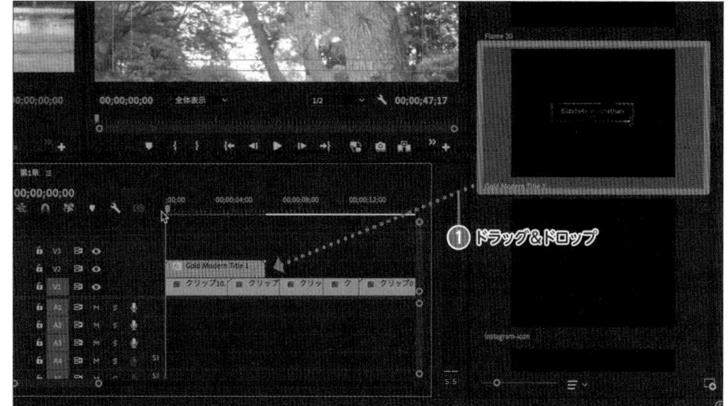

7 テキストなどを変更する

クリップをクリックし、「エッセンシャルグラフィックス」パネルでテキストやフォント、サイズなどを調整すれば完了です。

Recipe 21 トランジションの操作方法

トランジションとは、クリップとクリップが接触している編集点に適用する特殊効果のことです。Premiere Proではさまざまなトランジションを簡単に適用することができます。

トランジションを適用する

トランジションを適用することによって、映像をスタイリッシュに切り替えることができます。Premiere Proの編集作業の中でも頻繁に用いられる手法であり、その種類も多種多様です。ここでは、「クロスディゾルブ」を適用してみます。前のクリップの映像が徐々に消え、後ろのクリップの映像が徐々に表示されるトランジションです。

1 トランジションを表示する

[エフェクト] パネルのタブをクリックして、検索窓に「ディゾルブ」と入力します。

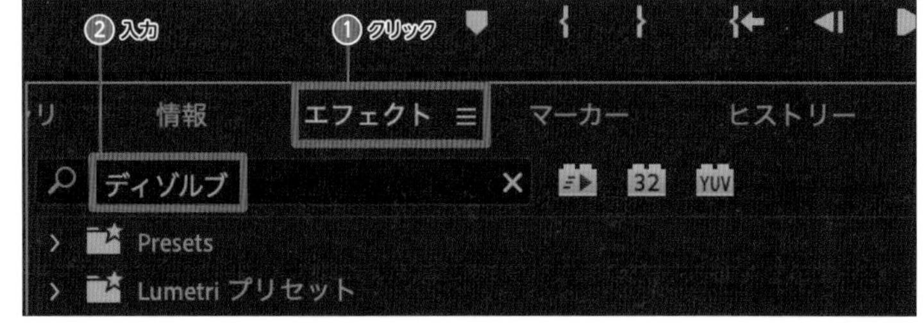

2 編集点にドラッグ＆ドロップする

「クロスディゾルブ」というトランジションが表示されたら、「タイムライン」パネルのビデオトラックに配置した [21a.mp4] と [21b.mp4] が接続している編集点にドラッグ＆ドロップして適用します。

これで適用が完了します。

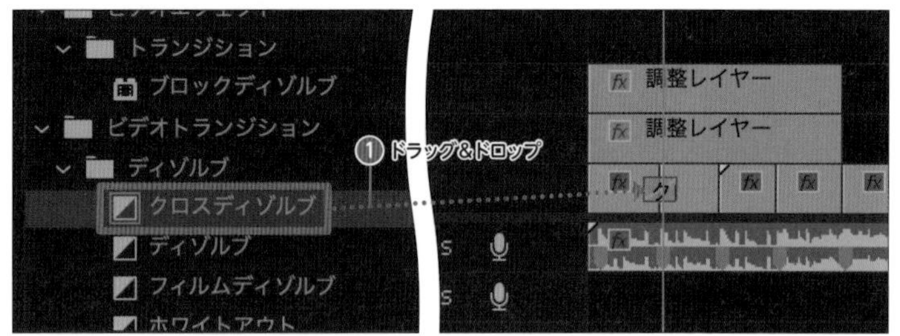

MEMO

別のトランジションを試したいときは？

上記手順 1 ～ 2 と同様の方法で、別のトランジション（たとえば「ワイプ」など）を検索し、先ほどの編集点にドラッグ＆ドロップすると、前に適用したトランジションを新しいものに上書きすることができます。

トランジションを削除する

1 消去を選択する

適用したトランジションを削除するには、適用したトランジションの上で右クリックし、[消去] を選択します。delete キーを押すことでも同様の操作が可能です。

トランジションのデュレーション（表示時間）を変更する

1 デュレーションを設定する

適用したトランジションを右クリックし、[トランジションのデュレーションを設定]をクリックします。または適用したトランジションをダブルクリックします。

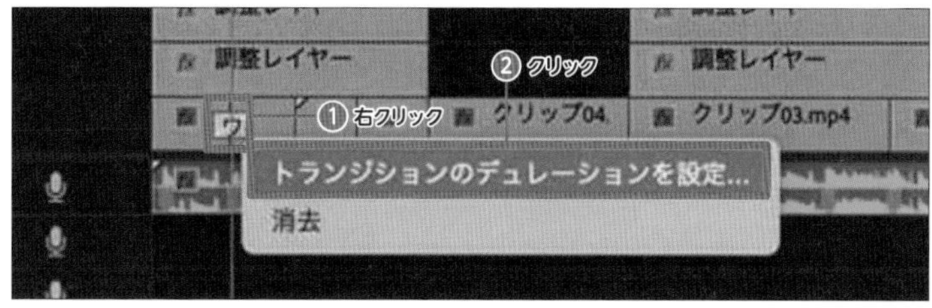

2 編集点にドラッグ＆ドロップする

「トランジションのデュレーションを設定」が表示されたら、値を入力して[OK]をクリックします。たとえば、1秒10フレームにしたい場合はデュレーションを「00:00:01:10」に変更して[OK]をクリックします。これでトランジションのデュレーションを変更できます。

なお、クリップと同じようにトランジションをトリミングしてもデュレーションを変更することができます。ズームハンドルで拡大させて、トランジションの端にカーソルを合わせてトリミングします。

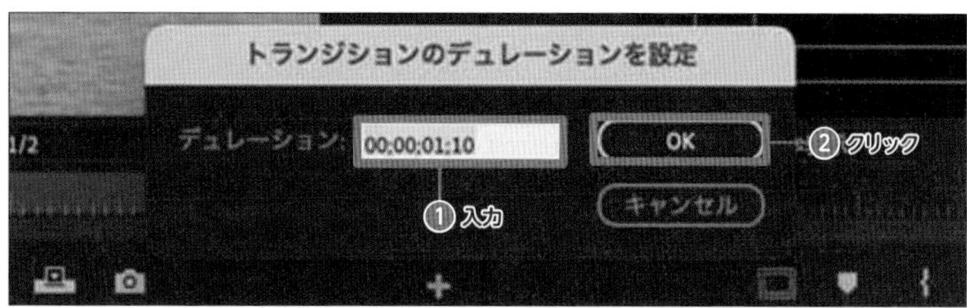

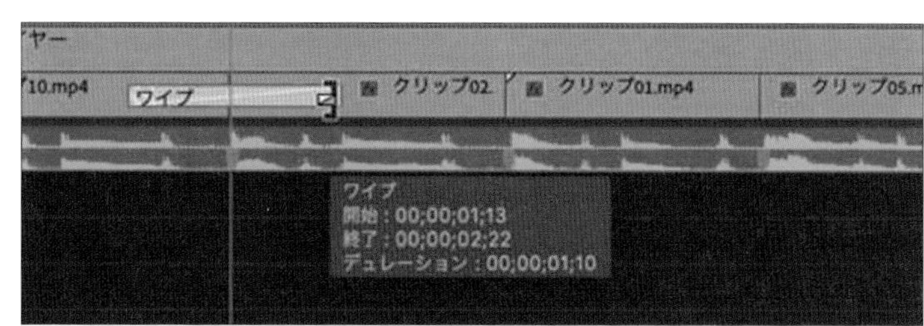

映像と音をフェードイン＆フェードアウトさせる

「エフェクトコントロール」パネルでフェードイン＆フェードアウトを作る方法をP.56で解説しましたが、トランジションを適用させると簡単にフェードイン＆フェードアウトを作ることができます。また、映像だけではなく音が徐々に大きくなるフェードインや音が徐々に小さくなり消えるフェードアウトも作ることができます。

1 映像のフェードイン＆フェードアウト

「エフェクト」パネルの検索窓に「ディゾルブ」と入力し、[ディゾルブ]をドラッグ＆ドロップして「タイムライン」パネルの先頭のクリップに適用します。同様に最後尾のクリップにも適用します。

2 音のフェードイン＆フェードアウト

「エフェクト」パネルで[オーディオトランジション]をクリックして「クロスフェード」をクリックもしくはⓋキーをクリックします。[コンスタントパワー]をドラッグ＆ドロップして、「タイムライン」パネルに配置したBGMのクリップの先頭に適用します。同様に、「コンスタントゲイン」を最後尾に適用します。

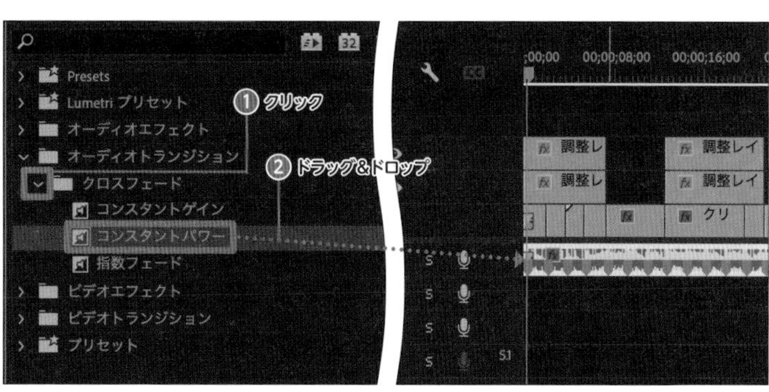

Chapter 2 基本の編集レシピ

Recipe 22 テロップを作る

タイトルや字幕、テロップといったテキストを動画に入れることを「テロップ入れ」と呼びます。ここでは、「エッセンシャルグラフィックス」パネルを使ってテロップを入れる基礎を紹介します。

「エッセンシャルグラフィックス」パネルを操作する

1 再生ヘッドを合わせる

「タイムライン」パネルに[22.mp4]をドラッグ＆ドロップで配置します。再生ヘッドを移動させ、テロップを入れたい場所に合わせます。

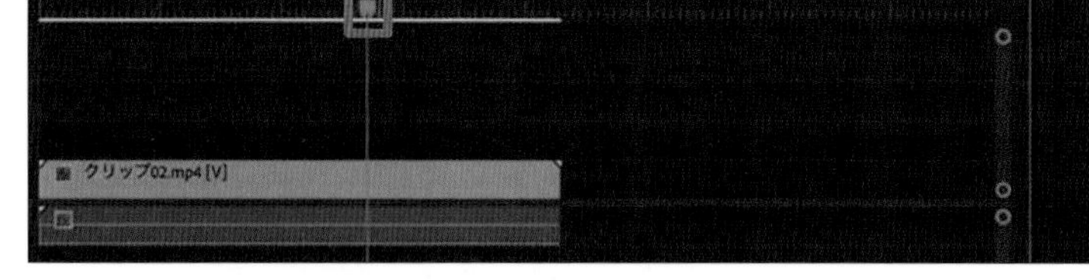

2 横書き文字ツールを選択する

「ツール」パネルのTをクリックして、[横書き文字ツール]を選択します。なお、Tを長押しすると縦書き文字ツールを選択することができます。

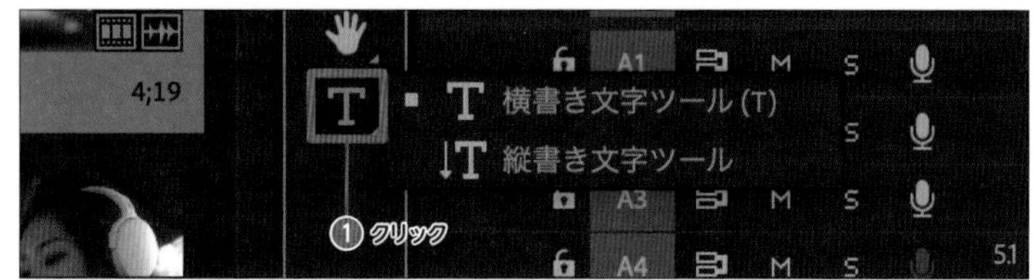

3 プログラムモニターをクリックする

「プログラムモニター」パネル内で、テキストを入れたい部分をクリックします。カーソルが点滅しテキストを入力できるようになります。「タイムライン」パネル上には「グラフィック」というクリップが自動で配置されます。

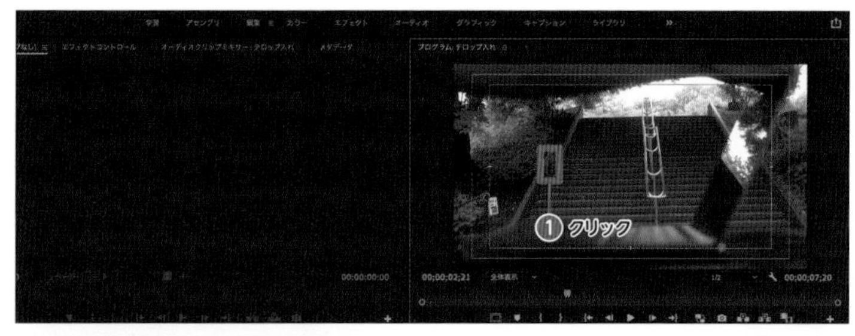

4 テキストを入力する

テキストを入力します。

5 「エッセンシャルグラフィックス」パネルを表示する

メニューバーで[ウィンドウ]→[エッセンシャルグラフィックス]の順にクリックし、次の手順を参考にテキストを調整します。

6 パネルの役割を把握する

画面右側に「エッセンシャルグラフィックス」パネルが表示されます。このパネルの編集でテキストのフォントやサイズ位置、シャドウなどを調整します。それぞれの役割も、ここでざっと把握してしまいましょう。

❶入力したテキストがレイヤーとして表示されます。

❷新規レイヤーを作ったりグループ分けすることができます。

❸ほかのレイヤーとモーション連携をすることができます。

❹整列方法や表示方法を設定することができます。

❺テンプレートを作成したり設定を適用するスタイルを選択したりできます。

❻テキストのフォントやサイズ、間隔、揃えなどを設定できます。

❼テキストカラーや縁取り、縁取りの太さ、背景カラー、シャドウを設定できます。

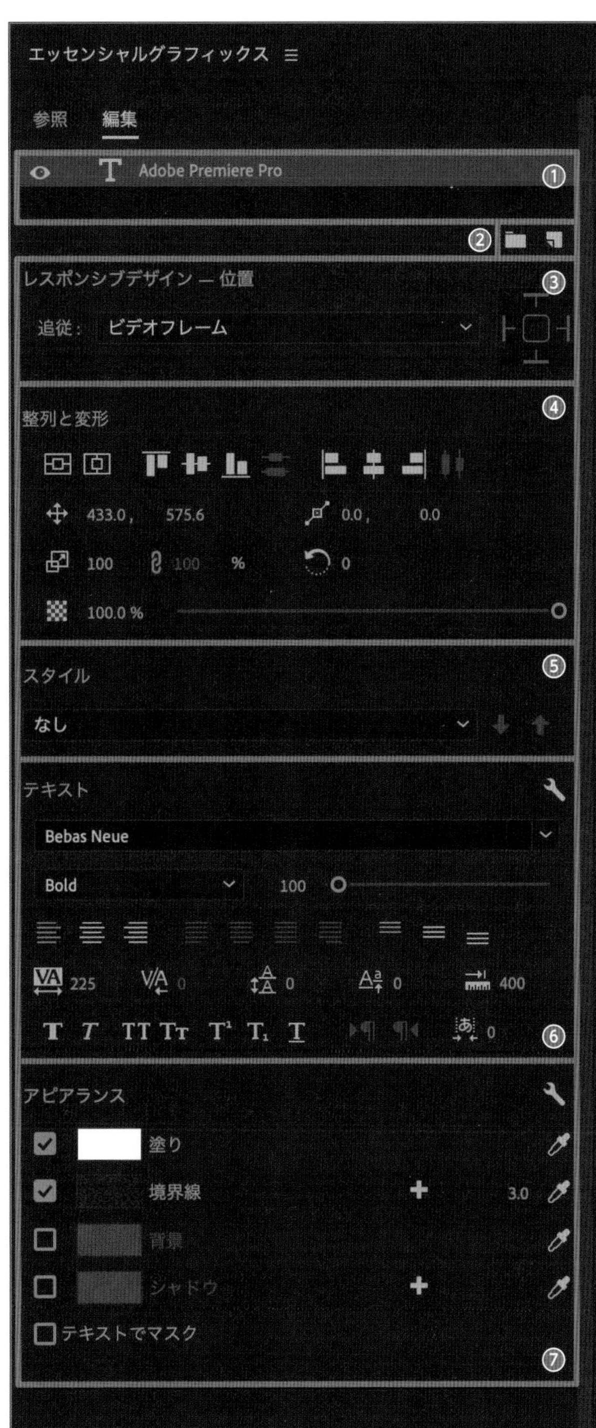

7 テキストクリップをトリミングする

テキストが完成したら「タイムライン」パネルのテキストクリップをトリミングして出現する位置を調整し、完成です。

Chapter 2 基本の編集レシピ

ロールタイトルを作る

テロップとはまた別の演出方法として、映画のエンディングなどで、タイトルが下から上へと流れていく「ロールタイトル」というものがあります。その作り方を解説します。

1 再生ヘッドを移動する

再生ヘッドを移動させ、ロールタイトルを表示させたい場所に合わせます。

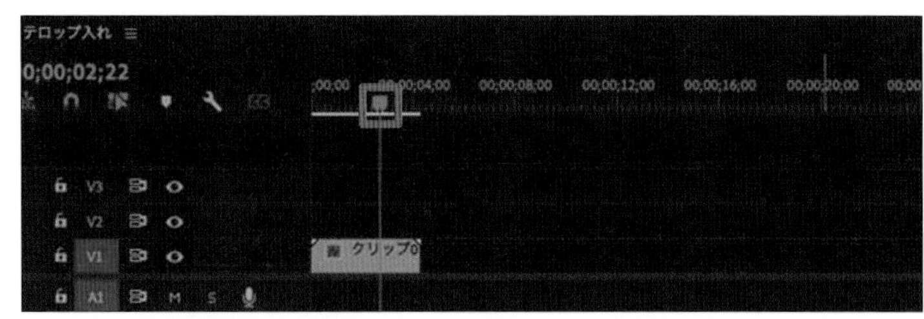

2 テキストを入力する

Tをクリックして横書き文字ツールを選択します。「プログラムモニター」パネルをクリックし、テキストを入力します。このときテキストは改行して入力します。

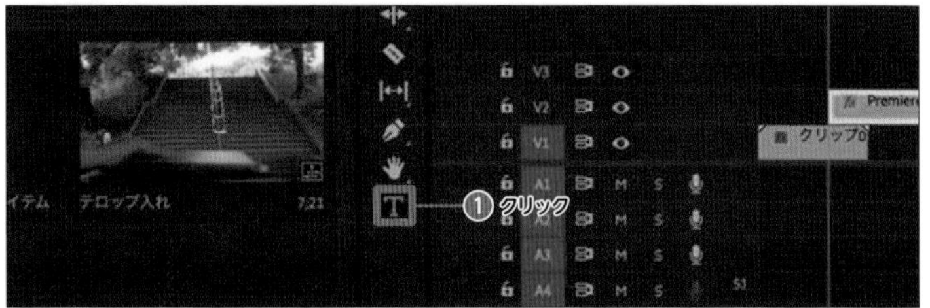

3 テキストをカスタマイズする

選択ツールに切り替えてメニューバーの［ウィンドウ］→［エッセンシャルグラフィックス］の順にクリックし、「エッセンシャルグラフィックス」パネルのタブを「編集」にして、テキストのフォントやサイズ、カラー、位置などを調整します。

4 選択を解除する

「プログラムモニター」パネルのテキスト以外の部分をクリックして選択を解除し、「エッセンシャルグラフィックス」パネルの［ロール］をクリックしてチェックを付けます。これで下から上へ流れるロールタイトルが完成します。

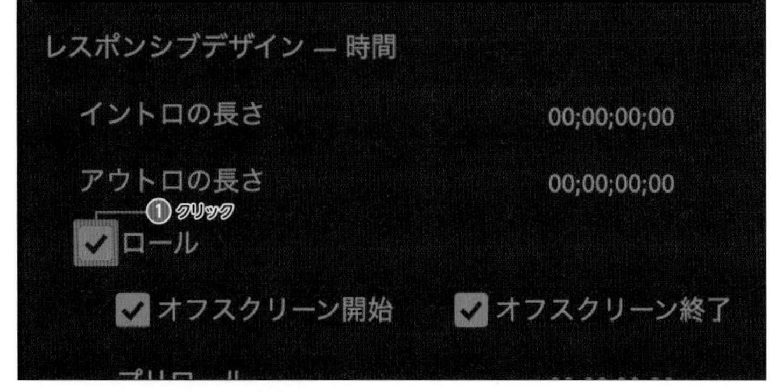

5 クリップの長さを調整する

「タイムライン」パネルに配置されたテキストクリップをトリミングして長さを調整すると、表示スピードを変更できます。

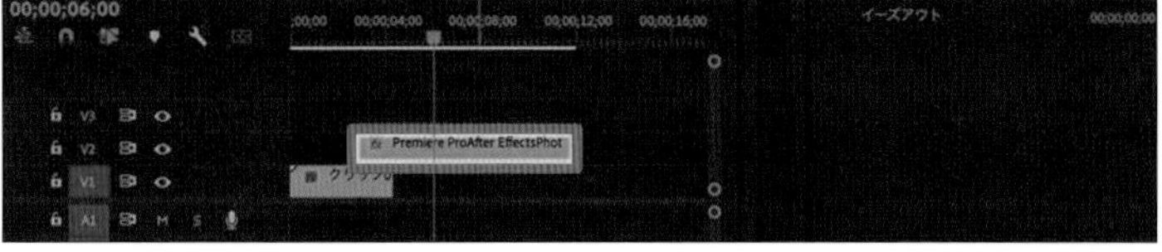

Recipe 23

動画を書き出す

Premiere Proでは、さまざまなファイル形式で動画を書き出すことができます。YouTubeも含め、一般的には「ソースの一致高速ビットレート」を選択することが多くあります。

ここではYouTubeへの投稿を想定し、「1080p 30fps」のシーケンスで作成した動画を書き出すための最適な方法を解説します。なお、YouTubeサポートページでも、おすすめのエンコード設定として「H264」が推奨されています。

動画を書き出す

1 書き出すシーケンスを選択する

編集が完了したシーケンスをクリックします。

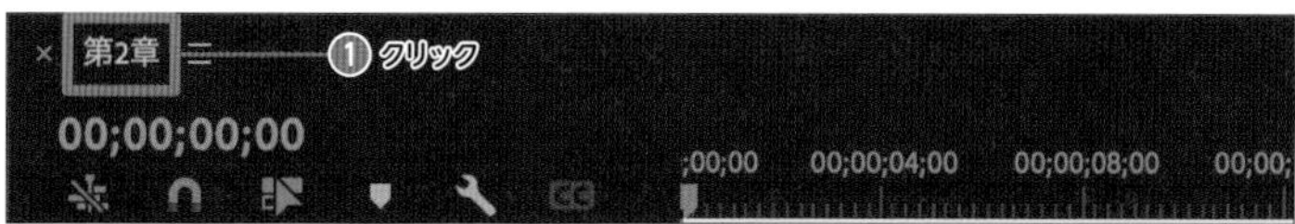

2 メディアを選択する

［ファイル］→［書き出し］→［メディア］の順にクリックします。もしくは ⌘ + M（Windowsは ctrl + M）を押します。

3 書き出し設定を行う

「書き出し設定」が表示されます。「形式」で［H264］を選択し、「プリセット」で［YouTube 1080p フルHD］を選択します。

「出力名」の右側をクリックして保存先を選択し、「ビデオを書き出し」と「オーディオを書き出し」にチェックが付けられていることを確認します。P.29手順**3**で作成した「04_render」フォルダに保存してください。

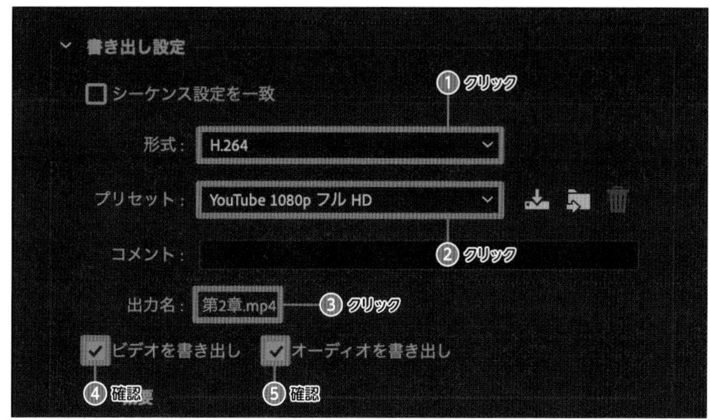

MEMO

動画の保存形式

YouTubeサポートページでは、「1080p」のSDR動画をアップロードする際におすすめの映像ビットレートは8Mbps、HDR動画をアップロードする際におすすめの映像ビットレートは10Mbpsと掲載されているので、ビットレートエンコーディングVBR,2パスにし、ターゲットビットレートを「12」にし、最大ビットレートを「12」にします。このようにしておけば、YouTubeに高品質な状態で動画を投稿することができます。なお、仕事で動画編集を行う場合は、先方からファイル形式やビットレート形式など細かく指示されることがありますので、その通りの設定にすれば問題ありません。

4 「基本ビデオ設定」を行う

[ビデオ]をクリックします。[最大深度に合わせてレンダリング]をクリックしてチェックを付けます。

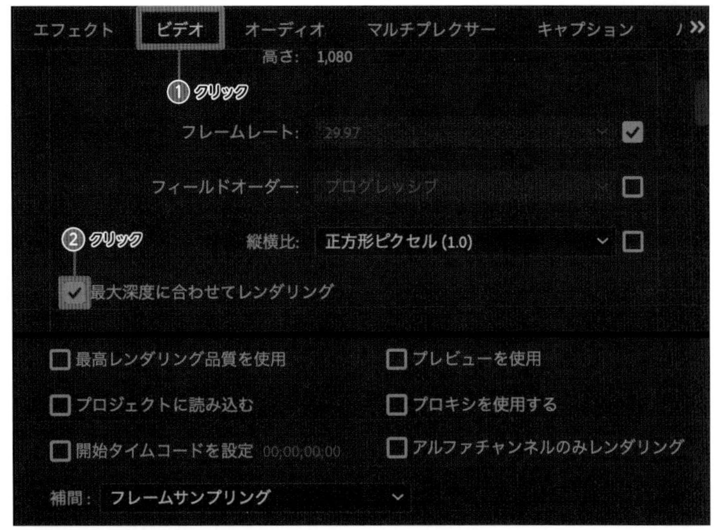

5 「ビットレート設定」を行う

「ビットレートエンコーディング」で[VBR,2パス]を選択します。「ターゲットビットレート」を「12」に調整します。「最大ビットレート」を「12」に調整します。[最高レンダリング品質を使用]をクリックしてチェックを付けます。

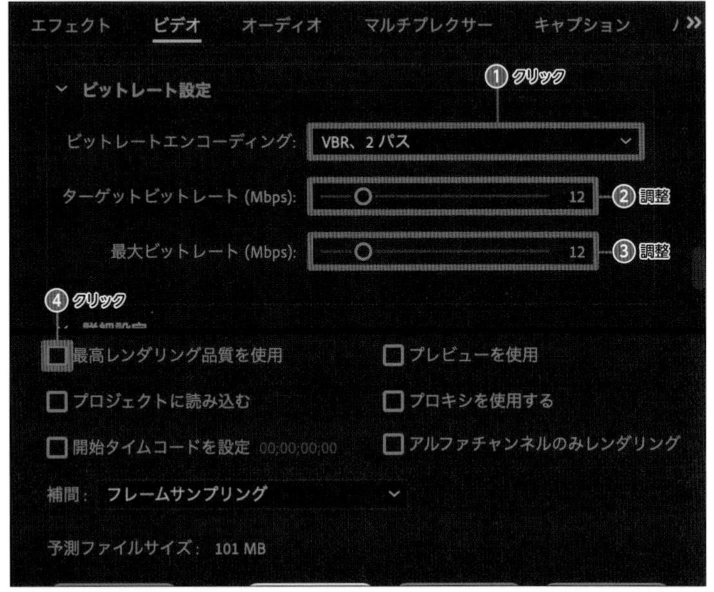

MEMO

プリセットの変更について

「最高レンダリング品質を使用」にチェックを入れると、プリセットは「カスタム」に変更されます。形式とプリセットだけを設定すれば、ほかの項目はデフォルトでも書き出すことができますが、ここではYouTube用の動画をできるだけ高品質に書き出す方法を解説しています。

6 書き出しをクリックする

設定を確認して[書き出し]をクリックします。ファイルの書き出しが始まりしばらくすると保存先にファイルが出力されます。

MEMO

シーケンスの一部を書き出す(イン点とアウト点)

長い動画の場合、すべてを書き出す前に一部分だけ(イン点からアウト点)書き出すと、カラーやエフェクトを確認できるので便利です。

Chapter

3

基本のエフェクトレシピ

Premiere Proといえば、多彩なエフェクトを用いることで画面を豊かに彩ることができる点も、魅力の1つです。ここでは、その中でも基本となるエフェクトの効果と使い方を解説していきます。

Recipe 24 エフェクトとは

「エフェクト」とは、クリップに適用する特殊効果のことです。Premiere Proには多くのエフェクトが入っており、用途に応じて簡単に適用することができます。

エフェクトとは

P.62で紹介したトランジションは、クリップとクリップが接続している編集点に適用する特殊効果でしたが、「エフェクト」はクリップそのものに適用する特殊効果です。トランジションと同様、Premiere Proにはたくさんのエフェクトが入っており、ドラッグ＆ドロップで簡単に適用することができます。また、エフェクトは自作したり、外部サイトで購入したものを適用したりすることもできます。

エフェクトなし

エフェクトのない、通常の状態です。

モノクロ

白黒の映像です。レトロな雰囲気を演出することができます。

輪郭検出

動画素材の輪郭を読み取って、絵画のような雰囲気に仕上げることができます。

ブラー（ガウス）

全体、あるいは一部をぼかすことができます。

レンズフレア

太陽のような強い光源を作るエフェクトです。

クロップ

切り抜きや余白を作れるほか、映画のように上下に黒い帯を入れることもできます。

エフェクトを適用する

クリップに適用したエフェクトは、エフェクトコントロールパネルで自由に調整をすることができます。ここではエフェクトの適用方法を紹介します。

エフェクトの適用方法

1 エフェクト名を入力する

ここでは「輪郭検出」というエフェクトを適用していきます。「エフェクト」パネルで、検索窓に「輪郭検出」と入力します。

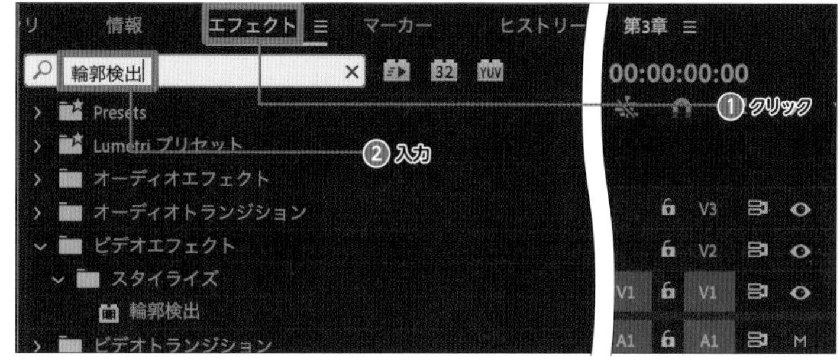

MEMO

「エフェクト」パネルが表示されない場合は、メニューバーで［ウィンドウ］→［エフェクト］をクリックします。なお、適用させるエフェクトを表示するには、手順**1**のように入力する方法と、各種フォルダを順にクリックしていく必要があり、本書ではそのどちらも紹介していますが、好きな方を選択してください。

2 ドラッグ&ドロップで適用する

［輪郭検出］が表示されたら、「タイムライン」パネルのクリップにドラッグ&ドロップします。これでクリップにエフェクトが適用されます。

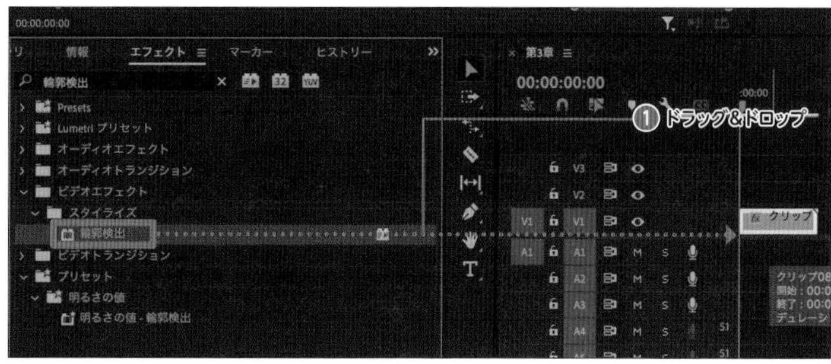

and more...

ダブルクリックで適用する

もう1つの方法として、エフェクトを適用したい「タイムライン」パネルのクリップを選択した状態で、［輪郭検出］をダブルクリックします。この方法でも、同様にクリップにエフェクトが適用されます。［輪郭検出］に限らず、ほかのエフェクトでも同様の方法で適用が可能です。

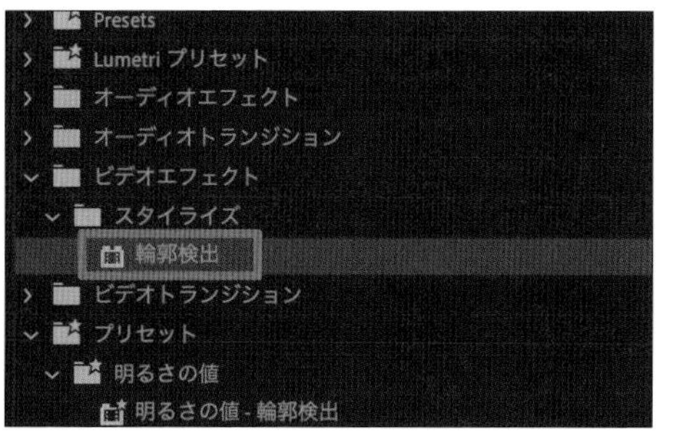

Recipe 26 エフェクトコントロールで調整する

クリップに適用したエフェクトは、「エフェクトコントロール」パネルで一時的に効果をオフにしたり削除したりと、さまざまな調整をすることができます。ここでは、適用したエフェクトの基本操作を解説します。

「エフェクトコントロール」パネル

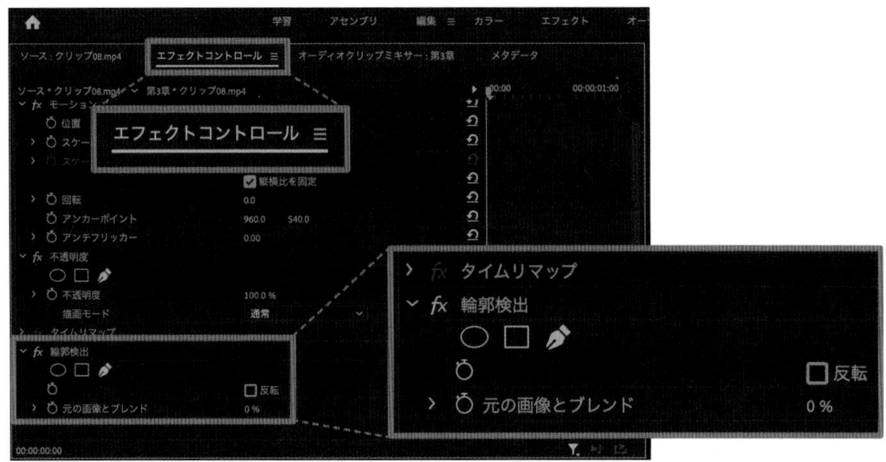

[エフェクトコントロール]パネルで「エフェクトコントロール」パネルを表示します。ここでエフェクトを適用したクリップを選択し、調整を行います。「エフェクトコントロール」パネルの下の方には、適用したエフェクト名（ここでは「輪郭検出」）が追加されています。このエフェクトのかかり具合も、このパネルで調整できます。

エフェクトを一時的にオフにする

エフェクト適用前後の変化を比較して確認したい場合は、エフェクト名の横にある[fx]をクリックします。これで適用前の状態を確認することができます。戻すときは再度[fx]をクリックします。

エフェクトを削除する

適用したエフェクトを削除するには、エフェクト名を右クリックして[消去]をクリックします。もしくは、エフェクト名をクリックして delete キーで削除できます。

適用したエフェクトを調整する

適用したエフェクトは、「エフェクトコントロール」パネルでパラメーターを調整することで、より最適な仕上がりへと調整できるようになります。パラメーターとは、エフェクトの「かかり具合」を調整する数値のことです。ここでは「レンズフレア」という、画面を光らせるエフェクトを例に解説します。

1 エフェクトを適用する

「タイムライン」パネルに［26.mp4］をドラッグ＆ドロップします。「エフェクト」パネルで、検索窓に「レンズフレア」と入力します。［レンズフレア］が表示されたら、「タイムライン」パネルのクリップにドラッグ＆ドロップします。

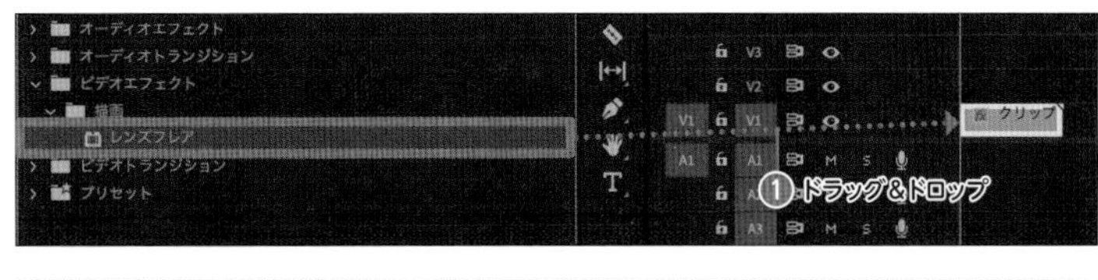

2 パラメーターを調整する

「エフェクトコントロール」パネルを確認すると、「レンズフレア」が追加されています。「光源の位置」や「フレアの明るさ」、「元の画像とブレンド」といった項目の値を自由に調整して、もっとも自然に見えるように仕上げていきます。

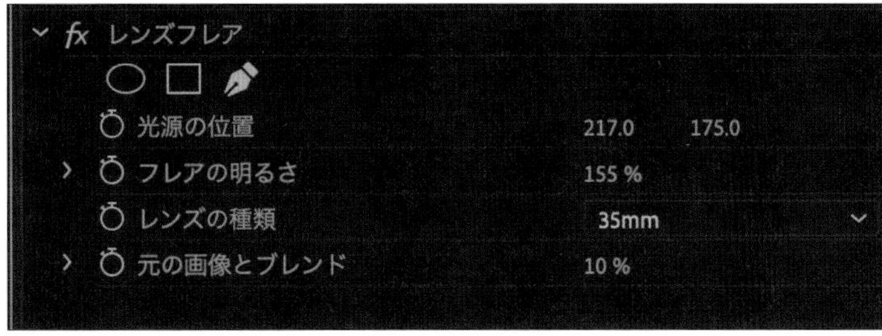

3 フレアの明るさにキーフレームを打つ

キーフレームを打って動きを加えます。ここでは、再生ヘッドをクリップの先頭に移動させ、「フレアの明るさ」に「150%」と入力します。さらに、⏱のアイコンをクリックして1つ目のキーフレームを打ちます。

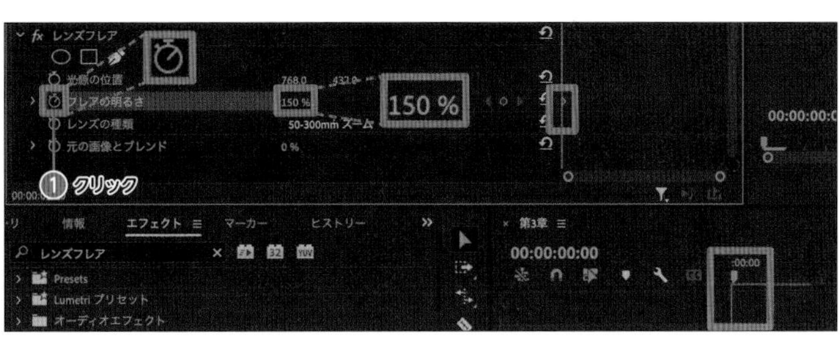

4 フレアの明るさにキーフレームを打つ

再生ヘッドをクリップの最後尾に移動させ、「フレアの明るさ」に「70%」と入力します。すると2つ目のキーフレームが打たれます。これで、フレアの明るさが徐々に弱くなる動きを作ることができます。

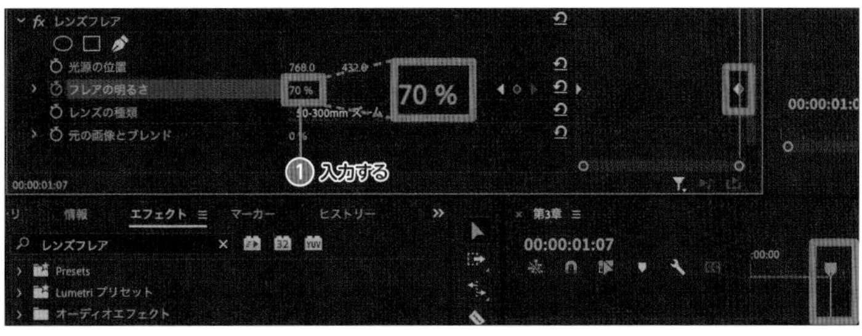

5 光源の位置にキーフレームを打つ

手順**3**〜**4**を参考に、「光源の位置」にもキーフレームを打つと、フレアが動きながら弱くなる動きを作ることができます。

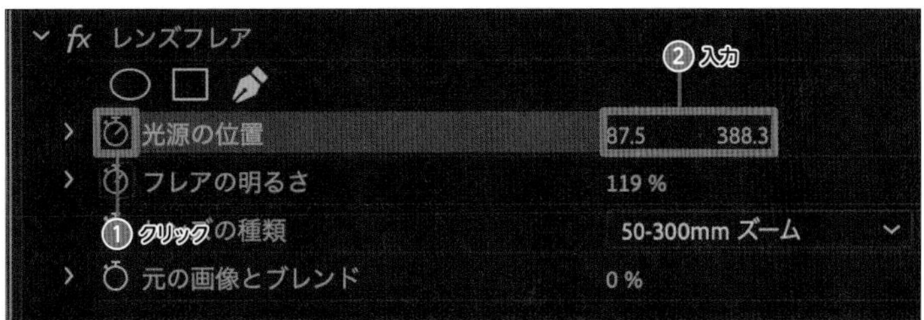

Recipe 27 映画のような雰囲気を作る

映像の上下に黒い帯(レターボックス) を追加することで、映画のような雰囲気を演出することができます。近年流行の「Vlog」でも、この表現が好まれる傾向にあります。

すでに序章で確認したように、テレビなどの映像は「16:9」の画面比率で、映画ではより横長の「2.35:1」の画面比率(シネマスコープサイズ)が多く用いられています。また、私たちが所有しているスマートフォンやテレビは「16:9」か、それに近い画面比率で作られています。そのため、映画のような雰囲気を再現する場合は、上下に黒い帯を入れ、シネマスコープサイズの画面比率を擬似的に作ることがあります。以下はそのための手順解説ですが、そこで出てくる「調整レイヤー」については、P.94で詳しく解説するので、まずは手順通り行ってみましょう。

1 調整レイヤーを作成する

[clop.mp4] を「タイムライン」パネルにドラッグ＆ドロップで配置します。「プロジェクト」パネルの右下にある をクリックし、[調整レイヤー] をクリックします。「ビデオ設定」の値が作成したシーケンスと同じ値になっていることを確認したら、[OK] をクリックします。

2 調整レイヤーを配置する

「プロジェクト」パネルに「調整レイヤー」が作成されるので、ドラッグ＆ドロップで適用したいクリップの上のトラックに配置します(「V1」にクリップがある場合は、「V2」に配置します)。

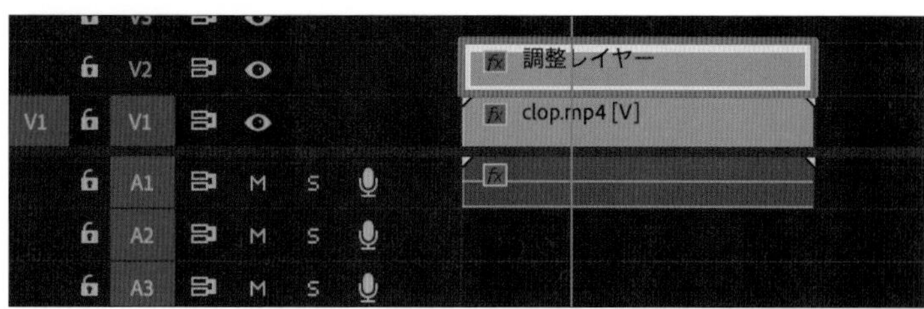

3　クロップを適用する

「エフェクト」パネルで、［ビデオエフェクト］→［トランスフォーム］→［クロップ］の順にクリックし、手順2で追加した調整レイヤーにドラッグ＆ドロップします。

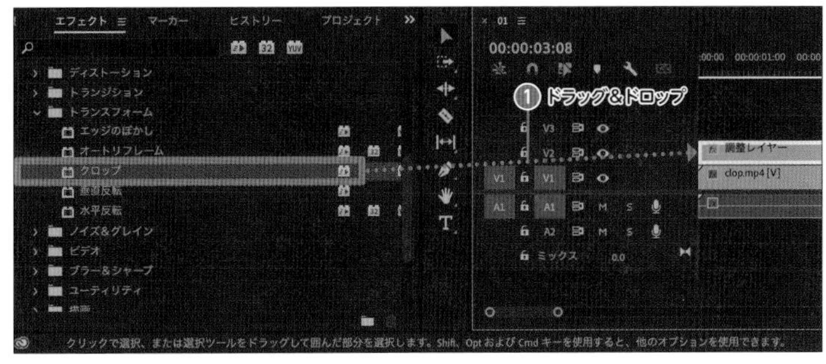

4　クロップの幅を調整する

「エフェクトコントロール」パネルで、「上」と「下」の値にそれぞれ「12.0」と入力します。これで映像の上下が12%ぶんずつクロップされ、黒い帯が表示されます。

and more...

映像の表示位置を調整する

クロップによって上下に黒い帯が表示され、シネマスコープサイズに見えるようになりました。しかし、もともとの素材が「16:9」の画面比率であることに変わりはありません。つまり、黒い帯の下には、本来映るはずの映像が隠れています。黒い帯のことを「レターボックス」と呼びますが、レターボックスで見せたい部分が隠れてしまったときは、映像の位置を下にずらして調整しましょう。
映像のクリップを選択し、「エフェクトコントロール」パネルで「位置」の値を上下に移動させると調整できます。この際に移動させ過ぎてしまうともともとの動画素材の端が見えはじめ、黒い帯が太くなってしまうので、随時「プログラムモニター」パネルを確認しながら調整しましょう。

▲クロップにより、足が切れてしまった

▲映像の位置を上に移動させ、両足を映した

Recipe 28 スタイライズで加工する

動画の見た目を一気に変えたいときには、「スタイライズ」に分類されるエフェクトを使います。ここではその効果をいくつか紹介します。

スタイライズ

「エフェクト」パネルにある「ビデオエフェクト」内には「スタイライズ」というフォルダがあります。この中には、適用するだけで一気に見た目を加工できるエフェクトが、たくさん収録されています。絵に描いたような雰囲気に加工したり、モザイクをかけたりと(P.80参照)、何かと便利なエフェクトがこのスタイライズには含まれています。ここでは、その中でも扱いやすいものをいくつか抜粋して紹介します。

カラーエンボス

境界線が際立って彫刻のような立体的感が出ます。素材やエフェクトの強さによっては、昔のビデオカメラの映像のようにも演出できます。

ブラシストローク

筆で描いた絵画のような雰囲気を作ります。筆の太さなども変更できます。

ポスタリゼーション

動画内の色数を減少させ、段階的に色が表示されたような雰囲気を作ります。

❖ 複製

動画を指定枚数分に複製します。動画の中央に合わせてスケールを上げると、複製された動画がフレームのような役割を果たします。

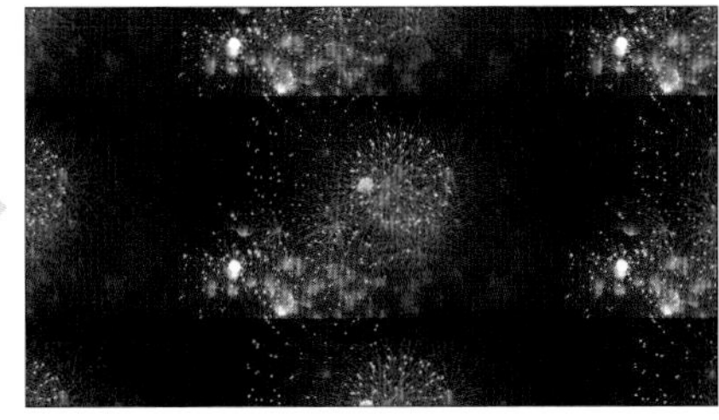

❖ 輪郭検出

動画内から輪郭を検出し、線画のような加工がされます。

MEMO

エフェクトの強さを調節する

各エフェクトを適用すると、「エフェクトコントロール」パネルに専用のパラメーターが表示されます。
このパラメーターの値を増減させることで、好みのエフェクトの強さや角度に変更できます。
また、[fx] をクリックすることで、適用中のエフェクトのオンオフが切り替えられるため、加工前と加工後を見比べるのに便利です。

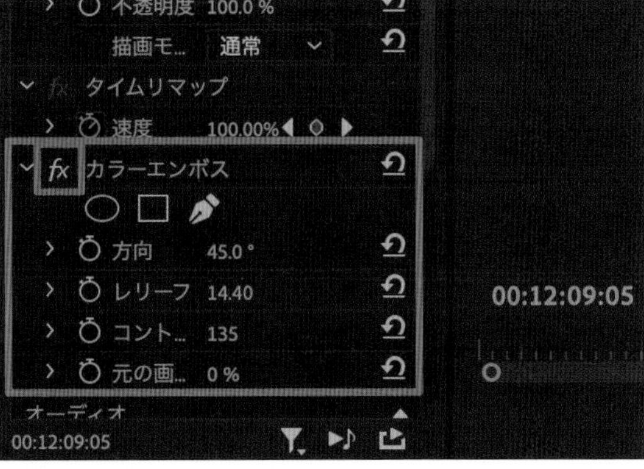

Chapter 3 基本のエフェクトレシピ

Recipe 29 モノクロにする

モノクロ映像も簡単に作ることができます。明るさ以外の情報が制限されるため、構図や被写体の動きが際立ち、ノスタルジックな雰囲気を手軽に作れる点がメリットです。

1 「モノクロ」を選択する

「エフェクト」パネルで、[ビデオエフェクト]→[イメージコントロール]→[モノクロ]の順にクリックします。

次に、モノクロにしたいクリップ[monochrome01.mp4]の上にドラッグ＆ドロップします。適用後、すぐにモノクロ映像になります。

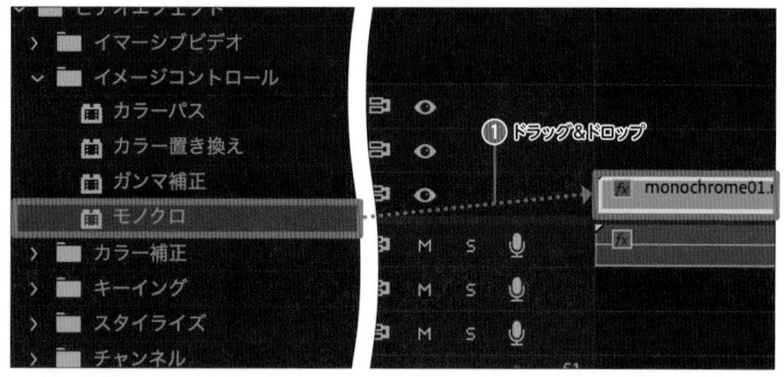

2 トーンを調整する

エフェクトを適用するだけでもモノクロにできますが、「Lumetriカラー」パネルの「トーン」のオプションにあるコントラストやハイライト、黒レベルを調整することで、イメージに合ったモノクロ映像にすることができます。

and more...

YouTuberが活用するモノクロ演出テクニック

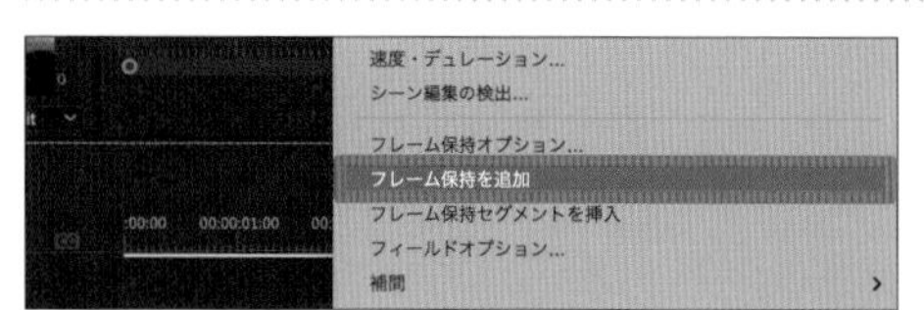

映像をモノクロにして一時停止させることで、なにかに失敗したときなどの残念な気持ちを演出することができます。

クリップの一時停止したい箇所に再生ヘッドを合わせ、クリップを右クリックし、[フレーム保持を追加]をクリックします。するとクリップが分割され、そのクリップの最後まで静止画になります。

Recipe 30 ノイズをかける

近年のカメラの高性能化で、綺麗な映像が身近になりました。その分、ノイズを加えることであえて昔に撮影したような雰囲気を作り、単に精細な映像とは一線を画す、味わい深い仕上がりにできます。

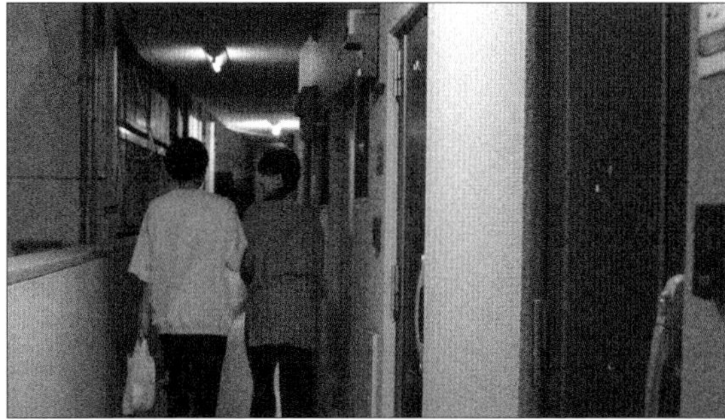

1 ノイズを選択する

「エフェクト」パネルで［ビデオエフェクト］→［ノイズ＆グレイン］→［ノイズ］の順にクリックし、適用したいクリップ［noise.mp4］にドラッグ＆ドロップします。

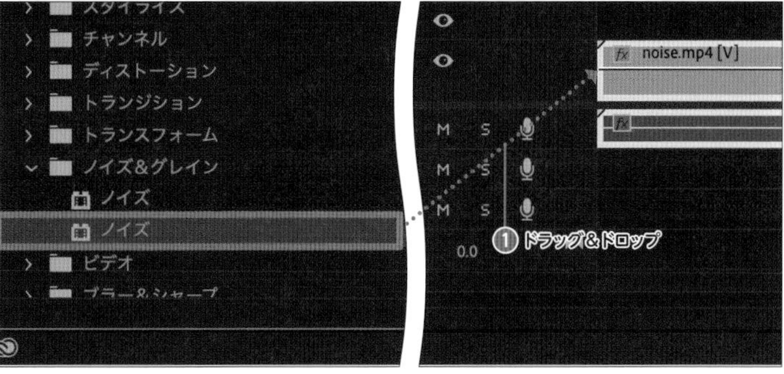

MEMO

同じエフェクト名が2つあるケースの違い

「ノイズ」のエフェクトのように、同じエフェクト名が2つある場合があります。エフェクト名の横に が表示されているエフェクトは「高速処理エフェクト」と呼ばれ、対応したGPUの能力を用いてスムーズにプレビューをさせることができます。
エフェクトの効果に違いはないので、基本的には高速処理アイコンがついている方を選択してください。

2 ノイズの量を調整する

「エフェクトコントロール」パネルで「ノイズ」の「ノイズの量」を好みの値（ここでは「50.0%」）に変更します。次に、［カラーノイズを使用］のチェックを外すと、モノクロなノイズになります。

再生すると、自動でノイズの粒子が動くので、自然なノイズ感が演出されます。

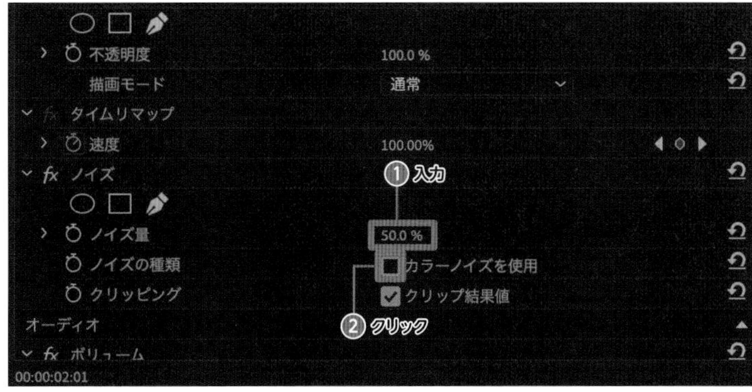

Chapter 3 基本のエフェクトレシピ

Recipe 31

モザイクをかける

車のナンバープレートや撮影許可を得ていない人の顔などが映り込んでしまった場合、モザイクで隠すのが一般的です。ここではその適用方法を解説します。

モザイクを適用する方法

1 エフェクトを検索する

「エフェクト」パネルで検索窓に「モザイク」と入力します。

2 モザイクを適用する

［モザイク］を適用したいクリップ［31.mp4］にドラッグ＆ドロップします。すると画面全体にモザイクが適用されます。

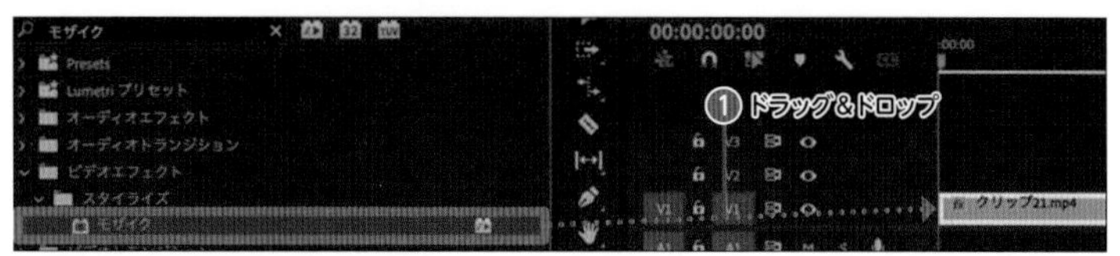

3 パラメーターを調整する

「エフェクトコントロール」パネルで、「モザイク」の「水平ブロック」や「垂直ブロック」の値を調整し、モザイクの質感を好みのものに変更します。また、［シャープカラー］をクリックしてチェックを入れると、モザイクの下の映像の色彩がより誇張されて表示されます。

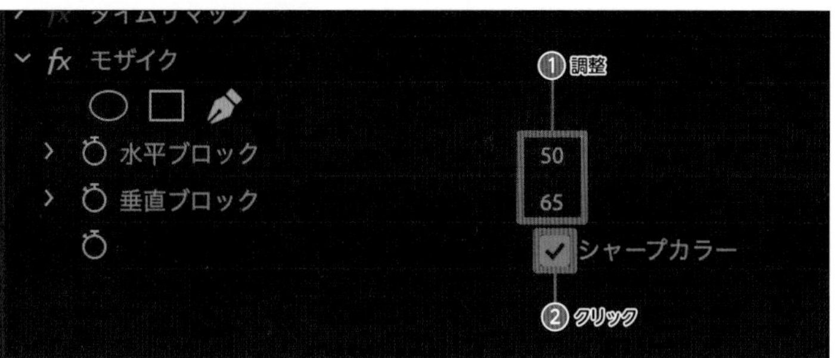

4 モザイク適用範囲を調整する

モザイクの適用範囲を調整するために「マスク」を使います（P.86参照）。■をクリックすると楕円形のモザイクになり、■をクリックすると長方形のマスクが適用されます。

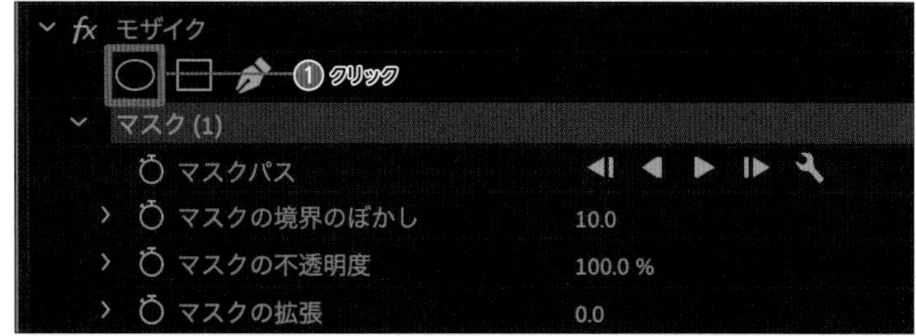

5 マスクの位置とサイズを調整する

「プログラムモニター」パネルの楕円形の部分をドラッグしてモザイクをかけたい場所に合わせます。形や大きさを調整して完了です。

トラッキングで自動追尾させる方法

被写体に動きがある場合やカメラを動かしている場合は、そのたびにモザイクの位置がずれてしまいます。本来は1フレームずつキーフレームを打つのですが、ここでは自動追尾させる「トラッキング」という方法を紹介します。

1 トラッキング方法を決定する

「エフェクトコントロール」パネルで「モザイク」の「マスクパス」右側にある🔧をクリックし、[位置、スケール、回転] をクリックします。

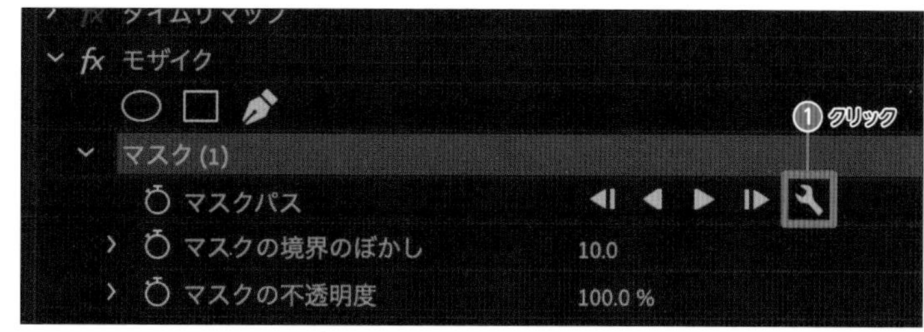

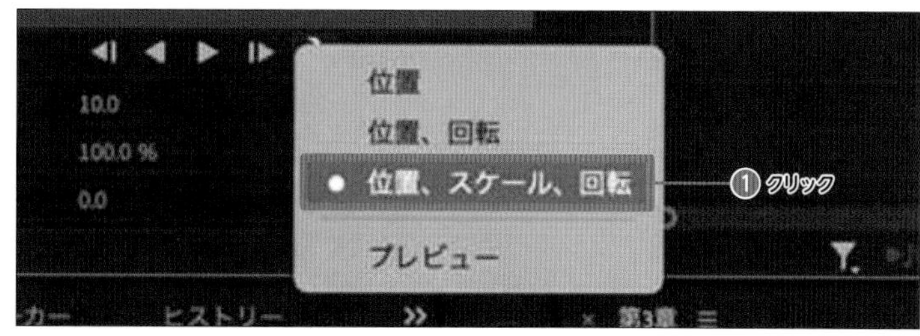

2 トラッキングを開始する

選択したマスクで、■をクリックします。順方向にトラッキングが開始されます。

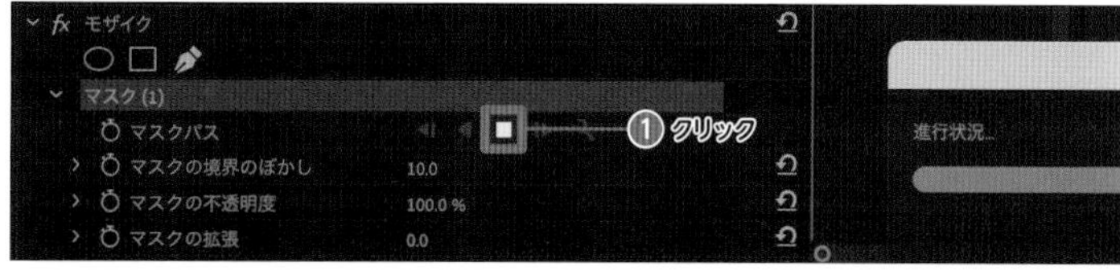

3 キーフレームが自動で打たれる

トラッキングが終了すると、「エフェクトコントロール」パネルのマスクパスに、キーフレームが自動で打たれています。

4 パラメーターを微調整する

左ページと同様に、「エフェクトコントロール」パネルで「モザイク」の「水平ブロック」や「垂直ブロック」にもキーフレームを打ち、数値を変更させると、モザイクに強弱が加わります。

なお、トラッキングを行った場合は、必ず最後に再生して、正しく追尾されているか確認をするようにしましょう。

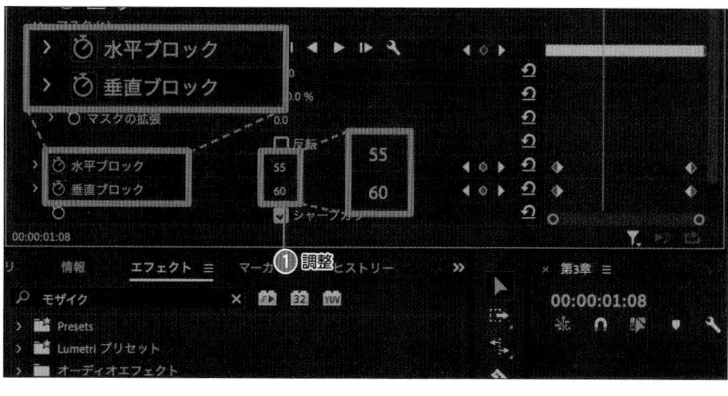

Recipe 32

ブラーでぼかす

ブラー（ガウス）は、映像をぼけさせるエフェクトです。モザイクを作ったりトランジションに追加したりと、さまざまな使い方ができるエフェクトです。

ぼけている映像から徐々にはっきりさせる

1 エフェクトを検索する

［32.mp4］を「タイムライン」パネルにドラッグ＆ドロップで配置します。「エフェクト」パネルで、検索窓に「ブラー」と入力します。

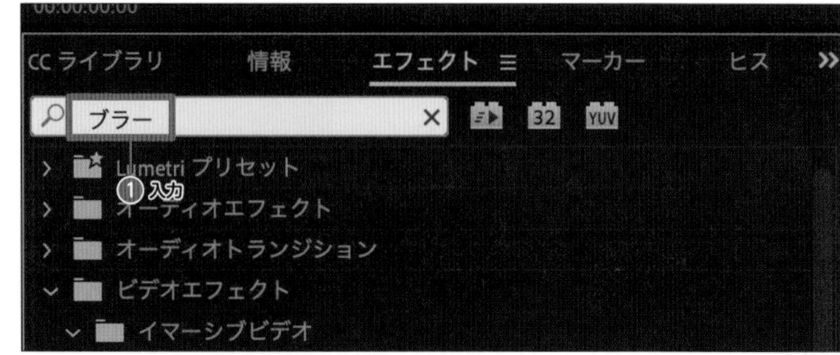

2 ブラー（ガウス）を適用する

［ブラー（ガウス）］をクリックしてクリップにドラッグ＆ドロップします。「エフェクトコントロール」パネルにブラー（ガウス）が追加されます。

3 パラメーターを調整する

「エフェクトコントロール」パネルで、「ブラー」の値を調整し、映像のぼけを調整します。

ここでは、ぼけている映像から徐々にはっきりとした映像になるエフェクトを作っていくので、以下の手順の値を参考にしてください。

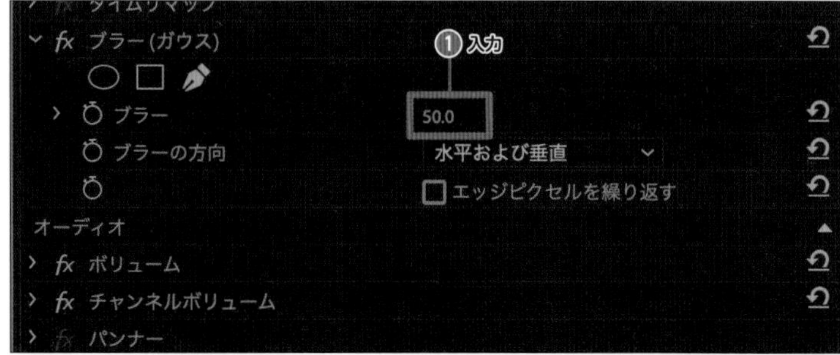

4 キーフレームを打つ

再生ヘッドをクリップの先頭に移動し、「ブラー」に「50.0」と入力します。次に⏱をクリックしてキーフレームを打ちます。

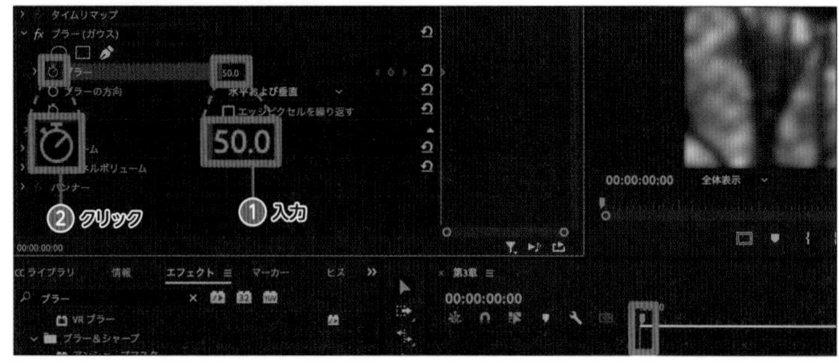

5 キーフレームを打つ

映像をはっきりさせたい箇所（ブラーの効果をゼロにしたい箇所）まで再生ヘッドを移動させ、「ブラー」に「0.0」と入力します。すると2つ目のキーフレームが打たれます。

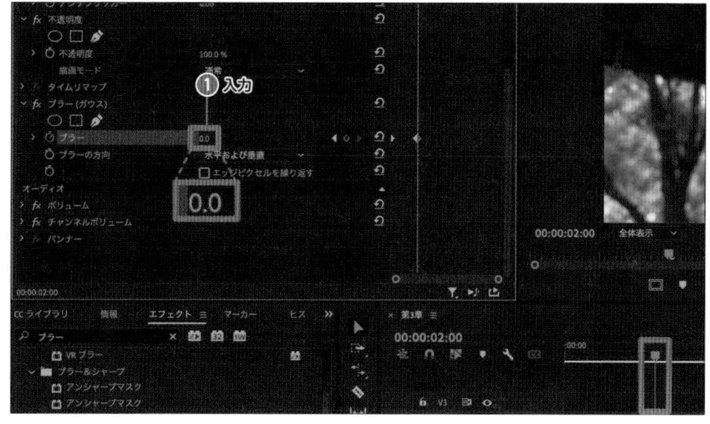

6 イーズインを適用する

より本格的にするために、変化の速度に変化を加えていきます。

映像をはっきりさせたい場所のキーフレームの上で右クリックし、[イーズイン]をクリックします。イーズインは徐々に変化の速度を落とす効果があります。

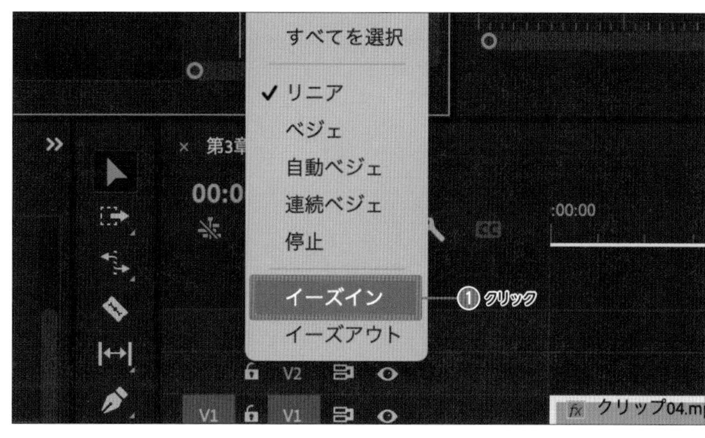

7 イーズアウトを適用する

先頭のキーフレームの上で右クリックして[イーズアウト]をクリックします。イーズアウトは徐々に変化の速度を上げる効果があります。これによって、一定の速度で変化するのではなく、緩急を付けながら変化させることができます。

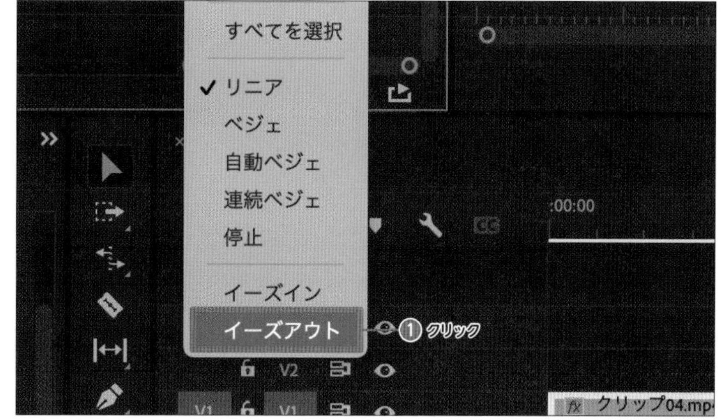

and more...

グラフで詳細な動きを見る

キーフレームを打った項目をクリックすると、動きの詳細な折れ線グラフが表示されます。ハンドルをドラッグして折れ線を調整することで、より細かく調整することができます。

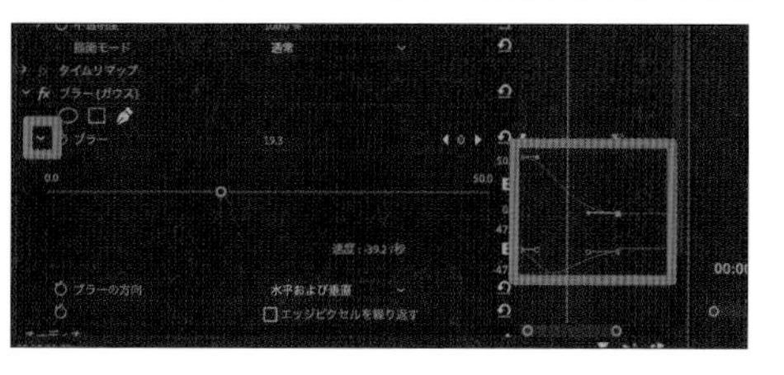

Recipe 33 映像やテキストを歪ませる

ここで紹介する2つのエフェクトを使えば、映像やテキストを揺らしたり歪ませたりすることが簡単にできます。

レンズゆがみ補正を適用する

「レンズゆがみ補正」というエフェクトを適用すると、空間が歪んでいるような映像を簡単に作ることができます。

1 エフェクトを適用する

[33.mp4] を「タイムライン」パネルにドラッグ＆ドロップで配置します。「エフェクト」パネルで、検索窓に「レンズゆがみ補正」と入力します。[レンズゆがみ補正] を「タイムライン」パネルのクリップにドラッグ＆ドロップします。

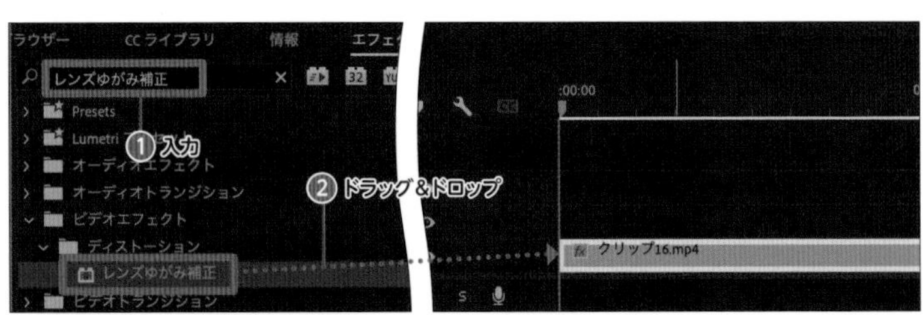

2 パラメーターを調整する

「エフェクトコントロール」パネルに「レンズゆがみ補正」が追加されます。この中の「曲率」の値を調整すると、レンズの歪みのような映像になります。今回は「-20」と入力します。

このとき、被写体の歪みが気になるのであれば「水平方向にずらす」の値を調整します。

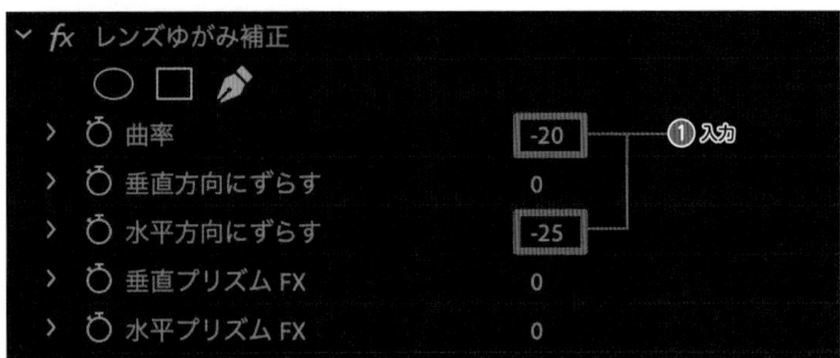

3 位置とスケールを調整する

映像を歪ませたことで何も映っていない部分ができてしまうので、「エフェクトコントロール」パネルで「位置」や「スケール」の値を調整します。

4 全体を確認する

確認すると、被写体以外の背景が歪んでいるように見えます。

なお、「曲率」にキーフレームを打つことで、歪みを動かすこともできます。

タービュレントディスプレイスを適用する

「タービュレントディスプレイス」も、歪みのエフェクトです。「レンズゆがみ補正」と似ていますが、ゆがみ方が微妙に異なるので、どちらも試してみて好みのものを選ぶとよいでしょう。ここではテキストに適用しています。

1 テキストを作成する

「プログラムモニター」パネルをクリックしてテキストを入力し、サイズや位置カラーを整えます。

2 エフェクトを適用する

「エフェクト」パネルで、検索窓に「タービュレントディスプレイス」と入力します。［タービュレントディスプレイス］をテキストクリップにドラッグ＆ドロップします。

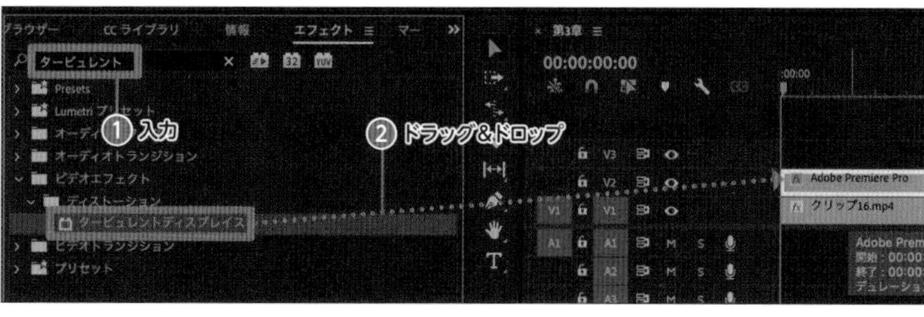

3 キーフレームを打つ

「エフェクトコントロール」パネルに「タービュレントディスプレイス」が追加されます。再生ヘッドを先頭に移動させ、「適用量」の値に「0.0」と入力します。

「適用量」、「サイズ」、「複雑度」、「展開」のをそれぞれクリックして、キーフレームを打ちます。

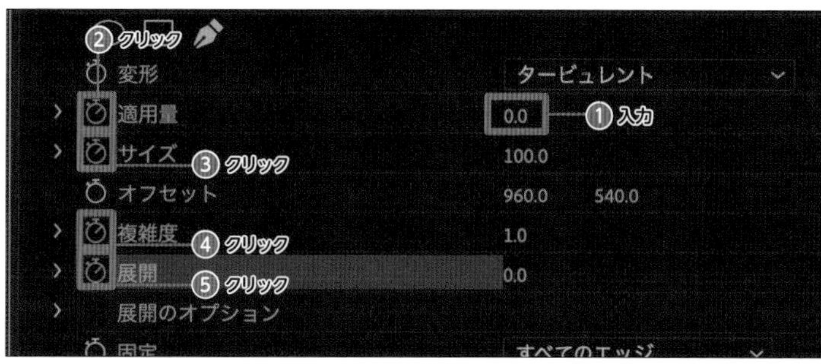

再生ヘッドを動かし、「適用量」、「サイズ」、「複雑度」、「展開」のをクリックし、その時点の数値でキーフレームを打ちます。

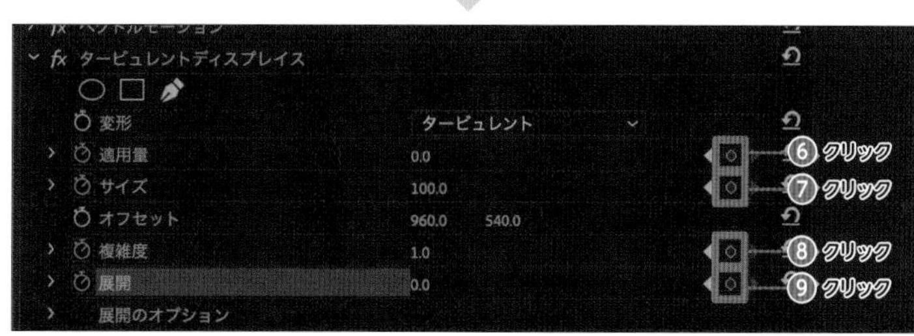

4 パラメーターを調整する

再生ヘッドをキーフレームの中間あたりに移動させて「適用量」、「サイズ」、「複雑度」、「展開」の数値を変更します。これで文字が歪み、もとに戻るエフェクトができます。

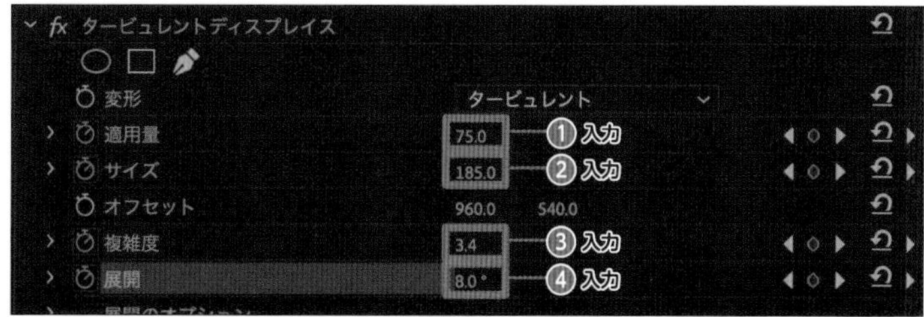

Chapter 3 基本のエフェクトレシピ

Recipe
34 マスクでワイプ箇所を指定する

「マスク」とは映像の一部を切り取ったり、映像の一部にだけエフェクトをかけたいときなどに使う、とても重要なツールです。ここでは、もっとも基本的な使い方を覚えるため、ワイプの作り方を解説します。

1 動画素材を2つ並べる

背景となる[mask1.mp4]を「タイムライン」パネルの「V1」に、マスクをかける人物の動画素材「mask2.mp4」を「V2」にドラッグ＆ドロップして配置します。

2 マスクのボタンを選択する

マスクをかける人物の動画素材をクリックし、「エフェクトコントロール」パネルで「不透明度」の◯をクリックします。マスクをかけるためのボタンは3種類ありますが、今回は円形のマスクを選択します。

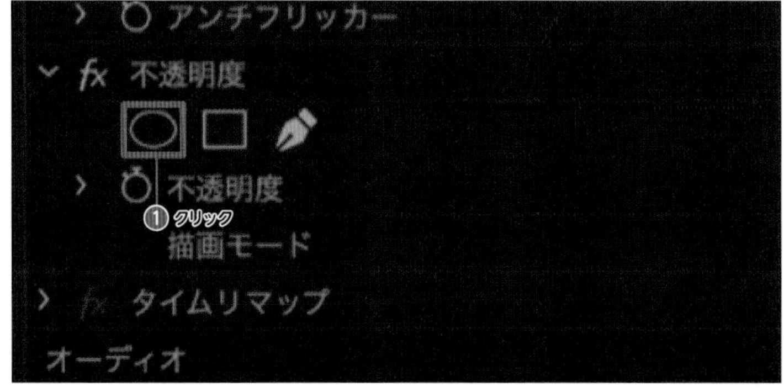

3 マスクが作成される

「タイムライン」パネルに「マスク(1)」という項目が追加され、「V2」にあった人物のクリップが丸く切り抜かれます。

4 マスクの範囲を調整する

「プログラムモニター」パネルをクリックし、ターゲットになる人物がきれいに円の中に映るように調整します。

円形のマスクの四隅にあるハンドルをドラッグし、好みの範囲が映るように調整してください。

5 マスクされたクリップを移動する

「エフェクトコントロール」パネルで「位置」の「X軸、Y軸」の値を、ワイプが右下に移動するよう調整します。

また、「スケール」の値を小さくして、画面内で収まりが良くなるように調整します。

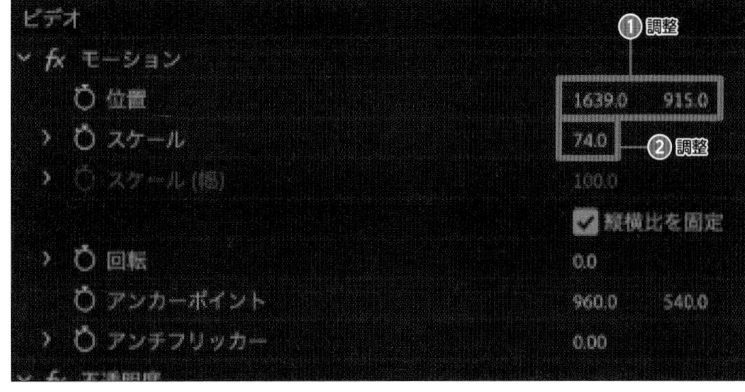

MEMO

ワイプの表示位置の考え方

ワイプを作成する際などは、切り抜いたクリップの位置を移動させることがあります。その際、あらかじめ座標の概念を理解しておくとスムーズですので、ここで理解しておきましょう。

「1920×1080」のシーケンスにおいて、動画が真ん中に配置される状態は、X軸「960」、Y軸「540」という座標で指定されています。ここからクリップを右方向に移動させたい場合は、X軸の値を大きくします。下方向に移動させたい場合は、Y軸を大きくします。慣れると感覚的に操作できますが、「左上ほど値が小さく、右下ほど値が大きい」と覚えましょう。また、切りのいい値を覚えておくと、よりスムーズに配置しやすくなります。

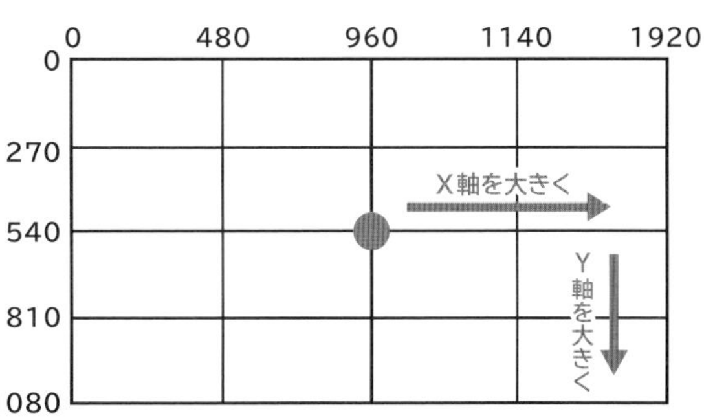

Recipe 35

マスクでノイズ軽減箇所を指定する

暗所での撮影は、意図せずノイズが乗ることがあります。ここでは、背景にノイズが乗っていることを想定し、マスクで指定した範囲のノイズを軽減します。

エフェクトを適用する

1 [ミディアン(レガシー)] を選択する

[midian.mp4] を「タイムライン」パネルにドラッグ＆ドロップで配置します。「エフェクト」パネルで [ミディアン(レガシー)] をクリックし、適用したいクリップにドラッグ＆ドロップします。

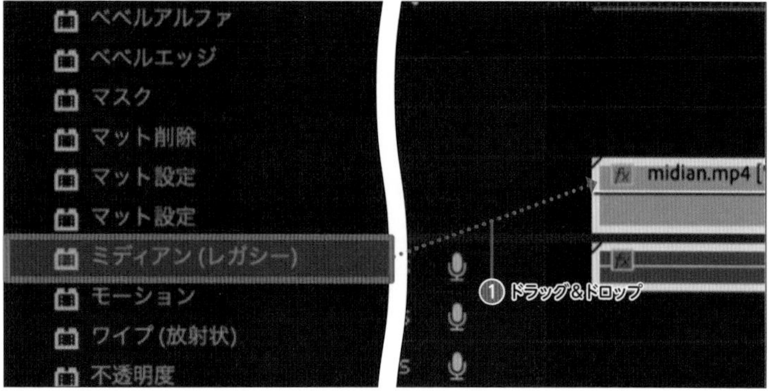

マスク機能を適用する(フリーハンドのマスク)

1 マスクのボタンを選択する

「エフェクトコントロール」パネルで「ミディアン」のをクリックします。この際、マウスポインタがペン先のアイコンになることを確認してください。

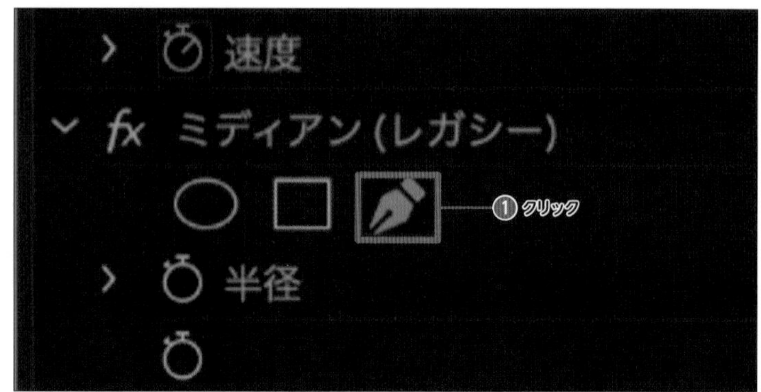

2 マスクしたい範囲を囲う

「プログラムモニター」パネルで、マスクしたい範囲をクリックしながら囲っていきます。今回は背景のノイズを軽減するため、背景を囲うように範囲を指定していきます。

3 始点と終点を結ぶ

頂点で囲っていき、最後に始点をクリックすることで、すべての頂点が線で囲われた状態にします。

MEMO

上のように頂点で囲っていくと、直線で構成されることになりますが、Option (Windowsは Alt) を押しながらアンカーポイントをドラッグすると曲線に変形します。より細かく範囲を指定したい場面で活用しましょう。

4 エフェクトのパラメータを調整する

囲われた範囲にのみエフェクトが適用されます。「エフェクトコントロール」パネルで「ミディアン」の「半径」の値を高めると、ノイズが平坦化し目立ちにくくなります。今回は「半径」の値に「5」と入力します。

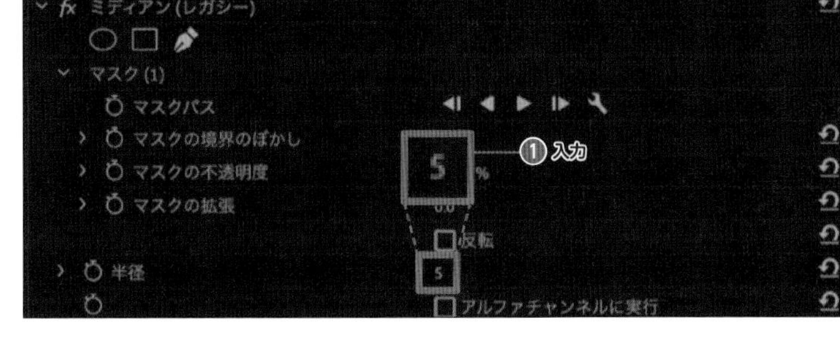

5 マスクの境界線をぼかす

マスクの境界線がハッキリとしたままだと、ノイズ軽減がされている範囲が不自然になってしまいます。そのため「マスクの境界線のぼかし」の値を増やし、境界線をぼかします。ここでは「マスクの境界線のぼかし」の値に「60.0」と入力します。

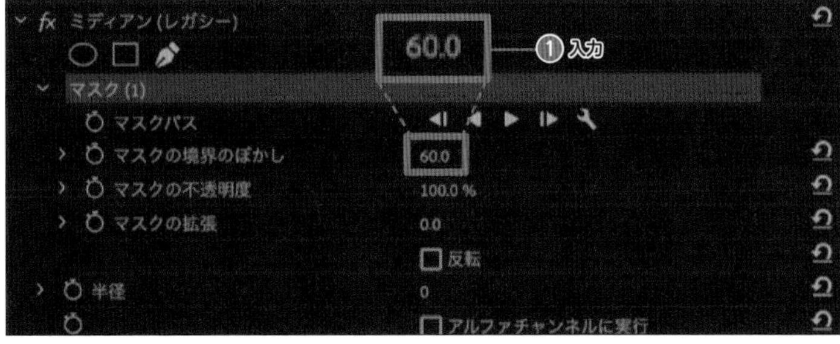

and more...

マスクの範囲外にエフェクトを適用する

「囲った範囲の内側にエフェクトが適用される」というのが、マスクの基本的な効果です。一方で、マスクの外側にエフェクトを適用する方が効率がいい、という場合もあります。今回の作例であれば、背景をマスクで囲うのではなく、人物をマスクで囲ったあとに、適用範囲を反転させた方が効率的です。

そのようなときは、マスクの範囲を選択したあとで［反転］をクリックしてチェックを入れます。すると、「マスクの範囲以外」にエフェクトが適用されます。このように、マスクの範囲内と範囲外どちらにエフェクトをかけるべきかを瞬時に判断できるようになると、スピードアップに繋がります。

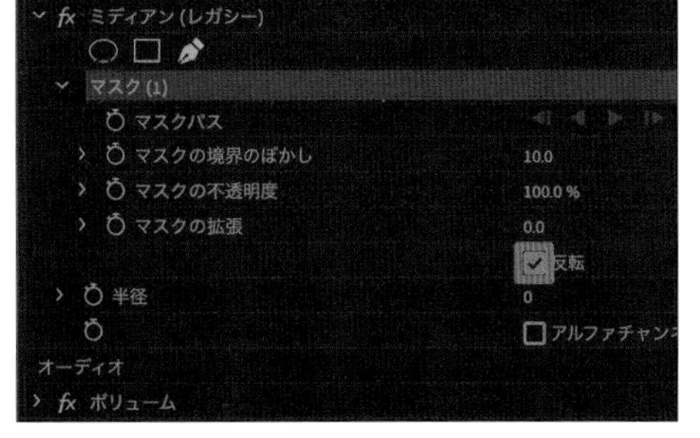

Recipe 36

映像をくっきりさせる

動画を撮影する際にピントを合わせることは重要です。しかし、撮影時にピンぼけに気付かず撮り直しができない場合は、最終手段としてエフェクトを活用すると、多少のピンぼけであれば緩和することができます。

「シャープ」を適用する

「シャープ」は、色が変化する部分のコントラストを大きくするエフェクトです。

▲適用前

▲適用後

1 エフェクトを適用する

[36.mp4] を「タイムライン」パネルにドラッグ&ドロップで配置します。「エフェクト」パネルで検索窓に「シャープ」と入力して、[シャープ] をクリップにドラッグ&ドロップします。

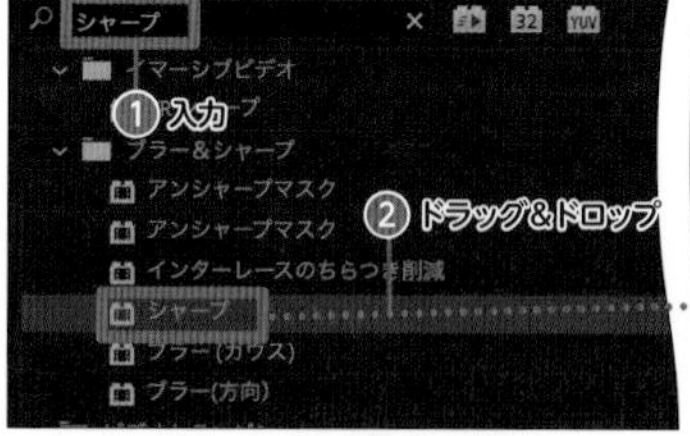

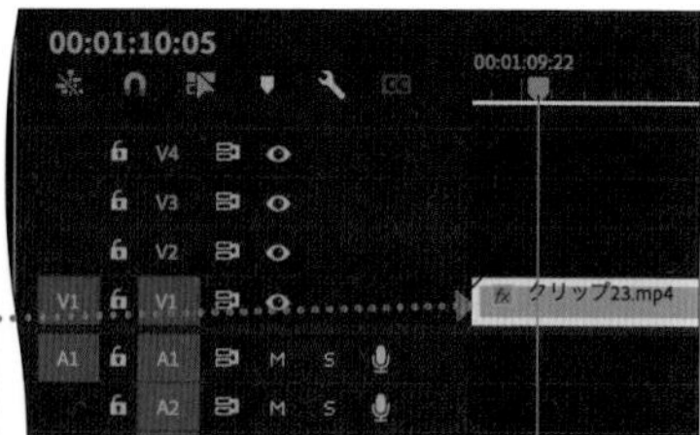

2 パラメーターを調整する

「エフェクトコントロール」パネルに「シャープ」が追加されます。「シャープ量」の数値を調整します。

MEMO

シャープ適用時の注意点

シャープ量の数値を上げ過ぎてしまうと画質が劣化してしまいますので注意しましょう。

「アンシャープマスク」を適用する

「アンシャープマスク」は、エッジを決定する色どうしのコントラストが強くなるエフェクトです。

▲適用前

▲適用後

1 エフェクトを適用する

「エフェクト」パネルで、検索窓に「アンシャープマスク」と入力して、[アンシャープマスク]をクリップにドラッグ＆ドロップします。

2 パラメーターを調整する

「エフェクトコントロール」パネルに「アンシャープマスク」が追加されます。「適用量」「半径」「しきい値」の数値を調整します。

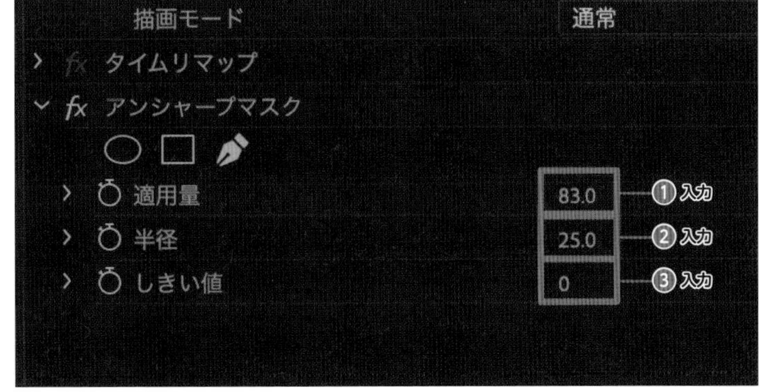

MEMO

アンシャープマスク適用時の注意点

適用量、半径、しきい値の数値を上げ過ぎてしまうと映像の画質が劣化してしまいますので注意しましょう。

Recipe 37

手ブレを修正する

最近のスマートフォンやミラーレス一眼レフカメラは、手ブレ補正機能搭載モデルが多いものの、手持ちで動画を撮影すると手ブレしてしまうことがあります。ここでは編集で手ブレを補正する方法を解説します。

「ワープスタビライザー」を適用する

「ワープスタビライザー」は、動画撮影時の手ブレや振動などを補正し、滑らかな映像にするエフェクトです。

1 エフェクトを適用する

[37.mp4] を「タイムライン」パネルにドラッグ＆ドロップで配置します。「エフェクト」パネルで、検索窓に「ワープスタビライザー」と入力して、[ワープスタビライザー] をクリップにドラッグ＆ドロップします。

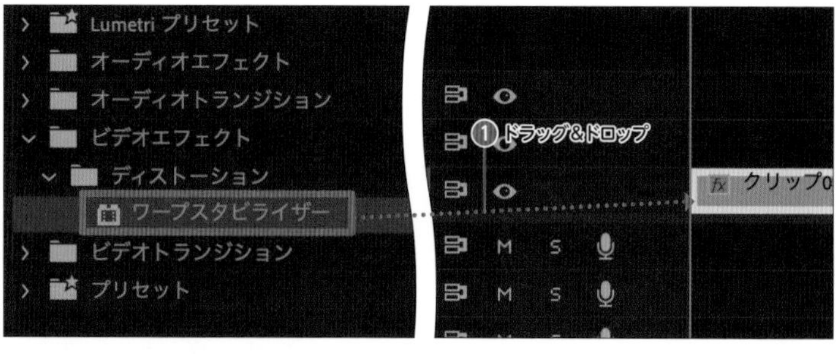

2 パラメーターを調整する

「エフェクトコントロール」パネルに「ワープスタビライザー」が追加されます。「結果」で [滑らかなモーション] を選択し、「滑らかさ」の値を調整します。スタビライズがはじまり、しばらくすると完了します。

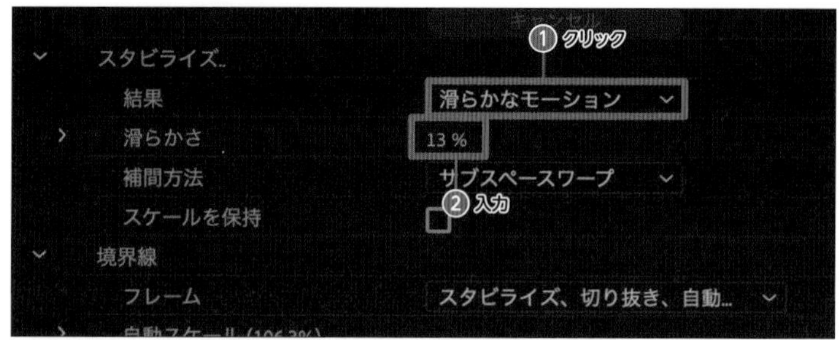

3 レンダリングする

プレビューが滑らかになるように Enter キーを押してレンダリングをします（レンダリングの詳細についてはP.98で解説しています）。

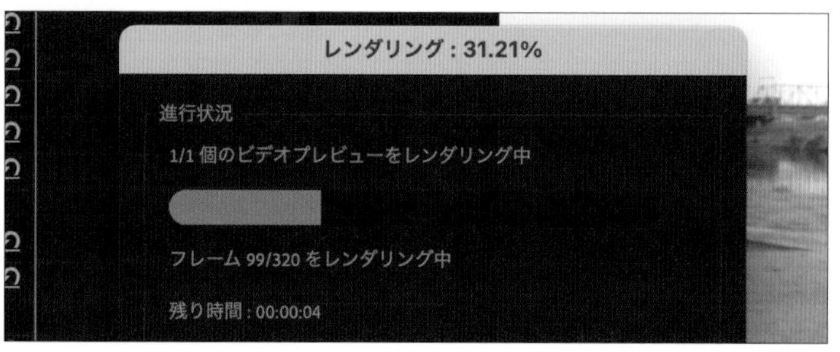

4 確認する

「プログラムモニター」パネルを再生し確認すると、手ブレが補正されています。

手ブレがあまり軽減されない場合には、手順 **2** で適用する「滑らかさ」の値を大きくします。

より手ブレを目立たせなくする

手ブレや振動は「スローモーション」を活用すると目立たなくなります。スローモーションを適用してからワープスタビライザーを適用すると、より手ブレや振動を目立たなくすることができます。

1　スローモーションを適用する

クリップをクリックして、⌘ + R（Windowsは ctrl + R）を押し、「速度・デュレーション」を表示します。「速度」の値を下げ、スローモーションを適用します。

MEMO

適用できないケースに注意

クリップの速度を変更したり、位置やサイズを調整したりした状態では［ワープスタビライザー］をクリップに適用することができません。

2　ネスト化する

クリップを右クリックして［ネスト］をクリックし、任意の名前を入力して［OK］をクリックします。

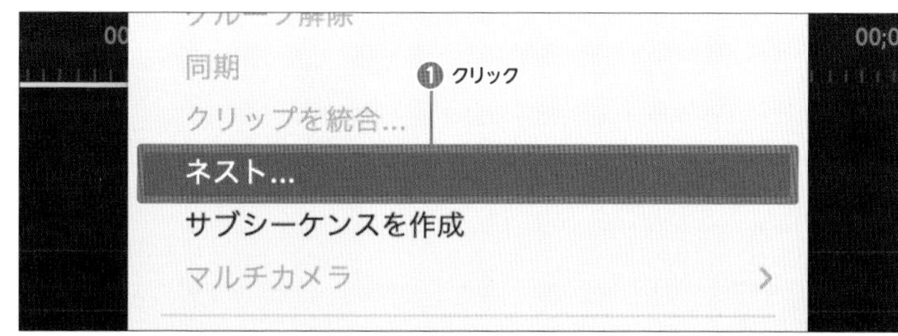

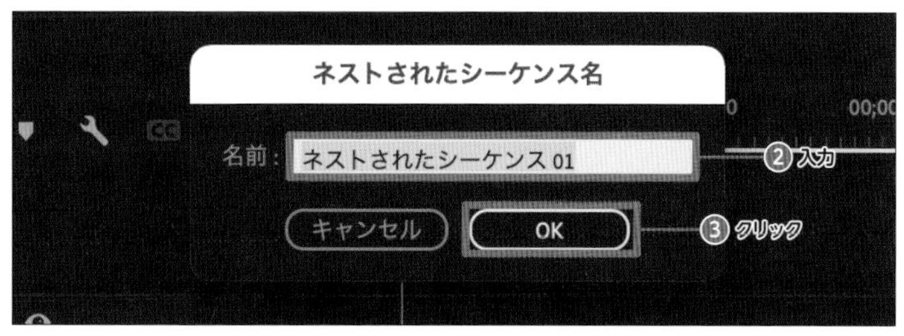

MEMO

ネストとは

複数のクリップや設定などを1つのクリップにまとめるのが「ネスト」です。通常のクリップはシーケンスに配置すると青く表示されますが、ネスト化したクリップは緑で表示されます。ネスト化したクリップは、ダブルクリックすると「タイムライン」パネルにタブとしてシーケンスが表示され、中身を編集、確認することができます。

3　エフェクトを適用する

「タイムライン」パネルに配置したクリップが緑になります。この状態でワープスタビライザーをクリップにドラッグ＆ドロップすると、そちらも適用できます。

さらに左ページ手順 **2** を参考に、「エフェクトコントロール」パネルでパラメーターを調整しレンダリングをすれば、手ブレが補正されます。

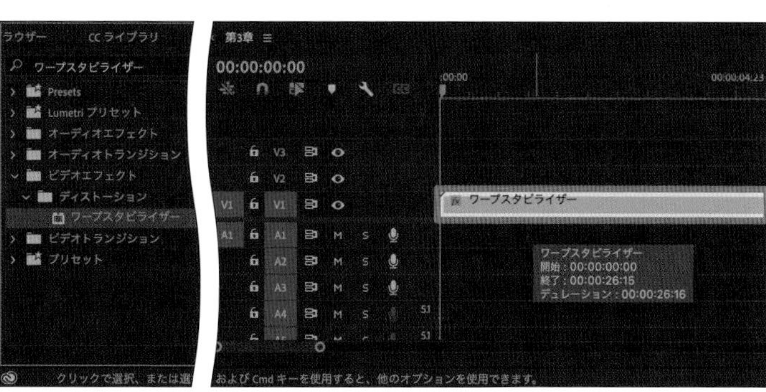

Chapter 3 基本のエフェクトレシピ

Recipe 38

調整レイヤーを知る

同じエフェクトをタイムラインの複数のクリップに適用する際には「調整レイヤー」を使うと効果的です。調整レイヤーに適用したエフェクトは、そのレイヤーの下にあるすべてのレイヤーに適用されます。

調整レイヤーを使うメリット

調整レイヤーは、今後も頻出する重要なテクニックです。以下、そのメリットを理解した上で、実際の使い方を見ていきましょう。

❖ 一括で複数のクリップにエフェクトを適用できる

調整レイヤーに適用したエフェクトは、そのレイヤーの下にあるすべてのレイヤーに適用されます。そのため、カラーグレーディングやクロップなど、複数のクリップに同じエフェクトを一括で適用させることができます。

❖ トランジションを重ねることができる

デフォルトのトランジションをクリップとクリップの接続点に適用すると、重ねることができません。しかし調整レイヤーを使えば、別のトランジションをいくつでも重ねることができます。たとえばクロスディゾルブとズームを重ねて、より複雑な表現を行えます。

❖ 非破壊編集ができる

クリップに直接複数のエフェクトを適用している場合、どこにどのエフェクトを適用させているのかを瞬時に見分けることができません。調整レイヤーを使うと、整理整頓しながら編集作業をすることで、すぐに修正箇所などを見つけることができ、効率化につながります。

そのようにもとの素材に手を加えないで編集することを「非破壊編集」と呼びます。

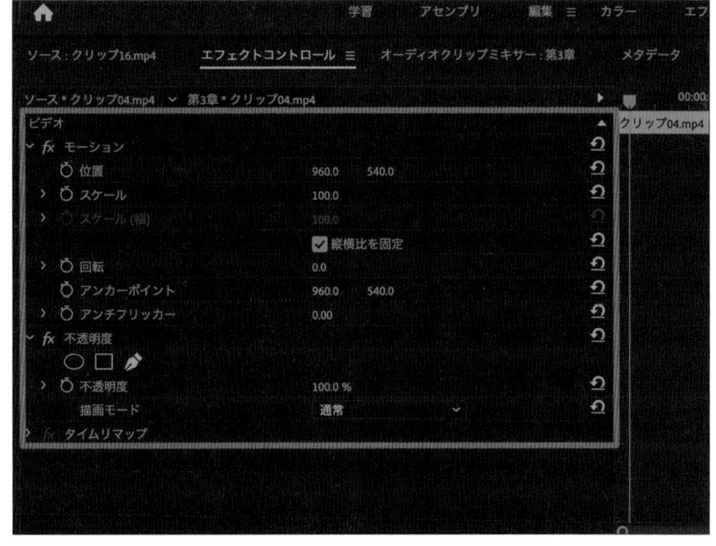

調整レイヤーの使い方

1　調整レイヤーを選択する

メニューバーの［ファイル］→［新規］→［調整レイヤー］の順にクリックします。このとき、プロジェクトパネルを選択した状態でなければ調整レイヤーを選択できません。

また、プロジェクトパネルの右下の■をクリックすることでも、調整レイヤーを選択できます。

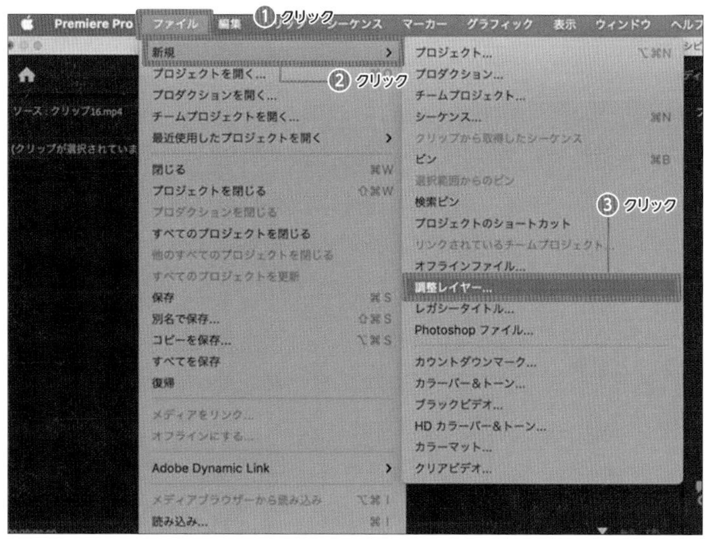

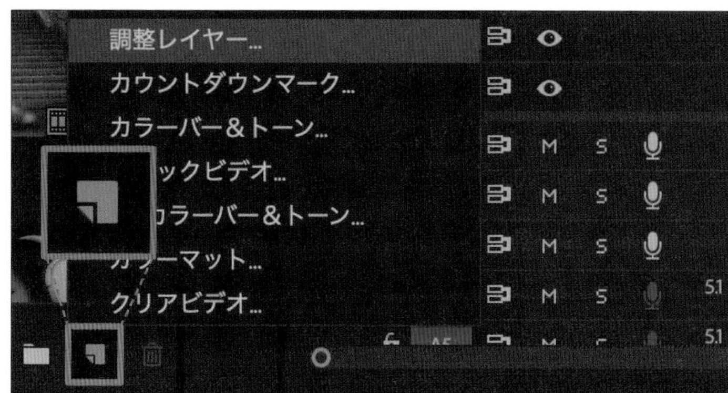

2　調整レイヤーを作成する

「調整レイヤー」が表示されたら［OK］をクリックします。

「プロジェクト」パネルに調整レイヤーが表示されたら、エフェクトを適用させたいクリップの上のトラックにドラッグ＆ドロップして配置します。

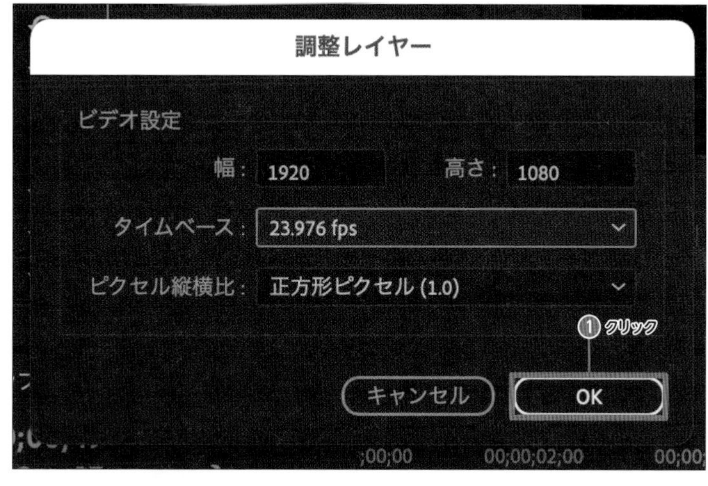

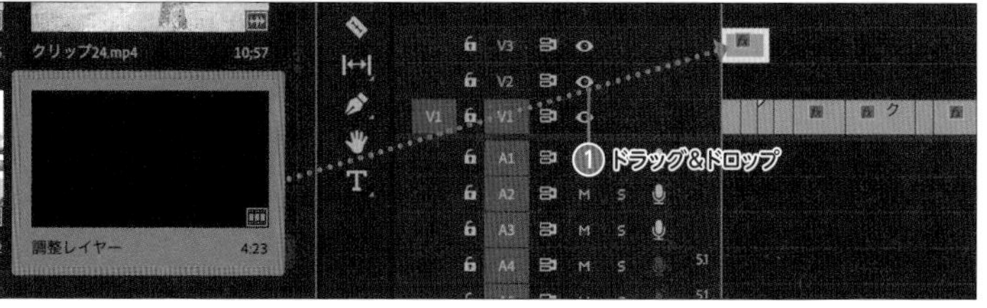

3 エフェクトを適用する

調整レイヤーにエフェクト（ここでは［クロップ］）をドラッグ＆ドロップして適用し、適宜「エフェクトコントロール」パネルでパラメーターを調整します。

「V1」に配置したクリップにエフェクト適用したい場合、「V2」や「V3」など、上のトラックでありさえすれば、どのトラックでも大丈夫です。

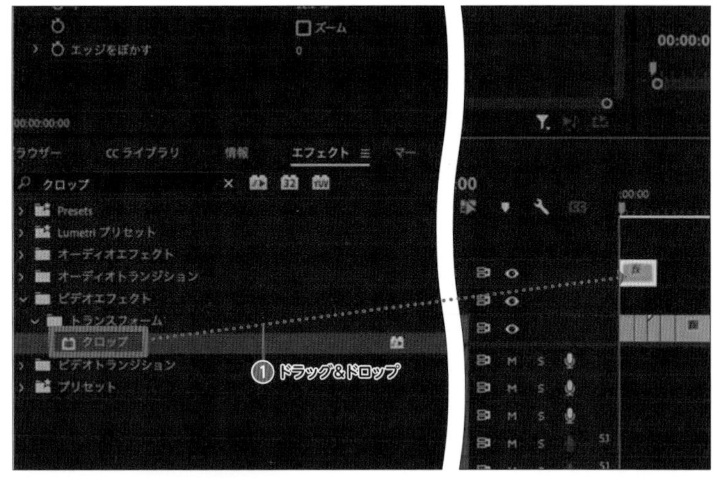

4 調整レイヤーの長さを調整する

調整レイヤーにエフェクトを適用すると、下のクリップにエフェクトが適用されます。調整レイヤーをトリミングで調整します。

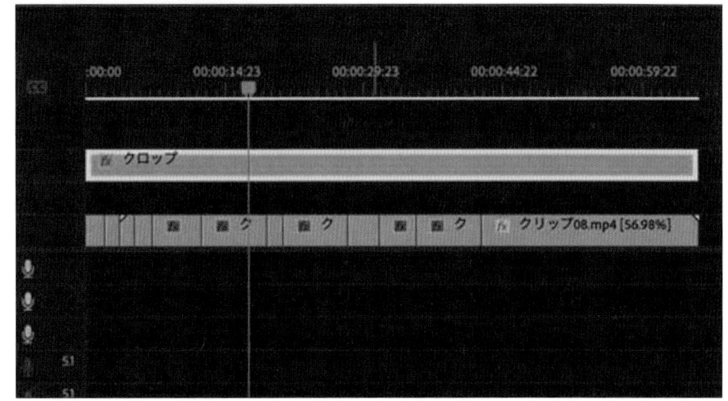

and more...

調整レイヤーが効果的な例

❖ 位置やスケールが変わった場合

クリップの位置やスケールを変更していると、クロップの大きさも変わってしまいます。こういった場合、映像を見てクロップの数値を変更する必要があります。

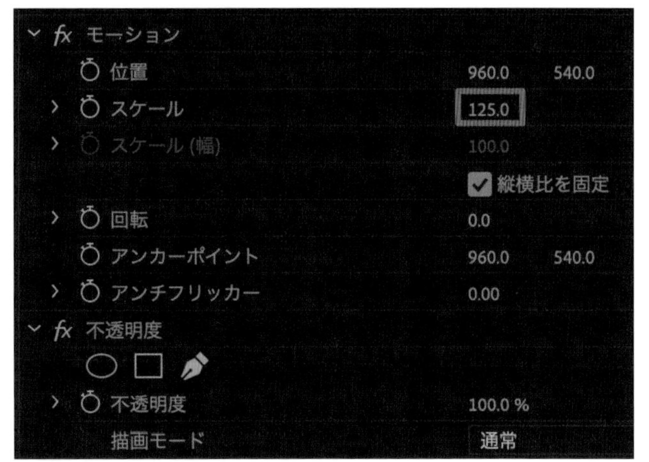

❖ デフォルトにはないトランジションを作成する場合

Chapter4以降では、デフォルトにはない「グリッチ」や「スピン」といったトランジション（切替効果）の作り方を解説します。トランジションは複数のエフェクトを組み合わせて作ることになりますが、この際に調整レイヤーを使うことで、非破壊編集ができ、効率よくトランジションを作ることができます。

デフォルトにはないトランジションを作成する

Premiere Proにはデフォルトで多くのトランジションが入っていますが、調整レイヤーにエフェクトを適用して重ねることによって、デフォルトにはないトランジションを作ることができます。作り方に関してはChapter4以降で詳しく解説しますが、ここではどのようなトランジションが作れるのかを紹介します。

グリッチ

ノイズや色味の変化で、古い映像っぽい演出などが行なえます（P.102参照）。

ズーム

その名の通り、ぐっとズームする動きを加えます。YouTubeの動画でもよく見るトランジションです（P.112参照）。

パン

素早く横スクロールする動きです。ズームなどと合わせて使用することで、印象的な切り替えを行うことができます（P.245参照）。

スピン

画面をぐるぐると回すトランジションです。こちらも画面の切り替えで多用されます（P.106参照）。

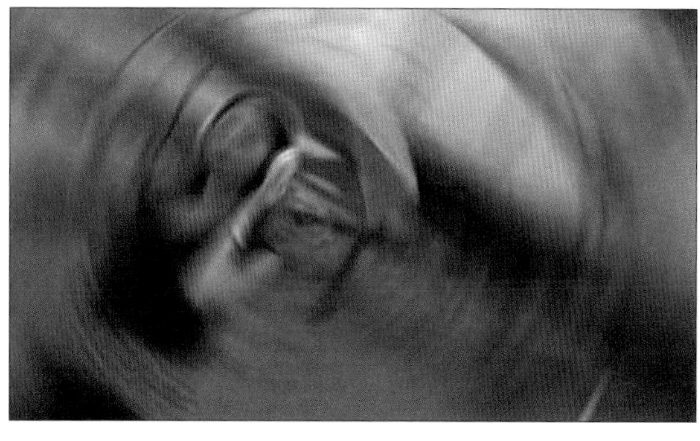

light leak

「ライトリーク」と読み、光漏れを意味します。木漏れ日のような効果を編集で付け加えたりすることができます（P.122参照）。

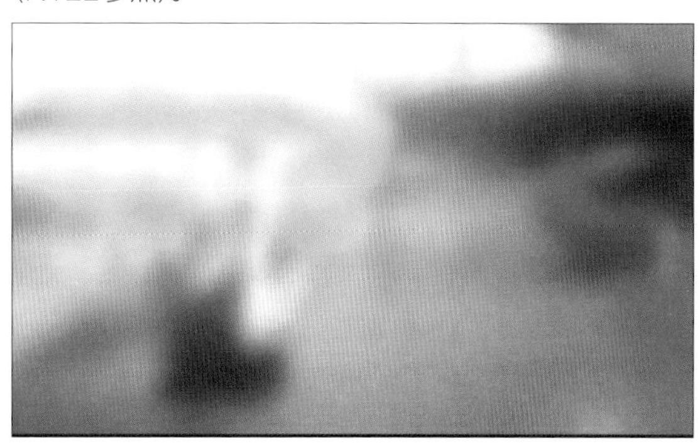

ブラー

画面をぼかすことができます。映像の切り替えに使えるのはもちろん、映像の一部を隠したい場合などにも使えます（P.116参照）。

Recipe 39 エフェクトの負荷を軽減する

重いエフェクトや多くのエフェクトを同時に適用させている状態で再生すると、カクカクしてスムーズに動かないことがあります。そんなときは「レンダリング」で解決します。

レンダリングの判断基準

タイムラインは黄色、赤、緑の3色で表示されます。黄色はレンダリングが不要という印です。赤はレンダリングが必要な印です。緑はレンダリングが完了した印です。

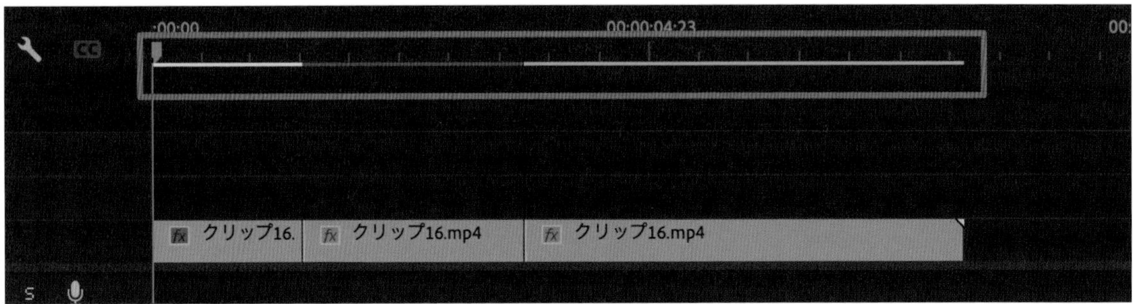

レンダリングをするメリットとデメリット

レンダリングをすると、「プログラムモニター」パネルでの再生がスムーズになります。また、最後に動画ファイルとして書き出す速度が上がるというメリットもあります。

一方、レンダリングを行うことによって処理データが溜まるため、パソコン自体が重くなる原因になることもあります。必要がない処理データは以下の手順で定期的に削除し、そのようなデメリットを極力避けるようにしましょう。

1 メディアキャッシュを選択する

メニューバーで、[Premiere Pro]→[環境設定]→[メディアキャッシュ]の順にクリックします。

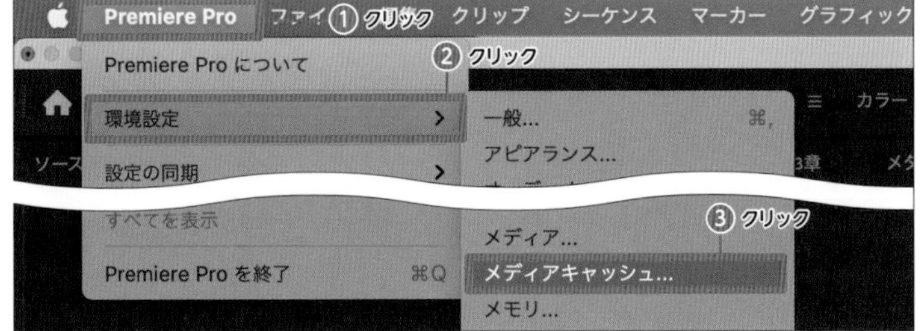

2 メディアキャッシュを削除する

「環境設定」で[削除]をクリックし、[OK]をクリックします。これで蓄積されているメディアキャッシュが削除されます。

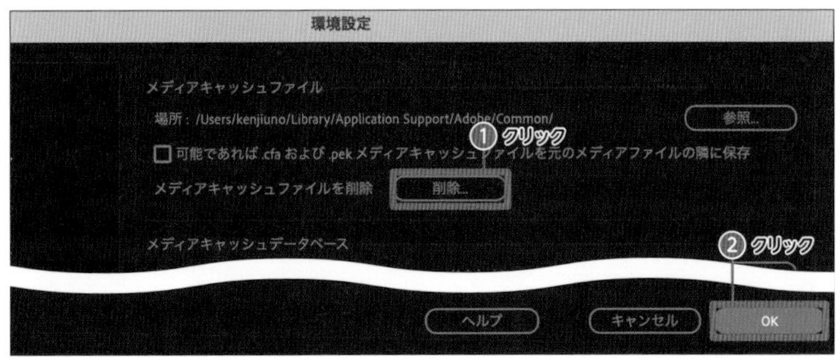

一部分だけレンダリングする

1　インをマークする

赤いバーが表示されている先頭で右クリックして［インをマーク］をクリックします。もしくは、I キーを押します。タイムライン上にイン点が打たれます。

2　アウトをマークする

赤いバーが表示されている最後尾で右クリックし［アウトをマーク］をクリックします。もしくは、キーボードで O キーを押します。タイムライン上にアウト点が打たれます。

3　レンダリングする

メニューバーの［シーケンス］→［インからアウトでエフェクトをレンダリング］の順にクリックします。

これでレンダリングがはじまり、赤いバーが緑に変わったら完了です。

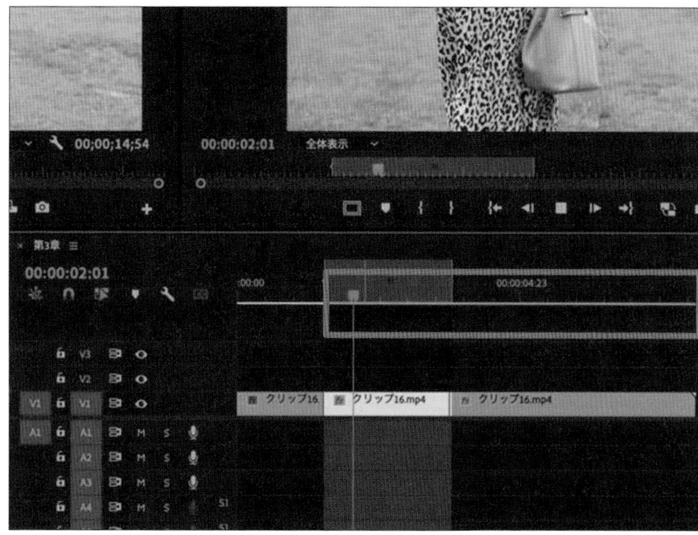

MEMO

レンダリングにかかる時間は、パソコンの環境性能や動画の長さ、クリップに適用したエフェクトの数などによって違いがあります。

Columm /// エフェクトの基本を覚えるメリット

動画編集に興味を持ったあとで、テレビ番組やCM、YouTubeなどを視聴すると、多くの映像演出が使われていることに気付くはずです。イラストに動きを加えたり、テキストをキラリと光らせたりと、その演出方法はさまざまなものがあります。素材単体では目立ちにくい要素も、動画編集によって演出を加えることで、視聴者の記憶に残りやすい印象的なシーンに仕上げています。

そのような演出は、Premiere Proに備わっているエフェクトをマスターすれば再現できるものもたくさんあります。しかし、単にエフェクトを適用するだけで、すぐに効果的な演出を実現できるわけではありません。というのも、先述したような効果的な演出は、Premiere Proに収録されている多種多様なエフェクトを「組み合わせる」ことで、初めて１つの演出として成り立っているからです。

そのため、いきなり高度な演出を再現することを目指すのではなく、エフェクトの基礎を一つ一つ覚えることが重要です。エフェクトの基礎を覚えるこの工程を経て、何気なくテレビで見かけた演出技法も、自分なりにどのエフェクトを組み合わせれば実現できるか分解できるようになります。

Chapter3までは基礎的なエフェクトの解説を行いましたが、Chapter4からはそのエフェクトを組み合わせたり、他のPremiere Proの機能を掛け合わせながら演出を行っていきます。どんなエフェクトを組み合わせて、演出を実現しているかも確認しながら実践してみてください。

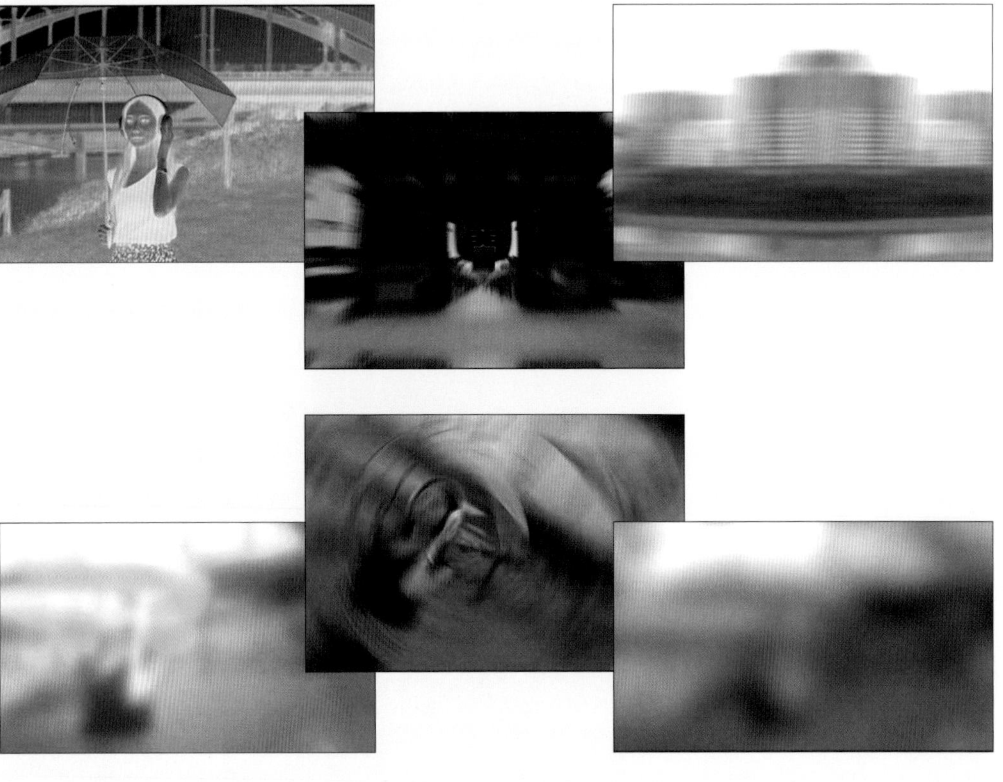

Chapter

4

エフェクトを組み合わせるレシピ

エフェクトは、組み合わせることでさらに複雑な表現が可能となります。ある程度、自在に組み合わせることができるようになれば、動画編集者として中級者の仲間入りといってよいでしょう。

Recipe 40 グリッチで切り替える

映像にノイズが入ったように切り替わる「グリッチ」は、ミュージックビデオやホラー系のショートムービーなど、さまざまな場面に使えるエフェクトです。

グリッチを適用する

1 クリップを複製する

[40.mp4] を、「タイムライン」パネルの「V1」にドラッグ＆ドロップします。次に、option キー（Windowsは Alt キー）を押しながらそのクリップを「V2」へドラッグ＆ドロップします。するとクリップが複製されます。同じように、Option キーを押しながら複製したクリップを「V3」へドラッグ＆ドロップします。これで3つのトラックに同じクリップが重なっている状態になります。

2 カラーバランス（RGB）を適用する

「エフェクト」パネルで検索窓に「カラーバランス」と入力します。3つのクリップをドラッグして選択し、[カラーバランス（RGB）] をドラッグ＆ドロップします。

3 カラーバランス（RGB）を調整する

「V1」に配置したクリップをクリックし「エフェクトコントロール」パネルを開きます。「カラーバランス（RGB）」で、「赤」と「緑」にそれぞれ「0」と、「青」に「100」と入力します。同様の操作で、「V2」は「カラーバランス（RGB）」で「赤」と「青」に「0」と、「緑」に「100」と入力します。「V3」に配置したクリップも、「カラーバランス（RGB）」で「緑」と「青」に「0」と、「赤」に「100」と入力します。

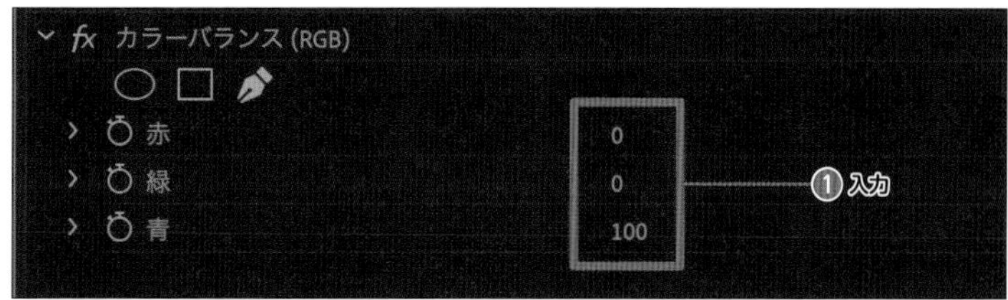

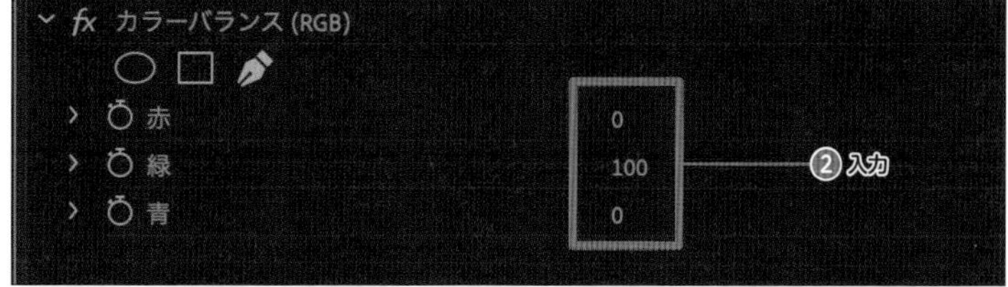

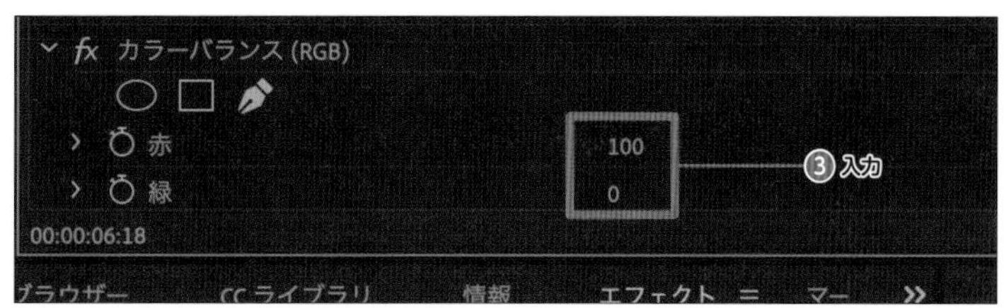

4 描画モードを変更する

「V3」に配置したクリップをクリックして「エフェクトコントロール」パネルの「不透明度」で「描画モード」の［スクリーン］を選択します。「V2」に配置したクリップをクリックして「エフェクトコントロールパネル」で「不透明度」の「描画モード」の［スクリーン］を選択します。

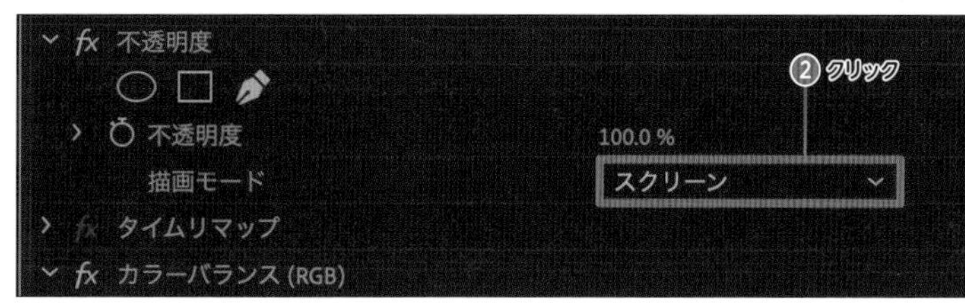

5 キーフレームを設置する

「V1」に配置したクリップを選択します。再生ヘッドを右端に移動させ、左カーソルを1回押し1フレーム戻します。「位置」と「スケール」のをクリックしてキーフレームを打ちます。 Shift キーを押しながら左カーソルを2回押して再生ヘッドを10フレーム戻し、「位置」と「スケール」のをクリックしてキーフレームを打ちます。

キーフレームの間にグリッチを作っていきます。

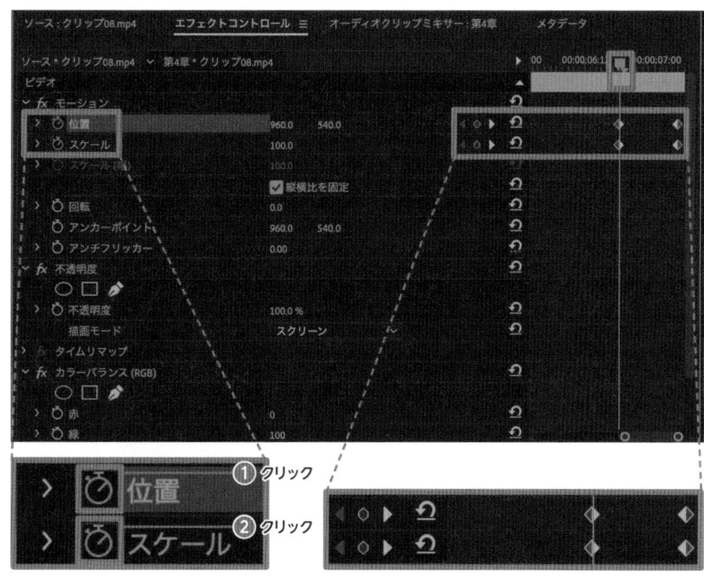

6 数値をランダムに変更する

左側のキーフレームに再生ヘッドを合わせ、右カーソルを1回押して1フレーム進みます。「プログラムモニター」パネルを見ながら、「位置」と「スケール」の数値を変更すると、グリッチの状態に変化します。次に右カーソルを1回押して再生ヘッドを1フレーム進め、「位置」や「スケール」の数値を変更します。この作業を、10フレーム先の右端のキーフレームの地点まで続けます。なお、「位置」と「スケール」の数値をランダムにするとより強いグリッチになります。

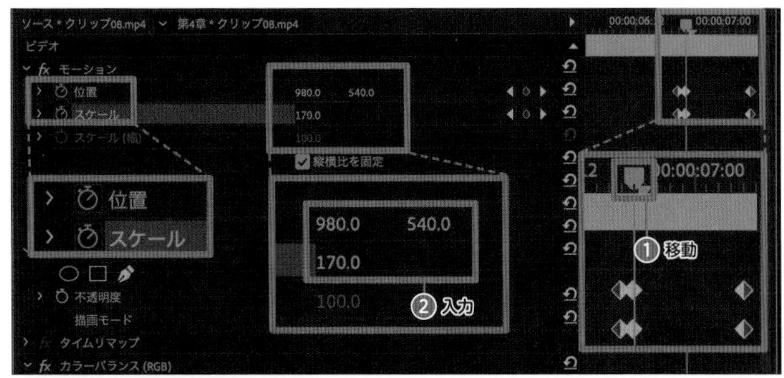

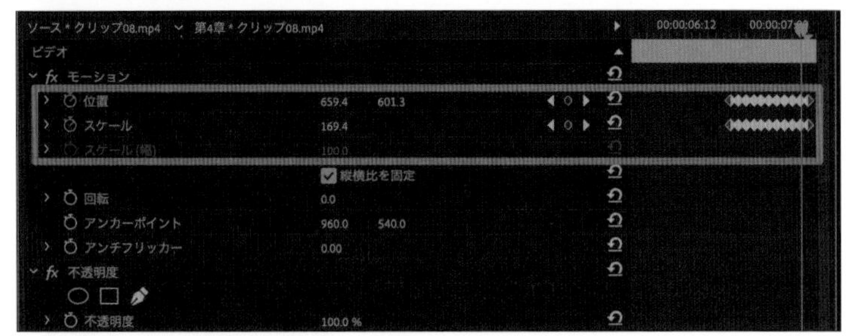

7 キーフレームを設置する

「V2」に配置したクリップをクリックし、再生ヘッドを右端に移動して、左カーソルを1回押し1フレーム戻します。「位置」と「スケール」のをクリックしてキーフレームを打ちます。

Shift キーを押しながら左カーソルを2回押して再生ヘッドを10フレーム戻してキーフレームを打ちます。

8 数値をランダムに変更する

左側のキーフレームに再生ヘッドを合わせ、右カーソルを1回押して1フレーム進みます。「プログラムモニター」パネルを見ながら「位置」と「スケール」の数値を変更するとグリッチの状態になります。右カーソルを1回押して再生ヘッドを1フレーム進めます。位置やスケールの数値を変更します。この作業を10フレーム先の右端のキーフレームの地点まで続けます。位置とスケールの数値をランダムにするとより強いグリッチになります。

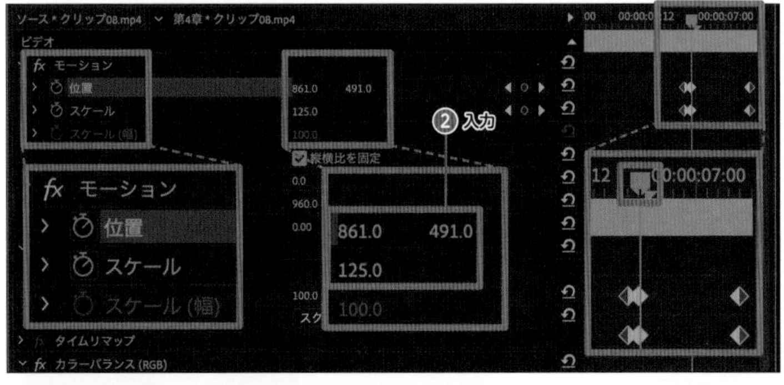

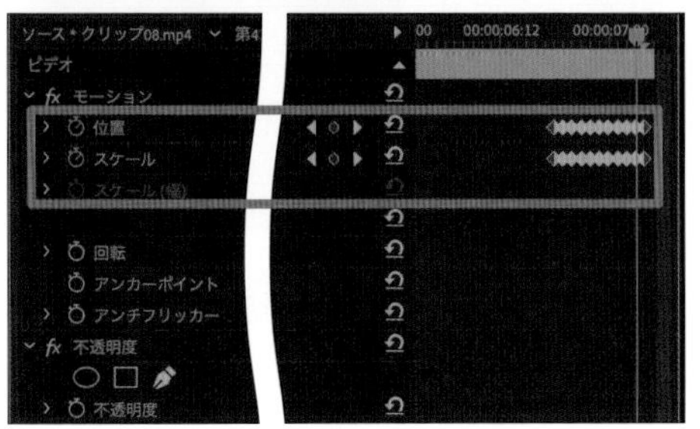

9 キーフレームを設置する

「V3」に配置したクリップをクリックして再生ヘッドを右端に移動させ、左カーソルを1回押し1フレーム戻します。「位置」と「スケール」の⏱をクリックして、キーフレームを打ちます。Shift キーを押しながら左カーソルを2回押し、再生ヘッドを10フレーム戻してキーフレームを打ちます。キーフレームの間にグリッチを作っていきます。

10 数値をランダムに変更する

左側のキーフレームに再生ヘッドを合わせ右カーソルを1回押して1フレーム進みます。

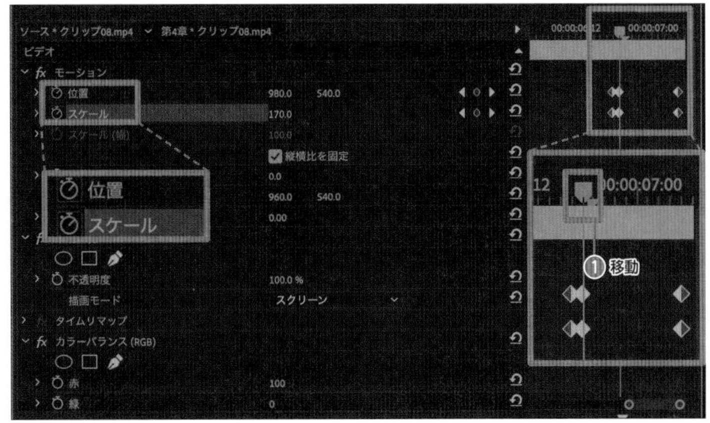

「プログラムモニター」パネルを見ながら「位置」と「スケール」の数値を変更すると、グリッチの状態になります。

右カーソルを1回押して再生ヘッドを1フレーム進めます。位置やスケールの数値を変更します。

この作業を10フレーム先の右端のキーフレームの地点まで続けます。位置とスケールの数値をランダムにするとより強いグリッチになります。

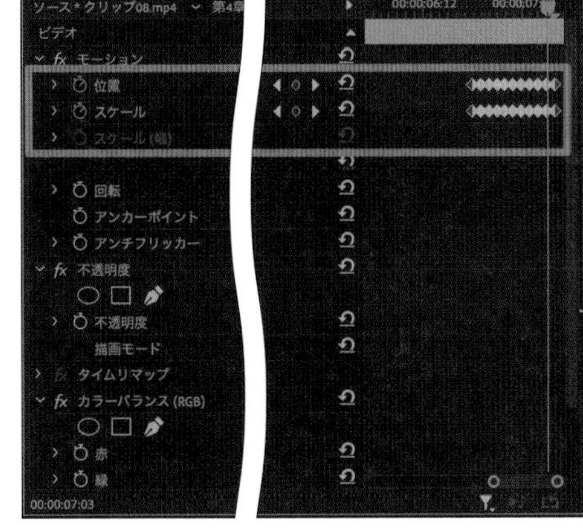

11 効果音を配置する

隣にクリップを配置し、効果音を加えたら完成です。

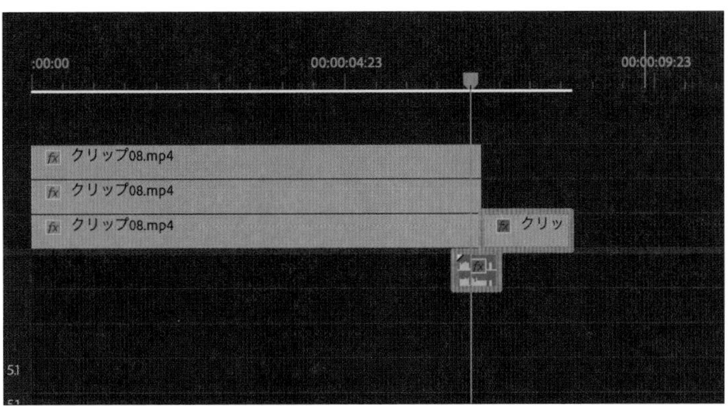

Recipe 41 スピンで切り替える

回転しながら次のシーンに切り替わる「スピントランジション」を解説します。ミュージックビデオなどで派手な演出を入れたい時などに活用できます。

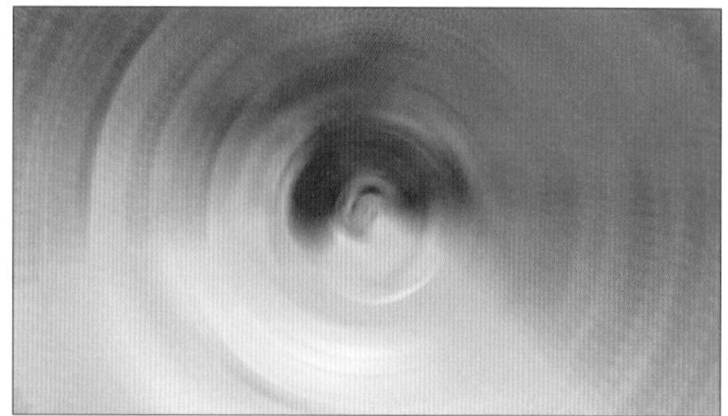

1 調整レイヤーを作成する

「プロジェクト」パネル右下のをクリックし、[調整レイヤー] → [OK] の順にクリックします。

2 調整レイヤーの先頭を合わせる

[41a.mp4] と [41b.mp4] を配置した上のトラックに、調整レイヤーを配置します。クリップとクリップが接続している編集点に再生ヘッドを移動させ、左カーソルを6回押して6フレーム戻ります。再生ヘッドがある位置に、調整レイヤーの先頭を合わせます。

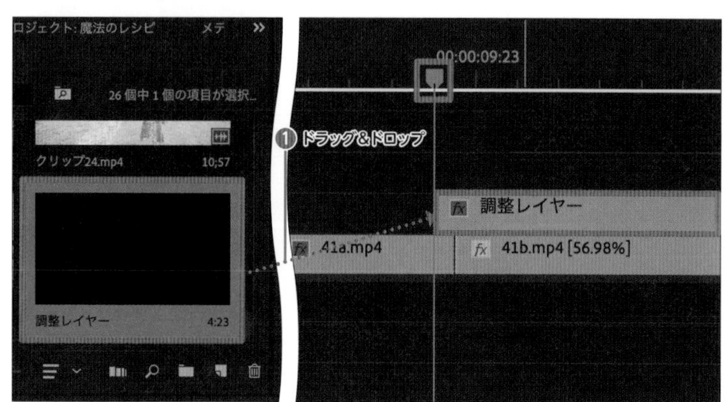

3 調整レイヤーの最後尾を合わせる

クリップとクリップが接続している編集点に再生ヘッドを移動させ、右カーソルを6回押し6フレーム進みます。再生ヘッドがある位置に調整レイヤーの最後尾をトリミングして合わせます。

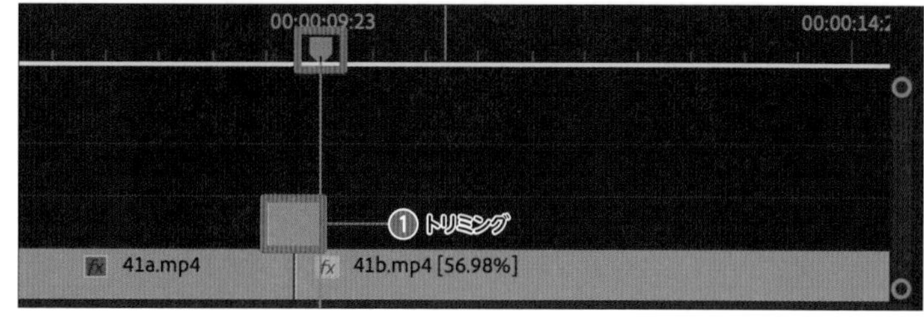

4 調整レイヤーを複製する

Option キー（Windowsは Alt キー）を押しながらシーケンスに配置した調整レイヤーを1つ上のトラックへドラッグ&ドロップし複製します。

5 下の調整レイヤーに複製を適用する

「エフェクト」パネルで検索窓に「複製」と入力します。［複製］を「タイムライン」パネルの下側の調整レイヤーにドラッグ&ドロップします。

6 下の調整レイヤーにミラーを適用する

「エフェクト」パネルで検索窓に「ミラー」と入力します。

表示される［ミラー］を下の調整レイヤーにドラッグ&ドロップで適用します。

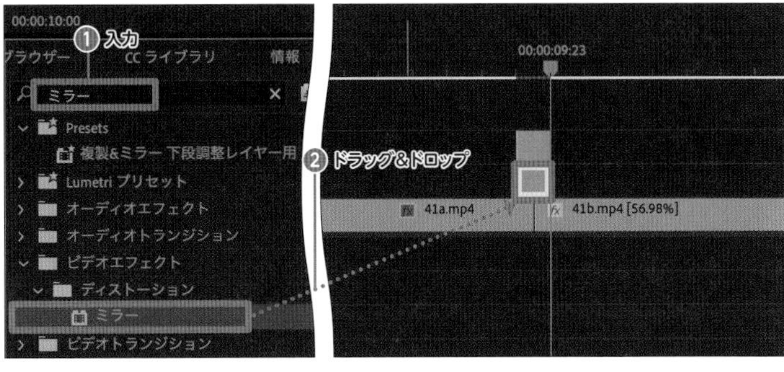

7 複製とミラーを調整する

下の調整レイヤーを選択し「エフェクトコントロール」パネルを見ると「複製」と「ミラー」が追加されています。「複製」の「カウント」に「3」と入力すると、3×3の9つの画面になります。「ミラー」の「反射角度」に「90.0」と入力します。「反射の中心」の右側の数値にいったん「720.0」と入力して「プログラムモニター」パネルを確認します。複製した映像の切れ目がぴったりと合うよう、数値を微調整します。

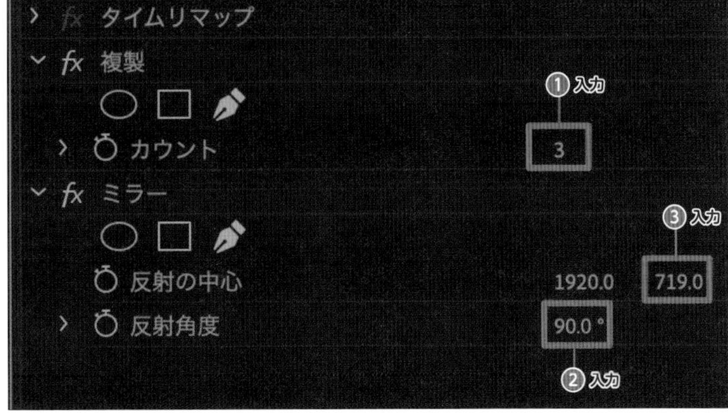

8 再度ミラーを追加し調整する

再度、［ミラー］を下の調整レイヤーにドラッグ&ドロップで適用します。

反射角度を「-90°」にします。反射の中心の右側の数値を一度「360」にして「プログラムモニター」パネルを確認します。複製した映像の切れ目がぴったりと合うよう、数値を微調整します。

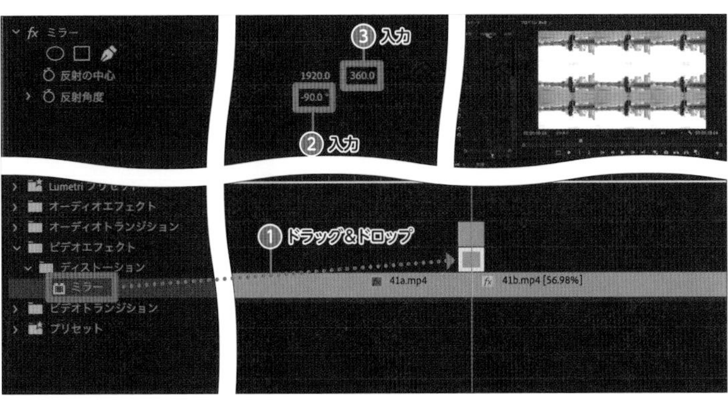

9 再度ミラーを追加し調整する

P.107を参考に、再度、[ミラー]を下の調整レイヤーにドラッグ&ドロップします。「反射角度」に「180.0」と入力し、「反射の中心」の左側の数値にいったん「640.0」と入力して、「プログラムモニター」パネルを確認します。複製した映像の切れ目が合うよう微調整します。

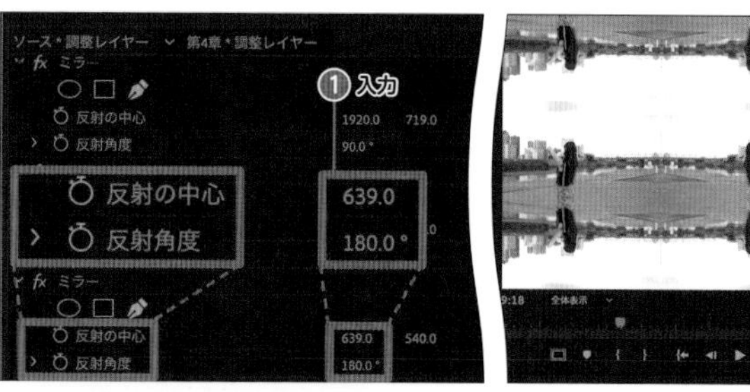

10 再度ミラーを追加し調整する

P.107を参考に、再度、[ミラー]を下の調整レイヤーにドラッグ&ドロップします。「反射角度」に「0.0」と入力し、「反射の中心」の左側の数値にいったん「1280.0」と入力して、「プログラムモニター」パネルを確認します。複製した映像の切れ目がぴったりと合うよう、数値を微調整します。

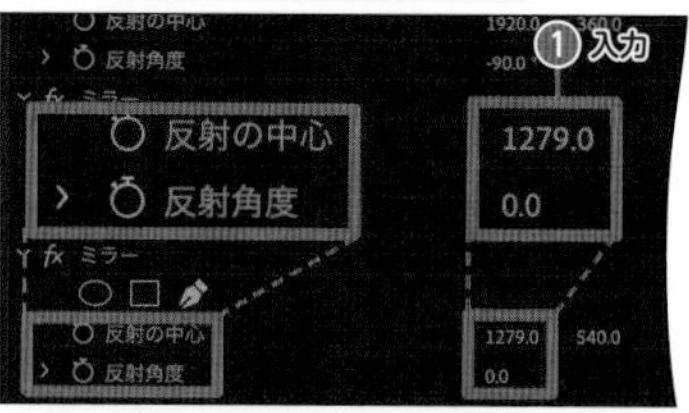

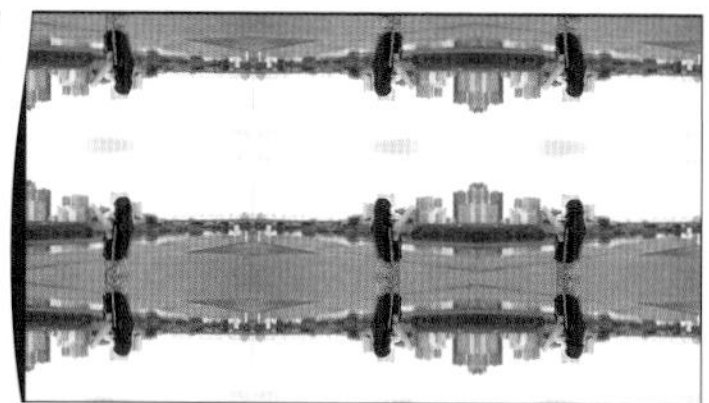

ここまでで、下の調整レイヤーには「複製」が1つと「ミラー」が4つ適用されている状態です。

11 上の調整レイヤーにトランスフォームを適用する

「エフェクト」パネルで検索窓に「トランスフォーム」と入力します。[トランスフォーム]を上の調整レイヤーにドラッグ&ドロップします。「エフェクトコントロール」パネルの「トランスフォーム」で[縦横比を固定]をクリックしてチェックを付け、「スケール」に「300.0」と入力します。

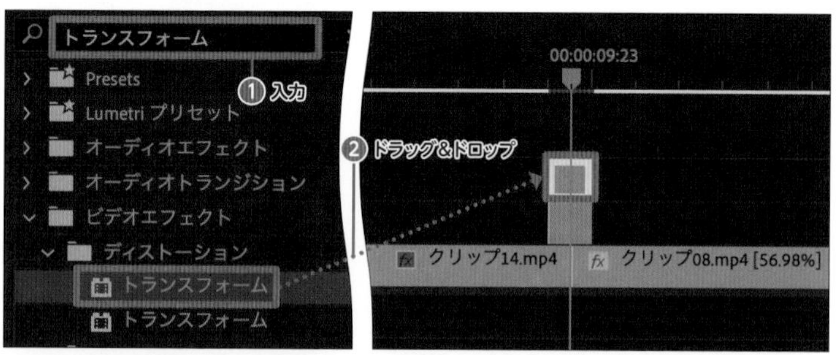

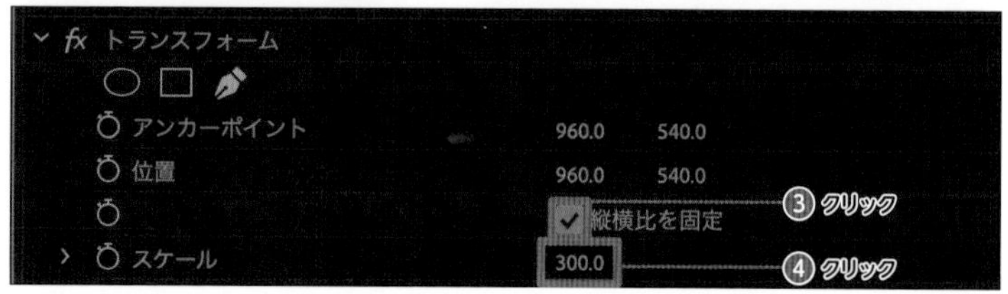

12 キーフレームを打つ

再生ヘッドを左端に移動させ、「回転」のをクリックしてキーフレームを打ちます。

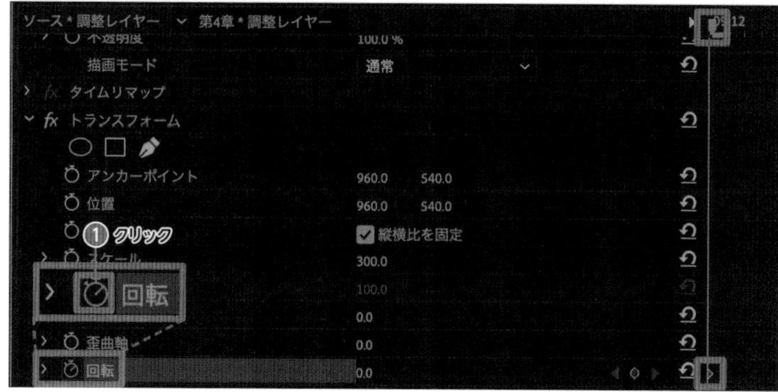

13 トランスフォームを調整する

再生ヘッドを右端に移動させ、「回転」に「1×0.0°」と入力します。キーフレームが打たれます。

14 トランスフォームを調整する

［コンポジションのシャッター角度を使用］にチェックが入っている場合はクリックして外し、「シャッター角度」に「360.00°」と入力します。

これで1回転するのですが、速度が一定で不自然なので、以下の手順で調整していきます。

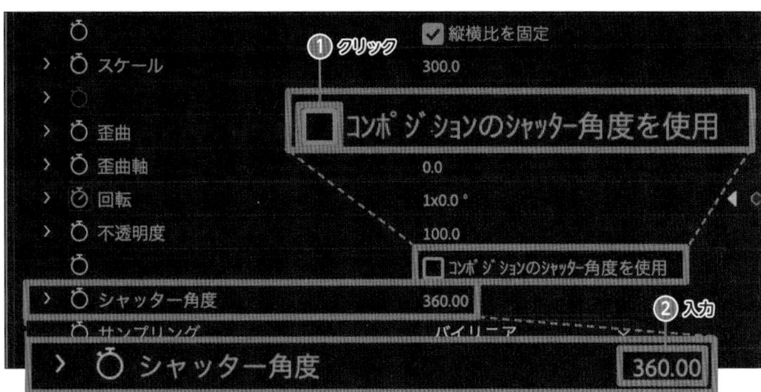

15 イーズインに変更する

回転に打った右側のキーフレームを右クリックして［イーズイン］をクリックします。

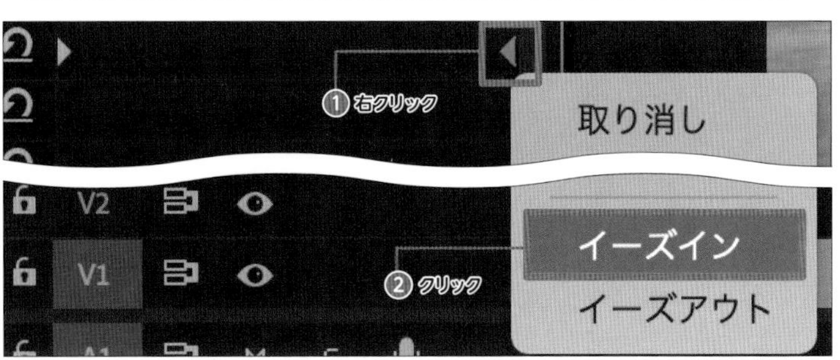

16 イーズアウトに変更する

「回転」に打った左側のキーフレームを右クリックして［イーズアウト］をクリックします。

これで速度に緩急がつきました。

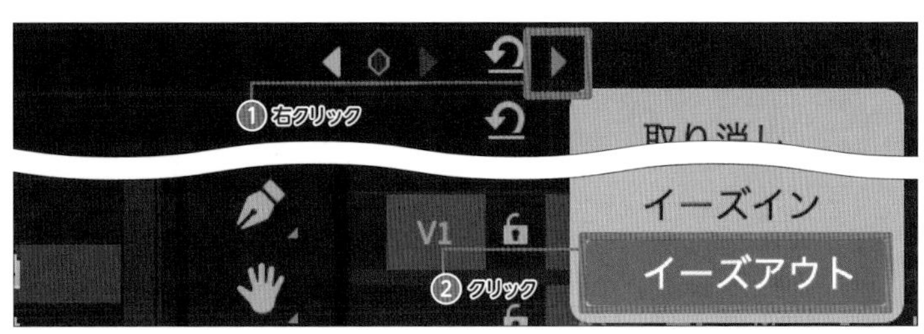

17 フィルムディゾルブを適用する

「エフェクト」パネルで検索窓に「ディゾルブ」と入力します。［フィルムディゾルブ］を、クリップとクリップが接続している編集点にドラッグ＆ドロップします。「フィルムディゾルブ」をトリミングし、「デュレーション」を6フレームくらいに調整します。

後はお好みでサウンドを追加すればスピントランジションの完成です。

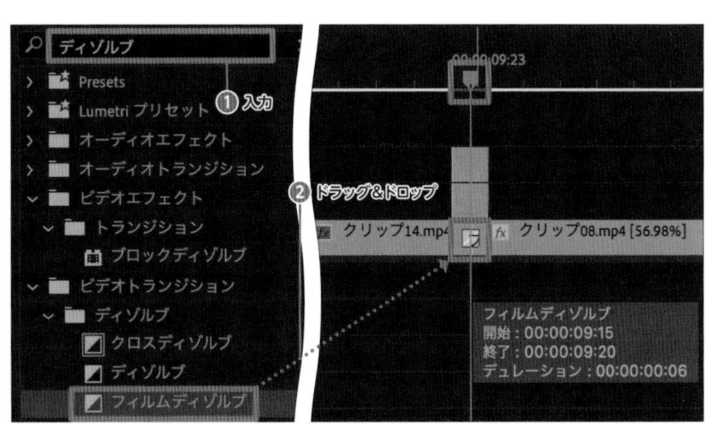

プリセットの保存方法

調整レイヤーに適用し、細かく数値を設定したキーフレームを打ったエフェクトは、プリセットとして保存しておくことで、以降は簡単にトランジションを適用することができます。ここではプリセットの保存方法を紹介します。

1 複製してミラー4つを選択する

下側の調整レイヤーをクリックし、「エフェクトコントロール」パネルの「複製」と「ミラー」4つを command キー(Windowsは Ctrl キー)を押しながらクリックして選択します。右クリックして[プリセットの保存]をクリックします。

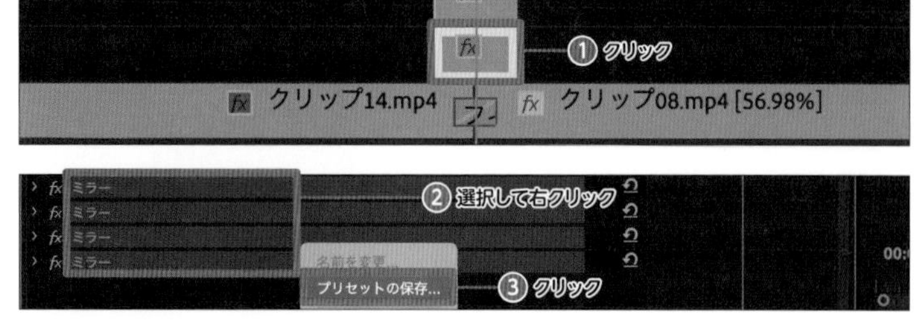

2 名前をつけて保存する

「プリセットの保存」で、名前に「複製&ミラー×4」などと入力し、[インポイント基準]をクリックし、[OK]をクリックします。

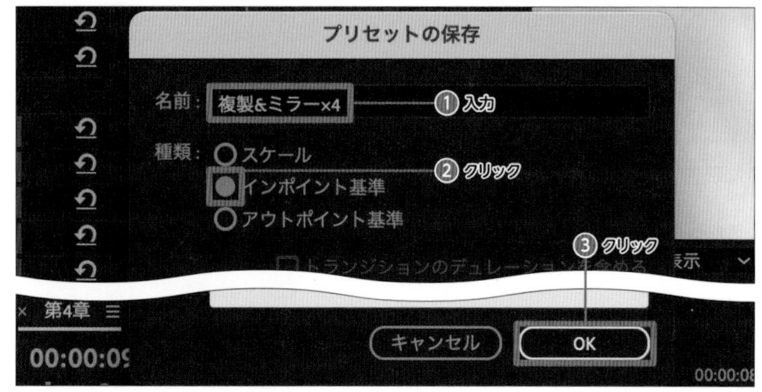

3 トランスフォームを選択する

上側の調整レイヤーをクリックして、「エフェクトコントロール」パネルの「トランスフォーム」を右クリックして[プリセットの保存]をクリックします。

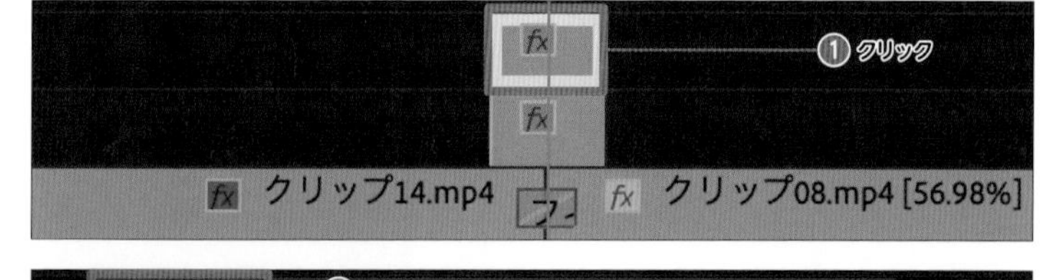

4 名前をつけて保存する

「プリセットの保存」で、名前を「スピントランスフォーム」などと入力し、[インポイント基準]をクリックし、[OK]をクリックします。

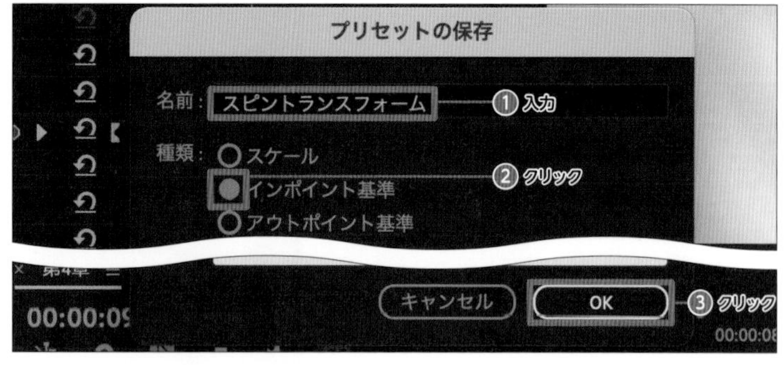

5 エフェクトが追加される

「エフェクト」の「Presets」のフォルダに「複製&ミラー×4」と「スピントランスフォーム」が追加されます。

プリセットの適用方法

ここでは、保存したプリセットの適用方法を解説します。

1 調整レイヤーを配置する

P.110手順**1**を参考に、「スピントランジション」を適用させたいクリップの上のトラックに、調整レイヤーをドラッグ＆ドロップします。クリップとクリップが接続している編集点から6フレーム戻り、調整レイヤーの先頭を合わせます。

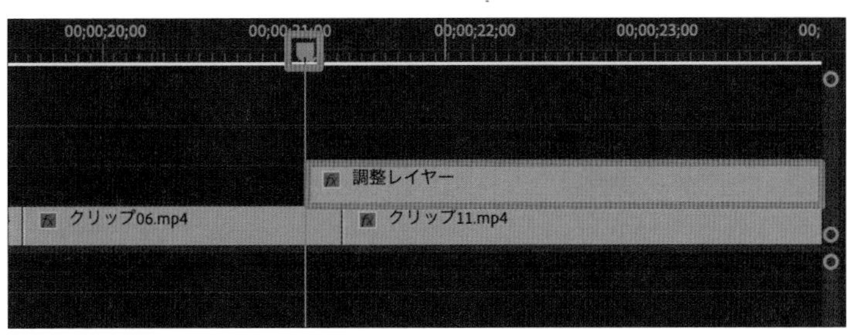

2 調整レイヤーを複製する

クリップとクリップが接続している編集点から6フレーム進み、調整レイヤーの最後尾を合わせます。Option キー（Windowsは Alt キー）を押しながら上のトラックへドラッグ＆ドロップして複製します。

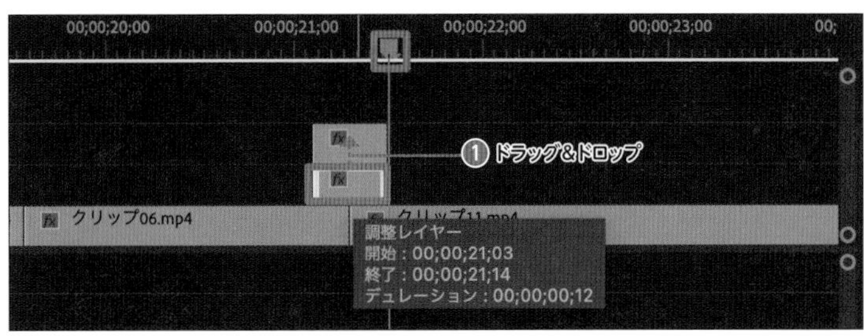

3 プリセットを適用する

下の調整レイヤーに先ほど保存した「複製＆ミラー×4」をドラッグ＆ドロップで適用します。

上の調整レイヤーに「スピントランスフォーム」をドラッグ＆ドロップで適用します。

4 微調整する

「エフェクト」パネルで検索窓に「ディゾルブ」と入力して、［フィルムディゾルブ］をクリップとクリップが接続している編集点にドラッグ＆ドロップします。

「フィルムディゾルブ」をトリミングして「デュレーション」に「6」と入力します。

後はお好みでサウンドを追加すればスピントランジションの完成です。

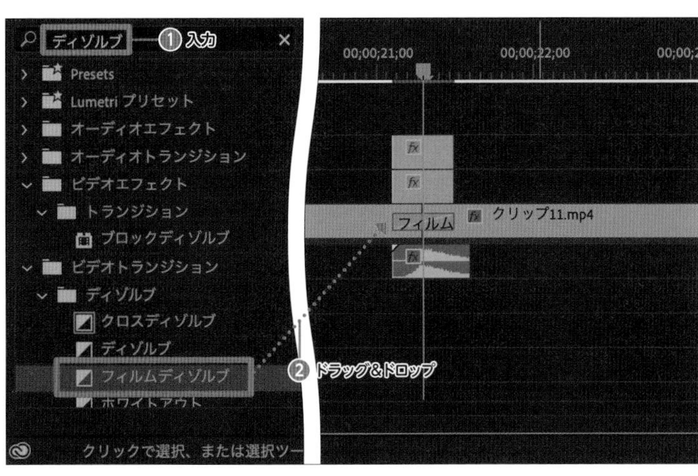

Recipe 42 ズームで切り替える

ズームしながら次のクリップへ切り替わる「ズームトランジション」に少し手を加え、よりクオリティーの高いズーム演出を作る方法を解説します。

1 調整レイヤーを配置する

→［調整レイヤー］→［OK］の順にクリックして、［42a.mp4］と［42b.mp4］が隣接しているトラックの上に調整レイヤーをドラッグ＆ドロップします。クリップとクリップが接続している編集点から6フレーム戻り、調整レイヤーの先頭を合わせます。クリップとクリップが接続している編集点から6フレーム進み、調整レイヤーの最後尾を合わせます。

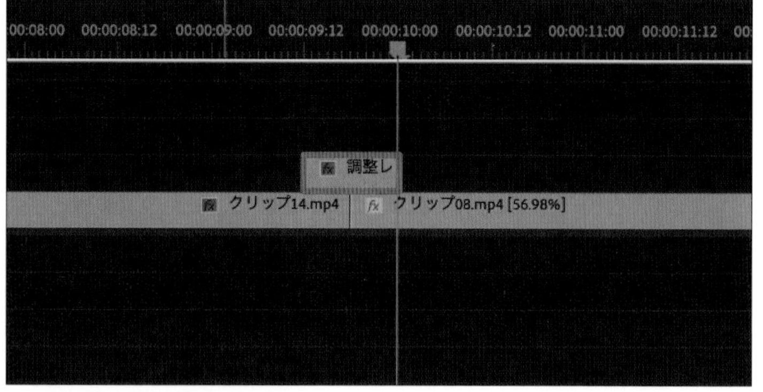

2 調整レイヤーを複製する

Option キー（Windowsは Alt キー）を押しながら上のトラックへドラッグ＆ドロップして複製します。下の調整レイヤーの先頭をクリップとクリップが接続している編集点にトリミングして合わせます。

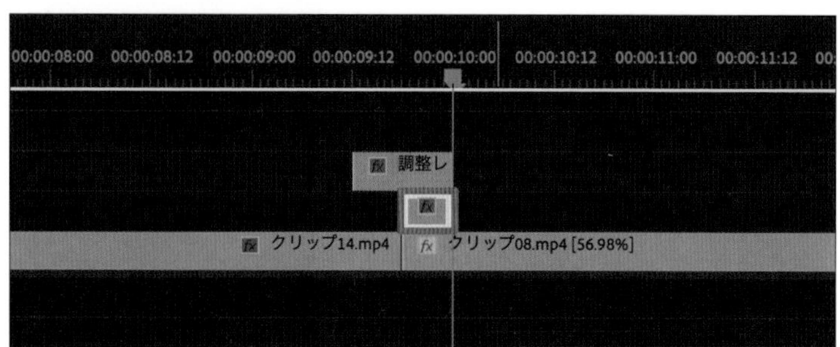

3 複製＆ミラー×4を適用する

P.110で保存した［複製＆ミラー×4］を、下の調整レイヤーにドラッグ＆ドロップします。

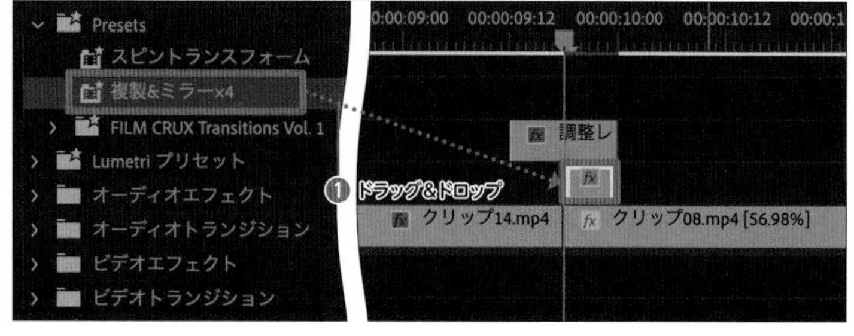

4 トランスフォームを適用する

「エフェクト」パネルで検索窓に「トランスフォーム」と入力して、[トランスフォーム] を上の調整レイヤーにドラッグ&ドロップします。「エフェクトコントロール」パネルに「トランスフォーム」が追加されます。

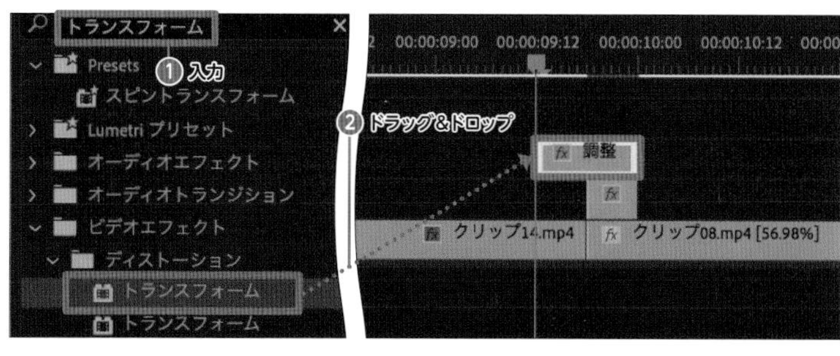

再生ヘッドを左端に移動し、[トランスフォームの縦横比を固定] をクリックしてチェックを付け、「スケール」の をクリックしてキーフレームを打ちます。

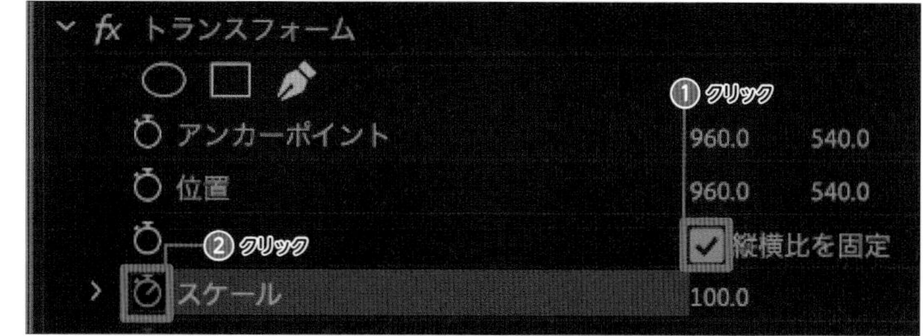

5 トランスフォームを調整する

再生ヘッドを右端に移動し「変形」のスケールの数値に「300.0」と入力するとキーフレームが打たれます。[コンポジションのシャッター角度を使用] をクリックしてチェックを外し、「シャッター角度」に「360.00」と入力します。

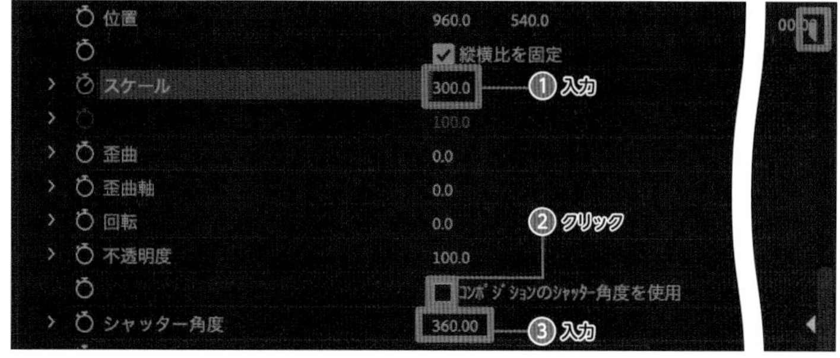

6 イーズイン&イーズアウトを適用する

右側のキーフレームを右クリックして [イーズイン] をクリックします。左側のキーフレームを右クリックして [イーズアウト] を選択します。

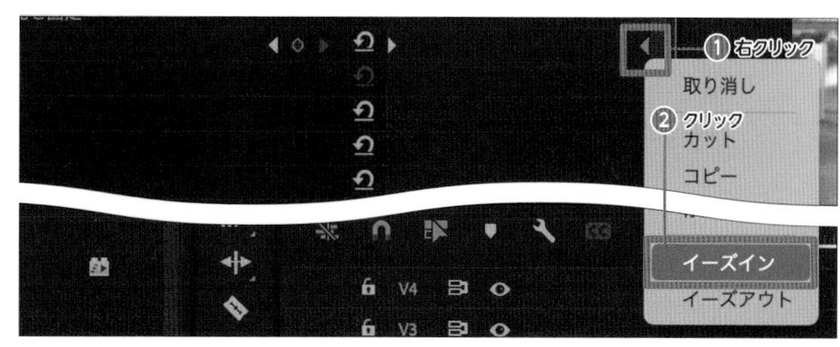

効果音をオーディオトラックにドラッグ&ドロップで配置して完成です。

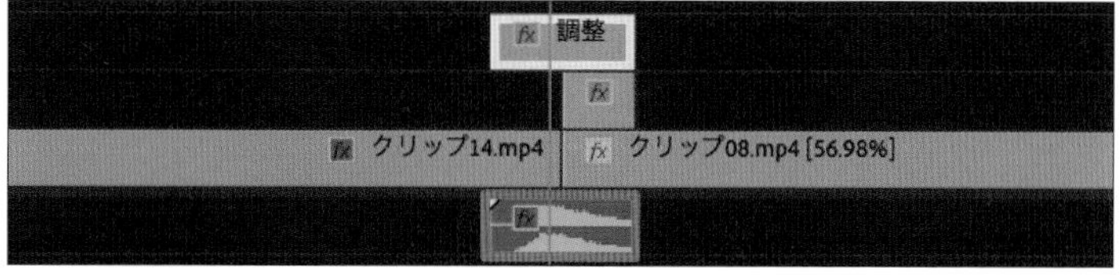

Recipe 43

絵画風に映像を加工する

Chapter3では、スタイライズのエフェクトを用いて様々な雰囲気を作る方法を解説しました。そのエフェクトを組み合わせることで、また違った雰囲気を作り出すことができます。ここでは絵画風に加工します。

1 動画素材を配置する

[sketch.mp4] を「タイムライン」パネルにドラッグ＆ドロップで配置します。

2 エフェクトを適用する

「タイムライン」パネルに配置したクリップに「ブラシストローク」と「カラーエンボス」を適用します。

「エフェクトコントロール」パネルから「ブラシストローク」のパラメータを調整します。今回は「ブラシのサイズ」に「5.0」、「描画の長さ」に「8」と入力します。

「カラーエンボス」は、「レリーフ」に「10.00」と入力してください。

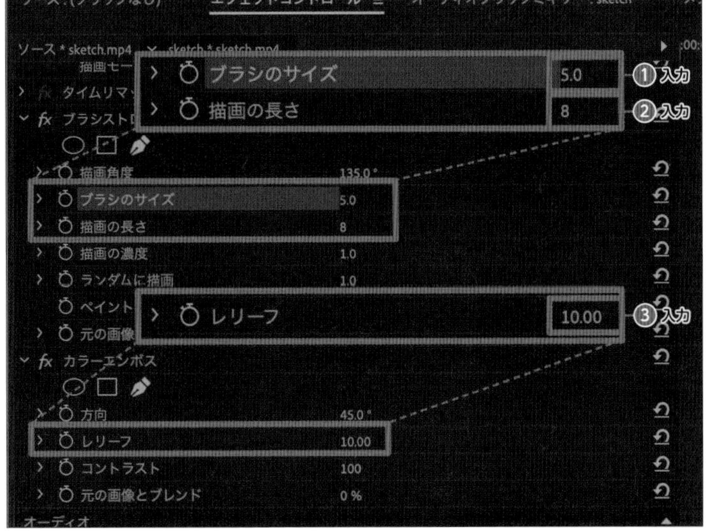

3 アニメーションの開始点を決める

再生ヘッドが「00:00:00:00」になっていることを確認し、「ブラシストローク」の「元の画像とブレンド」が「100%」の状態で、⏱のアイコンをクリックします。

同様に、「カラーエンボス」の「元の画像とブレンド」も「100%」の状態で、⏱のアイコンをクリックします。

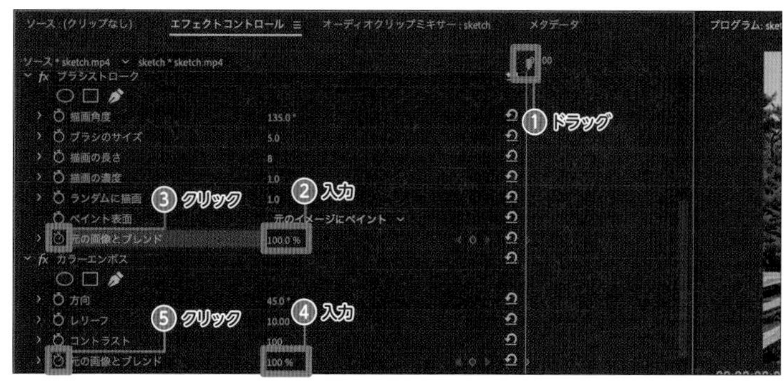

4 変化させる地点に再生ヘッドを合わせる

実写映像から、段々と絵画風に変化するようアニメーションさせます。今回は「再生ヘッド」を「00:00:02:00」に合わせます。クリップを選択した状態で、「エフェクトコントロール」パネルから「ブラシストローク」の「元の画像とブレンド」を「0%」の値に変更します。同様に、「カラーエンボス」の「元の画像とブレンド」も「0%」の値に変更します。この時、3で⏱をクリックしていたため、「00:00:02:00」には、キーフレームが打たれます。「再生ヘッド」を「00:00:00:00」に合わせ、再生すると、徐々に絵画風にアニメーションされます。

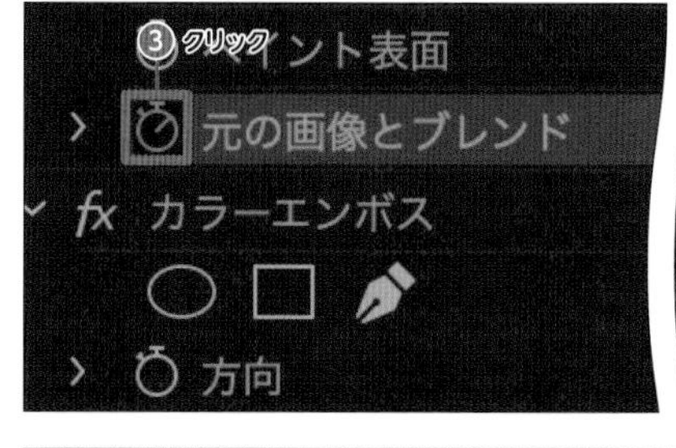

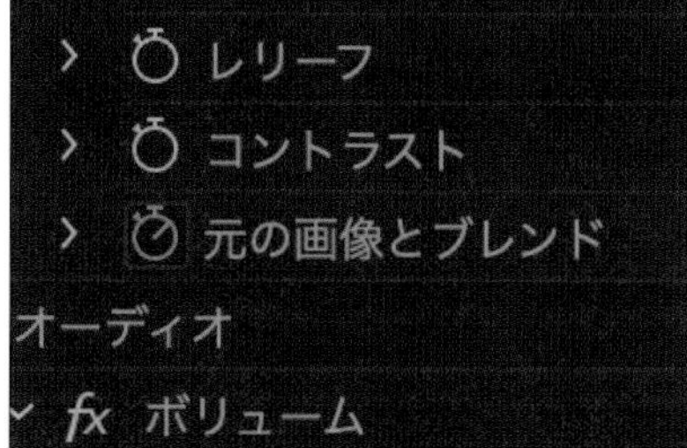

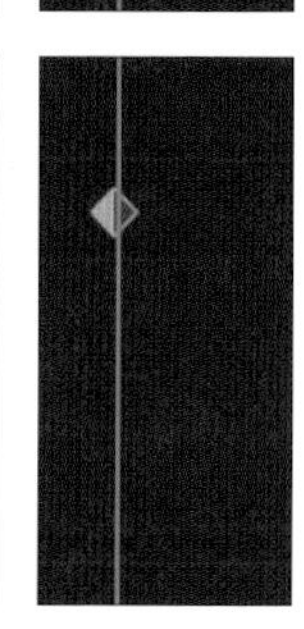

5 微調整する

クリップが選択できている状態で、「エフェクトコントロール」パネルの「スケール」を「105」に変更します。

画面範囲外の黒いブラシストロークが表示されてしまう問題が、この調整で解消されます。

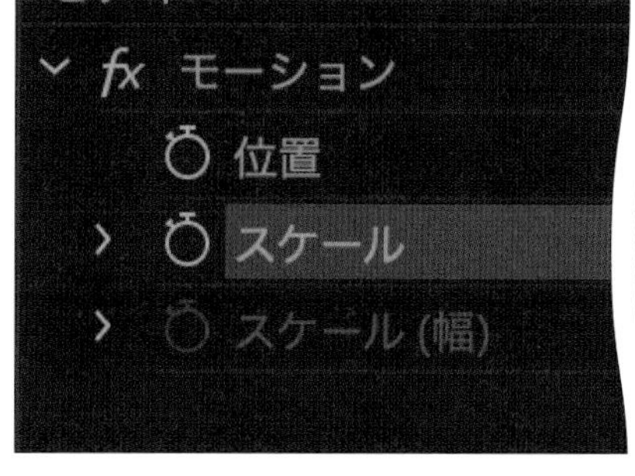

▲左上の隅に、黒いブラシストロークが見える

▲クリップのスケールを上げて、解消した

Recipe 44 ふんわりした雰囲気を演出する

夜景やイルミネーションなど、実際に目で見た時より硬い印象になってしまう場合があります。そういった場合に、編集で後からふんわりした雰囲気になるように加工して、実際に見た印象に近づけることができます。

1 動画素材を配置する

「V1」「V2」「V3」それぞれのトラックに、[crossfilter.mp4]をドラッグ＆ドロップで配置します。同じ動画素材を3本並べることになります。

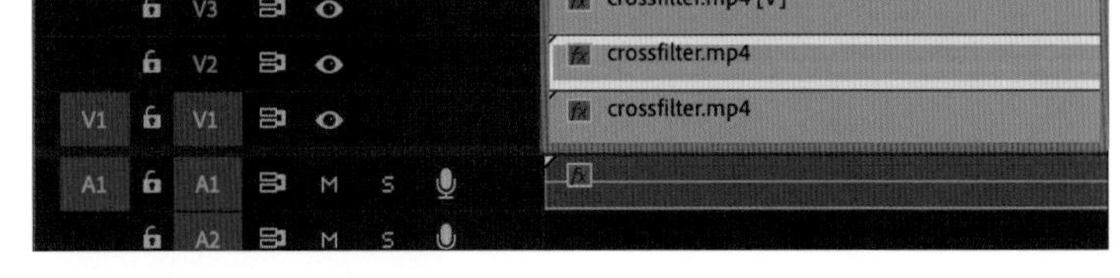

2 「ブラー」エフェクトを適用し、ぼかす

「V2」と「V3」にあるクリップに「ブラー(方向)」を適用します。適用後、「V2」のクリップを選択した状態で、エフェクトコントロールパネルから、「ブラー(方向)」の「方向」を「45.0」、「ブラーの長さ」を[50.0]にします。「V3」にあるクリップも、同様の手順でブラーの「方向」を「-45°」、「ブラーの長さ」を「50.0」にします。「V1」と「V2」とで、ブラーの方向がクロスされたような状態になります。

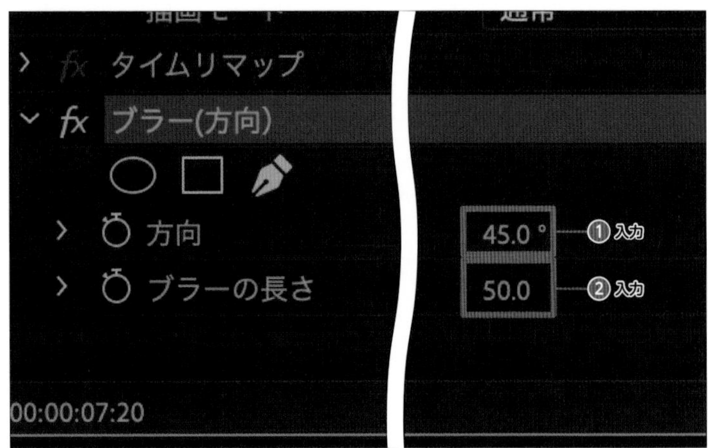

MEMO

トラックごとのクリップの動画を確認する

通常、映像はトラックが上にあるクリップから順に表示されます。そのため今回であれば、「V3」のエフェクト適用後が画面をプレビューすることはできますが、「V2」のエフェクト適用画面をプレビューすることができません。
確認したい時には、「V3」のをクリックすることで、そのトラック上にあるクリップの「表示/非表示」を切り替えることができ、「V3」を非表示にすることで「V2」が表示されます。

3 描画モードを変更する

「V3」にあるクリップを選択し、「エフェクトコントロール」パネルから、不透明度を「50%」にし、描画モードを[スクリーン]に変更します。

同様の手順を「V2」でも行います。

単にブラーを適用しただけでは、ボケた映像になってしまいますが、「V2」と「V3」のクリップを半透明にし、「V1」の未加工のクリップも表示させることで、ふんわりとした印象に仕上がります。

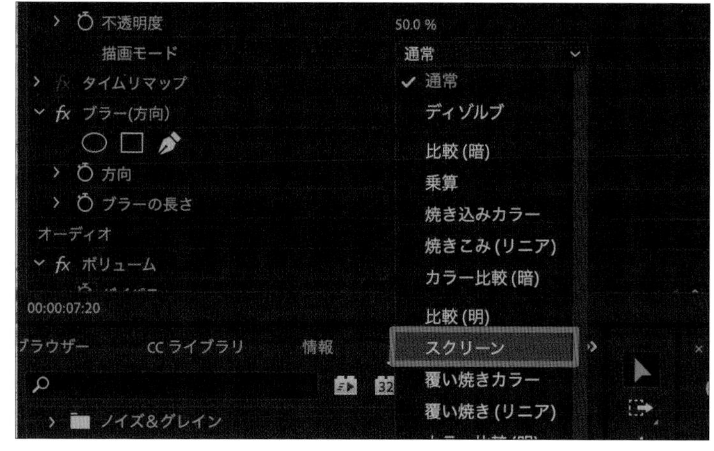

and more...

描画モードを使いこなそう！

描画モードとは、「V1」と「V2」の両方にクリップがある場合であれば、より上にある「V2」のクリップを下にある「V1」のクリップに、どのように合成するかを設定できる機能のことです。
様々な合成方法(描画モード)がありますが、今回は3種紹介します。

▲「V1」のクリップ

▲「V2」のクリップ

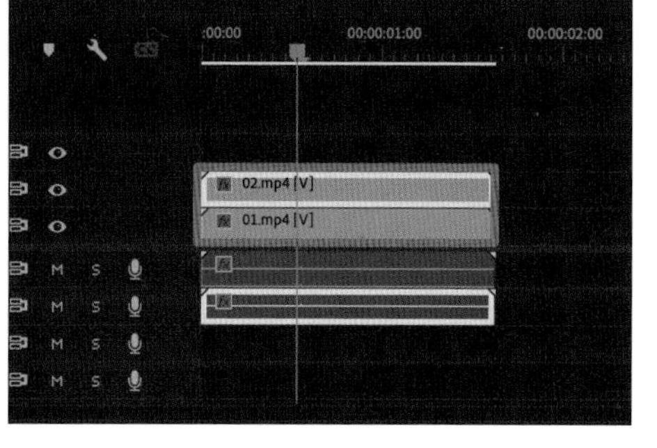

❖「V2」のクリップの描画モードを変更した結果

・乗算
色がかけ合わさって暗く表示されます。

・スクリーン
色が掛け合わさって明るく表示されます。

・ソフトライト
色は変わらず、明るい部分をより明るく、暗い部分をより暗く掛け合わせます。

実際に描画モードを試しながら、好みの描画モードを見つけてみてください。

Recipe 45

グリーンバックで合成する

グリーンやブルーなど、モノトーンのスクリーンを背景にした被写体を用いることで、「クロマキー合成」と呼ばれる方法の合成が簡単にできます。

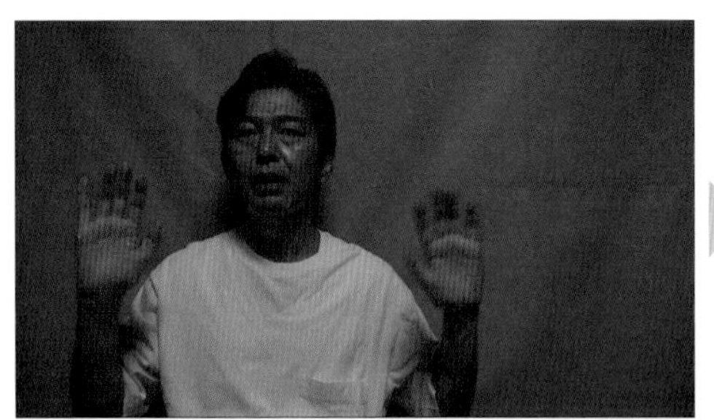

1 クリップを配置する

グリーンバックやブルーバックで撮影したクリップを、「タイムライン」パネルにドラッグ＆ドロップします。

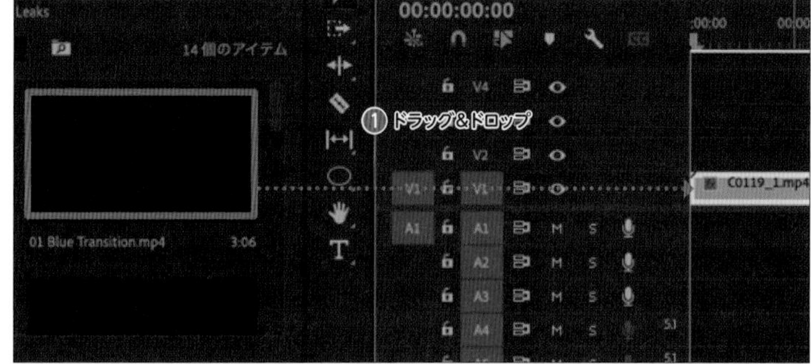

2 Ultraキーを適用する

［エフェクト］パネルで検索窓に「Ultr」と入力します。［Ultraキー］をクリップにドラッグ＆ドロップで適用します。「エフェクトコントロール」パネルにUltraキーが追加されます。

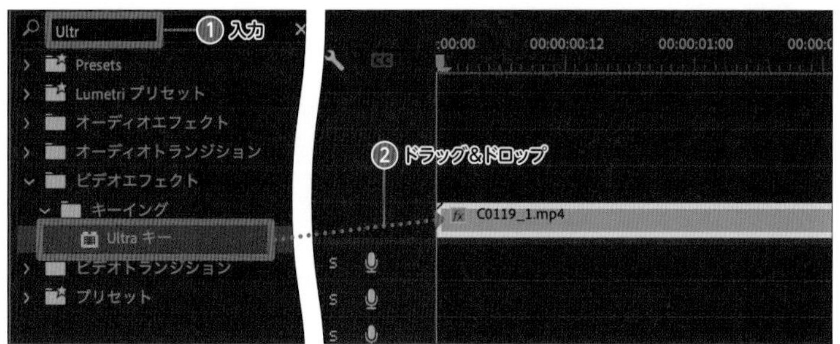

3 緑が濃い部分をクリックする

「Ultraキー」の「キーカラー」でをクリックして「プログラムモニター」パネルの緑がもっとも濃く出ている部分をクリックします。

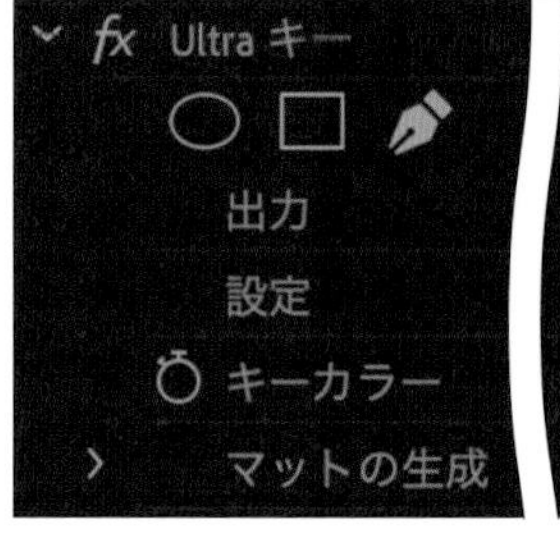

4 アルファチャンネルに変更する

［マットの生成］をクリックして展開し、「ハイライト」と「ペデスタル」に「0.0」と入力し、「出力」で［アルファチャンネル］を選択します。

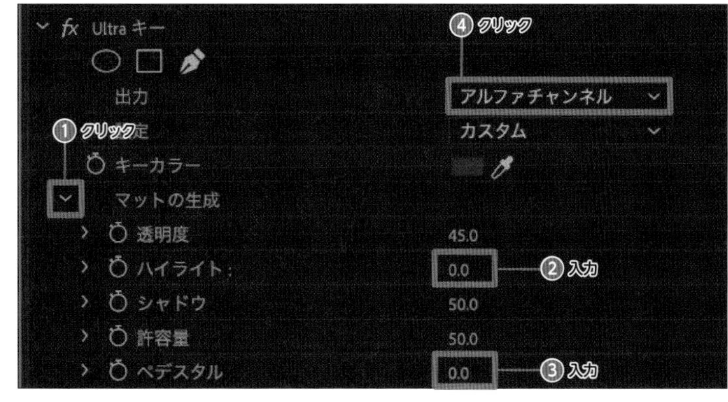

5 Ultraキーを調整する

緑の部分が真っ黒になるように「ペデスタル」の数値を調整します。ザラつきやムラが出ないように「許容量」と「シャドウ」の数値も調整します。

6 背景クリップを配置する

緑の部分が真っ黒になったら「出力」で［コンポジット］を選択します。クリップを「V2」へ移動し、背景にしたい画像や映像を「V1」に配置します。「エフェクトコントロール」パネルで「位置」や「スケール」を調整します。

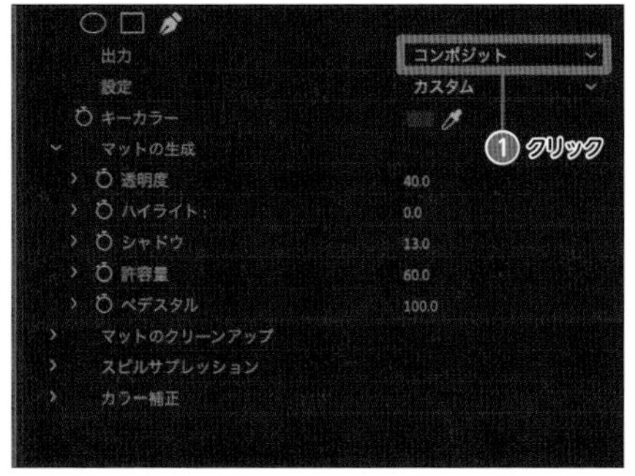

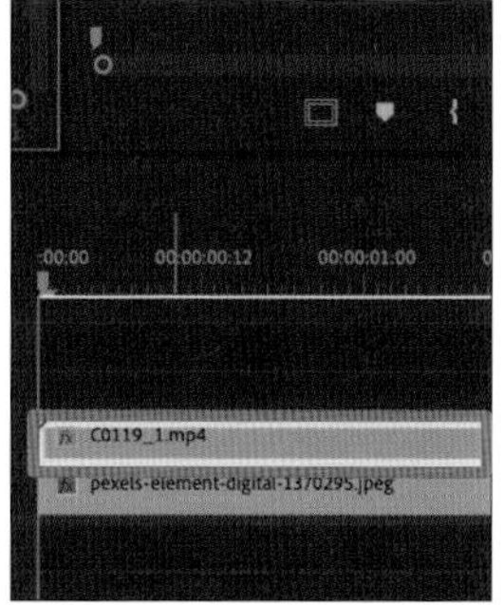

7 微調整する

緑が残っている場合は、「マットのクリーンアップ」や「スピルサプレッション」「カラー補正」で微調整していきます。また、背景になるクリップにブラー（ガウス）を適用すると被写体に立体感が出ます。

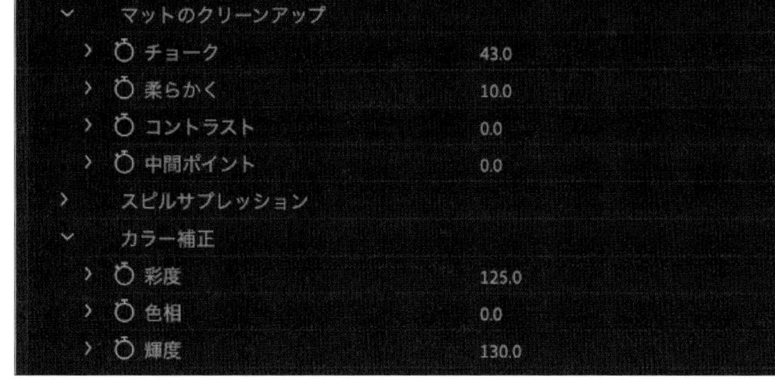

MEMO

背景に設置する色と同系色の服を着て撮影すると、服まで透明になってしまいます。背景の色だけ綺麗に抜くために、できるだけ補色の服を選ぶようにしましょう。人の肌の色はオレンジに近いので、その補色となるブルーやグリーンが合成時に使用されます。

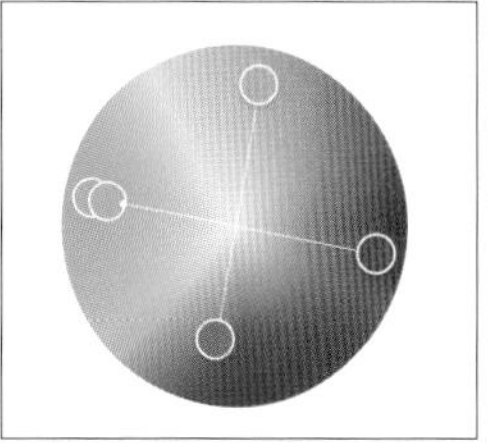

https://color.adobe.com/ja/create/color-wheel

Recipe 46 青空に夜景を合成する

一面が青色の空に、別の空の映像を合成します。色を指定して合成するため、一定の色調でない映像への合成は不向きですが、最もお手軽に合成することができる方法です。

【事前準備】

青空に合成するための、夜空の動画素材を準備します。今回は、「Pexels」(https://www.pexels.com/ja-jp/video/5170522/) というwebサイトから動画素材を準備しました。

1 動画素材を配置する

メインの動画素材となる [synthetic.mp4] をタイムラインの「V2」に配置し、合成用の空の動画素材は「V1」に配置します。

MEMO

夜空の動画素材の尺（長さ）が短いため、速度を「45%」のスローモーションにすることで、長い尺の動画素材に加工しました。
詳しくは、P.58を参照してください。

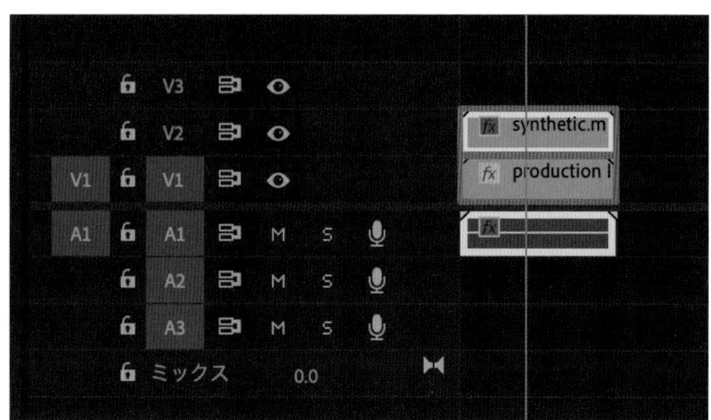

2 「カラーキー」エフェクトを適用する

「エフェクト」パネルで、[カラーキー] を「V2」にドラッグ＆ドロップで適用します。

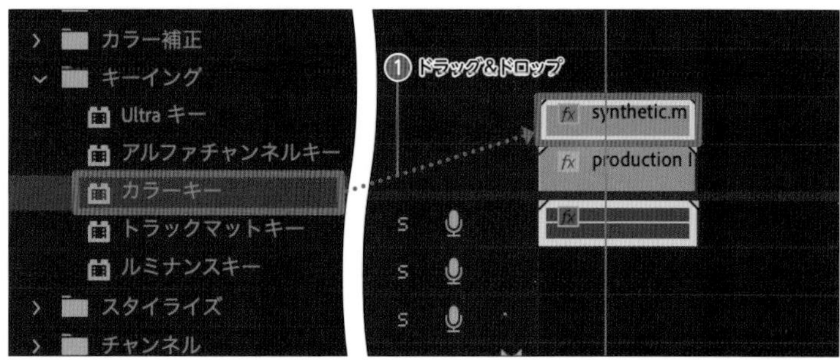

3 空の色を透過する

「V2」にあるクリップを選択した状態で、「エフェクトコントロール」パネルの「カラーキー」にある をクリックし、「プログラムモニター」パネルの空の部分をクリックしして、透過する色を指定します。

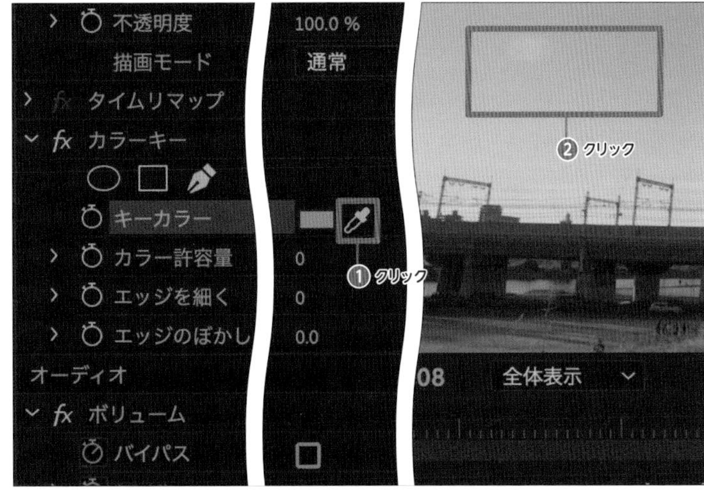

4 空の色の範囲を調整する

「カラー許容量」の値を増やすと、手順3で指定した色に近い色が透過され、「V1」のクリップの夜空が見え始めます。今回は、カラー許容量を「140」と入力し、「エッジを細く」を「-2」とします。

「V1」の夜空の動画素材のクリップは、「エフェクトコントロール」パネルの「位置」を「960,1000」にすると、夜空が綺麗に映る箇所を指定できます。

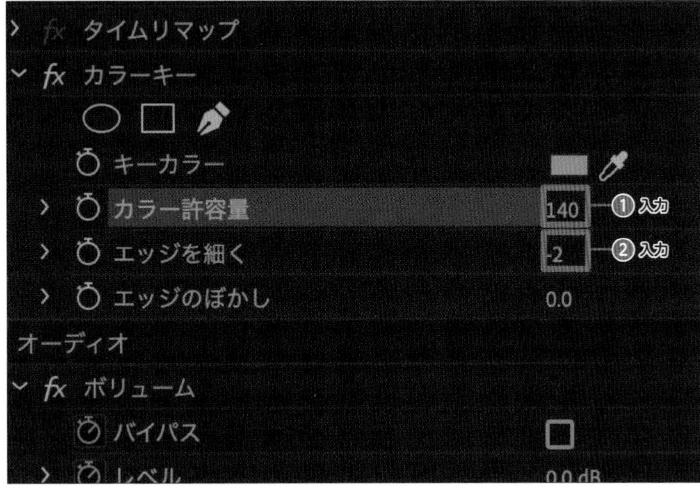

MEMO

「カラーキー」の調整項目のうち、「エッジを細く」や「エッジのぼかし」の値を変更することで、より自然に透過したい範囲を選択できる場合があります。「プログラムモニター」パネルで確認しながら、微調整してみてください。
また、「マスク」の活用で、合成したくない範囲を削除することもできます（P.88参照）。

5 自然な合成になるよう調整する

複数の動画素材の明るさが異なると、違和感が出てきます。

「V2」のクリップに「輝度＆コントラスト」を適用します。「エフェクトコントロール」パネルの「輝度＆コントラスト」から「明るさ」を「-20.0」、コントラストを「5.0」と入力します。

P.153から解説する「Lumetri カラー」を活用すると、より自然な仕上がりになります。

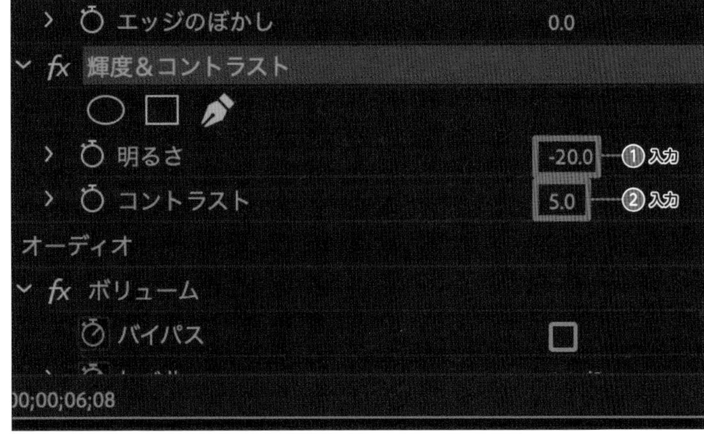

まばゆい光で切り替える

まばゆい光を使って映像を切り替えるトランジションは、回想シーンなどで活用することができます。ここでは「Lighat Leak」というトランジションを例に解説していきます。

Light Leakの素材をダウンロードする

Light Leakは自分で作ることもできるのですが、高品質な素材を無料でダウンロードして使うことができるので、ここではその素材を使っていきます。

1 サイトを表示する

「RocketStock」(https://www.rocketstock.com/free-after-effects-templates/13-free-4k-light-leaks/) にアクセスして、名前とメールアドレスを入力し、[SUBSCRIBE] というボタンをクリックします。

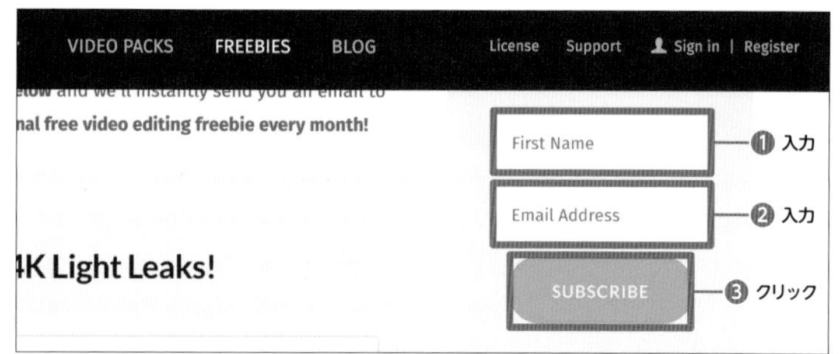

2 メールを確認しダウンロードする

手順 1 で入力したメールアドレスにメールが届いたら、記載されているURLをクリックし、[Click here to Confirm Email and Download Freebie] をクリックします。ダウンロードサイトが開いたら、[DOWNLOAD HERE] をクリックし保存先を決めます。

ZIPファイルのダウンロードが始まります。ZIPファイルがダウンロード完了したらダブルクリックして解凍し、フォルダーごとPremiere Proにドラッグ＆ドロップで読み込みます。

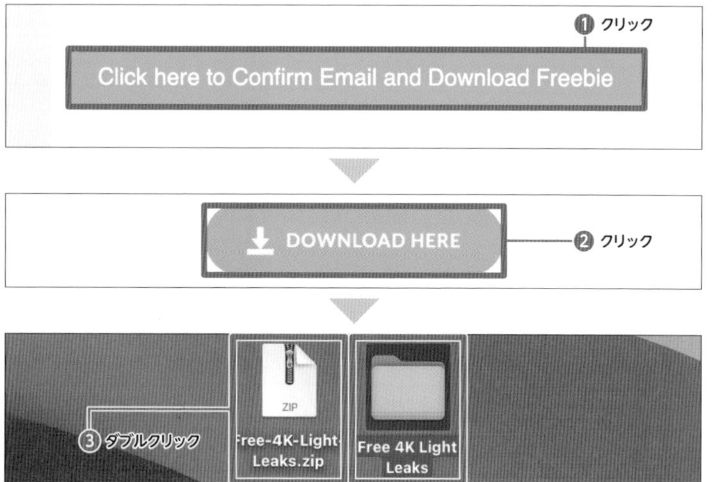

Light Leakを適用する

1 Light Leakを配置する

「プロジェクト」パネルに表示されたLight Leakの中から好みのトランジションを選び、適用させたいクリップである[47a.mp4]と[47b.mp4]の上のトラックへドラッグ＆ドロップで移動します。

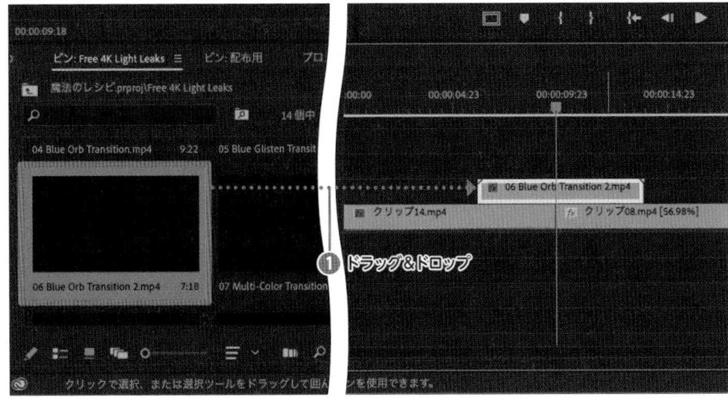

2 描画モードを変更する

配置した[Light Leak]のクリップをクリックし、「エフェクトコントロール」パネルの「不透明度」で「描画モード」の[スクリーン]を選択します。

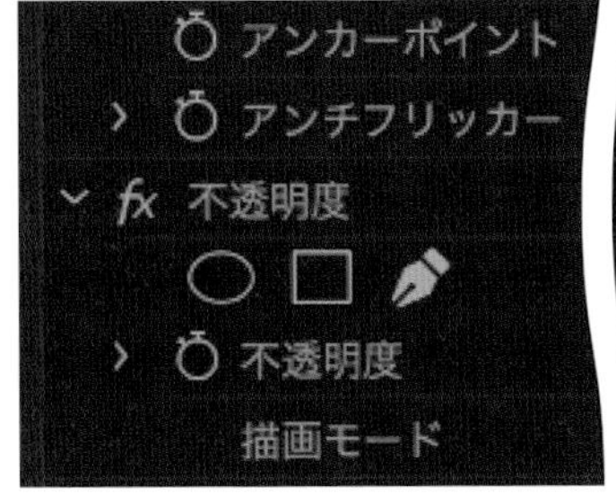

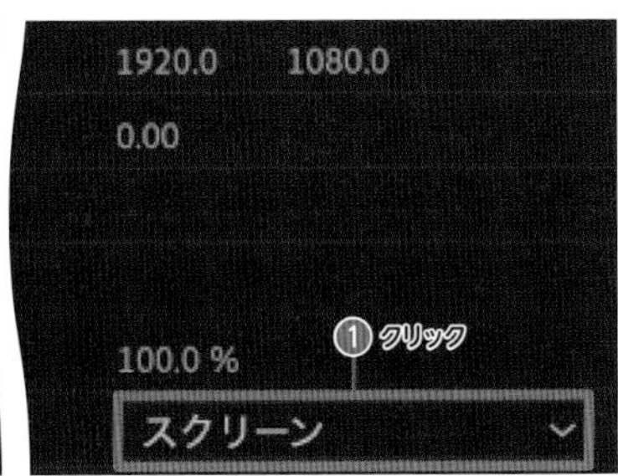

3 クリップの位置と速度を調整する

[Light Leak]のクリップをドラッグして、好みの位置に微調整します。Light Leakのクリップで右クリックして[速度・デュレーション]をクリックし、長さをドラッグして調整して完成です。

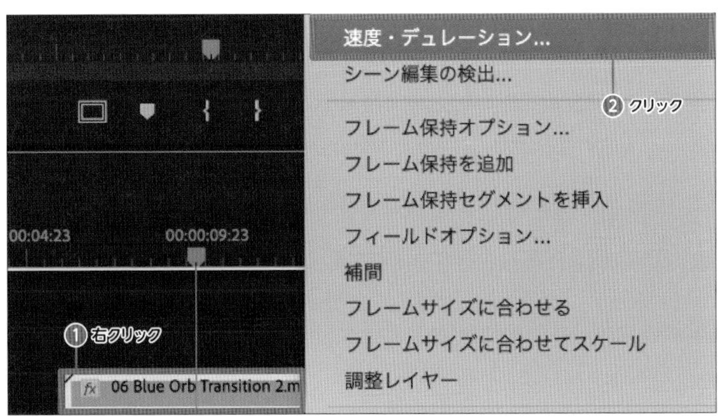

MEMO

「Light Leak」のクリップをトリミングして長さを調整することもできますが、その方法だと急に光が現れて急に消えるため、突飛な印象を与えてしまいます。「不透明度」のキーフレームを打って、徐々に光が現れて消えていくように調整しましょう。

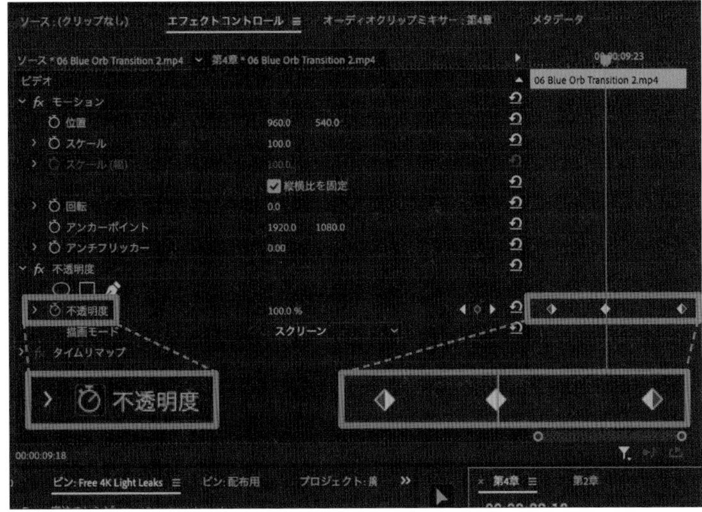

Chapter 4 エフェクトを組み合わせるレシピ

Recipe 48 動きに残像を付ける

残像を用いて印象的に仕上げることができます。長い尺の動画素材を早送りをするだけでは機械的な印象ですが、残像を付けることで「早送り」も印象的な演出の一部として成り立たせることができます。

MEMO

動画素材を撮影する場合は、カメラを固定にするのがオススメです。カメラに動きがある動画素材に残像をつけると、画面全体に残像がかかり仕上がりが悪くなってしまいます。カメラは固定で撮影し、被写体だけが動いた方がより効果的な残像を演出できます。

1 動画素材を配置し、速度を変更する

タイムラインの「V1」に[Afterimage.mp4]を配置し、クリップ[Afterimage.mp4]を右クリックし[速度・デュレーション]をクリックします。「速度」の値を「1000%」と入力します。

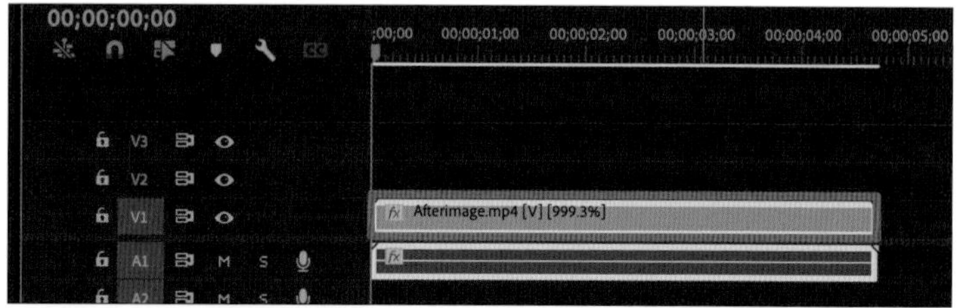

2 残像用のクリップを複製する

「V1」のクリップを、option キー(Windowsは Alt キー)を押しながら「V2」にドラッグし複製します。その際、真上に複製せず、やや右へずらして配置します。

右へずらして配置するほど残像が大きくなります。

この「V2」に複製したクリップ「Afterimage」が残像用の動画素材になります。

それぞれのクリップで、重なり合わない部分は削除して整えてください。

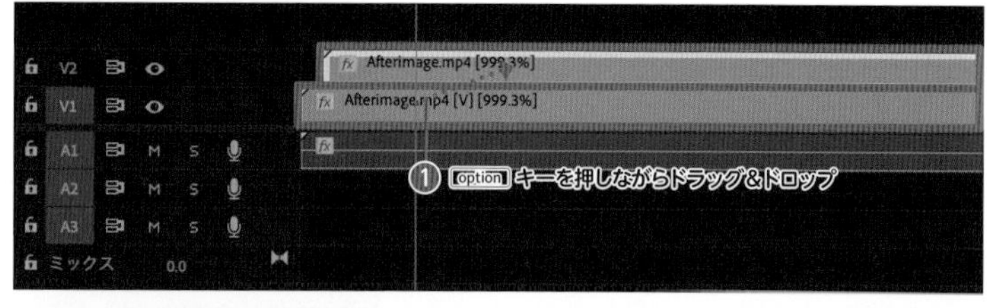

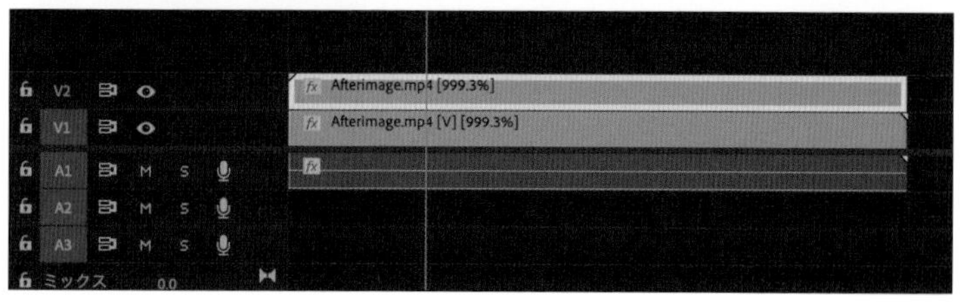

3　残像用のクリップを半透明に加工する

「V2」にあるクリップを選択した状態で、「エフェクトコントロール」パネルから「不透明度」の「描画モード」で［ソフトライト］をクリックします。

4　残像感を馴染ませる

「V2」にあるクリップに「ブラー（ガウス）」を適用します。「エフェクトコントロール」パネルで「ブラー」の値に「10」と入力します。

5　ネスト化する

「V1」「V2」のクリップを両方選択し、「右クリック」→［ネスト］をクリックし、［OK］をクリックします。すると、1つのクリップにまとめられます。

6　画面の大きさをアニメーションさせる

ネスト化したクリップを選択した状態のまま、「再生ヘッド」を「00:00:00:00」に合わせ、「エフェクトコントロール」パネルから「スケール」に「120%」と入力しのアイコンをクリックします。

「再生ヘッド」をクリップの最後に合わせ、「スケール」を「100%」とします。

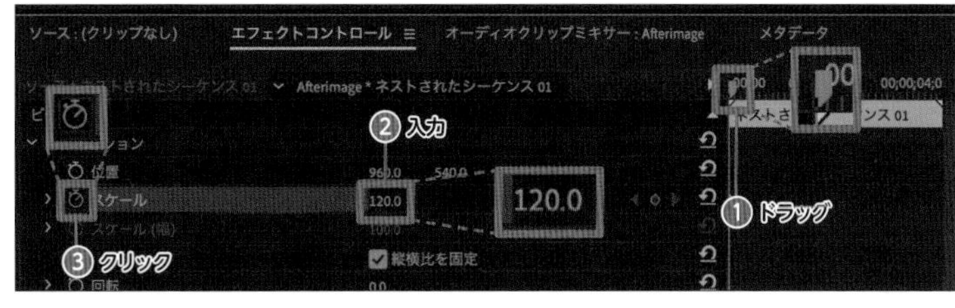

動画素材がカメラ固定で単調になってしまっていたものが、スケールのアニメーションで擬似的にカメラワークをつけることができました。

and more...

軌道を描く演出に応用する

今回のレシピでは、クリップを1つ複製することで「残像」を作成しましたが、この作業を繰り返していくと、残像がたくさん現れるようになります。
例えば、ボールの軌道を描く演出であれば、クリップを何度も複製し、停止したいボールの位置で「フレーム保持」をし、最後にクリップごとのボールだけが表示されるようにマスクをかけていくと、右の写真のような仕上がりになります。

LOGO MOTIONでロゴを作る

商品CMなどで最後にロゴや商品名などを出したい場合など、アイキャッチを使うことがあります。ここではロゴとテキストを動かすアニメーションの作り方を解説します。

アイコンをダウンロードする

1 アイコンを選択する

「iconmono」(https://icooon-mono.com/) にアクセスして、ページを表示し、好きなアイコンをクリックします。

2 PNGファイルをダウンロードする

❶をクリックしてカラーを選択します。(ここでは見やすいように黄色にしておきます)。[PNG] をクリックして保存先を指定するとダウンロードが完了します。

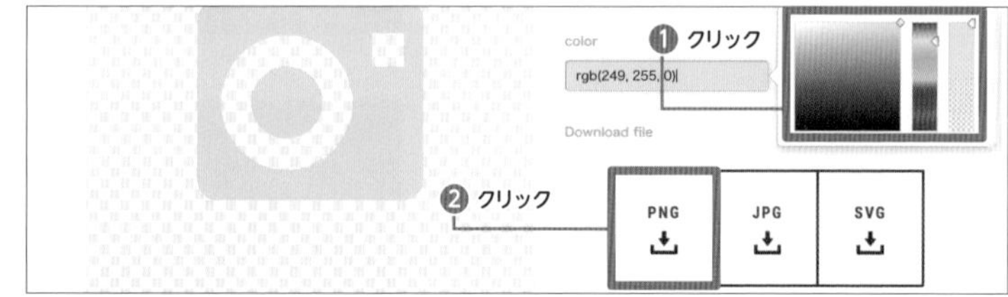

アイコンとテキストを配置する

1 Premiere Proに読み込む

ダウンロードしたアイコンをPremiere Proに読み込み、「タイムライン」パネルにドラッグ＆ドロップして配置します。テキストを入力し、メニューバーで［ウィンドウ］→［エッセンシャルグラフィックス］の順にクリックし、フォントやカラー位置などを決めます。

同様に「エフェクトコントロール」パネルでアイコンの「位置」や「スケール」を調整します。

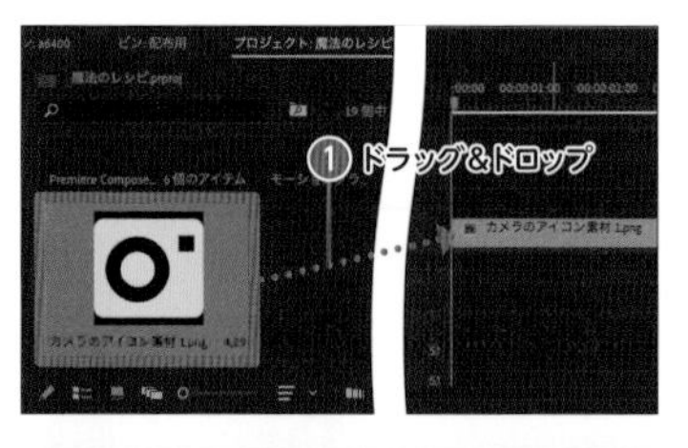

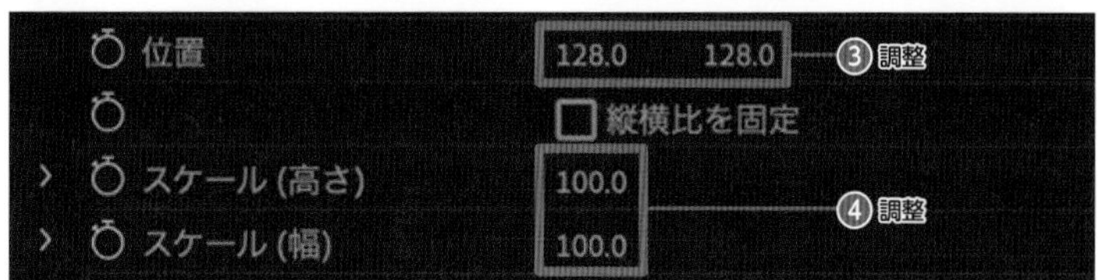

アニメーションを適用する

1 トランスフォームを適用する

「エフェクト」パネルで検索窓に「トランスフォーム」と入力し、[トランスフォーム] をアイコンクリップにドラッグ&ドロップします。「エフェクトコントロール」パネルに「トランスフォーム」が追加されます。

テキストクリップが配置されているトラックの◉をクリックして非表示にします。

2 トランスフォームの位置にキーフレームを打つ

再生ヘッドを開始から1秒に合わせて「トランスフォーム」の「位置」で⏱をクリックしてキーフレームを打ちます。開始から1秒(12フレーム)に再生ヘッドを移動させ、「トランスフォーム」の「位置」の◆をクリックしてキーフレームを打ちます。

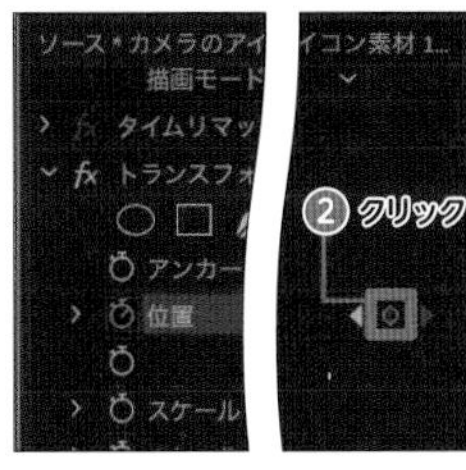

3 位置の数値を調整する

開始から1秒に再生ヘッドを合わせて、「プログラムモニター」パネルを見ながら「トランスフォーム」の「位置」の左側(x軸)の数値を左右にドラッグします。アイコンが画面中央に配置されるよう調整します。

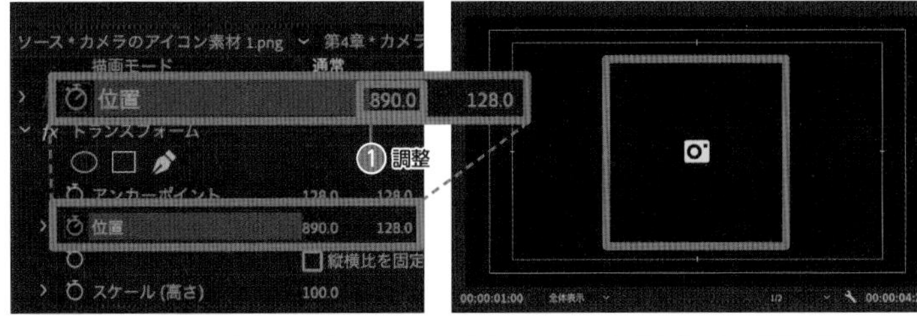

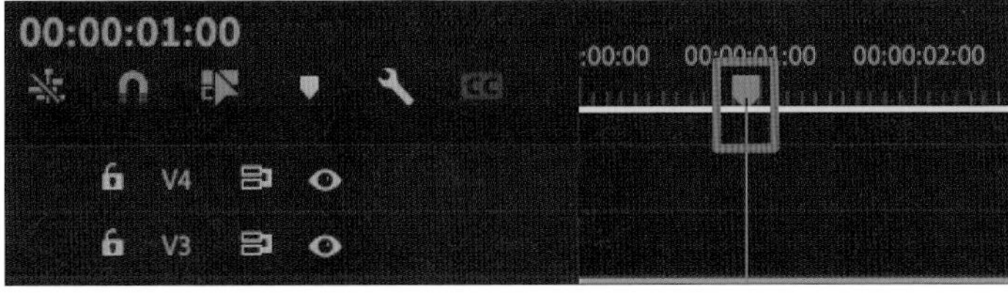

MEMO

この時「プログラムモニター」パネルの下にあるセーフマージンを表示させておくと、罫線を目安にすることができます。

4 シャッター角度を調整する

トランスフォームの「シャッター角度」に「250.00」と入力します。

これでアイコンが左へ移動するときに残像感が出ます。

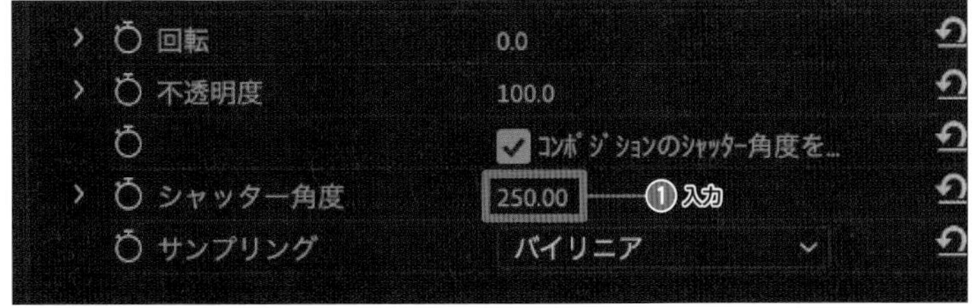

5 イーズアウト、イーズインを適用する

左側のキーフレームを右クリックして、[時間補間法]→[イーズアウト]をクリックします。

右側のキーフレームを右クリックして、[時間補間法]→[イーズイン]の順にクリックします。

[位置]をクリックして展開し、山が急になるように調整します。これをやることでより動きに緩急が出ます。

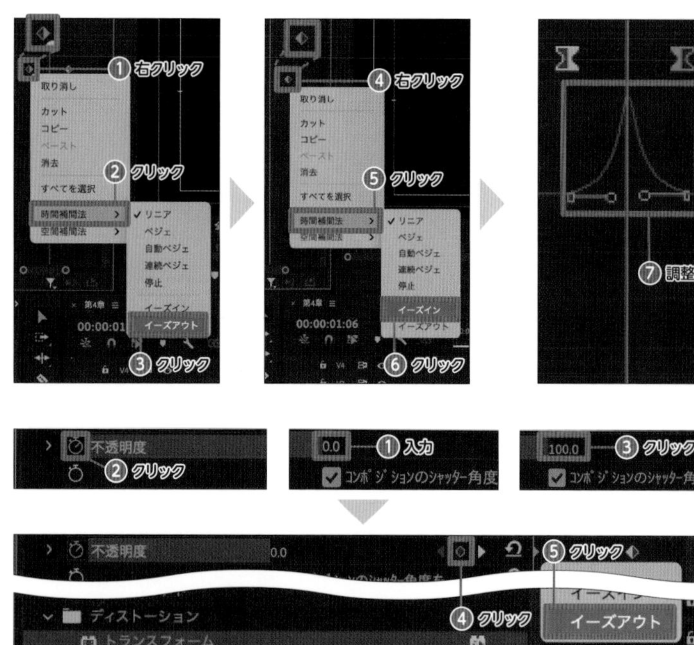

6 不透明度を調整する

再生ヘッドを左端に移動させ、「不透明度」に「0.0」と入力して⏱をクリックします。再生ヘッドを開始から1秒に合わせて「不透明度」に「100.0」と入力します。左側のキーフレームの上で右クリックして[イーズアウト]をクリックします。右側のキーフレームの上で右クリックして[イーズイン]をクリックします。これで、徐々にアイコンが表示され中央から左へ移動するアニメーションが完成です。

テキストにアニメーションを適用する

1 トランスフォームを適用する

テキストクリップが配置されているトラックの👁をクリックして表示します。[エフェクト]パネルで検索窓に「トランスフォーム」と入力し、[トランスフォーム]をテキストクリップにドラッグ&ドロップします。「エフェクトコントロール」パネルにトランスフォームが追加されます。

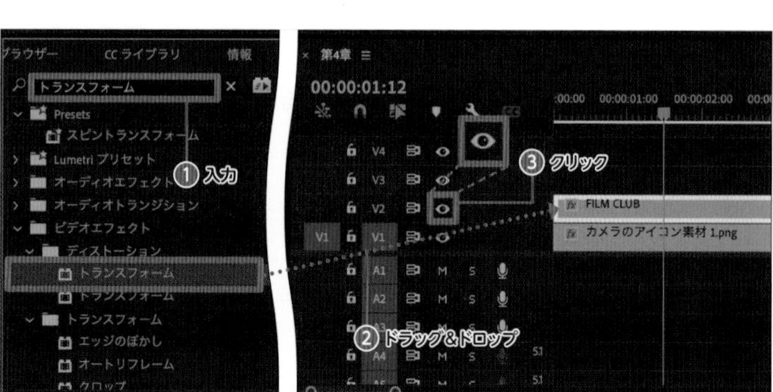

2 キーフレームを打つ

再生ヘッドを開始から1秒に合わせて、「トランスフォーム」の「位置」で⏱をクリックしてキーフレームを打ちます。

開始から1秒12フレームに再生ヘッドを移動させ「トランスフォーム」で「位置」の◆をクリックしてキーフレームを打ちます。

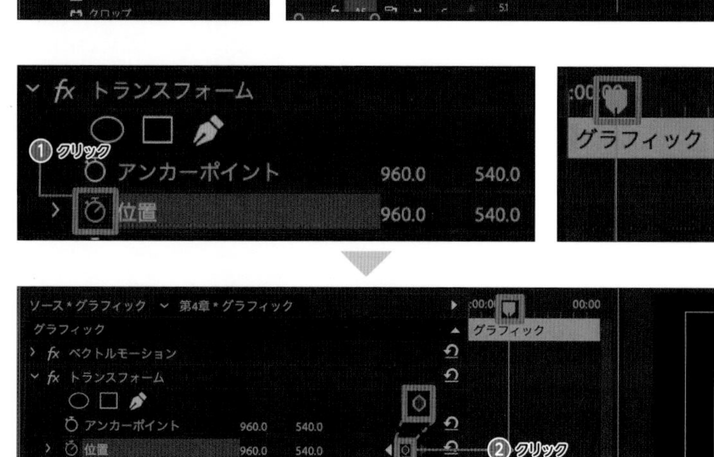

3 位置の数値を調整する

開始から1秒に再生ヘッドを合わせ、「プログラムモニター」パネルを見ながら「トランスフォーム」の「位置」のx軸（左側）の数値をドラッグし、テキストの左端の文字が中央に配置されるよう調整します。

このとき、「プログラムモニター」パネルの下にある■をクリックして「セーフマージン」を表示させておくと、罫線を目安にすることができ、誤差が少なくなります。

これでアイコンが中央から左へ移動するアニメーションになります。

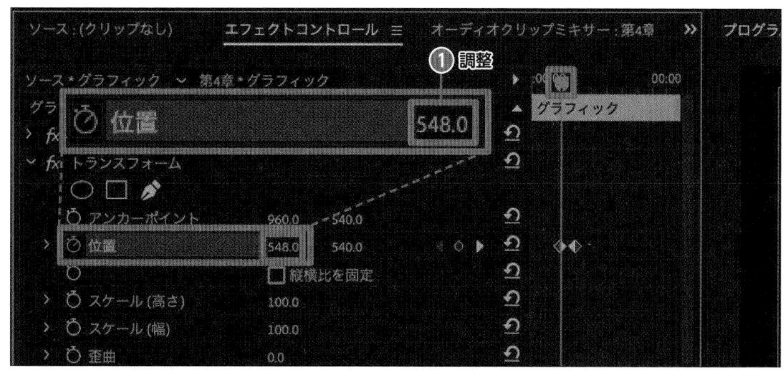

4 イーズアウト、イーズインを適用する

左側のキーフレームの上で右クリックして、[時間補完法]→[イーズアウト]の順にクリックします。

右側のキーフレームの上で右クリックして、[時間補完法]→[イーズアウト]の順にクリックします。

[位置]をクリックし山が急になるように調整します。これにより動きに緩急が出ます。

③右クリック
取り消し
④クリック
イーズイン
イーズアウト
3166.6
0.0
⑤調整

5 マスクを適用する

テキストクリップを右クリックして[ネスト]をクリックしネスト化します。「タイムライン」パネルで、ネスト化（P.90参照）したクリップをクリックします。再生ヘッドを1秒12フレームに合わせ、「エフェクトコントロール」パネルで「不透明度」の■をクリックしてマスクをドラッグします。

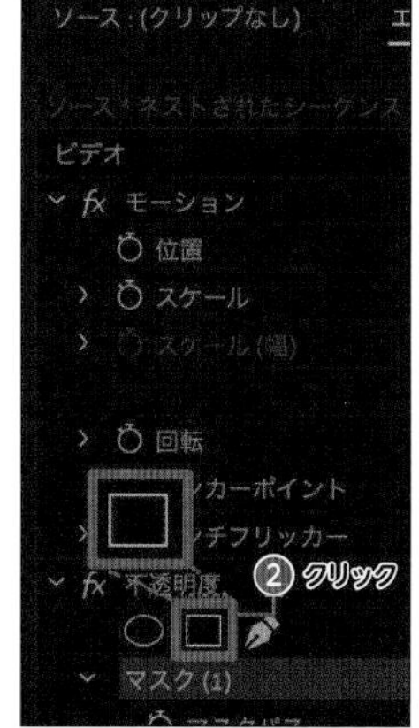

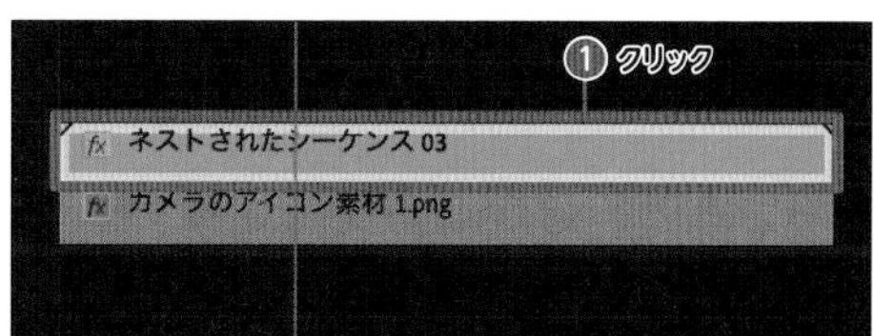

6 不透明度を調整する

「エフェクトコントロール」パネルで「マスクパス」の⏱をクリックし、キーフレームを打ちます。

「エフェクトコントロール」パネルの□をクリックして、左カーソルを押してアイコンとテキストが重なる地点に合わせます。

マスクの頂点をドラッグしてアイコンに重なっている部分がマスクの枠に入らないようにします。

▶をクリックして、1フレームずつこの作業を繰り返します。

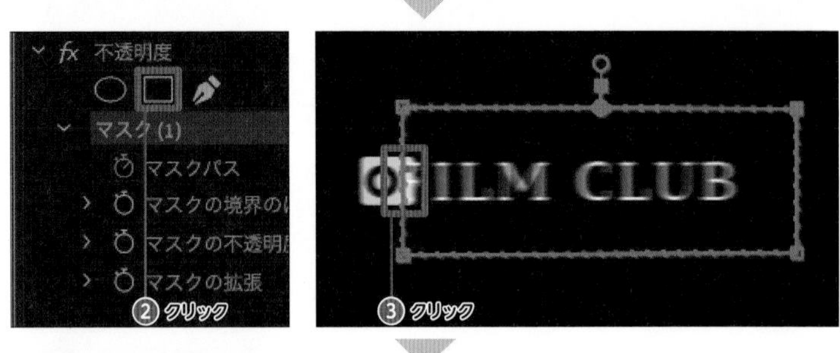

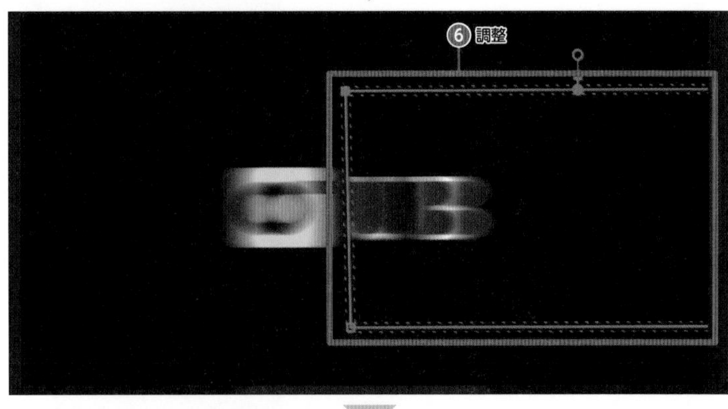

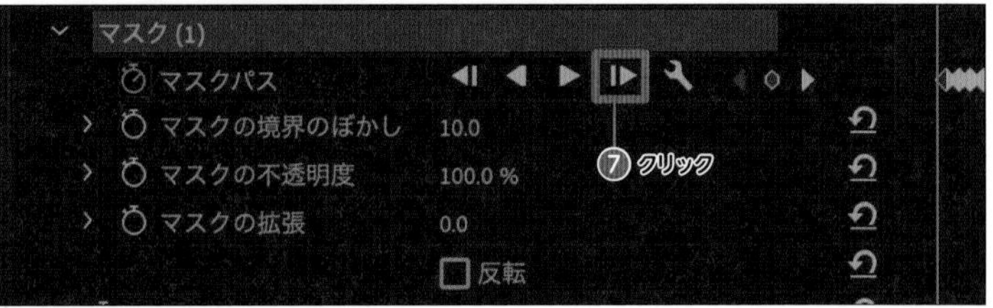

MEMO

このとき「プログラムモニター」パネルの下を「150%」に拡大すると調整しやすくなります。最後までできたら全体表示に戻します。

7 確認する

再生して確認すると、徐々にアイコンが表示されアイコンが中央から左へ移動してテキストが左から右へ出てくるアニメーションが完成です。

8 効果音を配置する

ロゴやテキストが表示するタイミングで効果音をドラッグ＆ドロップして配置します。

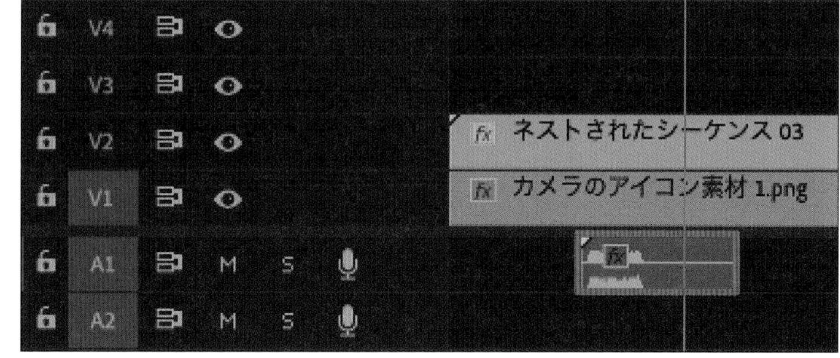

and more...

効果音はフリーダウンロードできる

多くの効果音は無料でダウンロードでき自由に使えるため、録音したり作成したりする必要はありません。「効果音ラボ」(https://soundeffect-lab.info/) では、さまざまなフリー効果音を無料でダウンロードして使うことができます。

Chapter 4 エフェクトを組み合わせるレシピ

映像に合わせて図形をアニメーションさせる

ダンスなどのパフォーマンスに合わせて、タイミングよく図形をアニメーションする方法を解説します。やや手順は多くなりますがアニメーションは一度作れば使いまわせるため、今後の編集時にも便利になります。

1 直線を書く

あらかじめ「V1」にドラッグ＆ドロップで［shape～mp.4］を配置しておきます。「ツール」パネルからをクリックしてペンツールを選択します。再生ヘッドが「00:00:00:00」の状態になっていることを確認し、「プログラムモニター」パネルに小さく縦線を引きます。始点と終点の2箇所をクリックすると、直線で結ばれます。直線が引けると、トラックの「V2」に「グラフィック」というクリップが生成されています。

2 直線の設定を決める

「V2」にある「グラフィック」のクリップをクリックして選択した状態で「エフェクトコントロール」パネル内の「シェイプ（シェイプ01）」のをクリックし、詳細を開きます。「アピアランス」で、「境界線」だけにチェックが付いている状態にし、「境界線の幅」の値を調整します。今回は「10」としました。

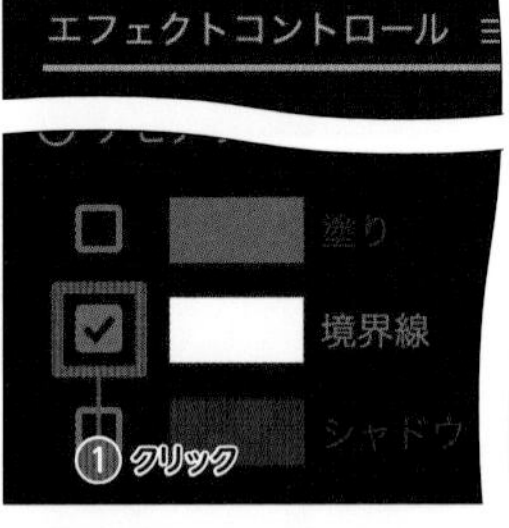

3 直線を複製する

花火状のアニメーションには直線が8つ必要なため、残り7本を作成する必要があります。「シェイプ（シェイプ01）」をクリックし、ctrl / command ＋ C でコピーします。その後すぐに、ctrl / command ＋ V を7回押し、縦の直線を複製します。この時点では、花火状の形はしておらず、直線が合計で8つ重なった状態になります。

4 直線の角度を変える

「エフェクトコントロール」パネルに「シェイプ（シェイプ01）」の項目が8つある状態であることを確認し、上から2つ目の「シェイプ（シェイプ01）」の詳細を開き、「回転」に「45°」と入力します。同様の手順で3つ目の「シェイプ（シェイプ01）」では回転を「90°」と入力します。1つ前の回転より「45°」増やしています。この手順を各シェイプの回転に「135°」「180°」「225°」「270°」と入力していくと、8つ目でちょうど「315°」になり、花火状の形になります。

5 「円」のエフェクトを追加する

「エフェクト」パネルで［円］をドラッグ＆ドロップして「グラフィック」に適用し、「エフェクトコントロール」パネルの「円」の項目から「描画モード」を「通常」にします。すると円が表示されます。

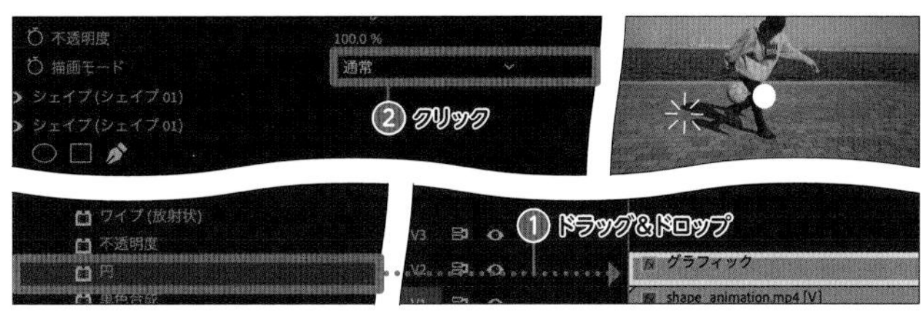

6 「円」と花火状のシェイプを重ねる

「円」エフェクトのパラメータのうち「中心」の値を変更し、先ほど作った花火状のシェイプの中心と重なるようにします。重なった状態で、「描画モード」を「ステンシルアルファ」に変更すると、円と重なっていた部分のみ、花火状のシェイプが表示されます。そのため、「円」の「半径」の値を大きくしたり小さくしたりすると、連動して花火が開いたり閉じたりしているように見えます。

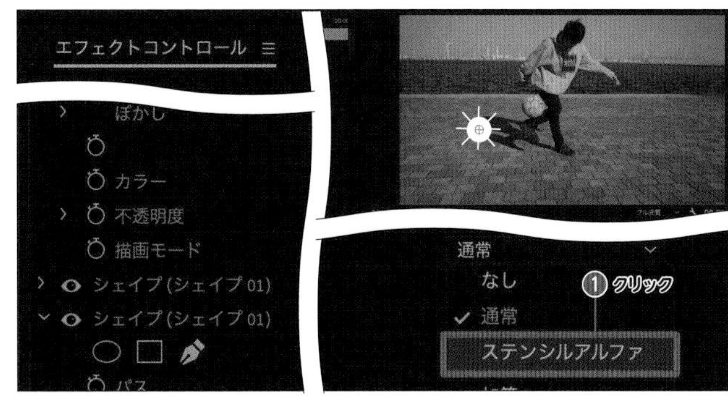

7 現れるアニメーションをさせる

再生ヘッドが「00:00:00:00」の状態になっていることを確認し、「円」の「半径」の値を［0］にし、⏱をクリックしてアニメーションをオンにします。再生ヘッドを「00:00:00:02」まで進めた状態で、「円」の「半径」の値を大きくします。大きくするほど花火が表示されますが、ここでは「110」と入力すると全ての花火が現れました。この値を入力すると自動でキーフレームが打たれています。

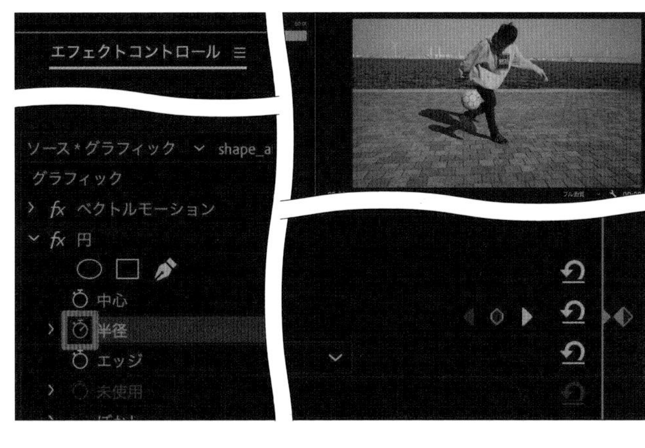

8 「円」エフェクトを複製する

現れるアニメーションで作成した「円」をクリックし ctrl / command ＋ C でコピーし、すぐ ctrl / command ＋ V で貼り付けします。複製した円の方にもキーフレームが2つありますが、そのうち「00:00:00:00」にある方のキーフレームを選択し、delete キーで削除します。

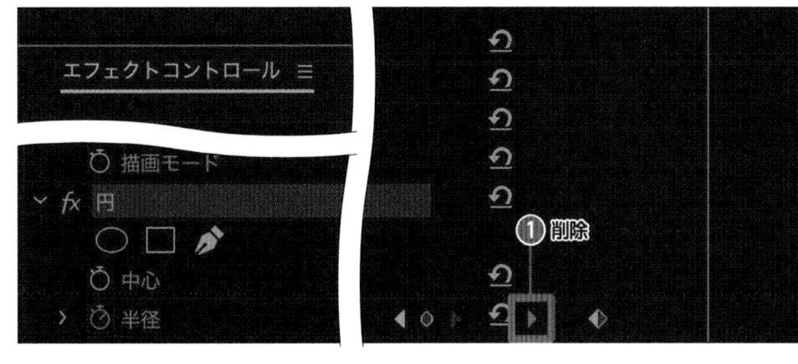

9 消えるアニメーションをさせる

複製した方の「円」の「円の反転」をクリックします。すると花火のシェイプが消えてしまうので再生ヘッドを「00:00:00:02」に合わせて「円」の「半径」の値を半分にします。ここでは「55」と入力すると真ん中に穴が空いた状態の花火が表示されました。次に再生ヘッドを「00:00:00:05」に合わせ、円が消えるまで、「円」の「半径」の値を大きくします。今回は「110」と入力すると、円が消えました。この工程後に再生すると花火が現れてから消えるアニメーションになります。

10 花火の場所を変更する

「V2」にある「グラフィック」を「エフェクトコントロール」パネルで確認すると「ビデオ」→「モーション」という項目があるので、「位置」の値を変更し、映像にあう足先まで移動させます。「グラフィック」のクリップ自体を移動させることで、アニメーションさせるタイミングも変更できます。また「グラフィック」のクリップを境界線の太さや長さなど複製することで、使いまわして何度も表示させることもできます。

Recipe 51 画面を分割する

2つの動画を、１つの画面内に分割して表示する方法を解説します。画面分割の手法はさまざまですが、ここでは左右を均等に分割します。

左右に分割する

1 動画素材を配置する

「V1」に[split_screen01.mp4]、「V2」に[split_screen02.mp4]の動画素材を配置します。

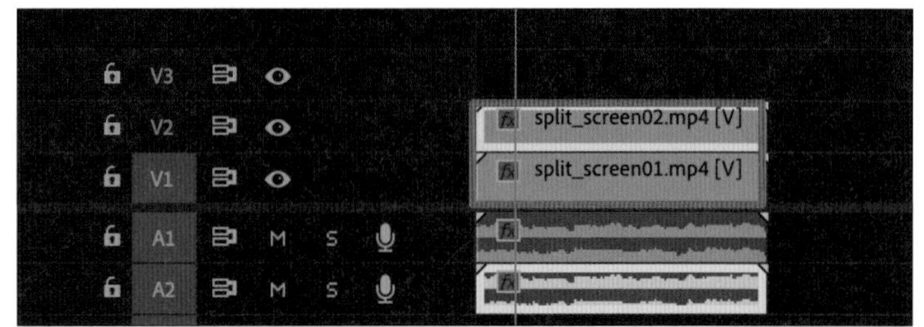

2 「リニアワイプ」エフェクトを適用する

「V2」にあるクリップに「リニアワイプ」を適用し、「エフェクトコントロール」パネルの「リニアワイプ」から「変換終了」の値を「50%」に変更します。すると、画面の左方向から「V2」にあるクリップの映像が削られ、[V1]にあるクリップが表示されます。

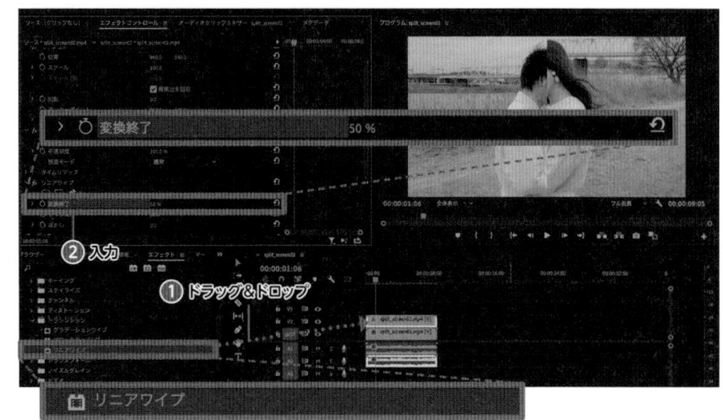

MEMO

単に画面分割する場合はこの手順1 2だけでも完結できる場合もありますが、多くの場合さらに表示範囲の調整をする必要があります。人物の映像など、位置関係が特に重要な場合は次のページの手順1～3の内容にも取り組みましょう。

表示範囲を調整する

単に左右に分割するだけでは、あらかじめ左側の映像は左に、右側の映像は右に寄せて撮影する必要があります。それでは、撮影素材にかなり制限が出てしまうため、編集だけで適正な位置になるよう調整します。

1 左側に表示されるクリップの位置を調整する

「V2」のクリップをクリックして選択した状態で「エフェクトコントロール」パネルから「位置」に「1440.0」と入力します。

2 右側に表示されるクリップの位置を調整する

「V1」のクリップをクリックして選択した状態で「エフェクトコントロール」パネルから「位置」に「480.0」と入力します。

この時点では、画面分割の境が中央より右にずれてしまいます。

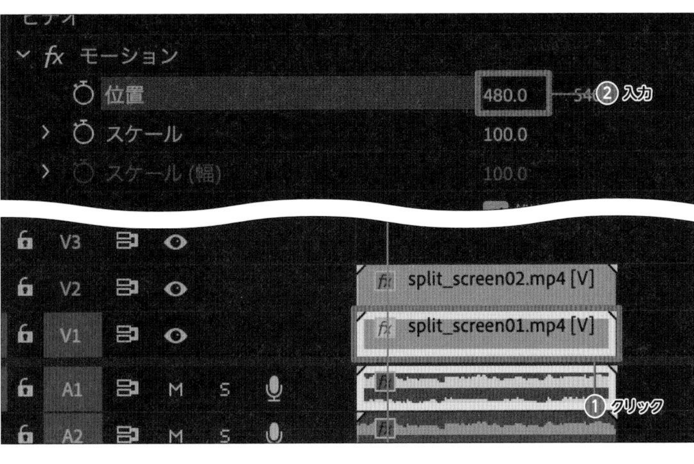

3 リニアワイプを調整する

「V2」の適用済みの「リニアワイプ」の「変換終了」の値を「50%」から下げていくと、画面分割の境が左にずれていきます。今回は「25%」にすると、中央に境が来るようになります。

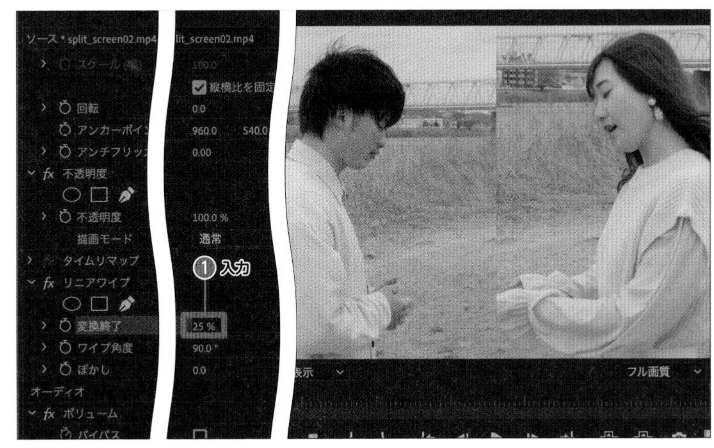

MEMO

今回は、大まかに表示範囲を調整していますが、さらに細かい値を入力し、より品質を高めていくこともできます。今回のパラメータの値は目安とし、どんな状態が収まりよく見えるか調整しながら探してみてください。

Recipe 52 複雑に画面を分割する

レシピ51では、左右均等に画面分割を行いましたが、本レシピでは3つの動画を複雑に画面分割をする方法を解説します。

1 動画素材を配置する

「V1」に［split_screen03.mp4］、「V2」に［split_screen04.mp4］、「V3」に［split_screen05.mp4］の動画素材をドラッグ＆ドロップでそれぞれ配置します。

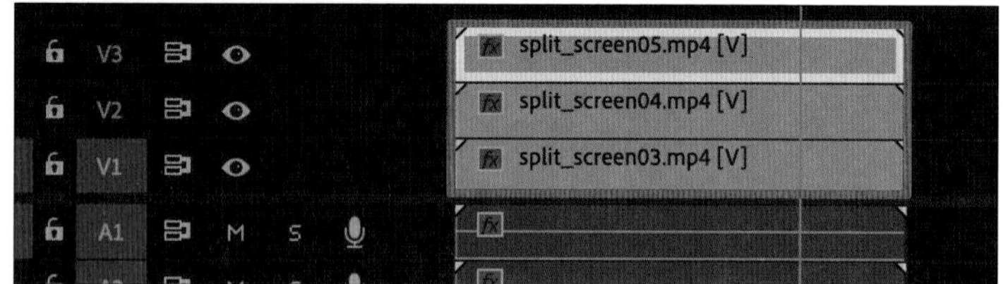

2 「リニアワイプ」エフェクトを適用する

「V3」のクリップに「リニアワイプ」を適用し、「エフェクトコントロール」パネルで「変換終了」に「50%」と入力し、「ワイプの角度」に「-40°」と入力します。

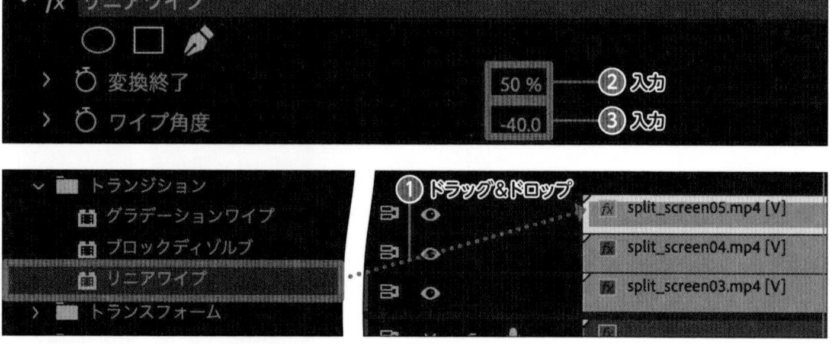

3 「リニアワイプ」エフェクトを適用する

「V2」のクリップも同様に「リニアワイプ」を適用し、「エフェクトコントロール」パネルで「変換終了」に「50%」と入力し、「ワイプの角度」に「20°」と入力します。

4 境界線を引く

「再生ヘッド」が「00:00:00:00」にあることを確認します。をクリックした状態で、「プログラムモニター」パネルに映る画面右上の境界線の端をクリックします。次に画面左下の境界線の端をクリックします。この2点を結ぶ直線が引かれました。「V4」のトラックに「グラフィック」というクリップが自動で作られます。

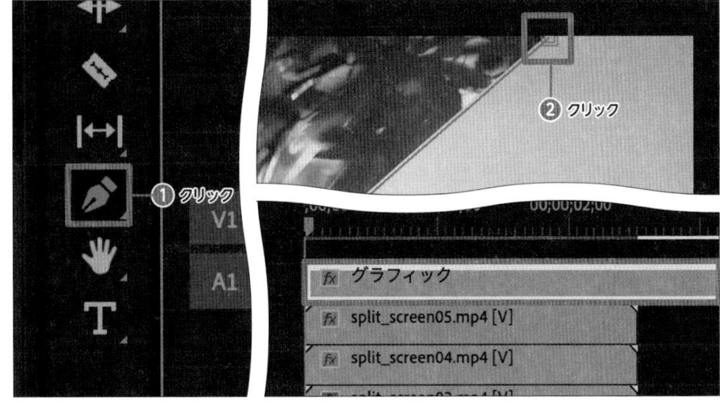

5 境界線の調整をする

「V4」のクリップをクリックして選択し、「エフェクトコントロール」パネル内の「シェイプ(シェイプ01)」の左側にあるをクリックします。「アピアランス」の項目のうち「境界線」だけにチェックが付いている状態にし、「境界線の幅」「25.0」と入力します。

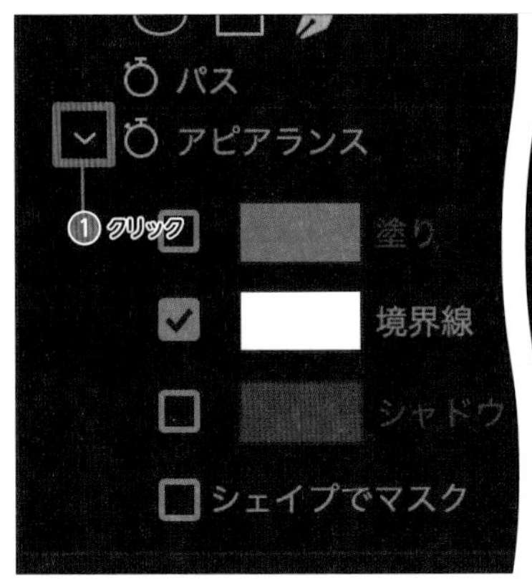

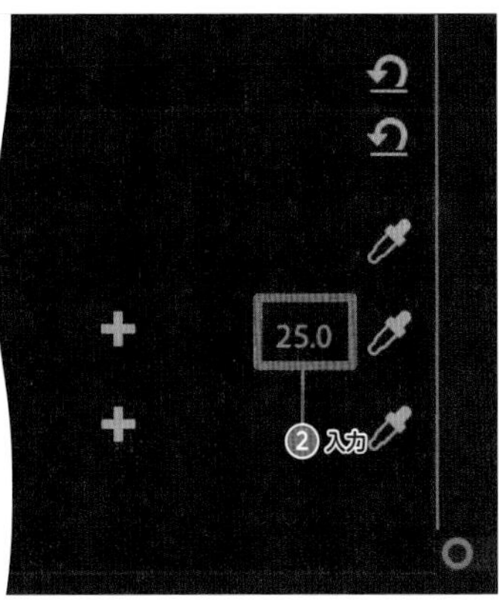

6 微調整し、2本目の境界線を引く

をクリックした状態で、「プログラムモニター」パネルを確認し、境界線が画面の端まで届いてなければ、頂点をドラッグ&ドロップで延長して、微調整します。

4～5の手順を再度行い、2本目の境界線も引きます。必要に応じて、2本目の境界線も延長して微調整しましょう。

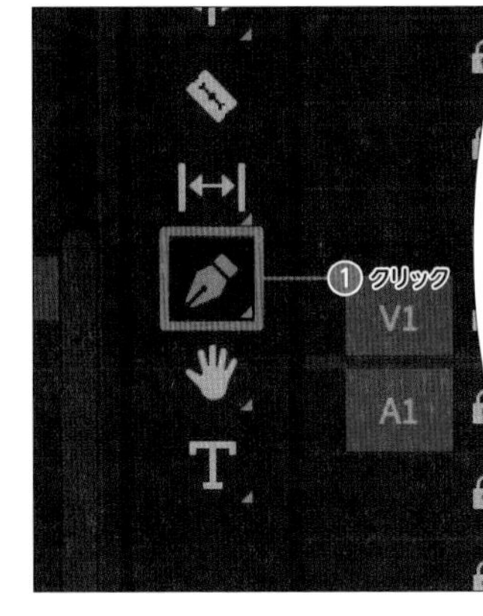

and more...

境界線を引く効果

本レシピで境界線を引く方法を解説しましたが、P.134で扱った動画素材にも、黒い境界線を入れると仕上がりが綺麗になります。
似たような撮影環境で画面分割をしてしまうと、その境がズレたような不自然な印象を与えます。そういった場面で、境界線を入れると自然な仕上がりになります。
近年のバラエティ番組など、演者同士が距離を保ったスタジオ収録の編集でも見かけることが多くなった技法です。

Recipe 53 無料プラグインを活用する

Premiere Proは、機能を拡張することができるソフトウェアである「プラグイン」を追加することができます。ここでは「Premiere Composer」というプラグインを紹介します。

「Premiere Composer」とは

Premiere Composerの「Starter Pack」は、効果音やテキストボックス、トランジションなどが含まれた無料のプラグインです。ダウンロードしたものをドラッグ＆ドロップするだけで簡単に適用することができます。

✣ Zoomトランジション

✣ Light Leakトランジション

✣ Panトランジション

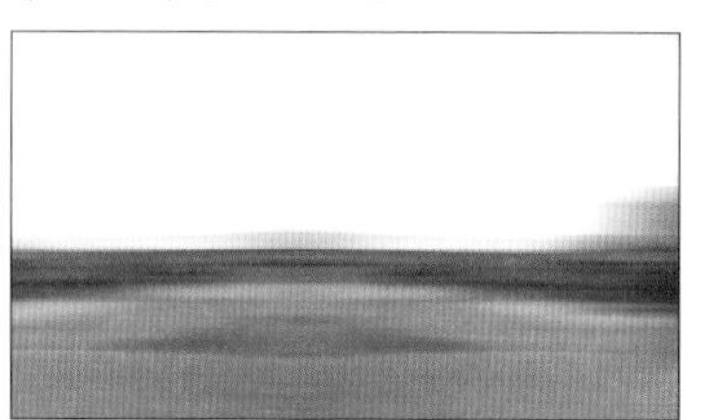

ダウンロード＆インストールする

1 アカウントを作成する

https://misterhorse.com/ にアクセスして、Premiere Composerのサイトへ移動します。画面の指示にしたがってアカウントを作成したら、右上部の[Login]をクリックし、[Create Free Account]をクリックします。メールアドレスとパスワード確認用のパスワードを入力し、[プライバシーポリシーの同意]をクリックしてチェックを付け、[Create Free Account]をクリックします。

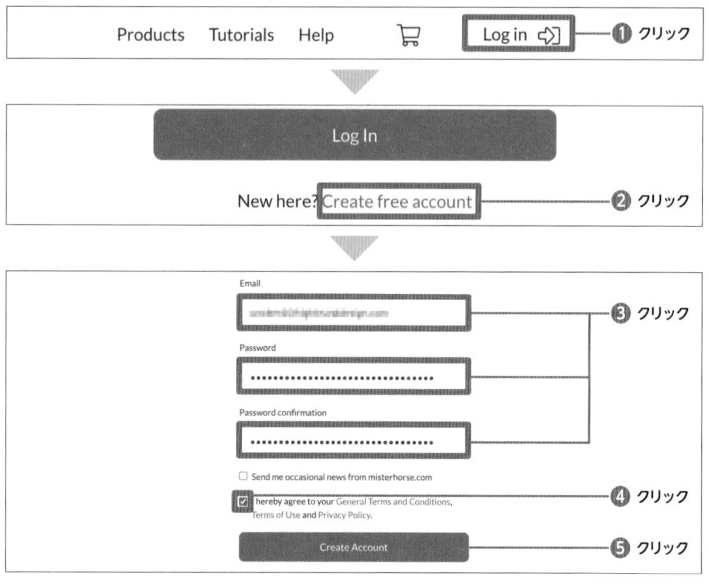

2 メールを確認する

登録したメールアドレス宛にメールが届きますので、[confirm My Account]をクリックします。

Please, confirm your email

Thank you for registering at misterhorse.com. To start using your account, you first have to confirm this email address by clicking the button below.

Confirm My Account

これでアカウントが有効化されます。

3 ダウンロードする

[Products] → [Products for Premiere Pro] の順にクリックします。

[Learn more & Download] をクリックします。

使用しているPCのOSの[Download]をクリックし保存先を決めると、ダウンロードが完了します。

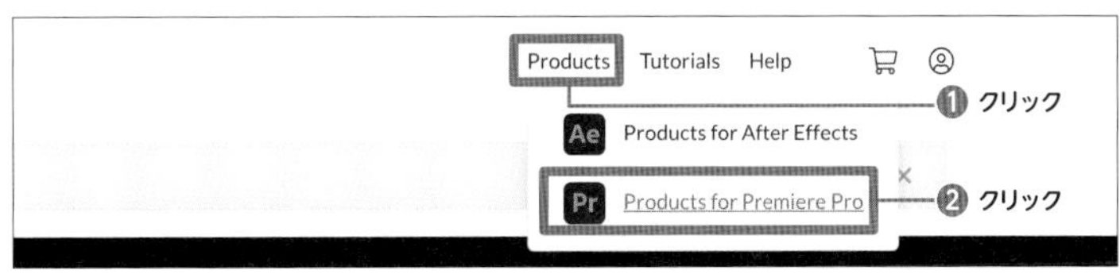

Animation Composer 3

A free plug-in for Adobe After Effects used by more than 100 000 motion designers.

Learn more & download ›

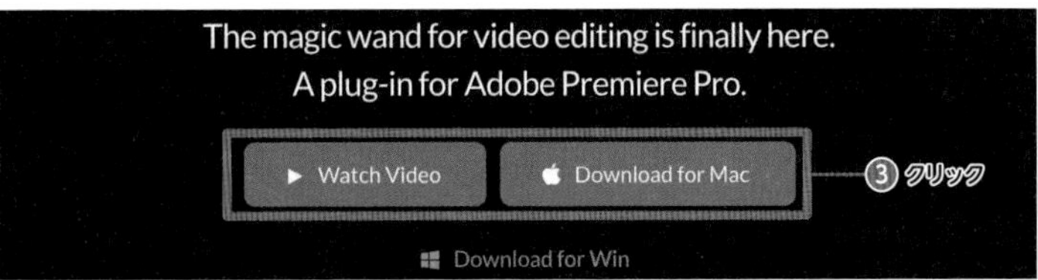

4 インストールする

ダウンロードしたファイル(MisterHorseProductManager_1.4.3)をダブルクリックします。Mister Horse Product ManagerのアイコンをApplicationsにドラッグ&ドロップします。PCのアプリケーションの中にMister Horse Product Managerが追加されていることを確認します。

5 ファイルを開く

[Mister Horse Product Manager] をダブルクリックして開きます。[Premiere Pro] をクリックして「Premiere Composer」と「Starter Pack」が表示されていることを確認し、[Install All] をクリックします(ログインができていない場合はNextをクリックし最初に作ったアカウントを入力しログインします)。インストールが始まり、しばらくすると完了します。完了したら画面を閉じて問題ありません。

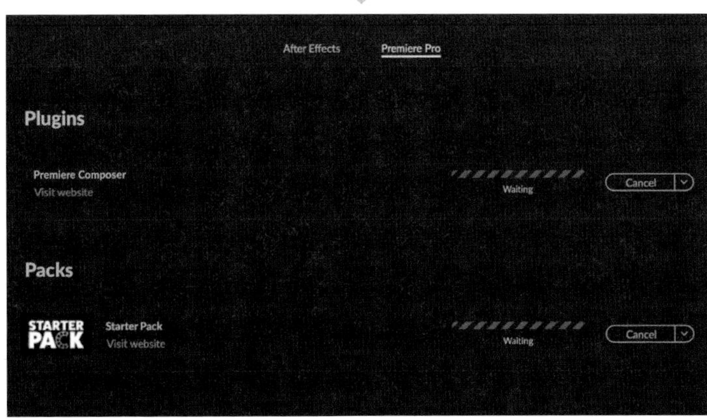

Premiere Composerを使う

1 Premiere Composerを選択する

Premiere Proを起動し、メニューバーの[ウィンドウ]→[エクステンション]→[Premiere Composer]の順にクリックします。

2 Starter Packを展開する

[Starter Pack]をクリックして展開すると、「Text Boxes」「Text Presets」「Transitions」「Social Media」「Shape Elements」「Sounds」という6つのフォルダがあります。

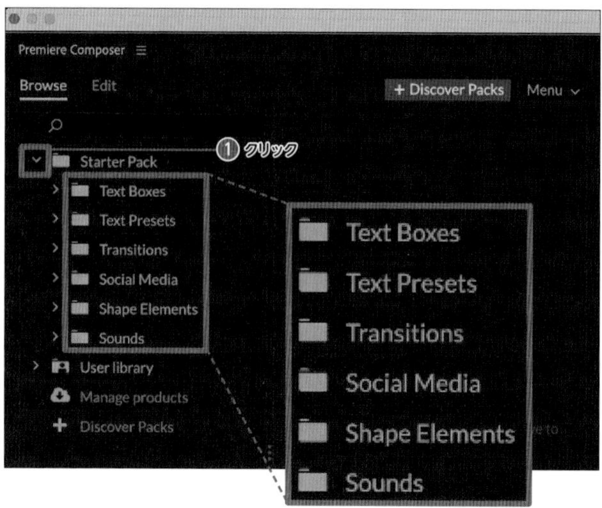

各プラグインの機能

Text Boxes

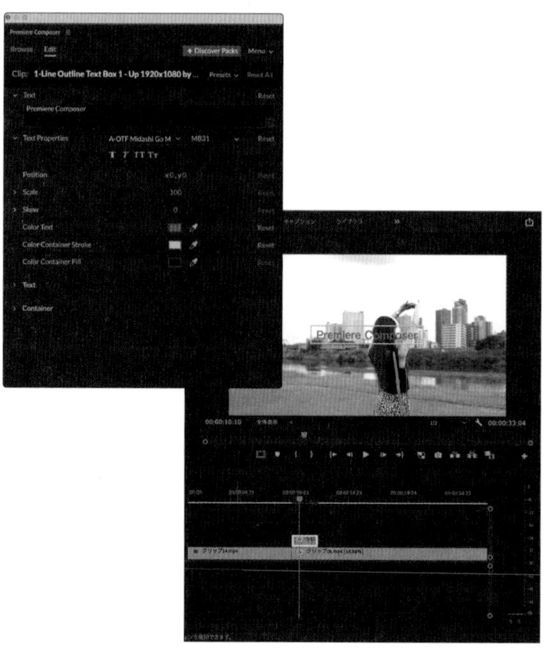

Text Presets

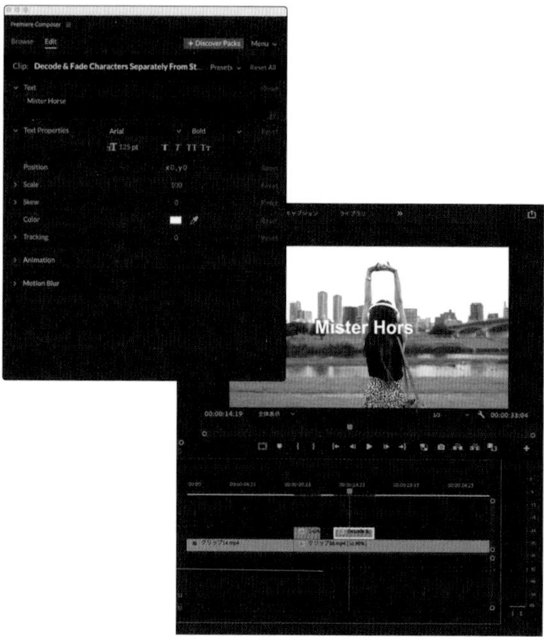

「Text Boxes」、「Text Presets」には、さまざまなテキストボックス(文字を入力できる四角形の欄)が入っています。これらは「タイムライン」パネルにドラッグ&ドロップすることで、利用できます。Premiere Composerのウィンドウのタブを Editにするとテキストやカラー、フォント、位置、サイズなどを変更することができます。タブをBrowseにすると元の画面に戻ります。

Transitions

「Transitions」にはさまざまなトランジションが入っています。好きなトランジションを選び、ビデオトラックにドラッグ&ドロップすると適用することができます。この時、クリップとクリップが接続している編集点に合わせることで適切にトランジションを適用することができます。

Social Media

「Social Media」には、「いいね」のアイコンなど各種SNSのアイコンが入っています。アイコンを選び、ビデオトラックにドラッグ&ドロップすると適用することができます。Premiere Composerのウィンドウのタブを Editにするとテキストやカラー、フォント、位置、サイズなどを変更することができます。

Shape Elements

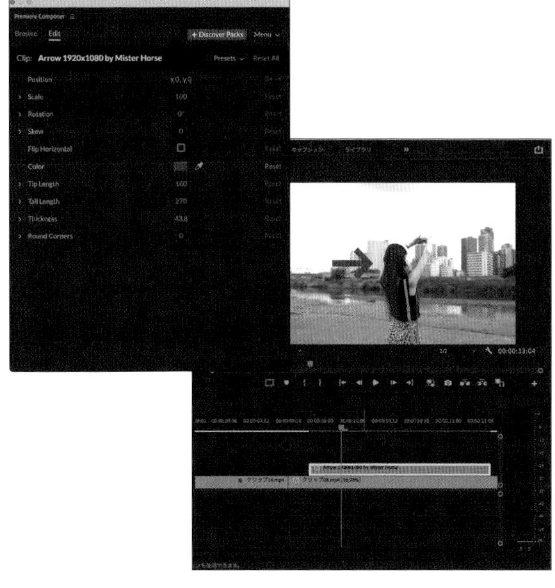

「Shape Elements」には、矢印や円などが入っています。好きなモノをビデオトラックにドラッグ&ドロップすると適用することができます。Premiere Composerのウィンドウのタブを Editにするとカラーや位置、サイズなどを変更することができます。

Sounds

「Sounds」には、さまざまなサウンドが入っています。好きなものをオーディオトラックにドラッグ&ドロップすると適用することができます。表示されているサウンドのアイコンをクリックすると音を聞くことができます。

有料プラグインを活用する

有料プラグインは、無料のものと比較してさらに多機能です。ここでは「Skinworks」という有料プラグインを紹介します。無料体験版では、正規版と同じ機能が30日間使えます。

Skinworksとは

「Skinworks」とは、肌のキメを残したまま肌のムラを除去するスキンレタッチプラグインです。用途に応じて、「foundation」「concealer」「gloss」の3種類を使うことができます。

Skinworks適用前

Skinworks適用後

Skinworks（無料体験版）をインストールする

1 ダウンロードする

https://digitalbigmo.com/jp/downloadにアクセスして、「Skinworks」のサイトへ移動します。

自分のパソコンで使用しているOSの無料体験版をクリックします。

2 インストールする

ダウンロードした［SkinworksInstaller.dmg］をダブルクリックします。新たにウィンドウが表示されます。

［SkinworksInstaller］をダブルクリックし、インストールの手順が表示されたら［NEXT］→［Agree］の順にクリックします。

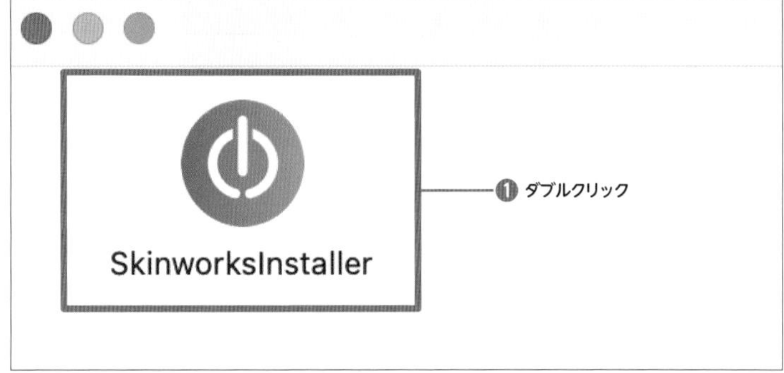

3 インストールを完了する

[Install] をクリックします。途中でパスワードの入力が求められる場合はPCのパスワードを入力して、[Trial] をクリックします。インストールが完了したら、[Finish] をクリックします。

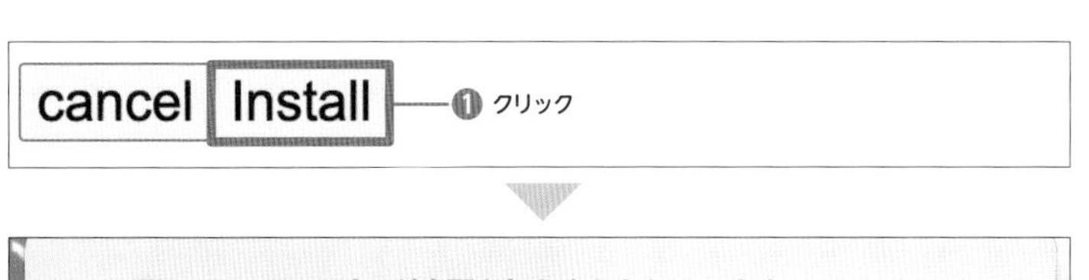

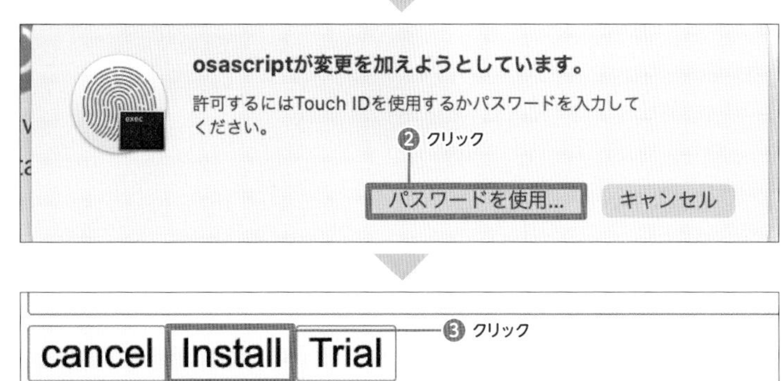

Skinworks（無料体験版）を使う

1 Skinworksを選択する

Premiere Proを起動し、[エフェクト] タブをクリックします。「エフェクト」パネルの「ビデオエフェクト」の中に「Skinworks」というフォルダが追加されていること、4つのプリセットが入っていることを確認します。

2 concealerを適用

→ [調整レイヤー] の順にクリックして、肌補正したいクリップの上のトラックに調整レイヤーをドラッグ＆ドロップします。

この調整レイヤーに、手順1で確認した [concealer] をドラッグ＆ドロップします。これで肌の補正が適用されます。

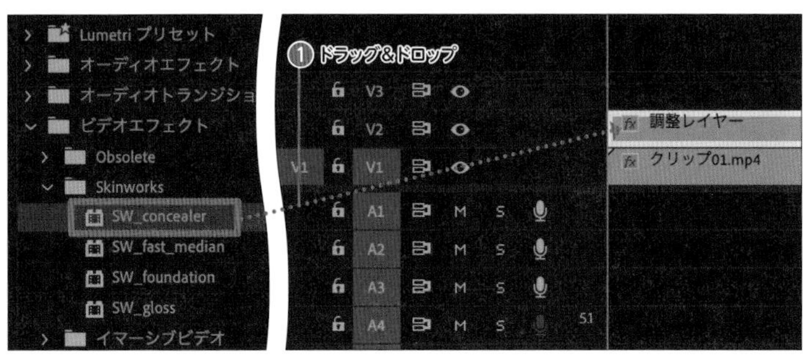

✣ concealer適用前

✣ concealer適用後

3 Concealerを調整する

「プログラムモニター」パネルを標準表示から「150%」に拡大します。「Concealer」を適用した調整レイヤーをクリックして選択し「エフェクトコントロール」パネルを開きます。「SW_Concealer」が追加されていま すので「Concealer size」や「Concealer gain」の数値を調整してより目立たなくします。

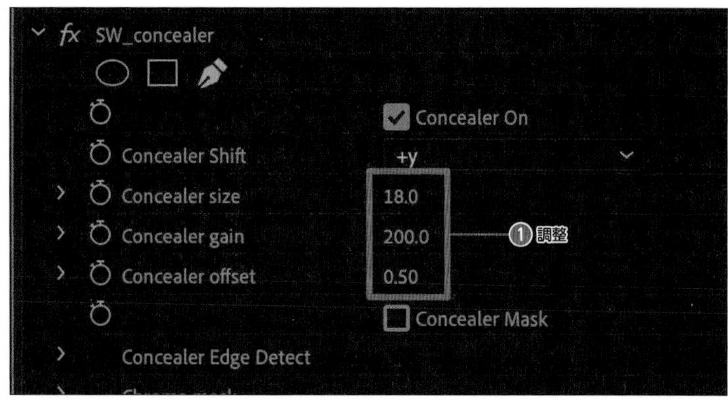

4 foundationを適用する

P.143手順2を参考に、再度調整レイヤーを作成し、Concealerを適用した調整レイヤーの上のトラックへドラッグ＆ドロップして、[foundation]をドラッグ＆ドロップします。

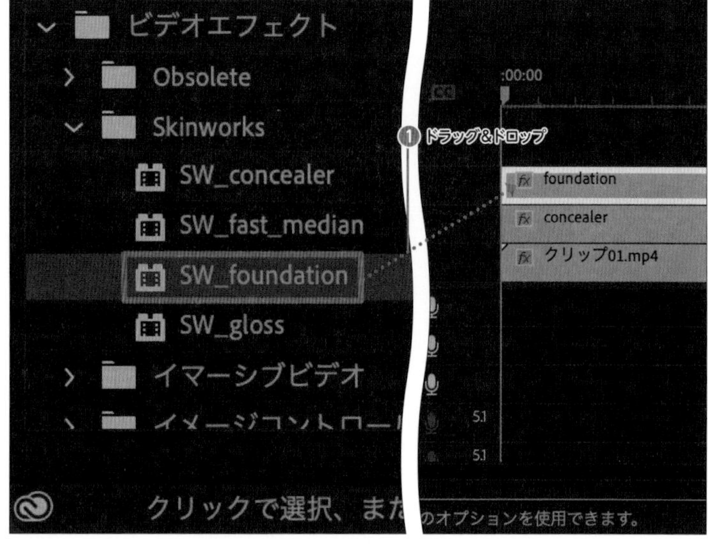

✣ concealer調整後/foundation適用前

✣ concealer調整後/foundation適用後

5 foundationを調整

「foundation」を適用した調整レイヤーをクリックします。

「エフェクトコントロール」パネルの「Sw-foundation」 で、「Smoothness」や「texture」の数値を調整し、目立つ肌荒れなどを目立たなくしていきます。

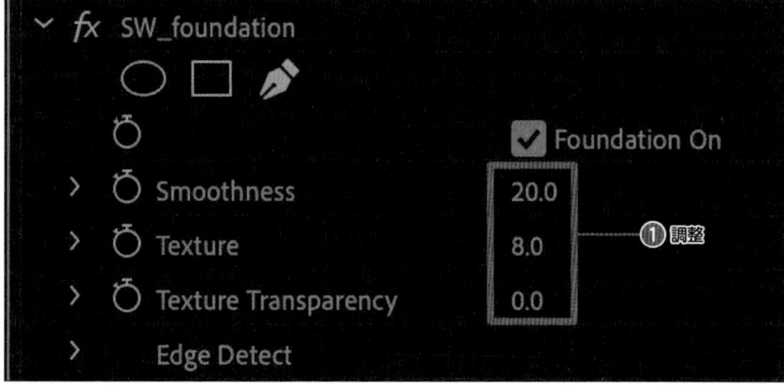

6 glossを適用する

P.143手順2を参考に、再度調整レイヤーを作成し、foundationを適用した調整レイヤーの上のトラックへドラッグ&ドロップして、[gloss]をドラッグ&ドロップします。

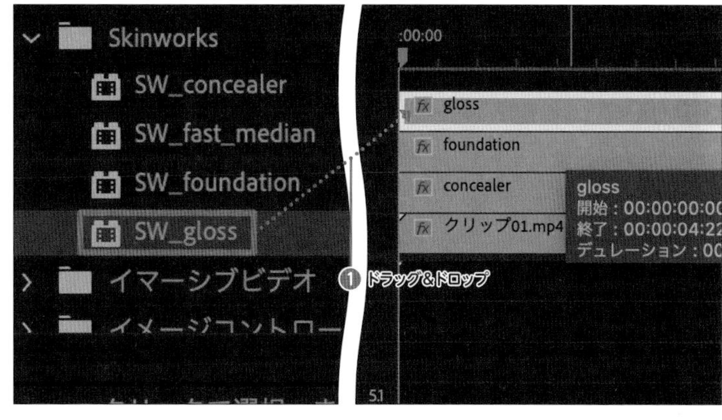

❖ concealer + foundation 調整後gloss適用前

❖ concealer + foundation 調整後gloss適用後

7 glossを調整する

手順4 6と同様に、「gloss」を適用した調整レイヤーをクリックします。「エフェクトコントロール」パネルの「Sw-gloss」で、「Gloss size」や「Gloss blur」「Brightness」の数値を調整していきます。

完了したら、プログラムモニターを標準表示に戻し、メニューバーで[シーケンス]→[インからアウトでレンダリング]の順にクリックして、レンダリングします。

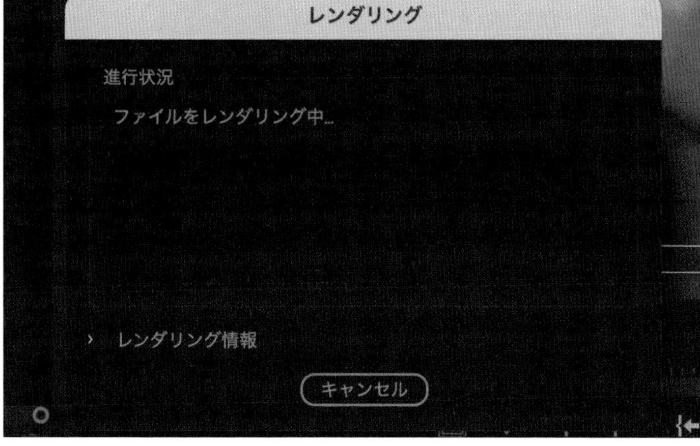

and more...

レタッチのポイント

「Skinworks」は、カラーコレクション(P.152参照)やカラーグレーディング(P.156参照)が終わったあとで適用していきます。この際、実際にメイクをする順番(コンシーラー→ファンデーション→グロス)と同じように適用していくと、違和感なく肌補正をすることができます。

また、ここでは「エフェクトコントロール」パネルで数値のみを微調整していきましたが、「Manuel」に設定することで、より細かく色を調整することもできます。

スキンレタッチは動画編集における定番マナーになりつつあります。被写体の男女を問わず、自然なスキンレタッチに仕上げることで、クライアントに喜ばれる動画を作り上げることができるので、最後のひと手間を惜しまずに行うことをおすすめします。

飛び出すテロップアニメで演出する

汎用的に使いやすい飛び出すテロップの作り方を解説します。後半ではプリセット保存して、何度も使い回す方法についても解説します。

シーケンスのフレームレートを30で作成してください。また、事前に「横書き文字ツール」でテロップを作成し、「エッセンシャルグラフィックス」パネルでお好みで装飾したものを、タイムラインに配置します。

1 テロップの位置を調整する

クリップを選択した状態で「エッセンシャルグラフィックス」パネルで「編集」の▣と▣をクリックし、画面中央にテロップが配置されるように調整します。

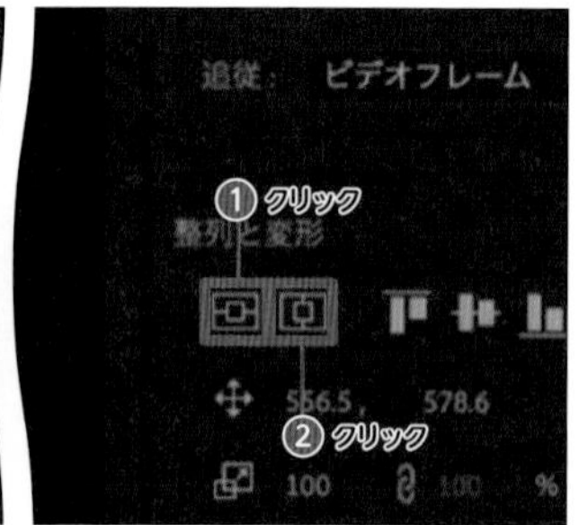

2 「トランスフォーム」エフェクトを適用する

「トランスフォーム」をドラッグ＆ドロップで適用します。次に、クリップを選択し、「エフェクトコントロール」パネルから「トランスフォーム」の「位置」のうち「Y軸」の値を上げることでテロップの位置を下げます。今回は「900.0」としました。

MEMO

「トランスフォーム」の「位置」の項目の近くに、「ベクトルモーション」の「位置」もあるため混同しないよう注意してください。

3 アニメーションをオンにする

再生ヘッドが「00:00:00:00」の状態になっていることを確認し、「トランスフォーム」で「スケール」のをクリックし、アニメーションをオンにします。

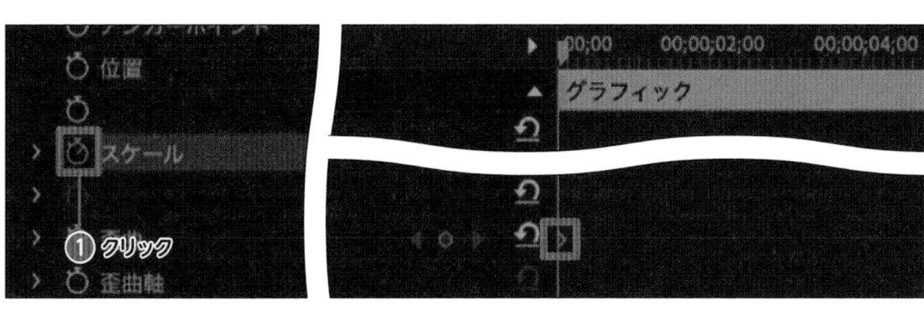

4 キーフレームを打つ

合計4つのキーフレームを打ちます。

アニメーションをオンにした時点で「00:00:00:00」に1つ目のキーフレームが打たれています。4フレーム後、その2フレーム後、その2フレーム後と順にを押してキーフレームを打ちます。

MEMO

テンキーの左右を押すごとに1フレームずつ再生ヘッドが移動します。

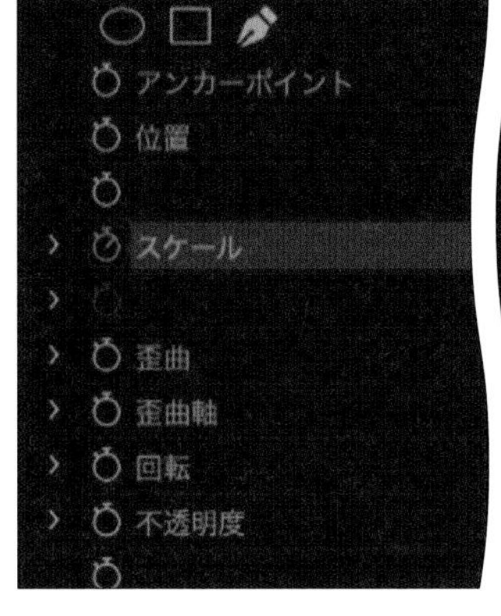

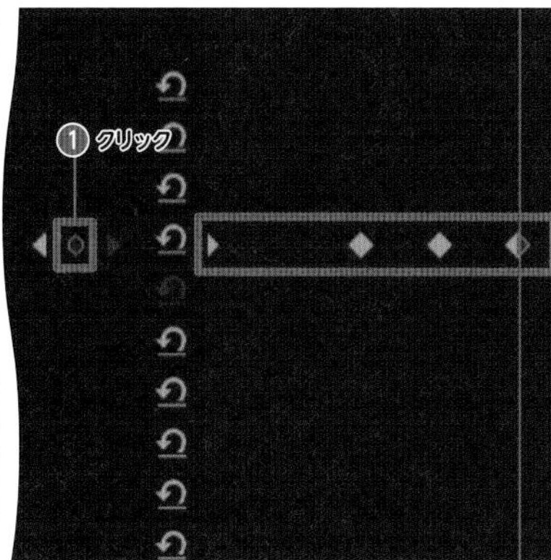

5 各キーフレームに値を入力する

再生ヘッドを「00:00:00:00」に戻し、「スケール」に「1.0」と入力します。これで1つ目のキーフレームに「スケール」が「1」だと記憶されました。をクリックし、次のフレームに移動します。この2つ目のキーフレームの値に「110」と入力します。同じ手順で3つ目に「95」、4つ目に「100」と入力します。再生するとテロップが飛び出て、最後に反動でリバウンドするように動きます。

6 アニメーションをなめらかにする

ドラッグで4つ全てのキーフレームを選択して右クリックし［イーズイン］をクリックします。同様の手順で［イーズアウト］をクリックします。アニメーションが滑らかに再生できます。

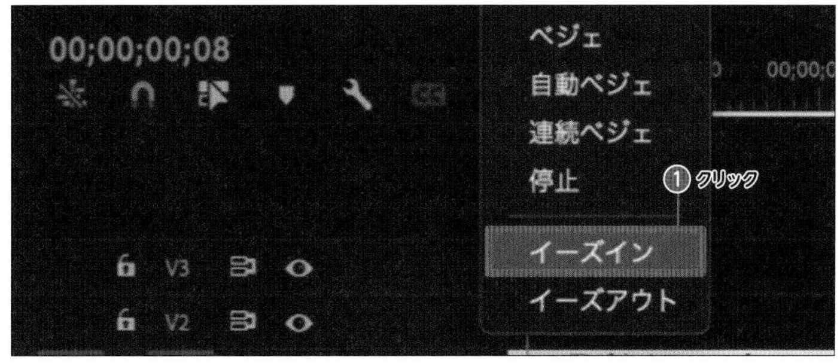

テロップアニメの作成時の注意

「トランスフォーム」エフェクトの「スケール」以外の「位置」や「回転」とキーフレームを用いて、オリジナルのテロップアニメを自由に作成することができます。ただし、一度にたくさん値を変更したり、アニメーションする時間が長くなってしまうと、視聴者にとっては不快な印象になってしまう場合があります。テロップがアニメーションしている間は、視聴者にとっては「読みにくい状態」です。あくまでもテロップ表示のアクセントとして活用し、短くコンパクトにまとめましょう。

テロップアニメをプリセット保存する

1 「プリセット保存」をクリックする

「トランスフォーム」エフェクト内だけで作ったテロップアニメであれば、一括でプリセット保存できます。

「エフェクトコントロール」パネルの「トランスフォーム」を右クリックし、「プリセット保存」をクリックします。

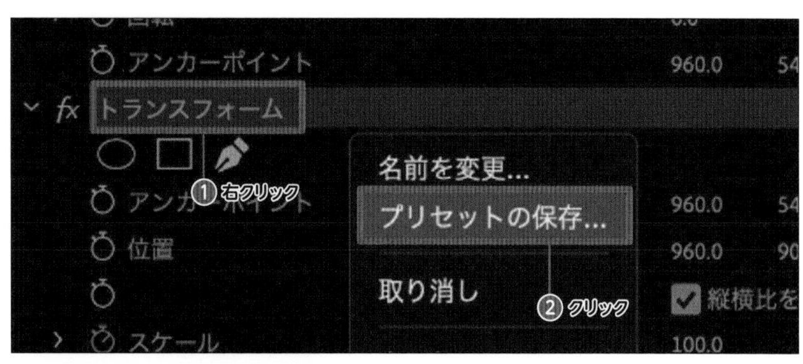

2 プリセットの詳細を決める

「プリセットの保存」でプリセットの「名前」を決めます。今回は、「飛び出すテロップアニメ」と入力しました。後からエフェクトを検索できるように分かりやすい名前を入力すると良いでしょう。「種類」は「インポイント基準」をクリックしてチェックを付けます。[OK]をクリックすると、プリセット保存されます。

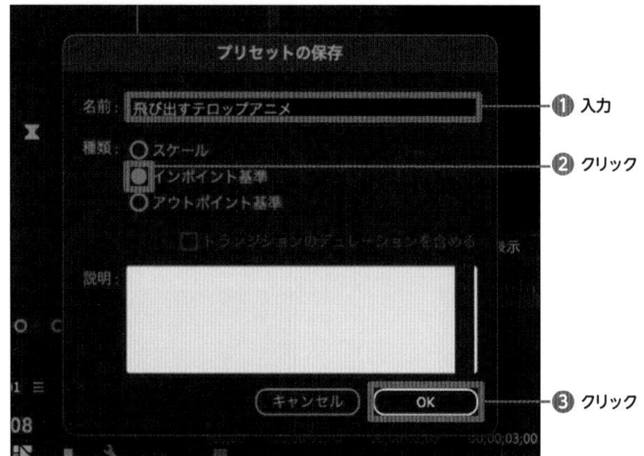

保存したプリセットを別のテロップに適用する

1 テロップを配置する

別のテロップを準備します。

飛び出すテロップアニメの作成手順のP.146の1と同様に、「エッセンシャルグラフィックス」パネルの「編集」からとのアイコンをクリックし、画面中央にテロップが配置されるように調整しておきます。

2 プリセットを適用する

「エフェクト」パネルの検索窓から保存したテロップ名で検索するか「Presets」内に保存されている「飛び出るテロップアニメ」を、テロップが入っているクリップにドラッグ＆ドロップで適用します。

Chapter

5

映像と音を洗練させるレシピ

基本的な操作やエフェクトの使い方がわかったら、より視聴しやすい作品に仕上げるため、映像や音のクオリティを上げる方法を覚えましょう。

Recipe 56 カラーマネージメントを知る

動画のカラー（映像自体の色味）も、クオリティーを左右する重要な要素です。ここでは、Premiere Proにおけるカラーマネージメントについて解説します。

「プログラムモニター」パネル内のカラーと別のモニターに表示されるカラーは、微妙に異なります。また、ファイルとして書き出したデータをQuickTime Playerなどで再生してみても、やはり微妙にカラーが異なります。このような変化を「カラーシフト」と呼び、ソフトウェアに固有の問題としてAdobeも公式に認めています。ここではそれを緩和する方法を解説します。

▲カラーマネジメント対応前
Premiere Pro上での再生

▲カラーマネジメント対応前
パソコン上での再生

モニターのカラーマネジメントを行う

まずは、Premiere Proの環境設定でモニターの色域によって生じるカラーシフトの対策を行っていきます。

1 環境設定を行う

メニューバーで［Premiere Pro］→［環境設定］→［一般］の順にクリックします。

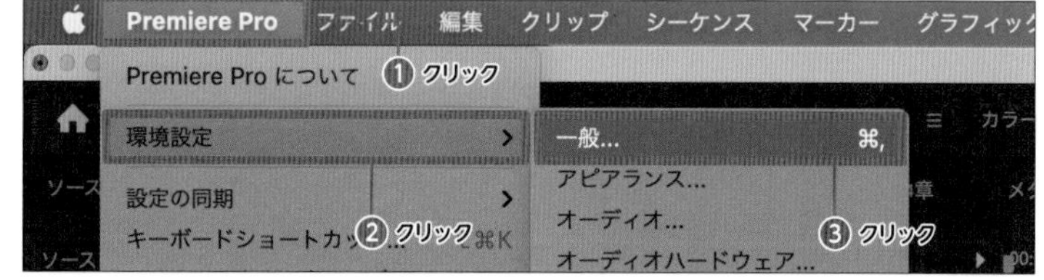

2 カラーマネジメントを設定する

「環境設定」で、［ディスプレイのカラーマネジメント（GPU アクセラレーションが必要）］をクリックしてチェックを付け、［OK］をクリックします。

これでPremiere Pro上でのプログラムモニターの対策が完了です。

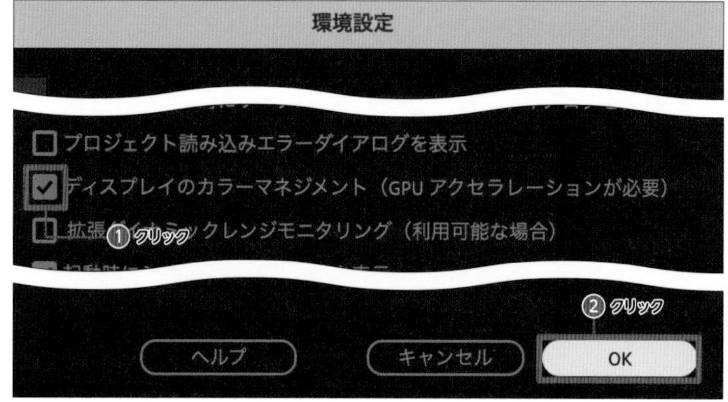

ソフトウェアのカラーマネジメントを行う

次に、Premiere Proでファイルとして書き出したデータを、QuickTime PlayerやChromeなどのソフトウェアで再生した映像のカラーに合わせるための対策を行っていきます。

1 LUTをダウンロードする

https://assets.adobe.com/public/a0b635a3-6bc3-452b-5f7d-c997b9b36cf5にアクセスして、Adobeが配布しているLUTをダウンロードします。

ページ上部の［ダウンロード］をクリックします。

2 書き出し設定を行う

動画の編集が完了し、書き出す段階まで来たら、手順1でダウンロードしたLUTを適用します。

メニューバーの［ファイル］→［書き出し］→［メディア］の順にクリックします。

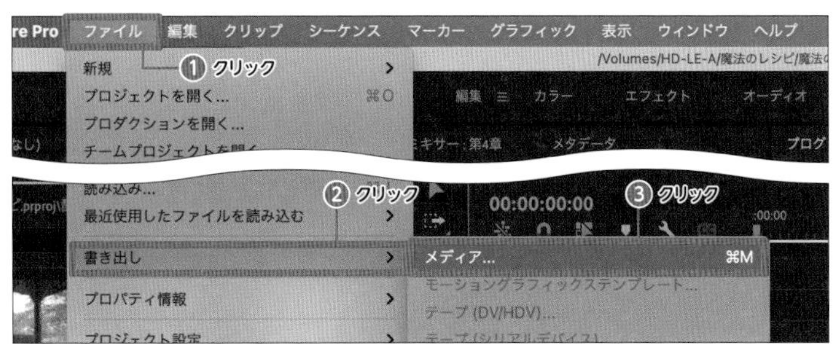

3 LUTを適用する

「書き出し設定」で、［エフェクト］タブをクリックします。［Lumetri Look / LUT］をクリックしてチェックを付け、「適用」で［選択］を選択し、手順1でダウンロードしたLUTを選択します。

［書き出し］をクリックします。

なお、LUTを適用しても適用が「なし」のまま表示されますが、そのまま進めて問題ありません。

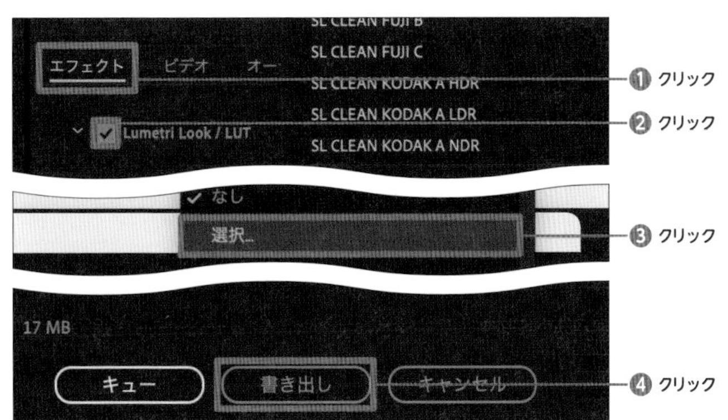

以上の手順で、編集中のカラーと、QuickTime Playerで再生したカラーが同じになります。

▲カラーマネジメント対応後「プログラムモニター」パネルで再生

▲カラーマネジメント対応後QuickTimeで再生

Recipe 57 基本的なカラーコレクションのコツ

映画のような深みのあるカラーに仕上げるには、「カラーコレクション」と呼ばれる補正作業を行います。ここではその方法を解説します。

▲カラーコレクション適用前

▲カラーコレクション適用後

「RAW」で撮影するか「LOG」で撮影するか

基本的に、カメラは人が目で見たカラーに近いカラーで撮影できるように調整されています。しかし、そのように最初からカラーが補正された状態では、自分の好みのカラーにしていくための細かい作業が困難になります。そのため、手動で好みのカラーに近づけたい場合は、カメラ上で事前に「RAW」や「LOG」という設定にして撮影します。「RAW」や「LOG」で撮られた映像はいわば「素」に近く、コントラストが低く、のっぺりとした映像になります。そこから、次のページのような手順で好みのカラーに近づけていきます。

▲通常撮影(SONY PP1)

▲LOG撮影(SONY S-log2)

MEMO

LOG撮影の編集ポイント

好みのカラーにするには、必ずカラーを補正してからカラーを演出する順番で行います。つまりカラーコレクションを行ってからカラーグレーディング(P.156参照)という順番です。この順番通りにやらなければ、適正なカラーになりませんので注意してください。

カラーコレクションの基本的なやり方

1 Lumetriカラーを表示する

RAWもしくはLOGで撮影した動画を「タイムライン」パネルにドラッグ＆ドロップで配置して、メニューバーで[ウィンドウ]→[Lumetriカラー]の順にクリックします。

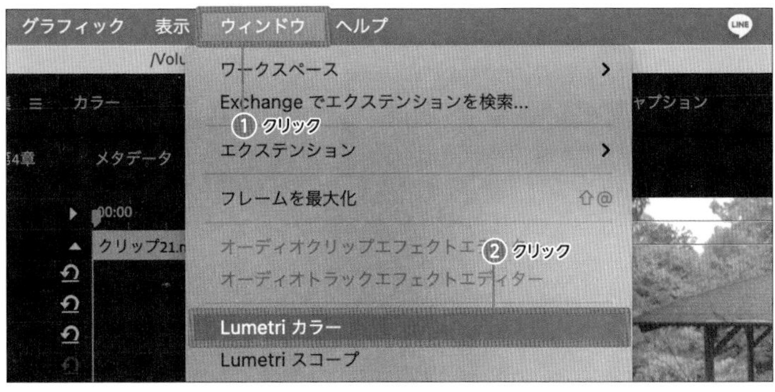

2 Lumetriスコープを表示する

メニューバーで[ウィンドウ]→[Lumetriスコープ]の順にクリックします。

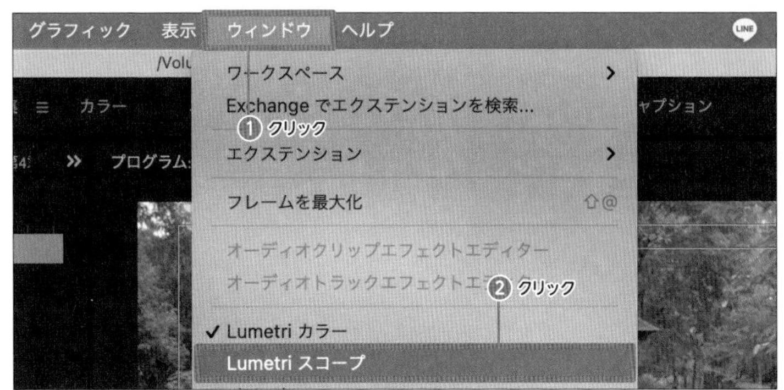

3 波形(輝度)などを表示する

「エフェクトコントロール」パネルに「Lumetriスコープ」が表示されます。🔧をクリックして、[波形(輝度)]、[ベクトルスコープYUV]、[パレード(RGB)]をクリックします。

4 調整レイヤーを作成する

◪→[調整レイヤー]の順にクリックして[OK]をクリックします。

5 調整レイヤーを配置する

調整レイヤーをLOGで撮影したクリップの上のトラックへドラッグ&ドロップで配置します。

調整レイヤーの上で右クリックして［名前を変更］をクリックし、わかりやすいように「コレクション」と入力して［OK］をクリックします。

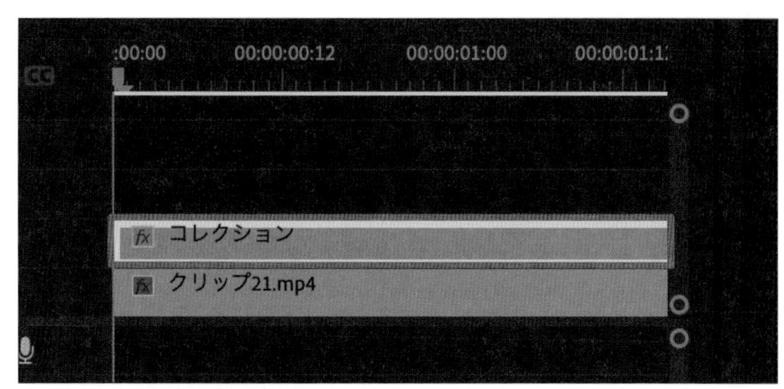

6 基本補正のトーンを表示する

調整レイヤーを選択した状態で、「Lumetriカラー」パネルの［基本補正］をクリックしてトーンを展開します。

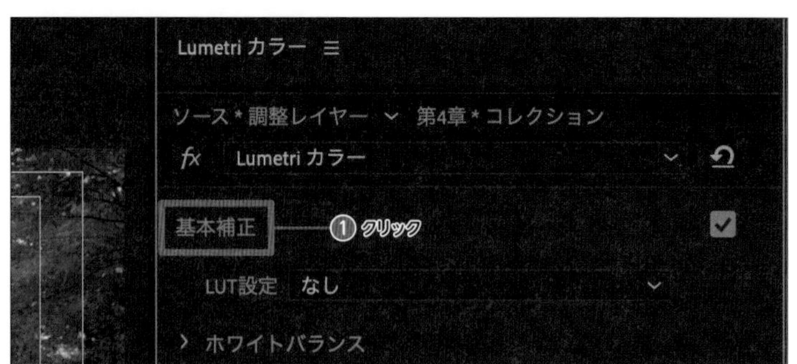

7 シャドウを調整する

波形(輝度)を見ながら「0」近辺になるように「シャドウ」を調整します。

「0」以下は黒つぶれの状態ですので「0」は下回らないように調整します。また、グラフばかりではなく必ず「プログラムモニター」パネルや波形も見て確認するようにしましょう(以下の手順も同様)。

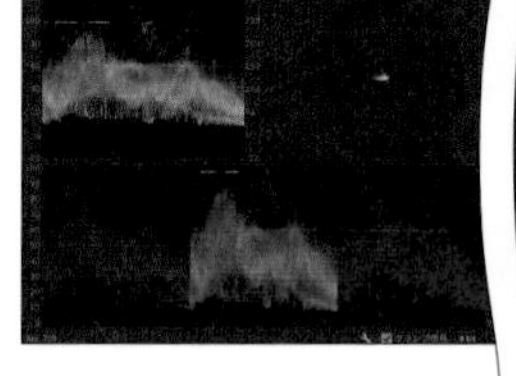

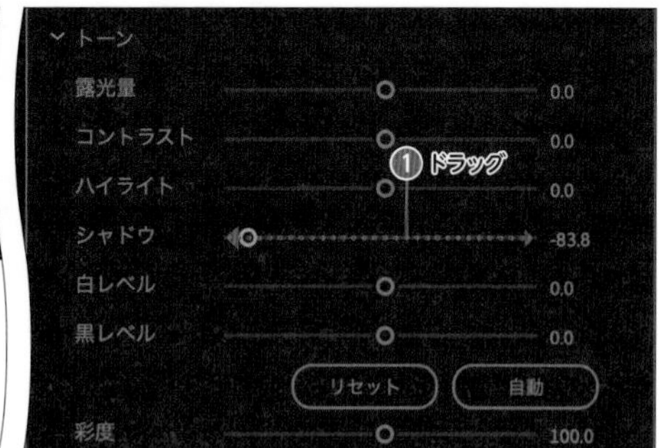

8 ハイライトを調整する

波形(輝度)を見ながら、「100」近辺になるように「ハイライト」を調整します。

「100」以上は白飛びの状態ですので「100」は越えないように調整します。

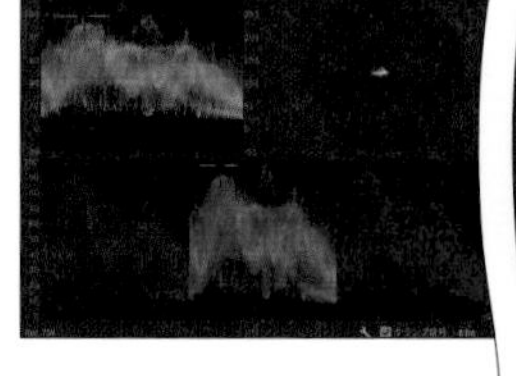

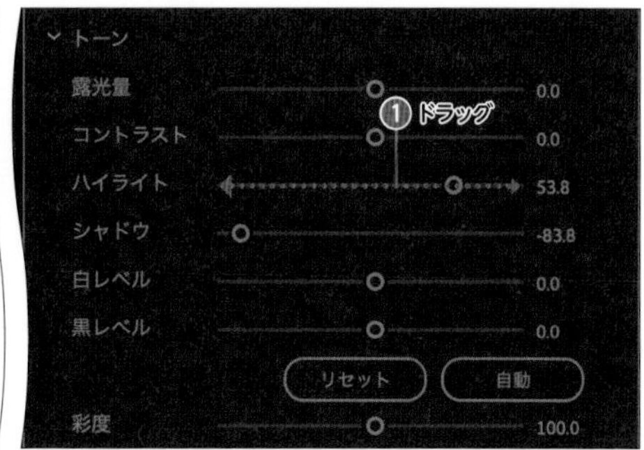

9 露光量を調整する

波形(輝度)を見ながら「100」以下になるように「露光量」を調整します。

見本は「100」にかかっていますので、若干下げます。

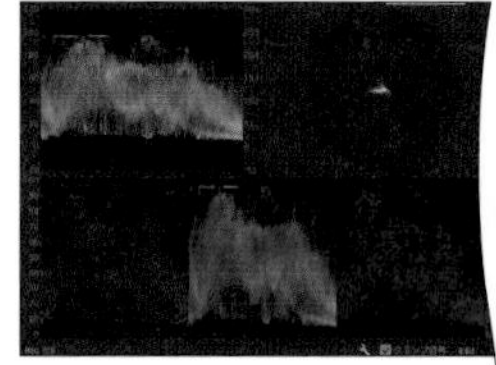

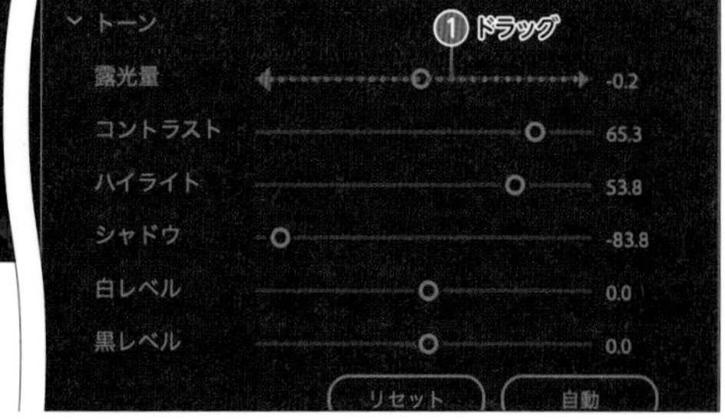

10 コントラストを調整する

波形（輝度）を見ながら「0」から「100」までに広がるように「コントラスト」を調整します。

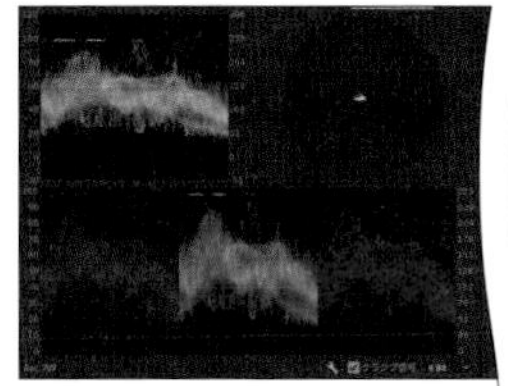

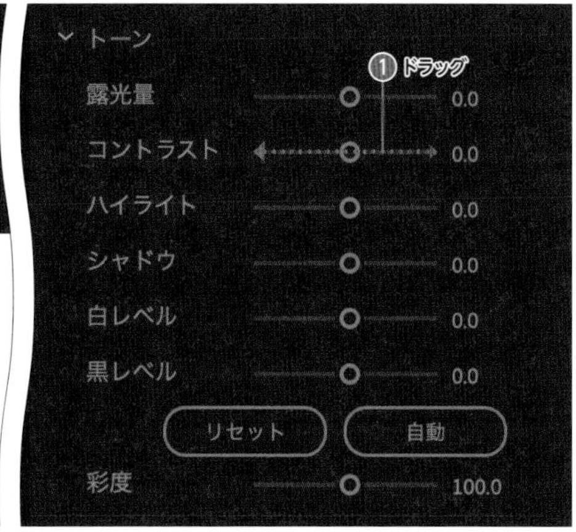

11 黒レベルを調整する

波形（輝度）を見ながら「0」ギリギリまで「黒レベル」を調整します。

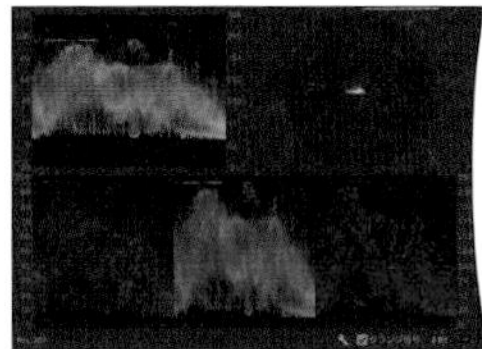

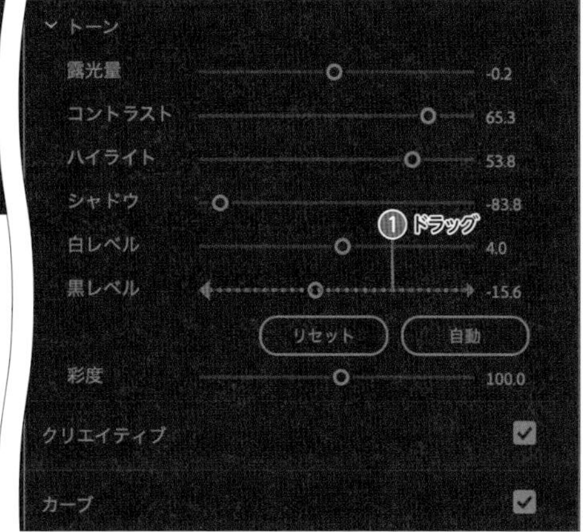

12 白レベルを調整する

波形（輝度）を見ながら「100」ギリギリまで「白レベル」を調整します。

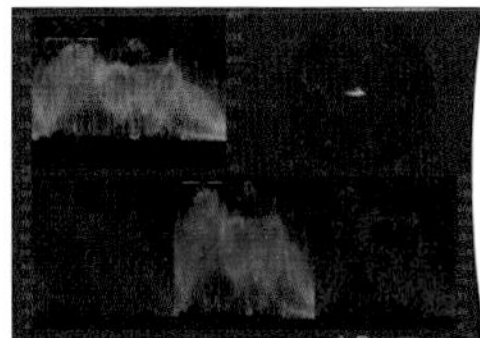

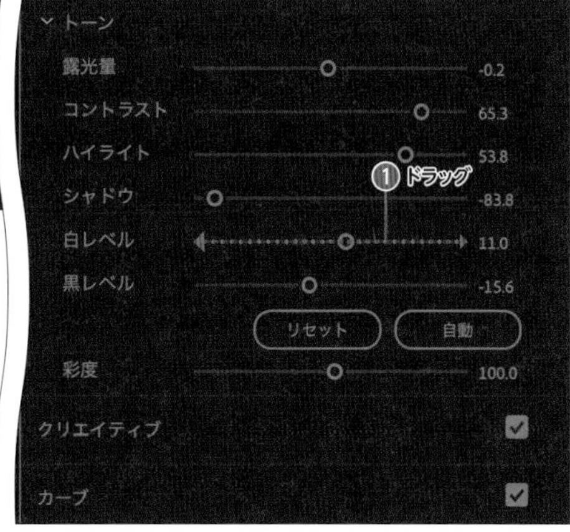

13 微調整する

「プログラムモニター」パネルを見て、「シャドウ」や「ハイライト」、「露光量」や「コントラスト」、「白レベル」、「黒レベル」を微調整して、「彩度」でカラーの発色を整えます。

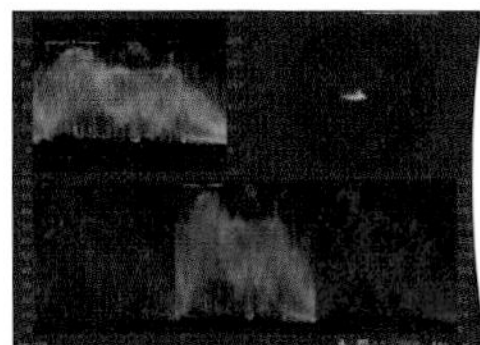

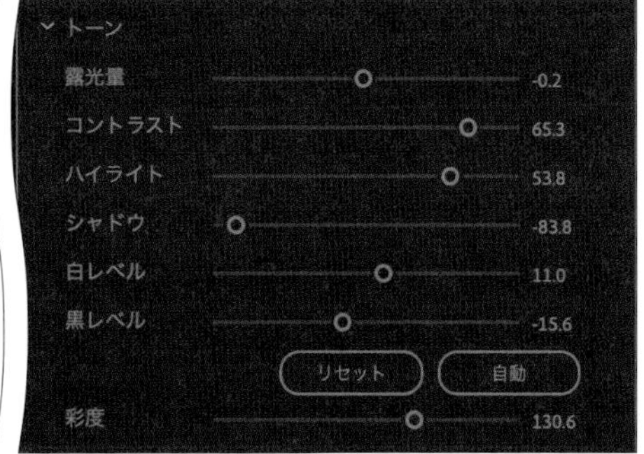

基本的なカラーグレーディングのコツ

近年、多くの映画で流行している映像のカラーグレーディングとして、青緑とオレンジの補色を用いた「Teal&Orange」がよく知られています。ここではその作り方を解説します。

▲LOG撮影素材

▲カラーコレクション

▲カラーグレーディング

まずカラーコレクションを行う

カラーグレーディングを行う前に、色を補正する作業であるカラーコレクションが必須です。事前にカラーコレクションをやっておかなければ、適正なカラーになりませんので注意してください。

肌のカラーをきれいにする

1 調整レイヤーを配置する

P.153～154を参照に、カラーコレクションを行った調整レイヤーの上のトラックに、もう1度調整レイヤーを配置します。

見分けが付きやすいよう、調整レイヤーを右クリックして［名前を変更］をクリックし、わかりやすいように「グレーディング」と入力して［OK］をクリックします。

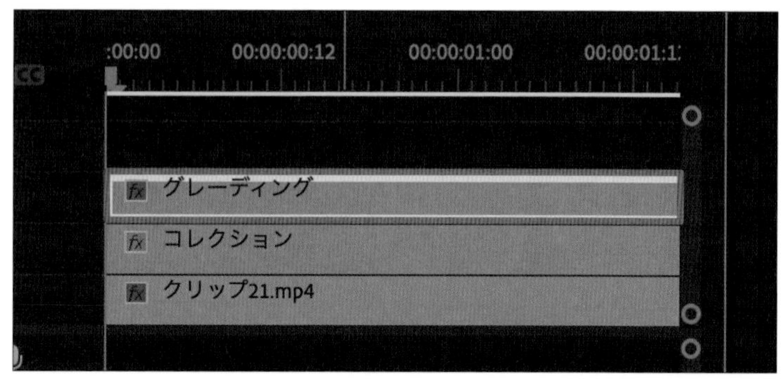

2 HSLセカンダリのキーを展開する

「グレーディング」の調整レイヤーを選択した状態で「Lumetriカラー」パネルの［HSLセカンダリ］をクリックしてキーを展開します。

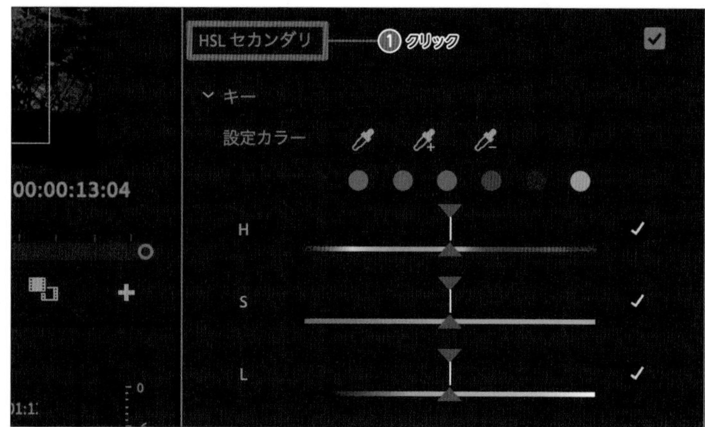

3 肌のカラーを抽出する

肌のカラーに近い部分をオレンジとして残し、ほかの部分をTealにしていくので、まずを選択して「プログラムモニター」パネルの肌のカラーがはっきり出ている部分をクリックします。

「プログラムモニター」パネルを拡大しておくと作業しやすくなります。

4 H,S,L を調整する

［カラー / グレー］をクリックしてチェックを付けます。選択した部分のカラーだけが見えるようになります。肌の色に近いカラーだけが表示されるように「H」、「S」、「L」をドラッグして調整していきます。

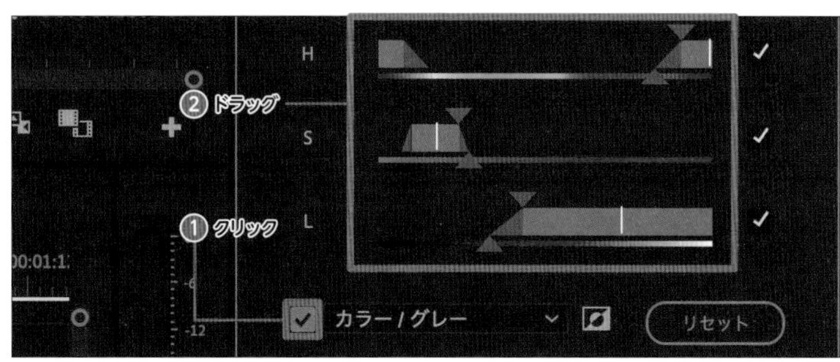

5 ノイズ除去とブラーを調整する

［リファイン］をクリックして「ノイズ除去」と「ブラー」をドラッグし、適度に調整します。

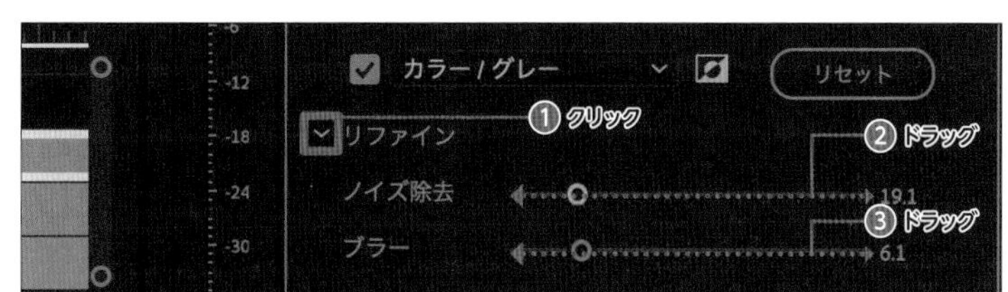

6 反転する

［カラー / グレー］をクリックしてチェックを外し、をクリックして反転させます。

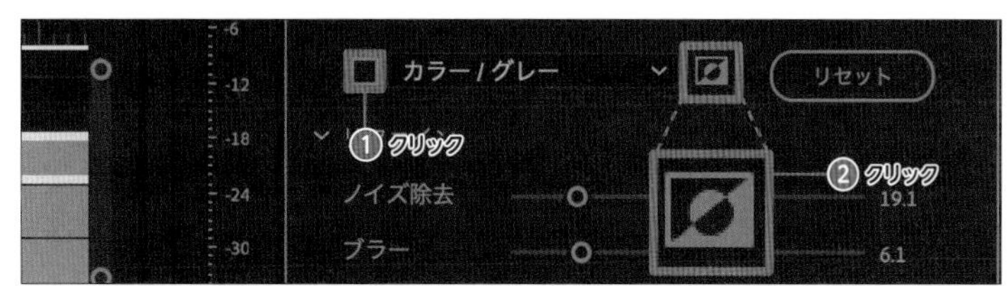

7 Tealを適用する

［修正］をクリックして［Teal］をクリックし、ドラッグして強さを調整します。先ほど抽出した肌のカラー以外の部分にTealが適用されます。

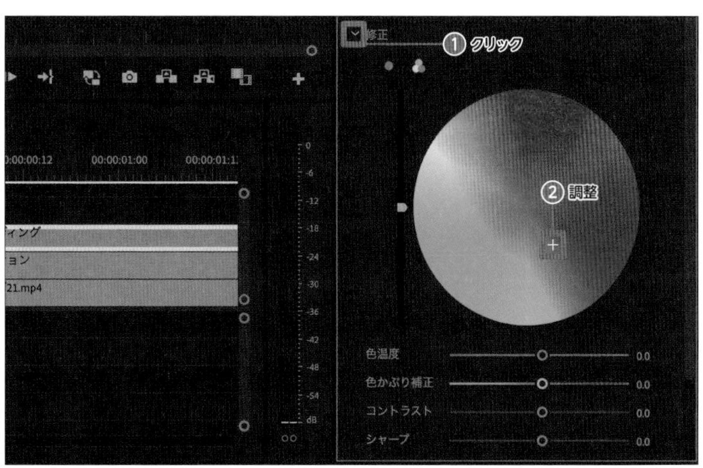

8 再度調整レイヤーを配置する

再度調整レイヤーを上のトラックへドラッグ＆ドロップで配置し、右クリックして［名前を変更］をクリックします。わかりやすいように「グレーディング2」と入力して［OK］をクリックします。この調整レイヤーを選択した状態で、「Lumetriカラー」パネルの「カーブ」で［色相/彩度カーブ］をクリックして展開します。

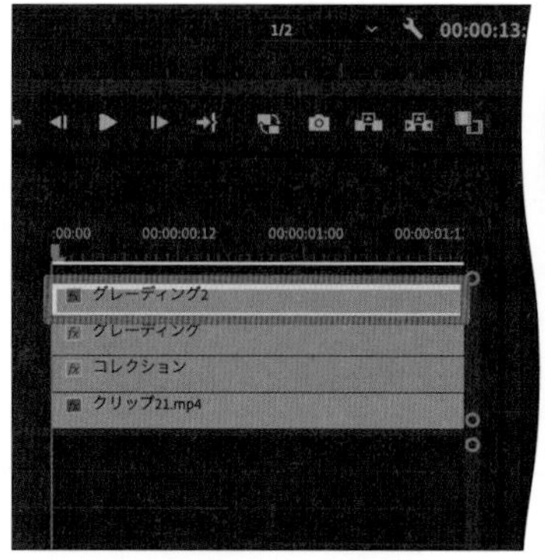

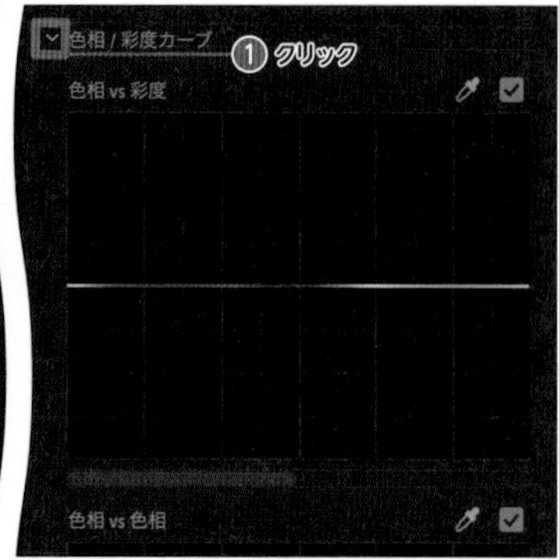

9 輝度vs彩度を調整する

「輝度vs彩度」の左から1つ目の枠のライン上をクリックして点を打ち、左端のラインを一番下まで下げます。ハッキリと変化はありませんが、これによりシャドウの部分にカラーが乗らないよう調整できます。

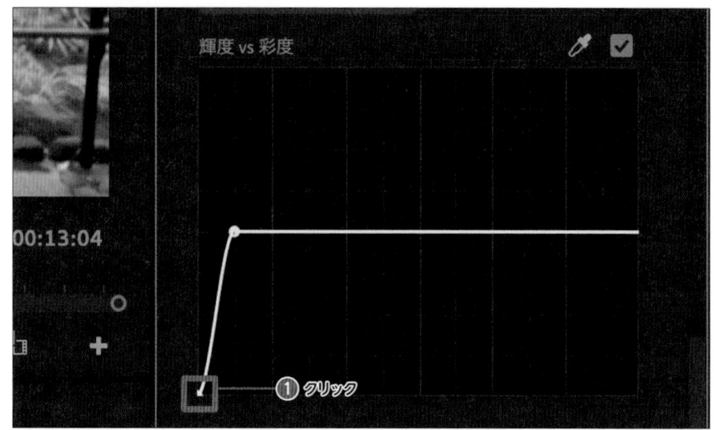

10 色相vs彩度を調整する

「色相vs彩度」のライン上をクリックして点を打ちます。「ベクトルスコープ」を確認して、六角形からはみ出さないように青やオレンジを調整します。

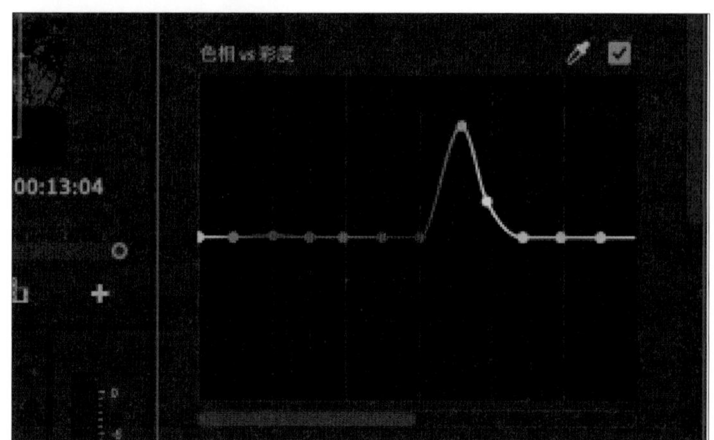

11 再度調整レイヤーを配置する

再度調整レイヤーを上のトラックへドラッグ＆ドロップして右クリックして［名前を変更］をクリックします。わかりやすいように「グレーディング3」と入力して［OK］をクリックします。この調整レイヤーを選択した状態で「Lumetriカラー」パネルの「カーブ」で［RGBカーブ］をクリックして展開します。

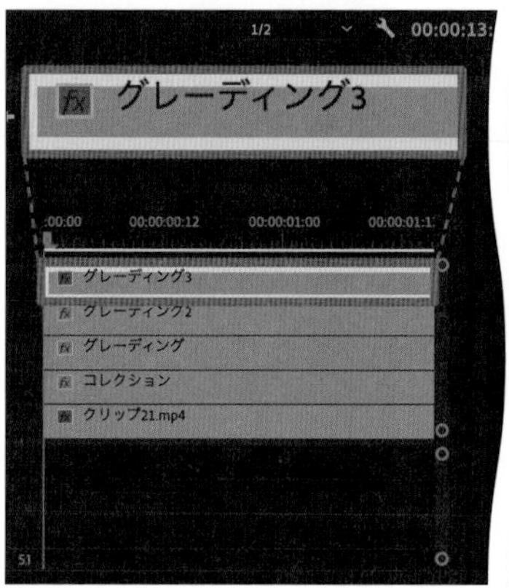

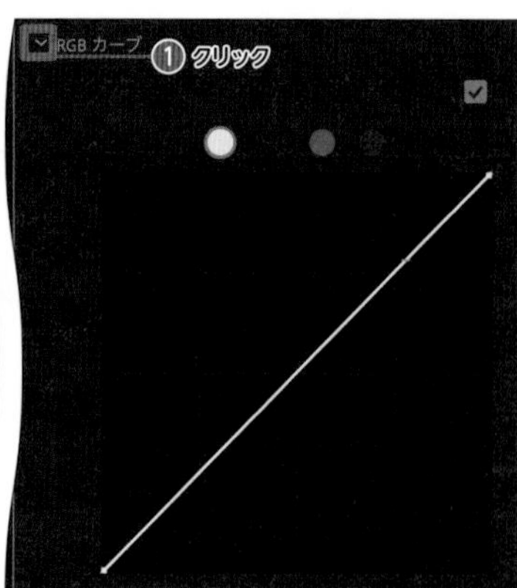

12 ホワイトを調整する

◯をクリックし、斜めのラインの中心部分をクリックして点を打ちます。

波形(輝度)を見ながらシャドウを下げハイライトを上げます。画像のようにS字にします。

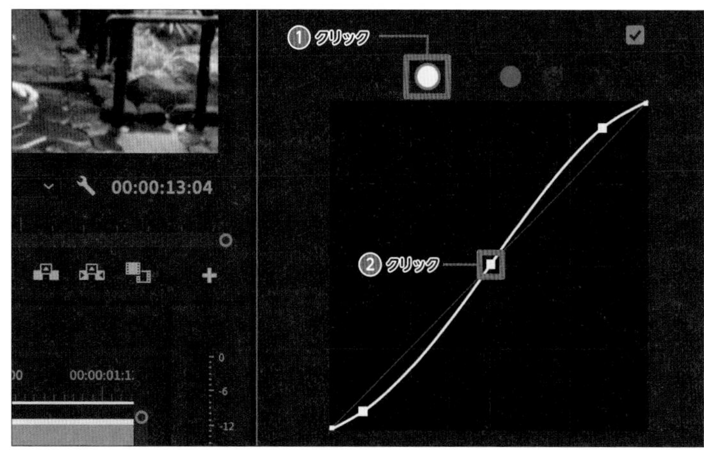

13 ブルーを調整する

パレード(RGB)を見るとブルーのシャドウが弱く出ているのでブルーを調整します。

◯を選択して斜めのラインの中心部分をクリックし点を打ちます。

パレード(RGB)を見ながらシャドウを下げます。

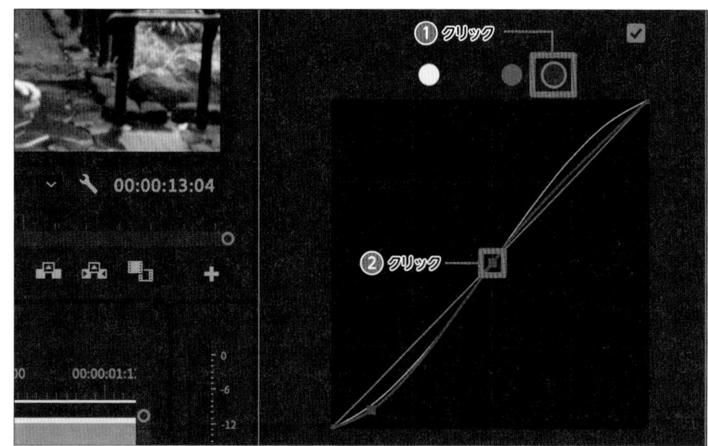

14 確認する

「プログラムモニター」パネルを標準に戻して確認し、問題がなければ完成です。

▲カラーコレクション適用前

▲カラーコレクション適用後

▲カラーグレーディング適用後

MEMO

カラーグレーディングのコツ

カラーグレーディングでは、何をどのように表現したいのかによって適用するカラーが変わってきます。たとえば映画の場合、コメディーはオレンジ系、ホラーはブルー系、ラブストーリーはイエロー系、SFはグリーン系の色味が多く使われています。

とはいえ、絶対の正解はありません。コメディーでブルー系を使ってもよいですし、ラブストーリーでパープル系を使ってもいいのです。大切なのは、製作者の意図をしっかりと汲んで、それに沿ったカラーを選ぶことです。

また、カラーグレーディングはここで紹介した以外にもさまざまな方法があります。カラーグレーディングだけに焦点を絞った書籍などもありますので、基本を押さえたあとで手に取ってみてもいいでしょう。

Recipe 59

LUTとLookを知る

LUTとは、LOG収録された動画のカラーに補正をかけることです。Lookとは、補正後の動画に補正をかけることです。これらを組み合わせカラーグレーディングを仕上げます。

LUTとは

「LUT」は、適用するだけでカラーコレクションを完了させることができる、非常に便利なプリセットです。

▲LOG撮影

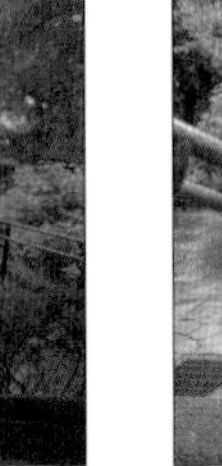

▲LUT適用後

Lookとは

「Look」は、撮影した映像に適用することでカラーグレーディングを一瞬で完了させることができる非常に便利なプリセットです。「Instagram」のフィルターをイメージするとわかりやすいかもしれません。

▲LUT適用後

▲Look適用後

▲通常撮影

▲Look適用後

LUTとLookをアンロックする

LUTはデフォルトの状態では、「Lumetriカラー」パネルの「基本補正」のLUTの中に8種類しか表示されませんが、実はそれ以外にもたくさんのLUTがプリインストールされています。これらのLUTは、アンロックすることで使うことができるようになります。同様にLookもプリインストールされており、こちらもアンロックすることで使えるようになります。

1 Finderからアプリケーションを選択する

Finderで[移動]→[アプリケーション]の順にクリックします。

2 パッケージの内容を表示する

[Adobe Premiere Pro]をクリックして[Adobe Premiere Pro]を右クリックし、[パッケージの内容を表示]をクリックします。

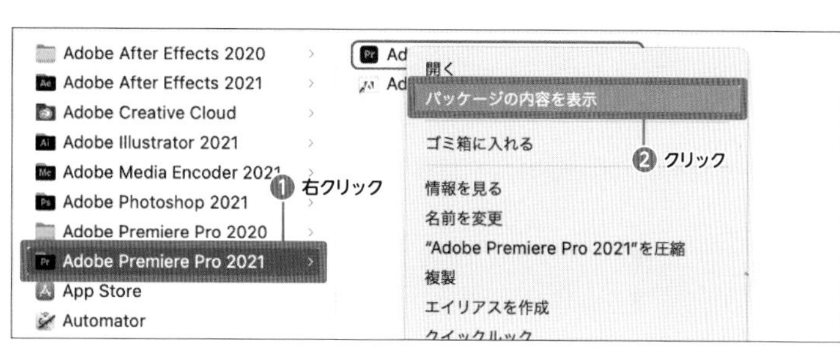

3 パッケージの内容を表示する

[Contents]、[Lumetri]、[LUTs]と進んでいきます。

「LUTs」の中に「Creative」、「Legacy」、「Technical」という3つのフォルダがあります。

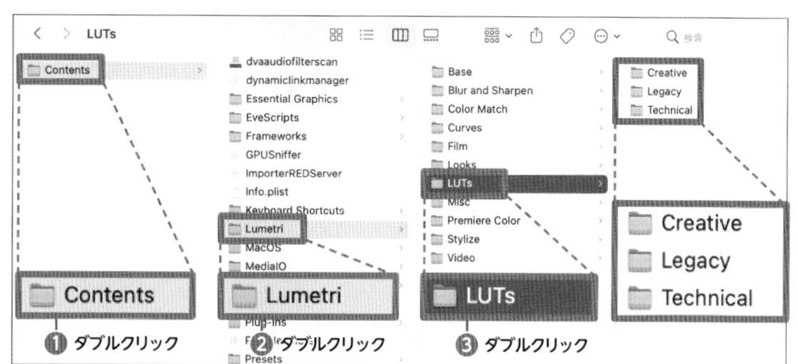

4 LUTをコピーしペーストする

[Legacy]をダブルクリックすると、複数のLUTが入っています。必要なLUTを選択して command + C (Windowsは ctrl + C)でコピーします。

手順3で[Technical]のフォルダーをダブルクリックし、command + V (Windowsは Ctrl + V)でペーストします。このとき認証がでてきたらパスワードを入力して[OK]をクリックします。

これで、「Lumetriカラー」パネルの「基本補正」にLUTが追加されます。もし追加されていない場合はPremiere Proを再起動してみましょう。

なお、Lookを追加する場合は、「Creative」にペーストします。

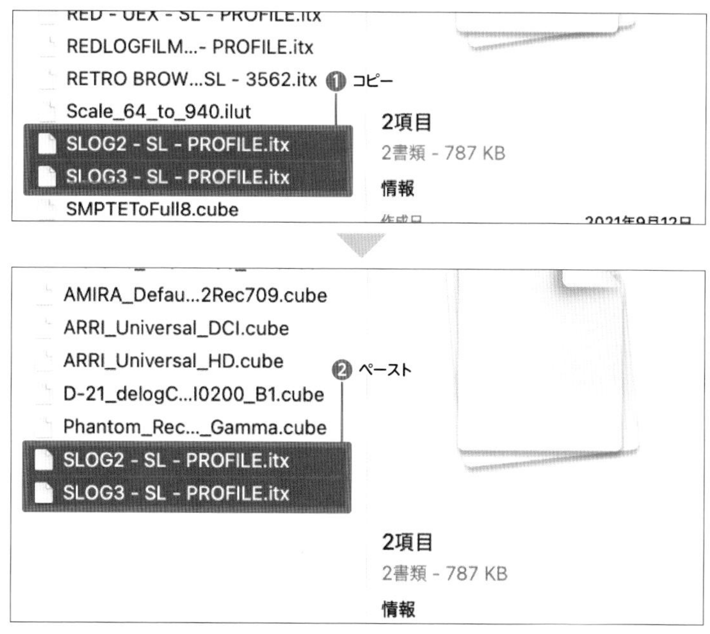

LUTを適用する

1 Lumetriカラーを表示する

RAWもしくはLOGで撮影した動画をシーケンスに配置して、メニューバーで[ウィンドウ]→[Lumetriカラー]の順にクリックして表示します。

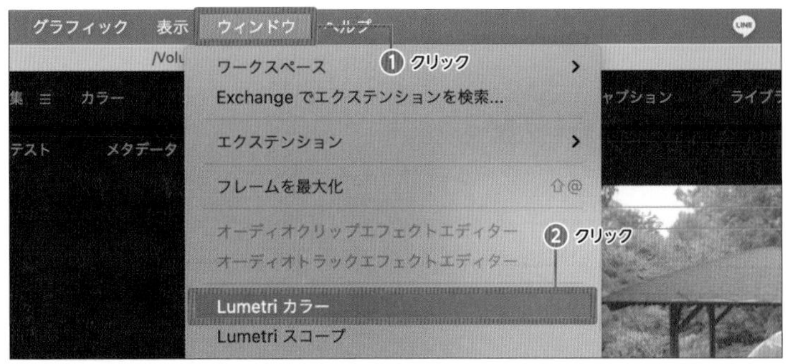

2 調整レイヤーを配置する

調整レイヤーをRAWもしくはLOGで撮影したクリップの上のトラックへドラッグ&ドロップで配置します。調整レイヤーを右クリックし[名前を変更]をクリックして、「LUT」などわかりやすい名前を入力し[OK]をクリックします。

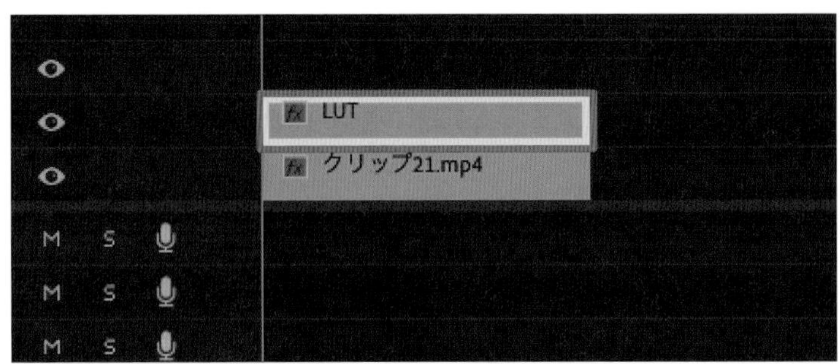

3 Lumetriカラーの基本補正を表示する

「Lumetriカラー」パネルの「基本補正」に「LUT設定」という項目があります。撮影した映像の状態に合うLUTを選択します。

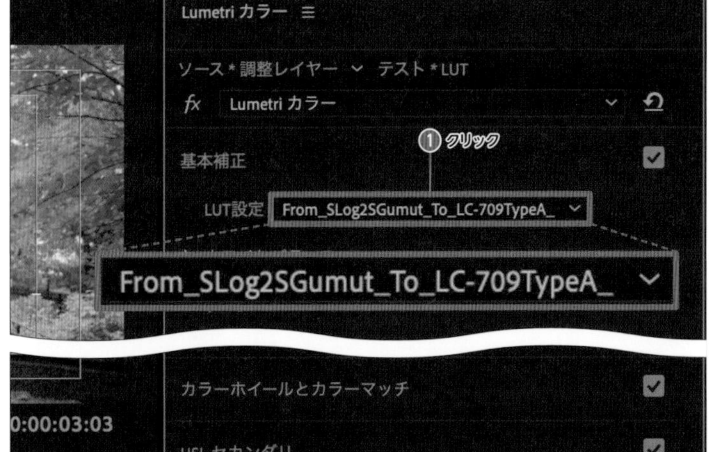

MEMO

右はSONYが配布しているLUTを適用しています。以下のリンクから無料でダウンロードすることができ、ダウンロード方法から適用手順までが一通り解説されています。

https://www.sony.jp/support/ichigan/enjoy/movie/s-log/grading.html

▲LUT適用前

▲LUT適用後

Lookを適用する

1 Lumetriカラーのクリエイティブを表示する

カラーコレクション済み(LUTを適用済み)もしくはRAWもしくはLOGではなく通常で撮影した動画を「タイムライン」パネルにドラッグ&ドロップで配置して、「Lumetriカラー」パネルで[クリエイティブ]をクリックして表示します。

2 調整レイヤーを配置する

調整レイヤーをクリップの上のトラックへドラッグ&ドロップで配置します。調整レイヤーを右クリックし[名前を変更]をクリックして、「Look」などわかりやすい名前を入力し[OK]をクリックします。

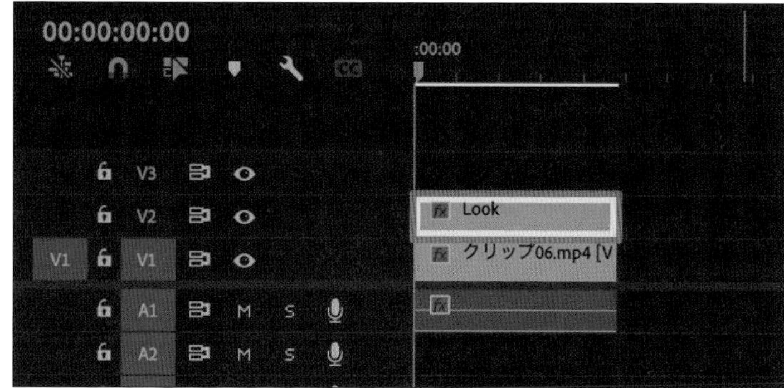

3 Lumetriカラーの基本補正を表示する

「Lumetriカラー」パネルの「クリエイティブ」に「Look」という項目があります。好みのLookを選択します。

今回は「SL GOLD ORANGE」というLookを選択しています。カラーがきつい場合は、強さのゲージで調整します。

▲Look適用前

▲Look適用後

Recipe 60 フィルム感を演出する

回想シーンや懐かしさを演出するフィルム風の加工を解説します。8mmフィルムと呼ばれるカメラでの写りを意識しつつ、Premiere Proだけで手軽に雰囲気を演出することを目指します。

フィルム感を演出する下準備

1 動画素材を配置する

[film.mp4] を「V1」にドラッグ＆ドロップで配置し、P.95を参考に調整レイヤーを「タイムライン」パネルの「V2」に配置します。

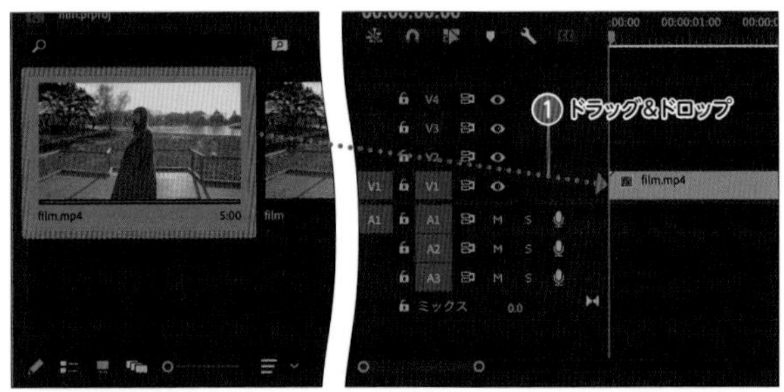

2 調整レイヤーを複製する

option キー（Windowsは Alt キー）を押しながら、「V2」に配置した調整レイヤーを「V3」のトラックにドラッグ＆ドロップします。すると、調整レイヤーが複製されます。この作業を、もう一度繰り返し「V4」にも調整レイヤーを複製します。合わせて3つの調整レイヤーが作成された状態になります。調整レイヤーの長さは、「V1」のクリップの長さに合わせて整えておきましょう。

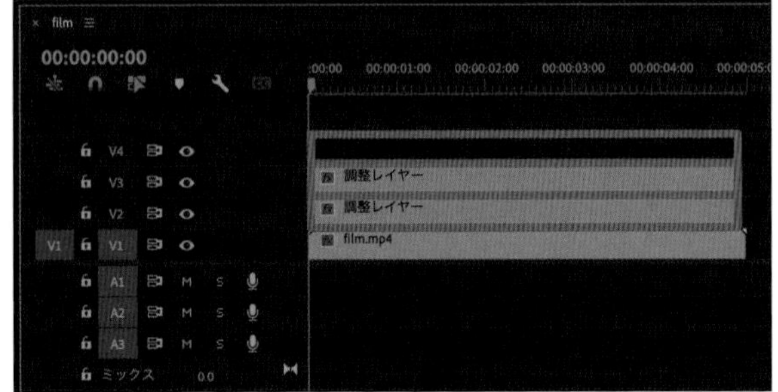

MEMO

調整レイヤーで、タイムラインを管理する

1つの調整レイヤーに対してたくさんのエフェクトをかけることもできますが、その調整レイヤーの役割が不明確になり、後から調整内容を確認しにくくなることがあります。
役割ごとに調整レイヤーを分けておくと後から直感的に区別しやすくなり、管理しやすくなります。
今回は、右の図のような役割を持たせることを想定して調整レイヤーを複数作成しました。
解説手順をすべて終えた後に、👁をクリックしてトラック出力を切り替えると、それぞれの調整レイヤーの役割をオンオフして、調整前後を見比べることができます。

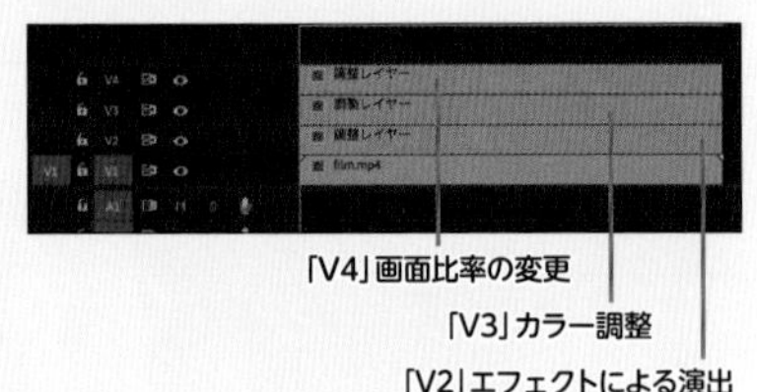

「V2」トラックの調整レイヤー｜エフェクトによる演出

1 ノイズをかける

「エフェクト」パネルから［ノイズ］を、「V2」にある調整レイヤーにドラッグ＆ドロップで適用します。適用後、「エフェクトコントロール」パネルの「ノイズ」項目から、「ノイズの量」を「25%」と入力します。

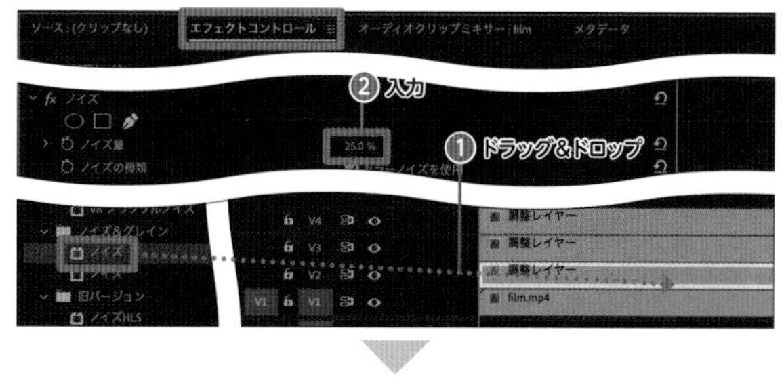

同様に、［ポスタリゼーション時間］を、「V2」にある調整レイヤーにドラッグ＆ドロップで適用します。適用後、「エフェクトコントロール」パネルの「ポスタリゼーション時間」で、「フレームレート」を「8.0」と入力します。１秒間に表示されるフレーム数が少なくなり、パラパラ漫画のような雰囲気になります。

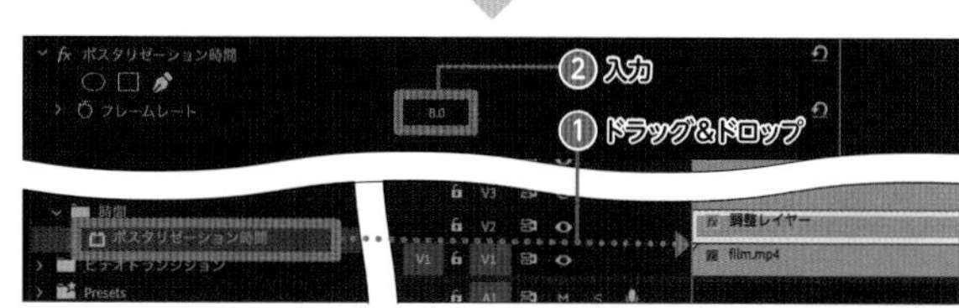

「V3」トラックの調整レイヤー｜カラー調整

1 ワークスペースを切り替えて基本補正を調整する

ワークスペース上部の「ワークスペース」の［カラー］をクリックし、ワークスペースを切り替えます。「V3」の「調整レイヤー」を選択した状態で、「Lumetri カラー」パネルの「基本補正」の値を変更します。以下の値を参考に、暖色よりの色調に調整し、映像内の明るい部分と暗い部分の差をややハッキリさせます。（色温度「10」コントラスト「35」シャドウ「-35」）

2 映像の四隅を暗くする

「Lumetri カラー」パネルの「ビネット」の値を変更し、自然な仕上がりで映像の四隅を暗くなるよう調整します。値は以下を参考にしてください。（適用量「-3」拡張「20」角丸の割合ぼかし「65」）

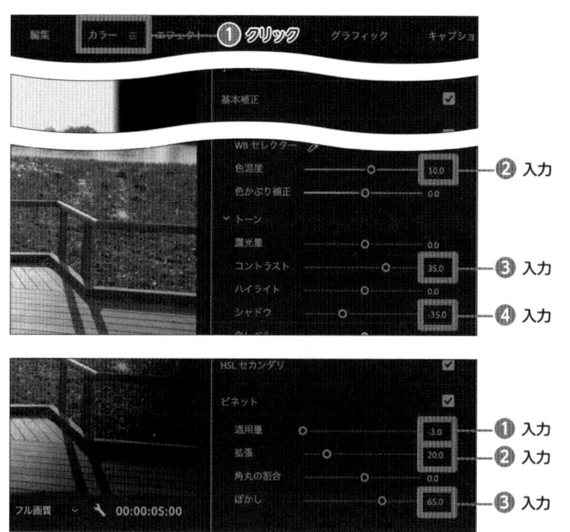

V4トラックの調整レイヤー｜画面比率の変更

1 ワークスペースを切り替えてクロップを適用する

ワークスペース上部の「ワークスペース」の［編集］をクリックし、ワークスペースを切り替えます。「エフェクト」パネルから［クロップ］を、「V4」の調整レイヤーにドラッグ＆ドロップで適用します。

2 クロップの値を変更する

「エフェクトコントロール」パネルの「クロップ」項目から、以下の値を参考に、それぞれクロップの値を変更します。ここで「エッジをぼかす」の値を増やすことで、上の手順２「映像の四隅を暗くする」の表現が効果的になってきます。（左「15.0%」上「8.0%」右「15.0%」下「8.0%」エッジをぼかす「60」）

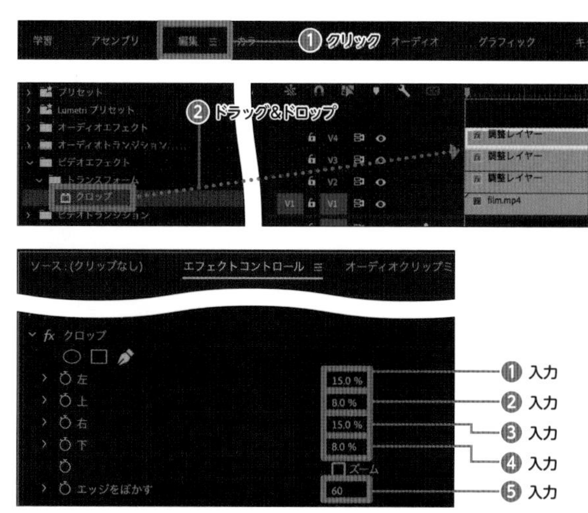

Chapter 5 映像と音を洗練させるレシピ

Recipe 61 音声のノイズを軽減する

どんなに動画がきれいであっても、音声にひどくノイズが入っていては、最後まで動画を見てもらえません。そのようなケースを避けるべく、音声のノイズを軽減する方法を知っておきましょう。

撮影時のノイズを防ぐ

ここではおもに編集段階でノイズを軽減する方法について解説していきますが、そもそもの撮影時にノイズ対策を講じておくことも、非常に大切です。というのも、あとから編集でノイズを取り除くとなると、どうしても限界があるからです。たとえばナレーションよりも大きな雑音が入ってしまうと、それを軽減するのはとても難しくなります。そのため、撮影段階で対策をしておくことが重要です。以下に撮影段階でのノイズ対策をまとめました。すべてクリアするのはプロでも難しいため、自身の環境で実施できるものから1つずつ取り組んでみましょう。

環境音によるノイズを防ぐ

・冷暖房をオフにする
・窓を閉める
・人が活発に行動しない朝や夜に撮影する
・声が反響しにくい部屋を選ぶ

マイク周辺のノイズを防ぐ

・マイクを手で触らない
・マイクに風や息を直接当てない（ウィンドスクリーンを使用する）
・マイクに近い距離で話す
・ピンマイクは洋服で擦れないようにする
・声が大きすぎて割れていないか事前にテストして確認する

編集時にノイズを軽減する

MEMO

「オーディオ」のワークスペースに切り替える

オーディオデータを取り扱うときには、ワークスペースを「オーディオ」に切り替えることをおすすめします。このワークスペースには、オーディオの調整を使用する「エッセンシャルサウンド」パネル、「オーディオクリップミキサー」パネル、「オーディオトラックミキサー」パネルなどが含まれており、本書Recipe61と62まで共通して使用します。
引き続き「編集」などほかのワークスペースを開いたままでオーディオデータを取り扱いたい場合、その都度、必要なパネルを表示させてください。詳しくはP.32をご覧ください。

1 クリップを選択する

「タイムライン」パネルに配置したクリップのうち、ノイズを軽減したいクリップを選択します。今回は[Audio.mp4]の動画素材を使用していきます。

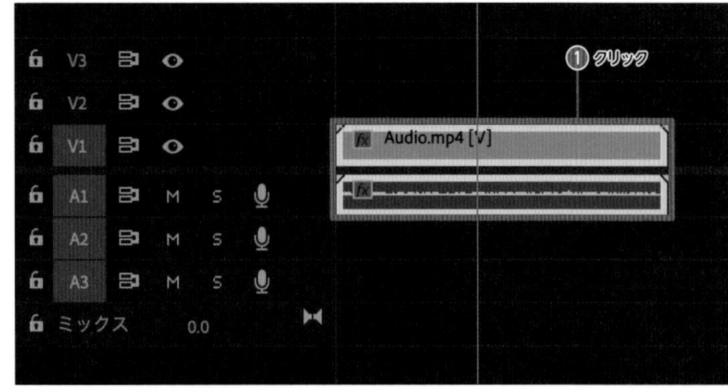

2 オーディオタイプを選択する

「エッセンシャルサウンド」パネルから[編集]をクリックし、「オーディオタイプ」を選びます。

今回は、音声の調整を行うので[会話]をクリックします。

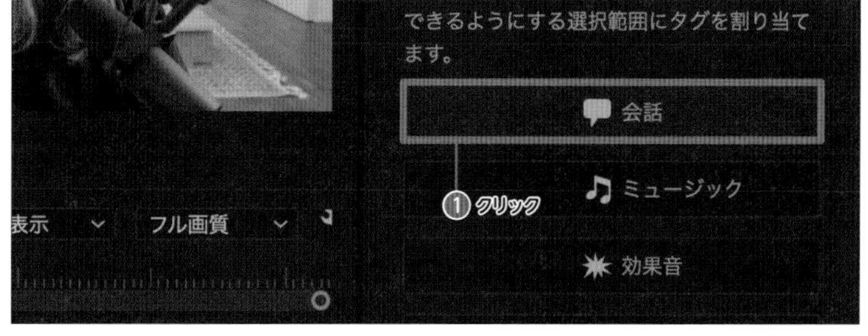

3 プリセットでノイズを自動軽減する

選択した「オーディオタイプ」の「会話」に合わせたパネルに切り替わります。

[プリセット]→[ノイズの多い対話のクリーンアップ]の順にクリックします。

選択したプリセットに合わせて自動でノイズの軽減が行われます。

4 手動で調整する

プリセットでの調整だけでは不自然になってしまう場合があるので、音声を再生しながら「ノイズの軽減」や「雑音を削減」などのパラメータを手動で調整します。

パラメータの値を大きくするほどノイズ軽減や雑音を削除するレベルが高くなります。

一方で、雑音以外の音声まで変に加工されたような違和感が出てしまう場合もあるので、値を大きくしすぎないように注意します。

▲調整前

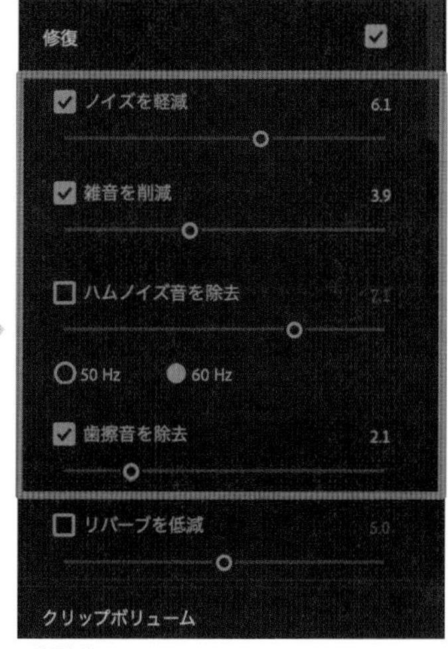

▲調整後

and more...

「エッセンシャルサウンド」と「エフェクト」の関係性

オーディオデータは、本来はさまざまなエフェクトを組み合わることで調整していきます。
しかし、その組み合わせ方の判断は難しく、体系的な理解には時間を要します。
そこで登場したのが「エッセンシャルサウンド」パネルです。ここでの解説のように、目的に合わせたプリセットが用意されているため、エフェクトを組み合わせていくより直感的に調整できます。
「エッセンシャルサウンド」パネル上ではプリセットを選択しただけで適切に調整されますが、その裏では、そのプリセットに合わせたエフェクトが自動で適用されています。
実際にプリセット適用後の「エフェクトコントロール」パネルを開くと、さまざまなエフェクトが適用済みになっていることが分かります。
どんなエフェクトが適用されているか確認すると理解も深まるでしょう。

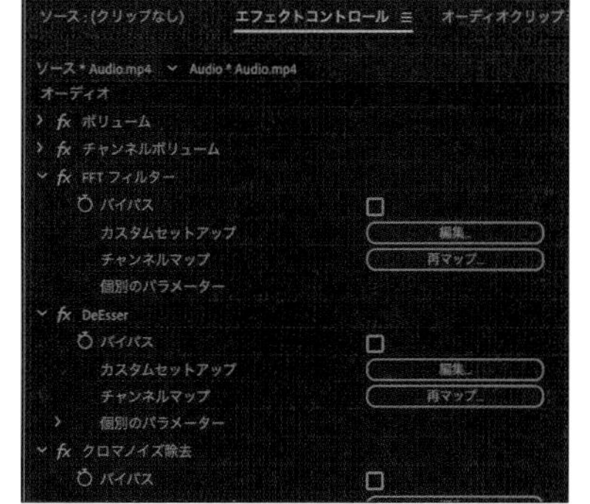

オーディオレベルを直感的に調整する

ここでは、直感的にオーディオレベルを調整する方法を解説します。特定の場面だけオーディオレベルを上げることも可能です。「タイムライン」パネルさえ表示されていれば調整が可能な方法です。

クリップのオーディオレベルを調整する

「オーディオ」のワークスペースでなくても、「タイムライン」パネルさえ表示されていれば、以下の手順で音声の調整が可能です。

1 オーディオトラックの幅を広げる

「タイムライン」パネル上の「V1」と「A1」に配置されるように[Audio.mp4]の動画素材を配置します。「A2」にBGM素材の[A morning.wav]をドラッグ＆ドロップします。今回はこのBGMのオーディオレベルを調整します。

「A2」の、クリップ左あたりのスペースでダブルクリックします。すると、トラックとクリップの幅が広がり、白い直線が表示されます。この直線を「ラバーバンド」と呼びます。

2 ラバーバンドで調整する

ラバーバンドをクリックして上下にドラッグします。「-999.0dB」から「15.0dB」までオーディオレベルを調整することができます。

① ドラッグ

-27.0 dB

3 再生してピークを確認する

再生すると「オーディオメーター」パネル上で、オーディオレベルが確認できます。オーディオレベルに合わせて最端部分の色が変化しますが、「-6dB」を超えると赤色に表示されます。この赤く点灯した部分を「ピークランプ」といい、音割れになる可能性が高い状態です。この状態を避けて調整してください。

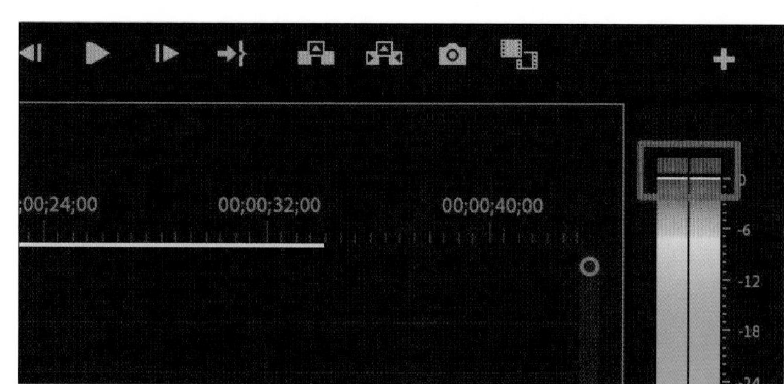

特定の部分だけオーディオレベルを上げる

1 ペンツールでキーフレームを打つ

「ツールバー」パネルで🖋をクリックして切り替え、ラバーバンド上でクリックすると、キーフレームが打たれます。

音量を調整したい「始点」と「終点」をそれぞれクリックしてキーフレームを付けます。

ここでは、以下の手順で音量を徐々に大きくします。

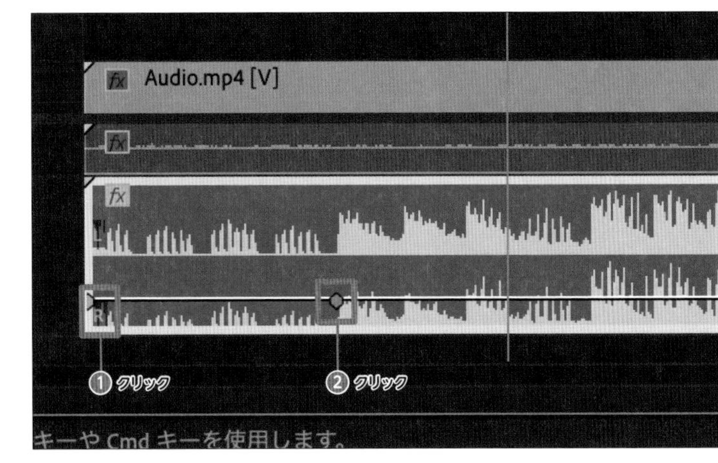

2 キーフレームを調整する

「始点」のキーフレームを選択した状態で、ラバーバンドを下にドラッグします。再生すると、音量が「始点」から「終点」まで徐々にオーディオレベルが上がります。

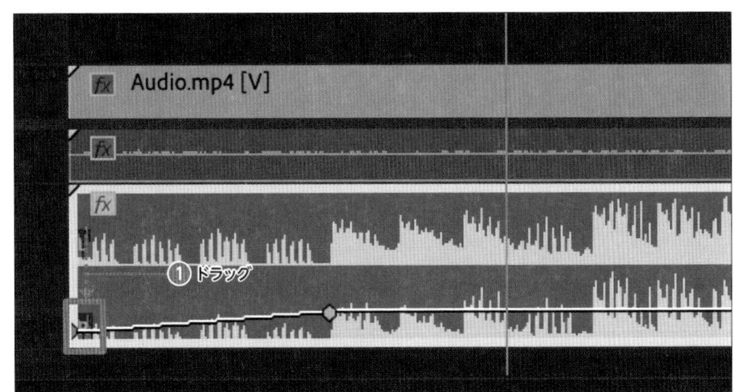

MEMO

キーフレームは「始点」と「終点」の2点に限らず、無数に打つことで自在にラバーバンドの形を変えることもできます。

and more...

すべてのクリップのオーディオレベルを統一する

1 「オーディオゲイン」を選択する

オーディオレベルを調整したい複数のクリップを選択した状態で右クリックし、[オーディオゲイン]をクリックします。

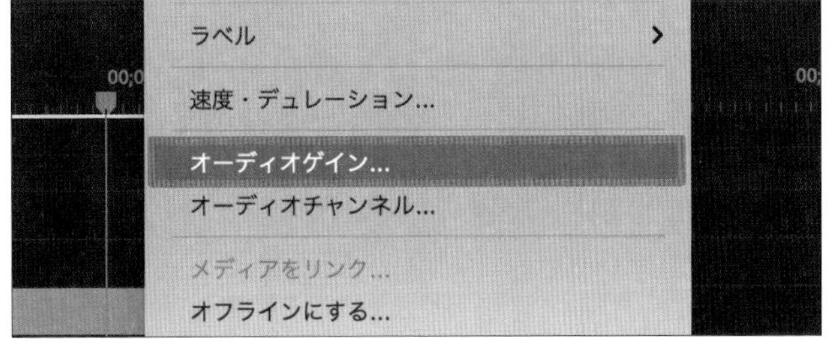

2 ノーマライズを調整する

[すべてのピークをノーマライズ]を選択し、調整するピークの振れ幅の値を入力し、[OK]をクリックします。

今回は値を「-6」dBとしました。

すると、最初に選択したすべてのクリップのピークの振幅が「-6dB」となり、オーディオレベルが統一されます。

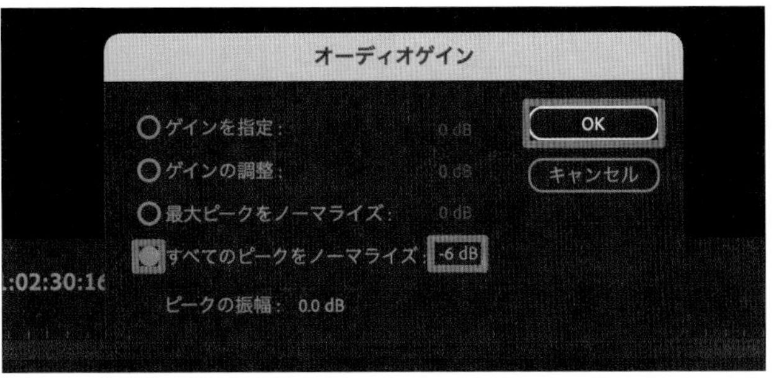

Chapter 5 映像と音を洗練させるレシピ

Recipe 63 オーディオレベルを詳細に調整する

音声やBGMが小さすぎることや大きすぎることがないように、適正なオーディオレベルに調整する方法を解説します。

クリップ単体のオーディオレベルの調整

オーディオレベルの調整を行いたいクリップに再生ヘッドを合わせている状態で「オーディオクリップミキサー」パネルからボリューム変更用のバーである▮を上下にドラッグすると、オーディオレベルを変更することができます。

再生すると「オーディオメーター」が反応し、視覚的にもボリュームレベルを確認することができます。

なお、複数のオーディオトラックから音が流れている場合には、「オーディオクリップミキサー」パネル上でも、「A1」「A2」…とトラックごとにオーディオメーターが表示されます。

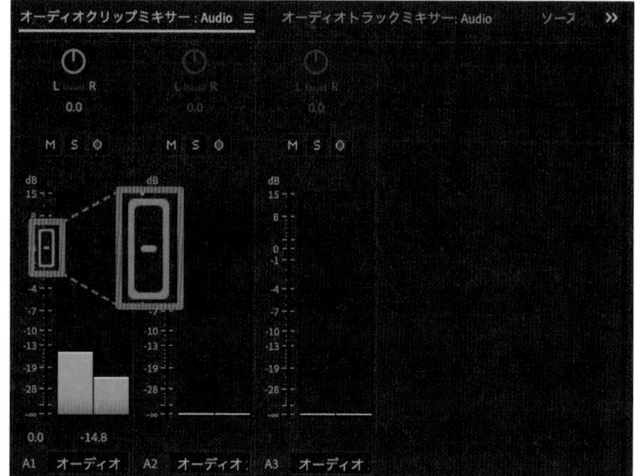

MEMO

オーディオレベルの考え方と基準

Premiere Proでは音量をオーディオレベルで表記し、デシベル(dB)という単位を使います。日頃テレビなどで見かける音量の値とは考え方が異なり、オーディオレベルの値はリアルタイムで計測され続けます。
トーク中心の動画であれば、音声は「-5dB」ほど、BGMは「-20dB」から「-30dB」程度が目安になります。ただし、オーディオレベルの適正値は、収録環境や声の抑揚、BGMの曲調などさまざまな要素によって左右されるものです。また、人によって好みがわかれる分野でもあります。ここで紹介した目安も参考にしつつ、自分なりの適正値を見付けるとよいでしょう。

左右のバランスを調整する

1 チャンネルボリュームを表示する

「オーディオクリップミキサー」パネルでオーディオメーターを右クリックし、[チャンネルボリュームを表示]をクリックします。

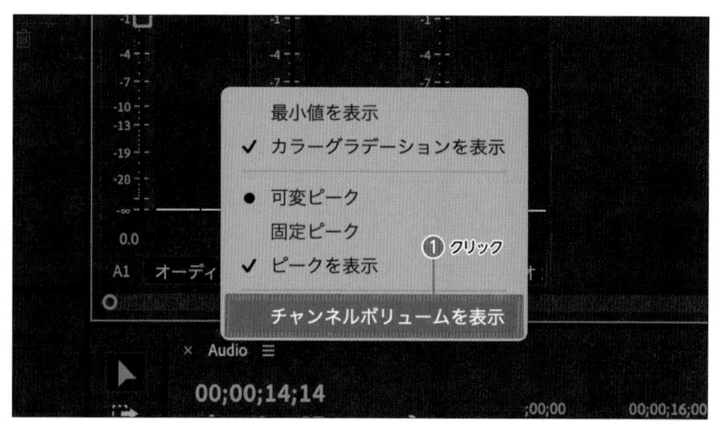

2 チャンネルボリュームを調整する

オーディオメーター上に、左右それぞれの▮が表示されます。それを上下にドラッグすることで、左右のオーディオレベルを個別に調整することができます。

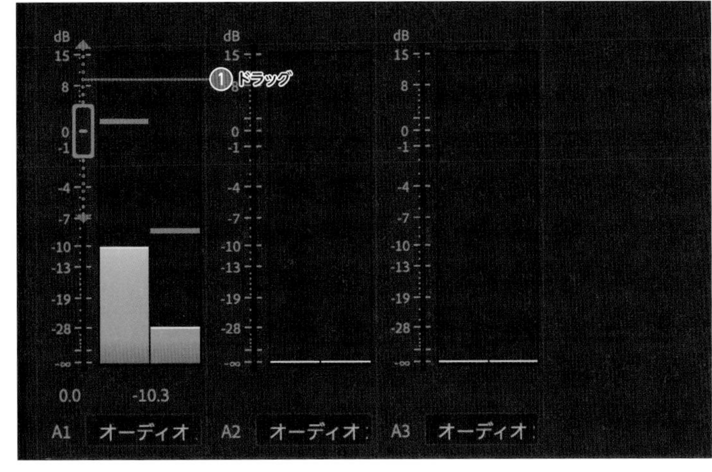

3 左右のバランスを調整する

再生中は、オーディオメーターで視覚的にオーディオレベルがわかるので、そのメーターを確認しつつ、左右のオーディオレベルが均等になるよう調整します。

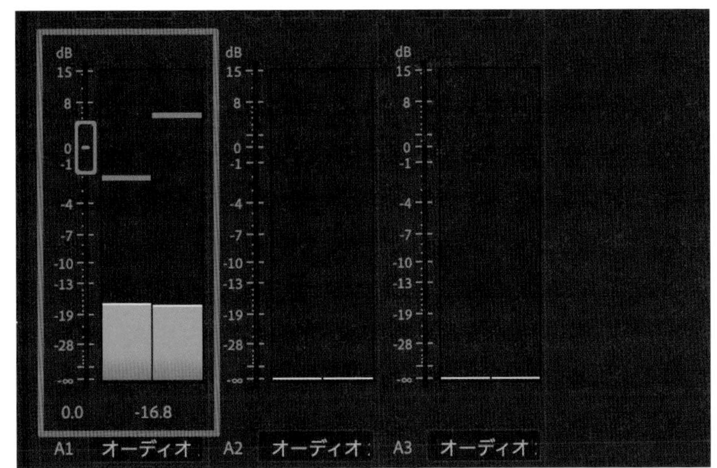

Chapter 5 映像と音を洗練させるレシピ

and more...

トラック全体のオーディオレベルの調整

トラック全体の音量を調整したい場合は、「オーディオトラックミキサー」パネルを使用します。

「オーディオトラックミキサー」パネルから▮を上下にドラッグすると、トラック全体のオーディオレベルを変更することができます。

たとえば動画上で話している人がずっと同じ環境で撮影されている動画の場合は、同一のトラックの中にクリップが複数あったとしても、「オーディオトラックミキサー」パネルでトラック全体の調整をした方が効率的です。

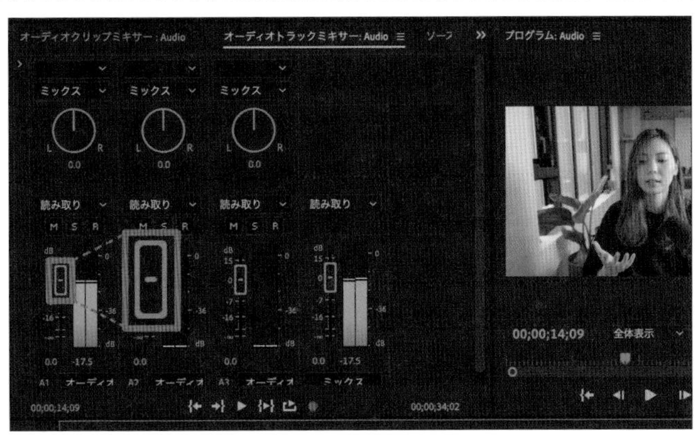

一方で、様々な撮影環境での素材を1つの動画にまとめる場合は「オーディオクリップミキサー」パネルでクリップ単体で調整するとよいでしょう。

両者は混同しやすいですが、「オーディオクリップミキサー」パネルは「クリップ単体の調整」、「オーディオトラックミキサー」パネルは「トラック全体の調整」と覚えておきましょう。

Recipe 64 音声にエフェクトをかける

音声加工の1つとして「ピッチシフター」を解説します。声の高低などを自在に変更することができるので、性別や年齢を特定できないような加工が可能です。

1 ピッチシフターを適用する

「エフェクト」パネルで［オーディオエフェクト］→［タイムとピッチ］→［ピッチシフター］の順にクリックし、適用したいクリップにドラッグ＆ドロップします。

MEMO

ワークスペースを「編集」にして取り組むか、適宜、必要なパネルを追加してください。

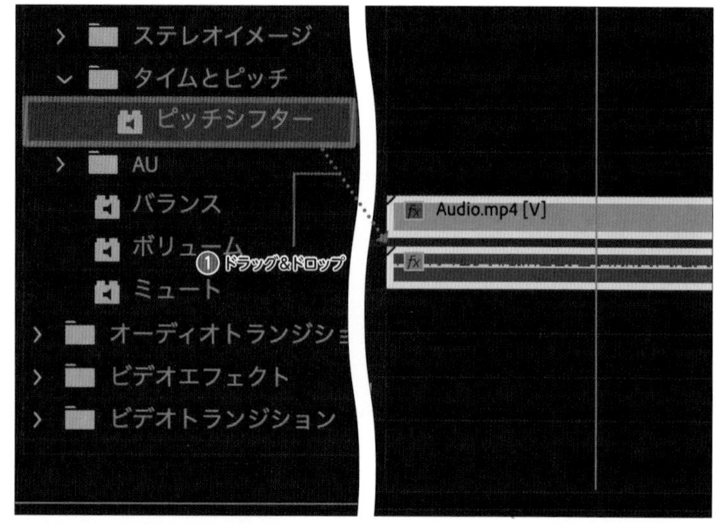

2 カスタムセットアップを選択する

適用したクリップをクリックして「エフェクトコントロール」パネルで［ピッチシフター］をクリックし、「カスタムプリセットアップ」の［編集］をクリックします。

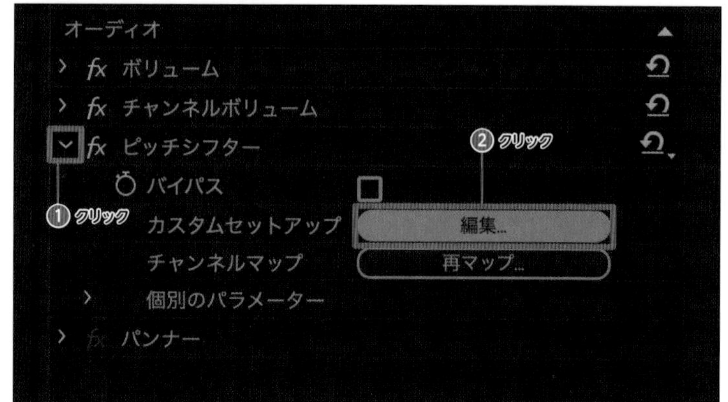

3 プリセットを選ぶ

「クリップFx エディター～」で、［プリセット］をクリックし、好きなものを選択します。プリセットには加工のイメージに応じて、「ストレッチ」「怒れるネズミ」などさまざまなものが用意されているので、1つずつ試してみるとよいでしょう。

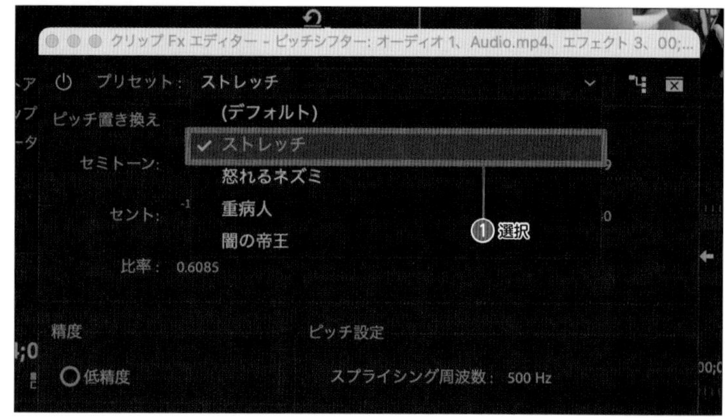

and more...

ピッチシフターを使いこなす

プリセットを使うだけでも印象的な音声に加工することができますが、「どのパラメータを変更すると、どんな風に加工されるか」を理解すると、より思いのままに音声の印象を変えることができます。それぞれの項目を把握したあとは、実際にパラメータの値を変更しながら、好みの加工具合を模索してみてください。

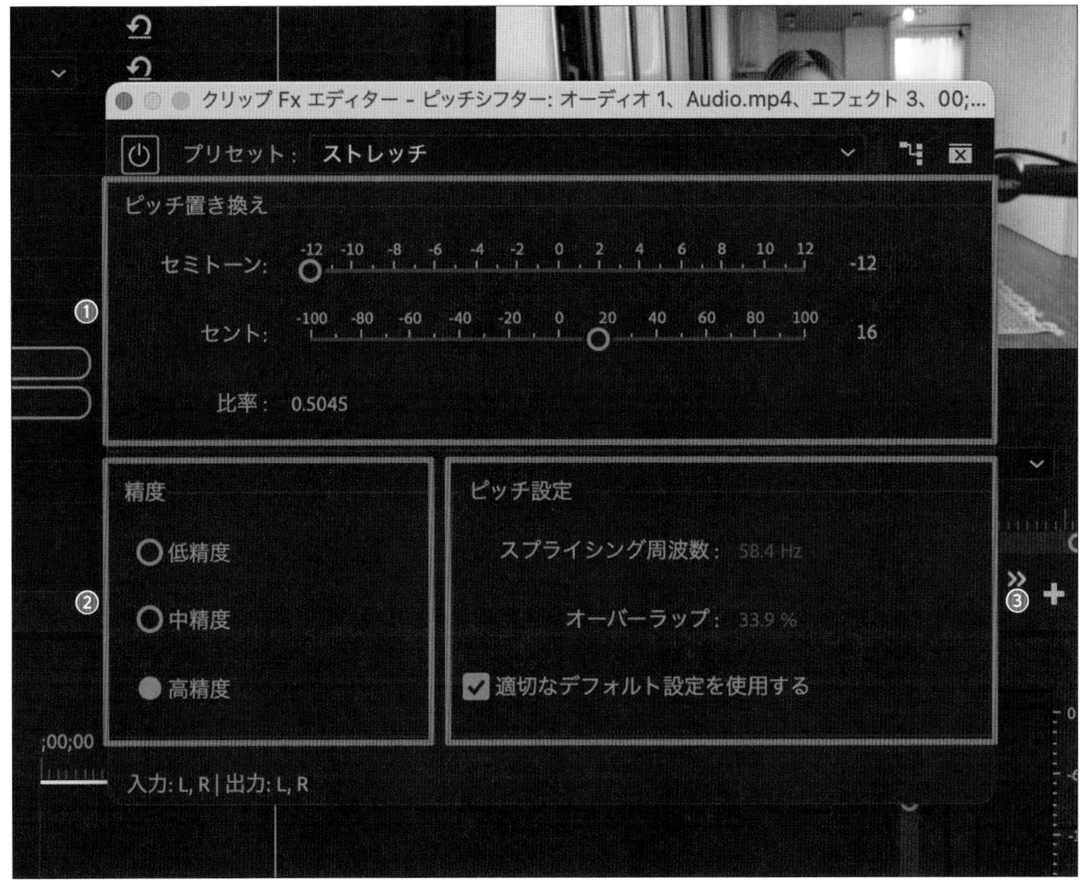

❶ピッチ置き換え
「セミトーン」や「セント」といった単位で、音の高さを変更することができます。「セミトーン」を上げると半音ずつ上がります。「セント」は「セミトーン」より細かく音の高さを変更することができます。100セントで1セミトーンとなります。

この2つの単位に連動するように「比率」が「0.5」から「2.0」の間で変動します。「0.5」が一番低く、「2.0」が一番高く加工された状態になります。

❷精度
音質を決めることができます。「高精度」の方が高音質で視聴できますが、処理に時間がかかります。そのため、収録時点で高音質でないものを無理に高める必要はない、という判断もときには必要です。

❸ピッチ設定
詳細なピッチ設定を行うことができます。通常は［適切なデフォルト設定を使用する］にチェックしておきます。

別録りの音声と映像を同期する

音声を高品質で収録したい場合は、カメラの内蔵マイクとは別に独立したマイクを使用する場合があります。その際、動画素材と音声素材が分離した個別データになるため、それらの素材を同期させる方法を解説します。

同期のしくみを理解する

動画編集時には、別録りした高品質な音声素材のほかに、カメラ内蔵のマイクで収録した仮の音声素材も手元にあるはずです。同期は、これら2つの波形を検知させることで行います。そのため、カメラの内蔵マイクの音声素材も大切です。同期するための仮の音声素材として、適切に収録する必要があります。

1 動画と音声ファイルを配置する

収録した動画素材と別撮りした音声素材を「タイムライン」パネルにドラッグ＆ドロップします。

「V1」に動画素材［sync01.mp4］を配置すると、同時に収録されていた仮の音声素材が「A1」にリンク状態で配置され、別撮りした音声素材［sync02.mp3］は「A2」に配置されます。

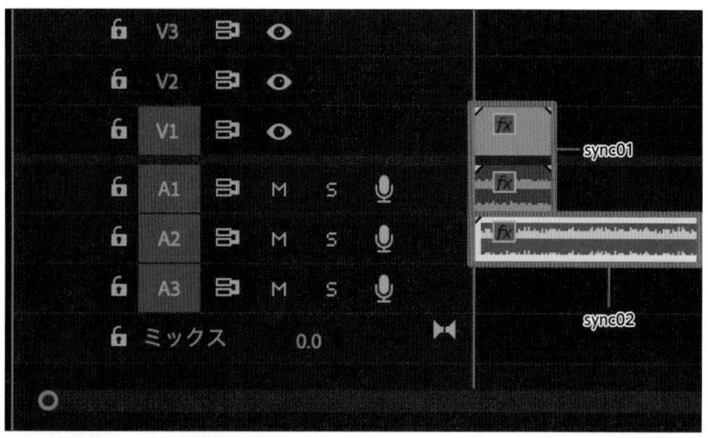

2 同期を選択する

リンクされた「A1」に配置されている［sync01.mp4］のクリップと、［sync02.mp3］のクリップを両方選択して、右クリックし［同期］をクリックします。

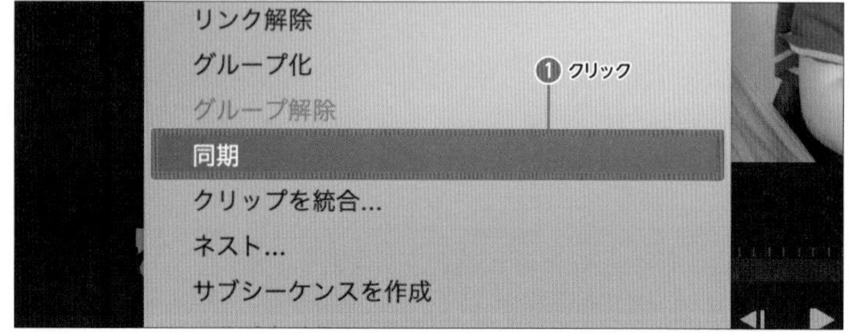

3 同期の対象を選択する

「クリップを同期」で［オーディオ］をクリックしてチェックを付けます。

「トラックチャンネル」で、どのオーディオトラックを基準に同期するかを決めます。

今回は、動画撮影時の仮の音声素材を基準にしたいので、「A1」のトラックを選択します。

「トラックチャンネル」で［1］をクリックして、［OK］をクリックします。

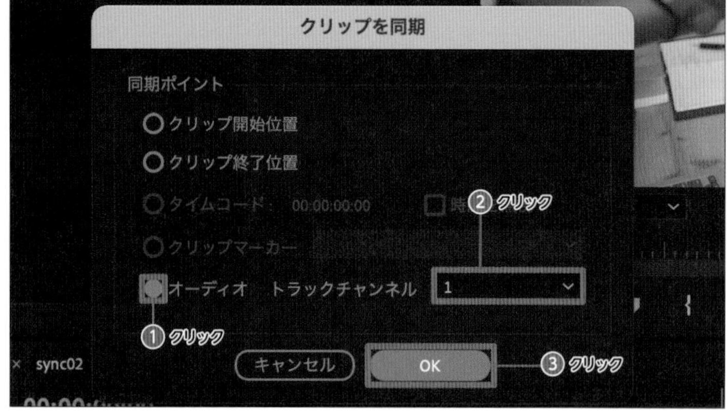

4 オーディオを処理する

オーディオの処理が行われます。収録尺に合わせて、処理時間は前後します。

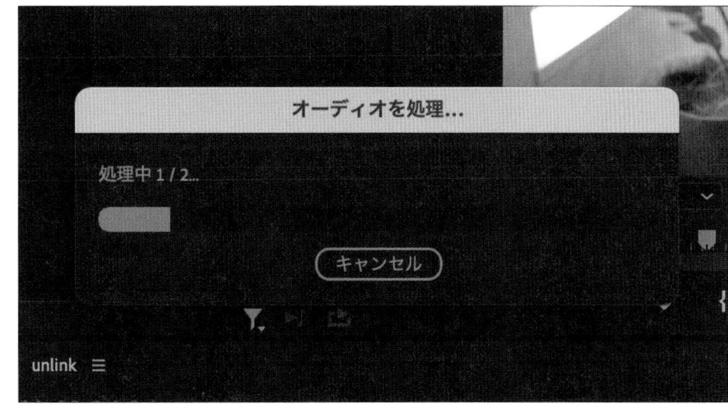

5 同期が完了する

処理が終わると、クリップの波形が一致するタイミングに合わせて、クリップの位置が調整されます。

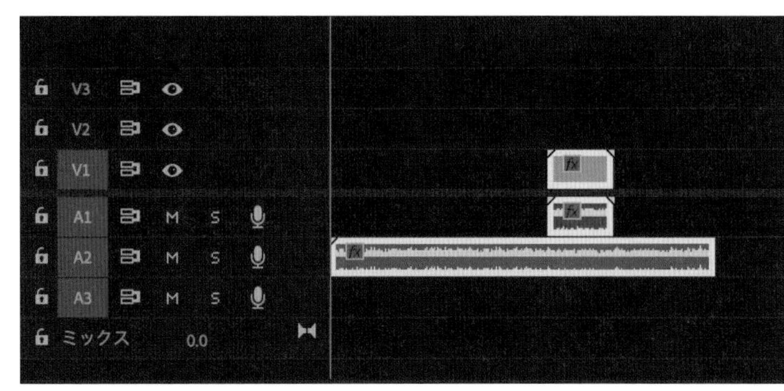

6 不要部分を削除する

不要な部分を削除します。

また、「A1」のトラックにある仮の音声素材の方はMをクリックし、ミュート状態にします。

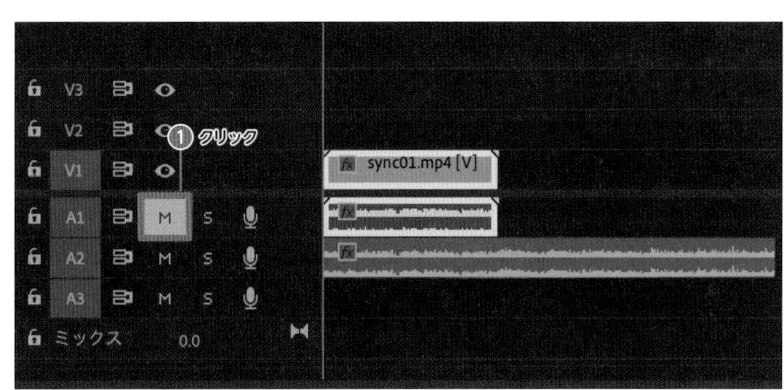

and more...

手を叩いて波形に目印を付ける

上記の手順5で、波形の自動検知が行われていますが、収録環境によっては処理に時間がかかります。
そのため、音声を同時収録するときには、手を叩くなどの大きな音をたてることが有効です。これにより波形が大きく変化し、同期の際の目印になります。処理時間も軽減され、正確な同期にもつながります。
音声の自動同期がうまくいかないときには、手を叩いた時の波形を目安に、クリップを配置し直すことで、手動で同期させることもできます。

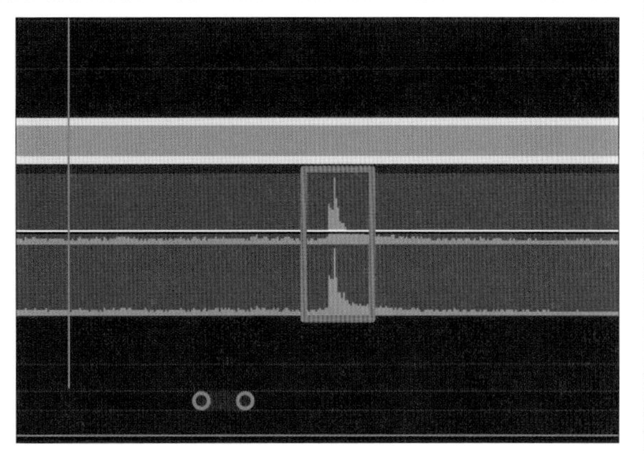

Chapter 5 映像と音を洗練させるレシピ

映像と音声のリンクを解除する

別録りで収録したナレーションの音声素材をたくさん使いたい場合などは、映像と音声のクリップのリンクを解除しておくことで、作業を効率化できることがあります。

1 クリップを選択する

映像と音声を分離したい［Audio.mp4］クリップを選択します。

2 リンク解除を選択する

［Audio.mp4］クリップを右クリックし、［リンク解除］をクリックします。

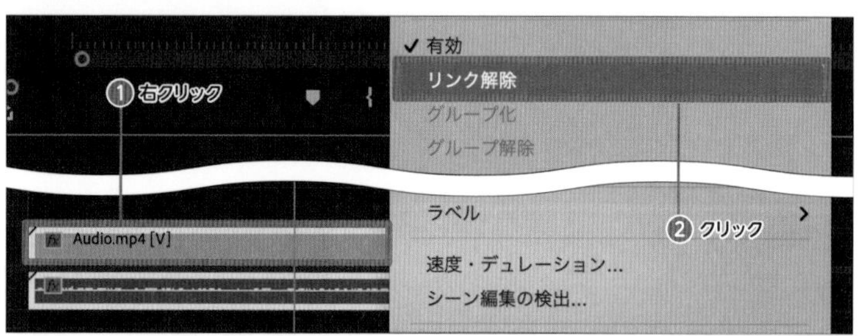

3 クリップが分離される

リンク解除され、映像と音声が分離されてそれぞれ選択することができるようになりました。

個別のクリップとして扱ったり、不要であれば削除したりすることができます。

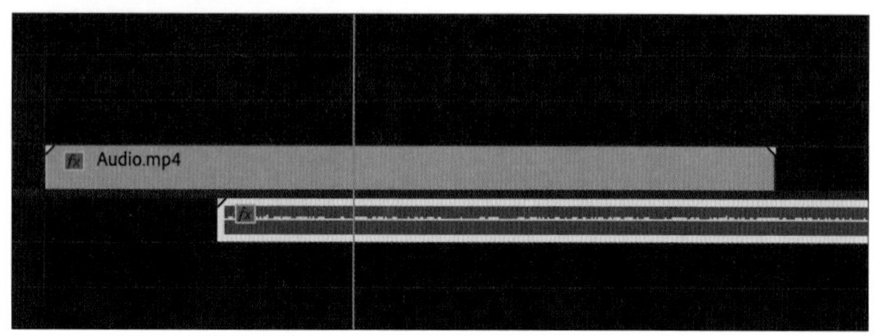

and more...

常にリンクを気にせず、クリップを選択する

「タイムライン」パネル上の■は「リンクされた選択」を意味しており、デフォルトで有効化されているため、青く表示されています。これは、リンクされたクリップがまとめて動く状態です。
このアイコンをクリックしてオフにすると、リンク機能を無視して、常にクリップを単体で選択できるようになります。
リンクを無視してクリップを移動させた場合、本来リンクされていたクリップどうしのズレがクリップ上に赤く表記されます。

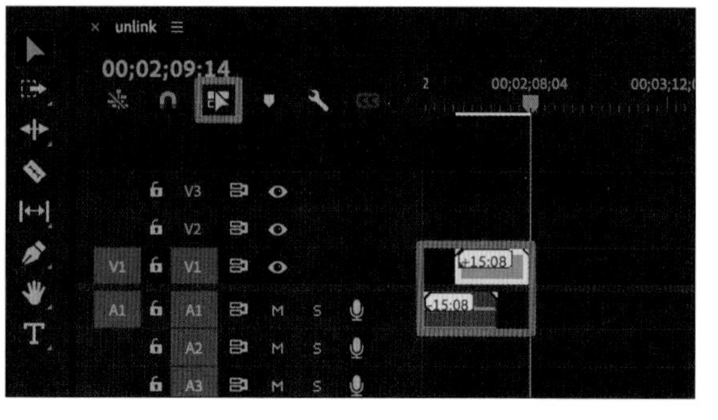

Chapter

6

After Effectsとの連携レシピ

動画編集者としてよりステップアップするなら、避けて通れないのが「After Effects」の操作です。本書でそのすべてをカバーすることはできませんが、Premiere Proに関係する最低限の知識をここで解説していきます。

After Effectsとは

After Effectsといえば、Premiere Proの次に名前が挙がる定番の動画編集アプリです。ここではまず、Premiere Proとの違いや、基本的な考え方を解説します。

After Effectsで何ができる？

今こそ、美味しい朝食を食べよう！

After Effectsは、素材をアニメーションさせる（動かす）ことに長けたアプリです。具体的には、おもに「VFX」や「モーショングラフィックス」と呼ばれる映像を作ることができます。VFXとは「Visual Effects」の略で、現実には見ることのできない視覚効果を実写映像に合成する技術です。SF映画などの演出などに数多く見られます。一方のモーショングラフィックスは、図形や文字などがアニメーションとして動く映像のことを指します。近年では、Web広告動画などで多く見られるようになりました。

After EffectsとPremiere Proの違い

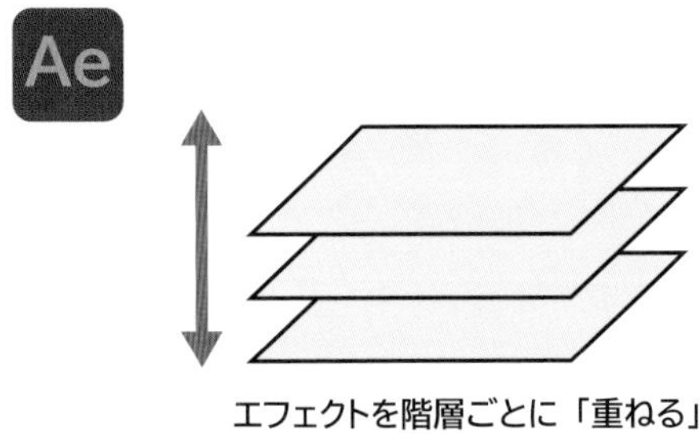

エフェクトを階層ごとに「重ねる」

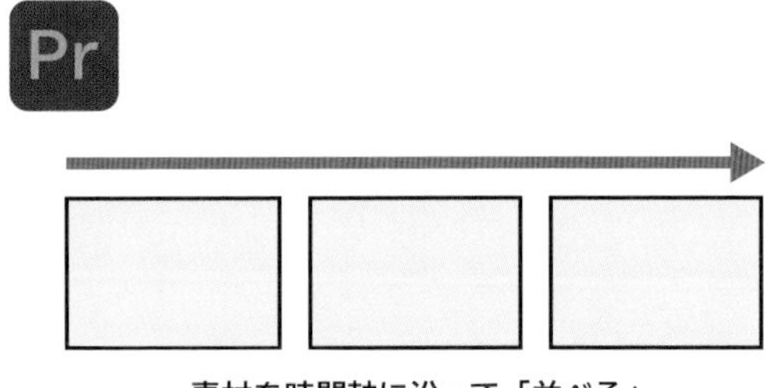

素材を時間軸に沿って「並べる」

どちらのアプリも動画を扱う点は同じですが、それぞれ得意分野が違います。Premiere Proは、時間軸に沿って「横一列に動画素材を並べる」編集作業を得意としますが、After Effectsは、いくつものエフェクトや素材を「重ねていく」ことで視覚効果を作ることが得意です。もちろん、これらはあくまで得意とすることの違いであり、After Effectsで時間軸に沿った動画編集を行うこともできますし、Premiere Proで視覚効果を加えることもできます。たとえば、Chapter4のP.132で作ったアニメーションなどは、Premiere Proで作ったモーショングラフィックスの一種といってよいでしょう。このように、簡易的な動画編集や視覚効果の追加であれば、どちらのソフトを使っても作業工程に大きな差がない場合もあります。しかし、より複雑な作業を行うのであれば、それぞれの役割に適したアプリを利用することが必要です。

基礎となる5つの動き

After Effectsも、Premiere Proと同様に素材を読み込んで動かすことが基本です。After Effectsの場合、読み込んだ素材には「トランスフォーム」と呼ばれる、基礎となる動きが5つ備わっています。これらのパラメーターの値を変化させ、組み合わせるだけでも、多彩なアニメーションを作ることができます。以下に5つの動きを紹介します。

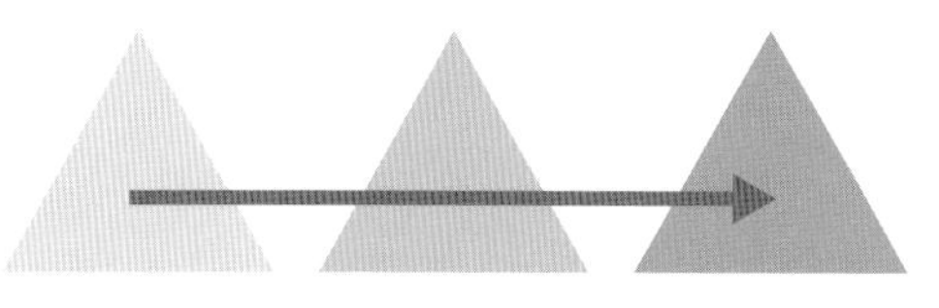

1.素材を動かす「位置」

X軸とY軸の値を変更することで、図形を上下左右に自由に動かすことができます。Premiere Proとは異なり、奥行きを調整するためのZ軸の値を変更して3D空間上で動かすという方法もあります。

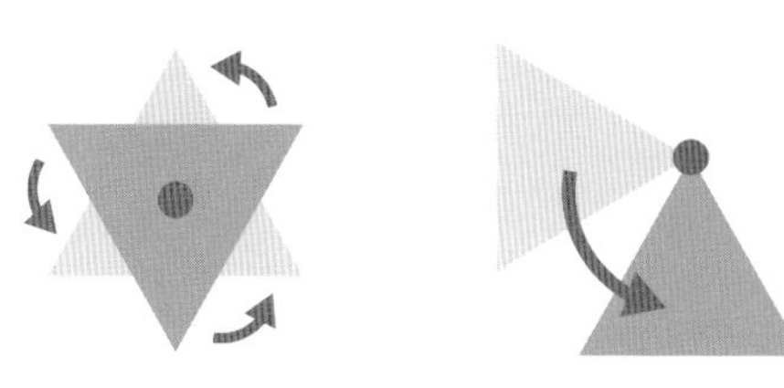

2.中心点となる「アンカーポイント」

アンカーポイントは、アニメーションの中心点とも呼べる軸です。その軸をどこにおくかでアニメーションの動き方は大きく変わります。たとえば、三角形を反時計回りで回そうとしたとき、アンカーポイントの位置で動きの印象が変わってきます。

3.出現と消失に関わる「不透明度」

0%から100%の値の変化で、素材を出現させたり、消失させたりすることができます。

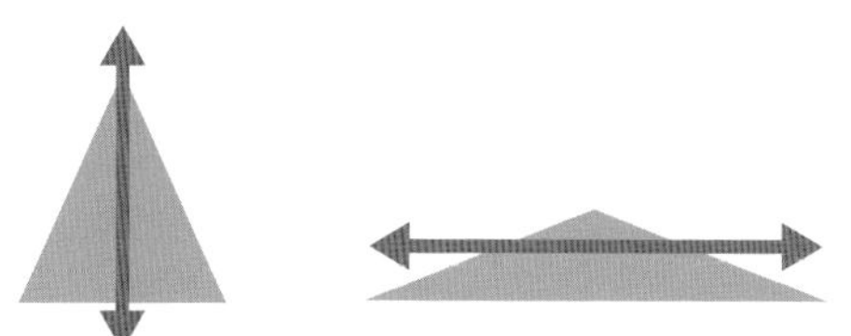

4.大きさを変える「スケール」

素材を拡大縮小する際に使用します。縦と横の比率を個別に変更することもできます。

5.素材を回転させる「回転」

素材を回転させるときに使用します。ただぐるぐると回る動きだけでなく、値を小さく変化させることで、素材が移動したときの反動などを表現することもあります。

and more...

アニメーションしている項目を一括で確認する

After Effectsでは、Premiere Pro以上に多くのパラメータを変更しながら、アニメーションさせます。そのためしばしば、1つのレイヤーに対してどれだけのアニメーションがされているか、わかりにくくなってしまいます。そんなときには、該当のレイヤーが選択された状態で、ショートカットキーのUキーを押すと、キーフレームでアニメーションさせている項目を一度にまとめて表示することができます。After Effectsにはさまざまなショートカットがありますが、いちばんよく使われるショートカットのうちの1つです。

P.186のアニメーション作成や、テンプレートを開く際などに使用してみてください。

After Effectsのおもな画面構成

After Effectsの編集画面は、Premiere Proと同様に複数のパネルの組み合わせで構成されています。共通する考え方もありますが、After Effects特有のパネルも多くあります。そのすべてをここで解説することはできませんが、最低限覚えておくべき要点に絞って解説します。

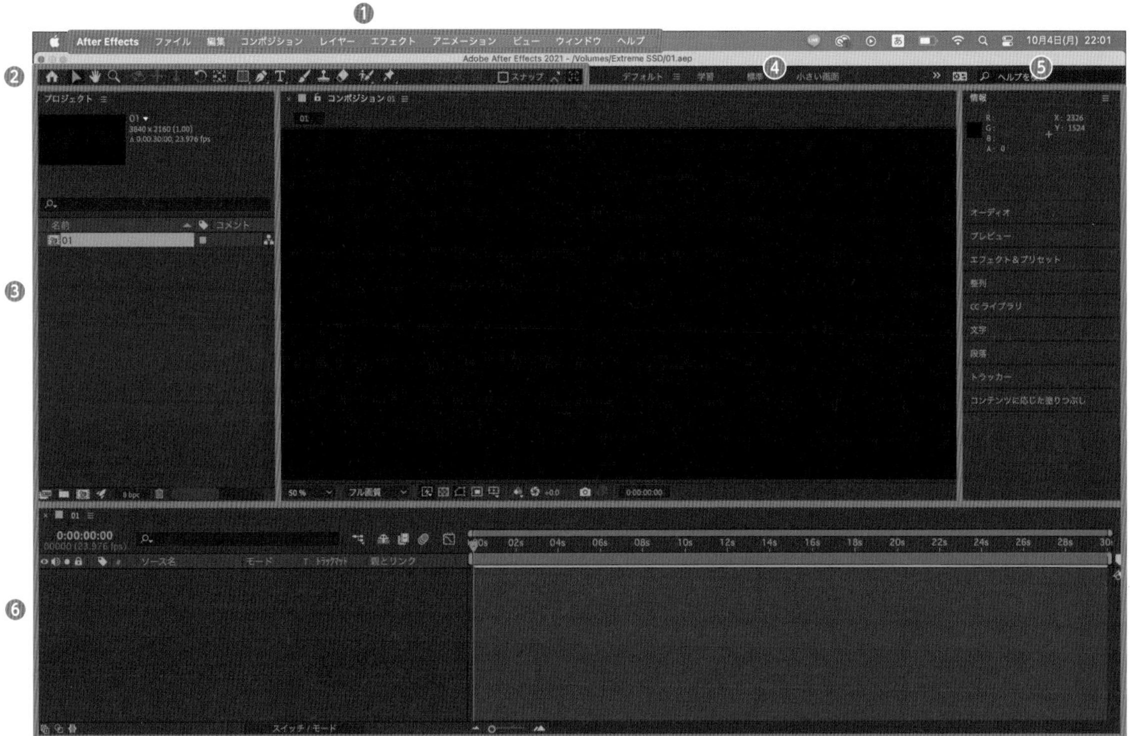

❶メニューバー

作業別に分けられた項目があります。Premiere Proと同様にデータの保存や環境設定、シーケンスなど編集に関連するメニューを選択できます。

❷ツールバー

編集で使用するツールが選択できます。ここでは、よく使うものを8つ紹介します。

Ⓐ選択ツール	素材を選択している状態にし、動かしたり、拡大縮小することができます
Ⓑ手のひらツール	画面を拡大しているときなど、画面の表示位置を動かすことができます
Ⓒズームツール	画面を拡大表示にしてプレビューすることができます
Ⓓ回転ツール	素材を回転することができます
Ⓔアンカーポイントツール	アンカーポイントを移動させることができます
Ⓕ長方形ツール	長方形を書くことができます 長押しするとメニューが開き長方形以外にも、楕円形などを書くツールに切り替えられます
Ⓖペンツール	頂点を繋いで囲うように図形を作成することができます
Ⓗ横書き文字ツール	文字を書くことができます。❺のエリアにある「文字パネル」から装飾を変更します

❸「プロジェクト」パネル

After Effectsに読み込んだ素材（映像、静止画、オーディオファイル）の倉庫のような役割を持ちます。余白部分をダブルクリックすると、読み込みたい素材を選択できます。

余白部分を右クリックをし、表示されたメニューから［新規コンポジション］をクリックすることでコンポジションを作成していくこともできます。

MEMO

コンポジションとは？

Premiere Proではシーケンスを作成し動画を作成しましたが、After Effectsでは「コンポジション」を作成し動画を作成します。役割はシーケンスと似ていますが、コンポジションは単一のクリップとして扱われるため、その組み合わせで動画を作ることもできます。1つの動画の中でも、複数のコンポジションが集まって構成されることも多くあります。

❹「コンポジション」パネル

編集中のコンポジションの内容がプレビュー表示されます。After Effectsではいくつものエフェクトや素材を重ねていきますが、その結果はこのパネルでリアルタイムに表示されます。

❺その他のパネル

さまざまなパネルが集約されています。使う頻度が高い「エフェクト＆プリセット」パネルや「文字」パネルなども、この場所にあります。

❻「タイムライン」パネル

「プロジェクト」パネルにある素材やコンポジションを「タイムライン」パネルへドラッグ＆ドロップすることで、「コンポジション」パネルで配置した素材をプレビューすることができます。また、適用済みのエフェクトを確認したり、パラメーターの値を詳細に変更することもできます。

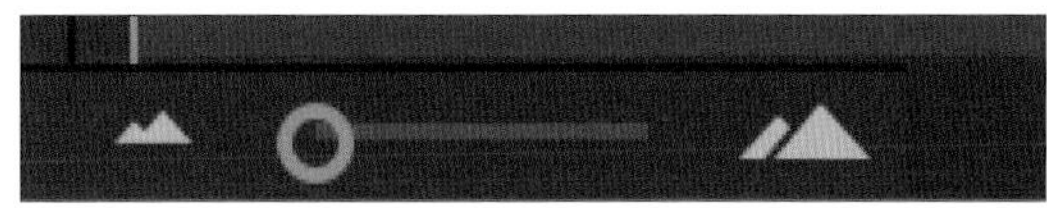

Premiere Proに比べ、フレーム単位で細かく調整することもあるため、作業に応じて「タイムライン」パネル下部にあるスライダーで、タイムラインを拡大縮小します。

and more...

作業の効率化のために知っておきたいプレビュー機能

「コンポジション」パネル下部にある設定を切り替えることで、効率的に作業できる項目があります。ここでは、その中からとくによく使用する3項目を紹介します。

Ⓐ拡大率

画面を％指定で拡大縮小することができます。細かい調整をする際に 、拡大表示すると便利です。

Ⓑ解像度

画質を変更することができます。After Effectsは1度に使うエフェクトが多く、Premiere Pro以上に負荷がかかりやすいです。適宜、解像度を調整して、スムーズにプレビューを再生しましょう。

Ⓒ透明グリッド

オンにすると、透明な部分が白とグレーの市松模様で表示されます。オフにすると透明部分が黒色に表示されます。黒色の表示の場合は、背景が黒い動画なのか、透明な状態なのか識別しにくいため、確認が必要な際にはオンにしておくことをお勧めします。制作物が白いときなど、透明グリッドをオフにした方が作業しやすい場合もあります。

After Effectsの操作の基本を知る

After Effectsで新しいコンポジションを立ち上げ、簡単なアニメーションを書き出すまでの一連の流れを解説します。Premiere Proでも作成することはできますが、まずはAfter Effectsの操作に慣れてみましょう。

新規コンポジションを設定する

1 新規プロジェクトを作成する

メニューバーで［ファイル］→［新規］→［新規プロジェクト］をクリックします。

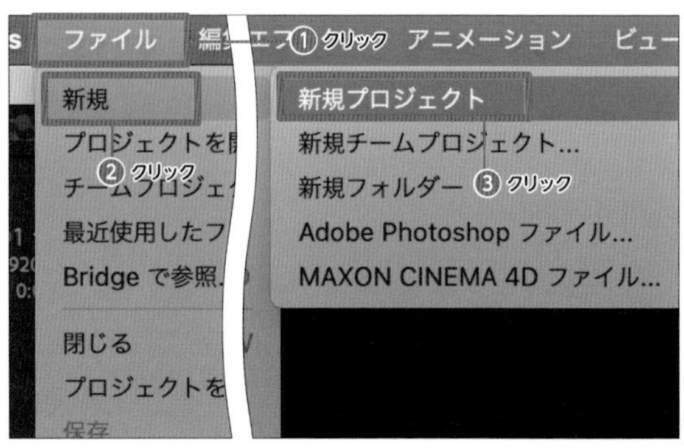

MEMO

After Effectsでは、プロジェクト作成時点では保存先を指定しません。ただし、Premiere Pro同様にあらかじめプロジェクト保存用のフォルダの作成をしていた方がスムーズです(P.28参照)。

2 新規コンポジションを作成する

メニューバーで［コンポジション］→［新規コンポジション］をクリックします。

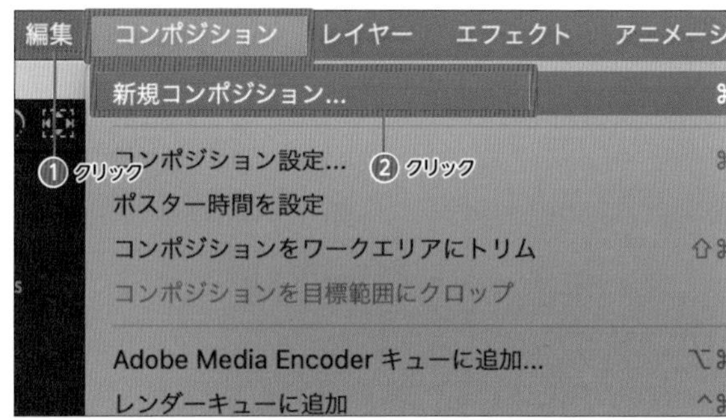

MEMO

「コンポジション」パネルで何らかの映像をプレビューしている場合などは、「プロジェクト」パネルを右クリックし、［新規コンポジション］をクリックすることでも新規コンポジションが作られます。

3 コンポジション設定を行う

「コンポジション設定」で、「コンポジション名」「プリセット」「デュレーション」の設定を行います。

「コンポジション名」には「01」など、任意のわかりやすい名称を入力します。

After Effectsで作成した動画をPremiere Proで扱う予定がある場合には、コンポジションのプリセットをPremiere Proでのシーケンス設定に合わせます。ここでは［HDTV 1080 29.97］を選択します。

「デュレーション」は動画の長さです。Premiere Proでは、クリップを並べた分だけ、どんどん動画が長くなりますが、After Effectsでは、事前に動画の長さを決めておきます。あとから変更もできますが、今回は5秒の長さにするために［0;00;05;00］と入力します。

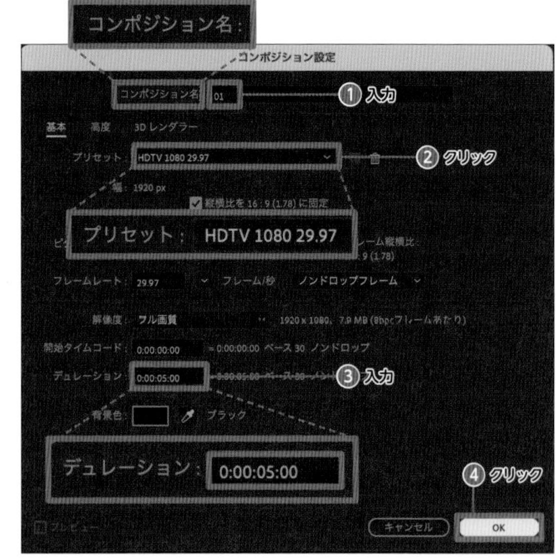

4 コンポジションを保存する

現時点では何も作成していませんが、先に保存を行います。メニューバーで［ファイル］→［保存］の順にクリックします。任意のプロジェクトファイルの保存先と、名前を付けて［保存］をクリックします。

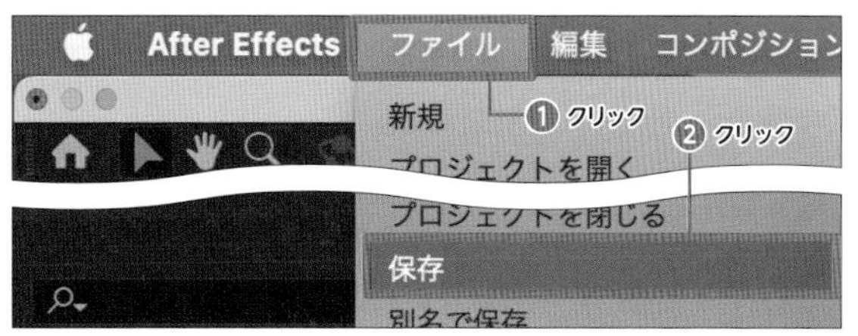

飛び出す「吹き出しアニメ」の素材を作る

1 長方形を書く

■をクリックします。デフォルトの状態では「長方形ツール」の表示になっているので、アイコンを長押しして、メニューから■をクリックします。その後「コンポジション」パネル内で1点をクリックし、そのままドラッグ&ドロップで右下に移動させます。すると角丸の長方形が描かれます。このとき「タイムライン」パネル上では「シェイプレイヤー 1」として表示されます。

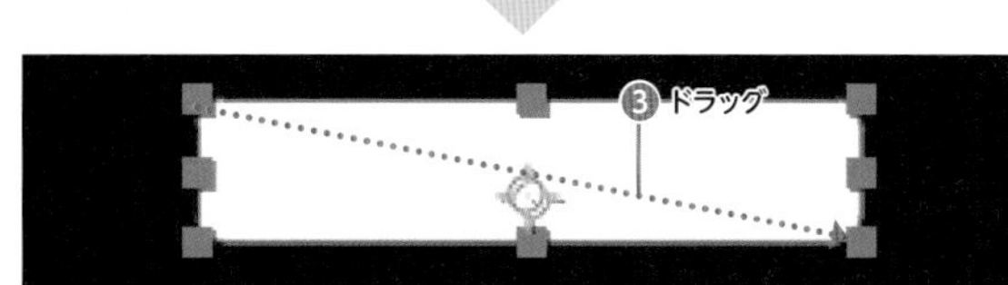

2 線と塗りの設定をする

作成した長方形が選択されている状態で、ツールバーの［塗り］をクリックします。「塗りオプション」で「単色」をクリックし［OK］をクリックします。「塗り」の隣の枠内をクリックすると塗りの色を選択できるので、今回は白色を選択します。次に［線］をクリックし、「線オプション」ウィンドウ内で、「なし」をクリックし、［OK］をクリックします。

MEMO

最後に使った色の設定などが引き継がれていくため、それぞれ最初に表示される色は異なります。

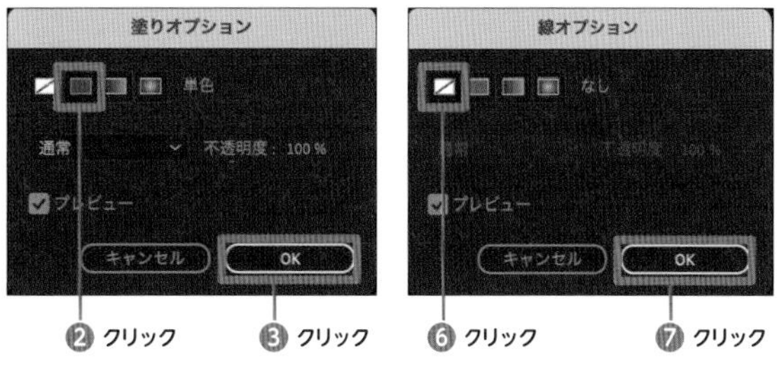

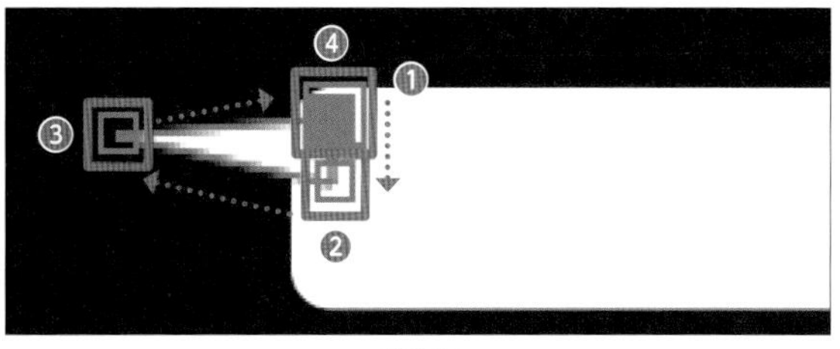

3 ペンツールで三角形を書く

ツールバーの🖋をクリックして「タイムライン」パネルで「シェイプレイヤー 1」が選択されていることを確認します。「コンポジション」パネルで、吹き出しの先の三角形をイメージしながら頂点をクリックします。最初に打った頂点までクリックを進めると三角形が作成されます。「タイムライン」パネルを確認すると、「シェイプレイヤー 1」の中に「長方形 1」に加えて、「シェイプ 1」が表示されます。ツールバーから✧のアンカーポイントツールをクリックします。「タイムライン」パネルで「シェイプレイヤー 1」が選択されている状態を確認し、「コンポジション」パネルを確認すると、アンカーポイントのアイコンである✧が表示されているので、ドラッグして吹き出しの三角形の先に移動させます。

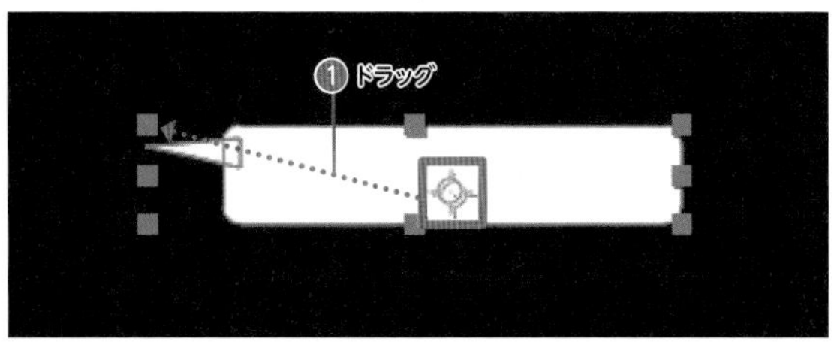

Chapter 6 After Effectsとの連携レシピ

4 スケールのアニメーションをオンにする

「タイムライン」パネル上の「再生ヘッド」を「0;00;00;05」に合わせます。

「タイムライン」パネルのをクリックします。「トランスフォーム」の「スケール」が表示されているのを確認し、をクリックしてアニメーションをオンにします。

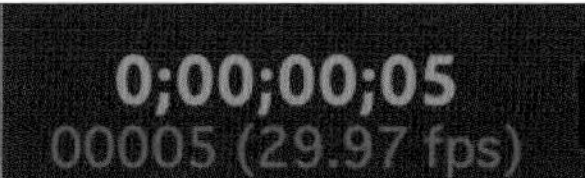

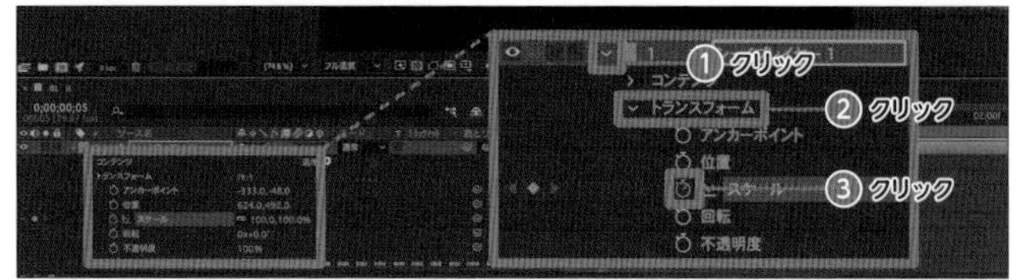

5 スケールの2つ目のキーフレームを打つ

次に再生ヘッドを「0;00;00;00」に合わせ、「スケール」に「0.0,0.0%」と入力します。自動でキーフレームが2つ目のキーフレームが打たれます。

MEMO

キーフレームを打つ順番に決まりはないですが、アニメーション後のキーフレームを打ってから、アニメーション前のキーフレームを打つと効率的です。

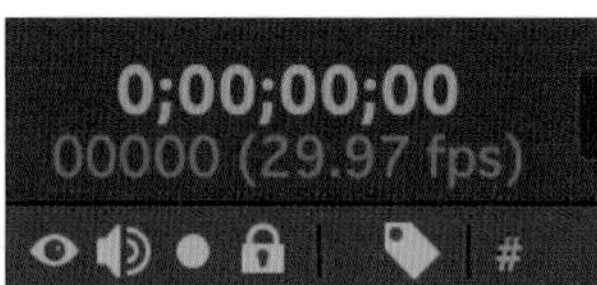

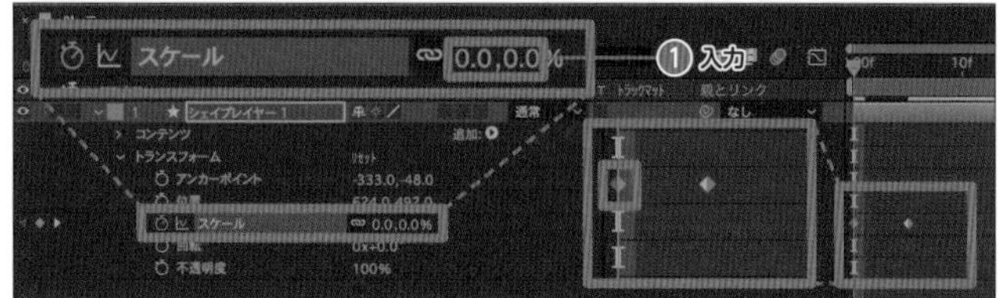

6 テキストを作成する

「コンポジション」パネルで吹き出しが表示されていない状態なので、5フレーム目以降に再生ヘッドを移動させ、アニメーション後を表示させます。

ツールバーからをクリックし、吹き出し付近をクリックします。今回は「こんにちは」と入力します。「タイムライン」パネル上でも「こんにちは」という名称で表示されます。

次にをクリックし、吹き出しの真ん中にテキストが配置されるように調整します。

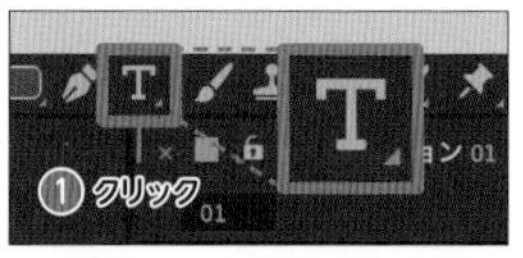

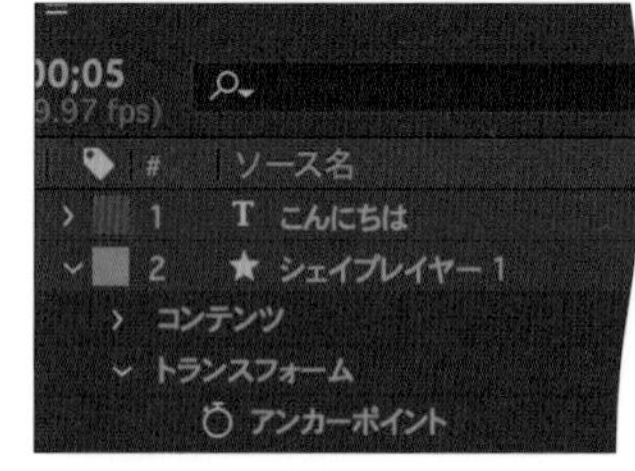

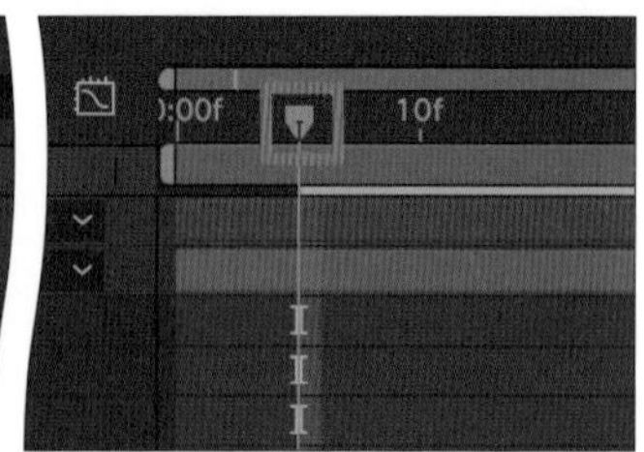

7 テキストのアンカーポイントを移動させる

「タイムライン」パネル上のテキストレイヤー「こんにちは」が選択された状態で、ツールバーからを選択し、手順3を参考にアンカーポイントを吹き出しの先に移動させます。

8 テキストにアニメーションを付ける

手順4 5で作成した「シェイプレイヤー」の2つのキーフレームを選択し command ＋ C でコピーします。

再生ヘッドを［0;00;00;00］に合わせ、テキストレイヤー「こんにちは」をクリックし、選択された状態で command ＋ V で貼り付けます。これでテキストレイヤーにも、吹き出しと同じスケールのキーフレームが打たれ、アニメーションが完成となります。

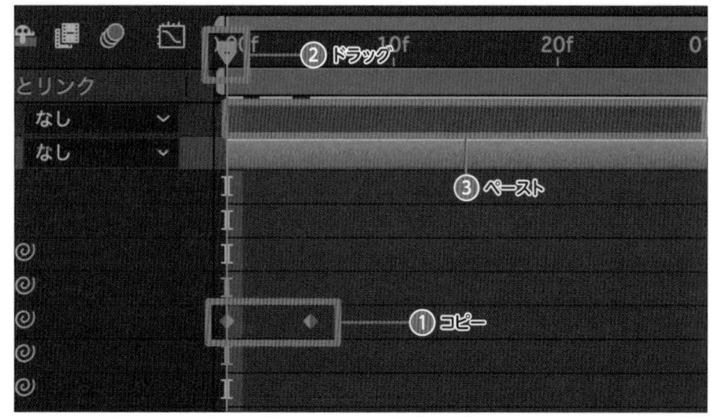

動画を書き出す

After Effectsには動画を書き出す方法や書き出す形式が多く用意されています。ここでは、もっとも簡単に書き出す方法を解説します。

1 レンダーキューに追加する

メニューバーで［コンポジション］→［レンダーキューに追加］の順にクリックします。

「タイムライン」パネルに新しいタブとして「レンダーキュー」が追加され、編集していたコンポジションの書き出し設定を確認できます。

2 出力方法を選択する

「出力モジュール」の をクリックし、［ロスレス圧縮（アルファ付き）］をクリックします。

MEMO

「ロスレス圧縮」は透明部分を背景色の黒色で塗りつぶして書き出されます。
一方で、「ロスレス圧縮（アルファ付き）」は背景を透明な状態で書き出すため、Premiere Proでも素材として扱いやすくなります。
今回のような素材であれば、「ロスレス圧縮（アルファ付き）」を選択します。

3 出力先を指定する

「出力先」の右隣の文字をクリックして保存先や保存名を設定し、［レンダリング］をクリックして書き出します。

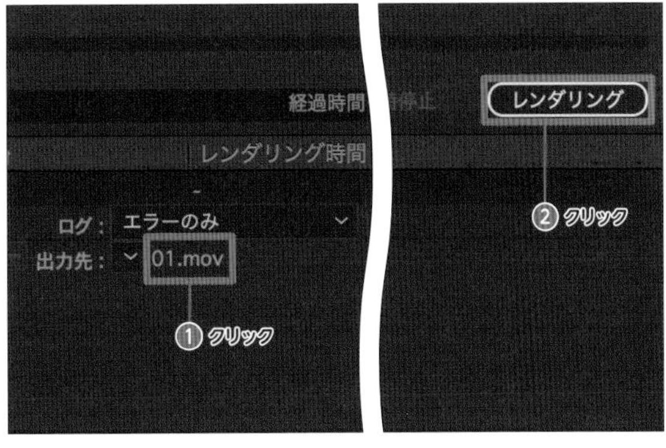

MEMO

After Effectsで作成する素材は、劣化が少ないよう圧縮率の低い方法で書き出す場合が多く、書き出した動画をそのまま再生できないこともあります。しかし、素材としてPremiere Proに読み込むと、高画質な状態で通常通り再生することができます。

and more...

YouTubeなどの動画として書き出すには？

After Effectsで作成したものを、そのまま再生したりYouTube用に書き出すには「Adobe Media Encoder」という別のアプリをインストールし連携させます。「動画を書き出す方法」の手順**1**で「レンダーキューに追加」ではなく「Adobe Media Encoder キューに追加」をクリックすると、該当のアプリが立ち上がります。

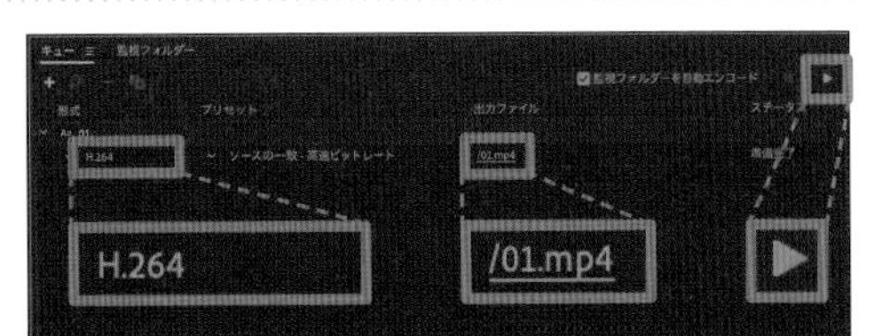

「形式」で［H.264］を選択し、「出力ファイル」から保存先を指定します。最後に［キューを開始］をクリックすると動画が書き出されます。ただし、画質の劣化などが起こるため、そのままYouTubeに投稿したいときに使用しましょう。

Recipe 69

After Effectsのテンプレートの編集

After Effectsは、多くのテンプレートが有料で販売されていたり、無料配布されています。ここではテンプレートの編集方法を紹介します。

テンプレートをダウンロードする

ここでは、「Motion Array」(https://motionarray.com/) というサイトから無料のAfter Effectsテンプレートをダウンロードして編集していきます。

1 アカウントを作成する

右上の [Start Free Now] をクリックして、[Start With Free] をクリックします。確認画面でメールアドレスとパスワードを入力してチェックを入れ、[Create Account] をクリックします。これでアカウントが完成します。

2 テンプレートをダウンロードする

[Templates] → [Adobe After Effects] をクリックします。

左メニューの [Free assets] をクリックしてチェックを付けます。これで無料のテンプレートのみが表示されます。

ここでは「Super Logo」(https://motionarray.com/after-effects-templates/super-logo-91559/) を使って解説します。[Super Logo] をクリックして上部右の [Download] をクリックします。

ZIPファイルがダウンロードされます。

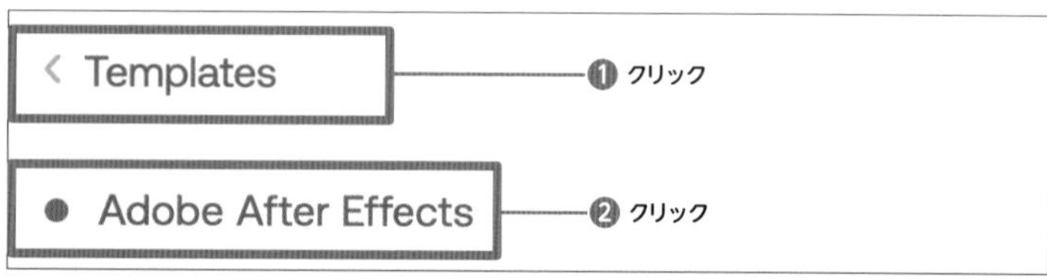

テンプレートを編集する

1 ファイルを開く

ダウンロードしたファイルをダブルクリックし、解凍したフォルダーの中のAfter Effectsのファイル(Super Logo.aep)をダブルクリックして開きます。

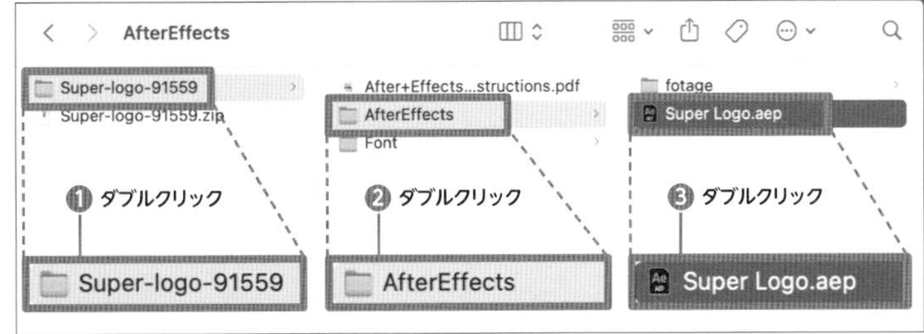

2 テンプレートを確認する

After Effectsが立ち上がり、テンプレートが表示されます。再生ヘッドを動かして、どのようなテンプレートなのかを確認します。

3 Textを表示する

「プロジェクト」パネルで[Text]をダブルクリックします。「Text」というタブで表示されます。

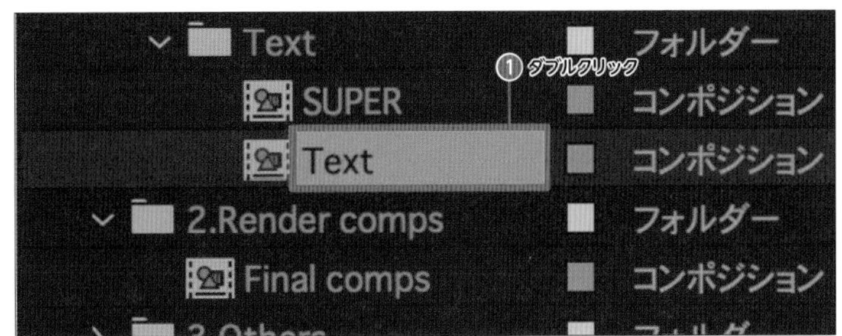

4 テキストを編集する

テキストをダブルクリックしてテキストを入力します。[Final Comps]タブをクリックして切り替え、テキストが変更されていることを確認します。

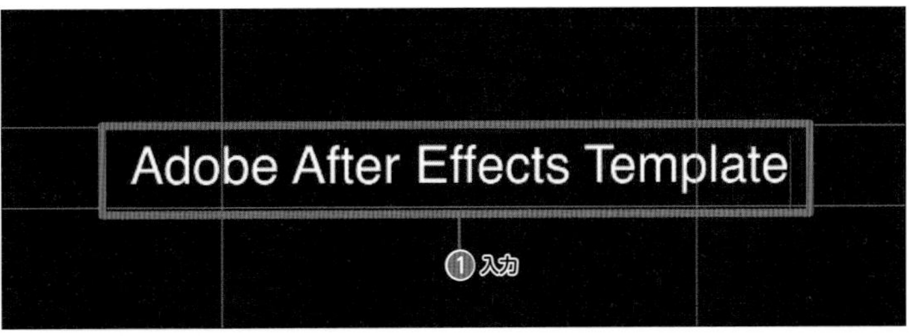

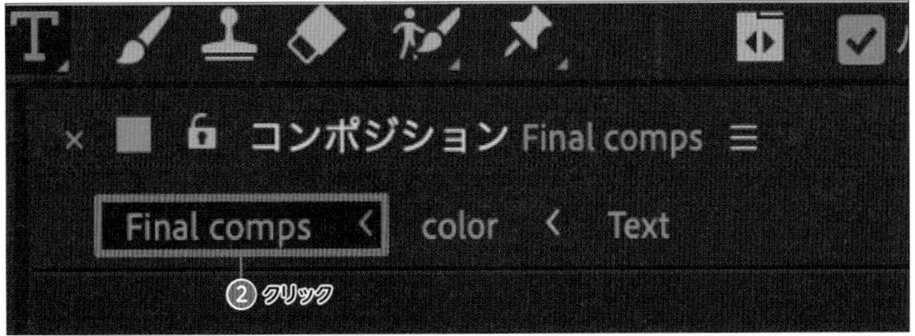

Chapter 6 After Effectsとの連携レシピ

5 Logoを表示する

「プロジェクト」パネルの［Logo］をダブルクリックします。「Logo」というタブで表示されます。

6 Logoを編集する

ダウンロードファイルのロゴ「69.png」を使用する場合は、プロジェクトパネルの空いている部分をダブルクリックしてLogoを読み込みます。その画像をCircle_Logo.pngの上へドラッグ&ドロップで移動させ、「Circle_Logo.png」のをクリックして非表示にし、Logo画像の位置やサイズを調整します。

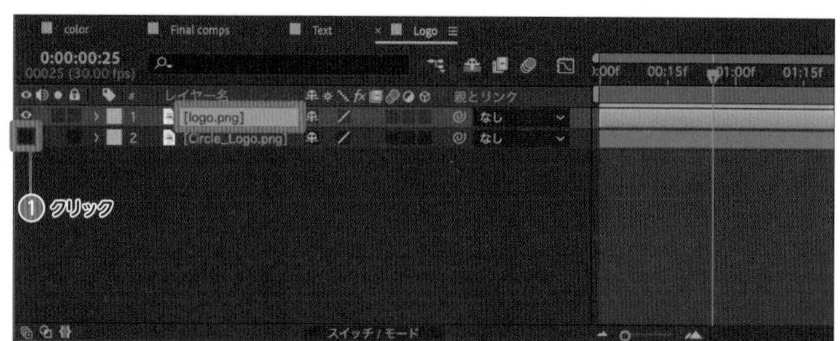

※ Logoがない場合やテキストを表示させたい場合は、「Circle_Logo.png」のをクリックして非表示にし、ツールパネルからテキストツールを選択してテキストを入力します。

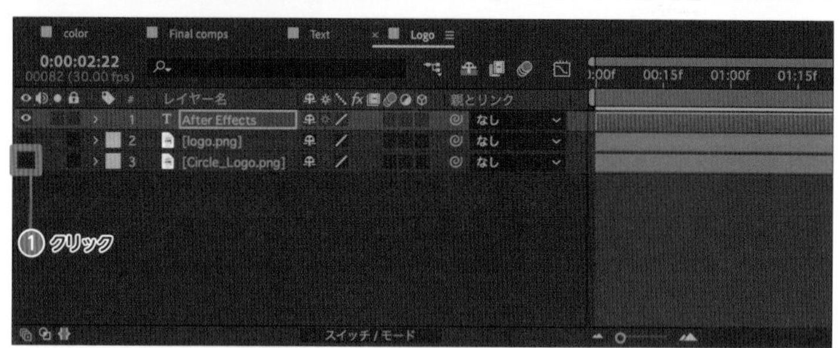

7 Logoを確認する

［Final Comps］タブをクリックして切り替え、ロゴが変更されていることを確認します。

8 Logo Sを表示する

「プロジェクト」パネルの［Logo S］をダブルクリックします。「Logo S」というタブで表示されます。

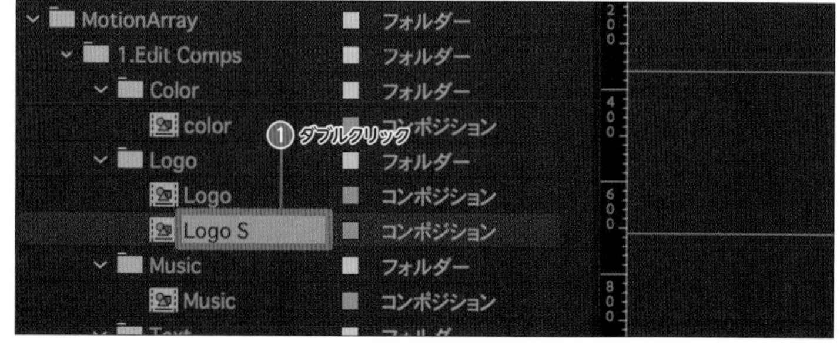

9 Logo Sを編集する

「Shape Layer 4」の👁をクリックして非表示にして、「ツール」パネルからTをクリックしてテキストを入力します。

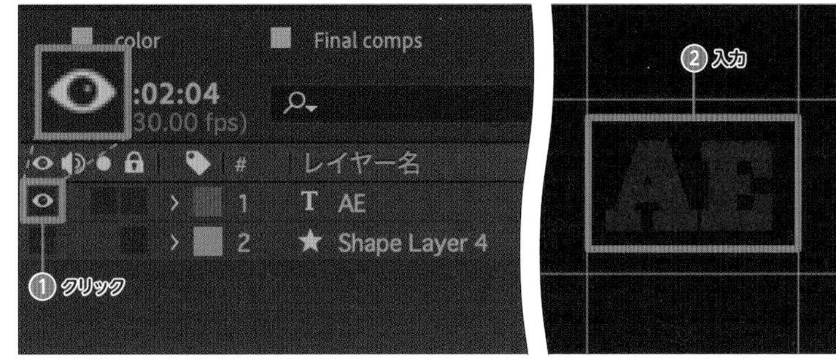

10 Logo Sを確認する

[Final Comps] タブをクリックして切り替え、最初のロゴが変更されていることを確認します。

11 Colorを表示する

プロジェクトパネルの [Color] をダブルクリックします。「Color」というタブが開いたら、[color] をクリックしエフェクトを展開します。

12 Colorを選択する

「Logo S」の赤い丸枠のカラーを変更する場合は、[Color Control red S] をクリックしてカラーパネルで好みのカラーに調整します。

13 確認する

[Final comps] タブをクリックして切り替え、いったん再生して確認します。

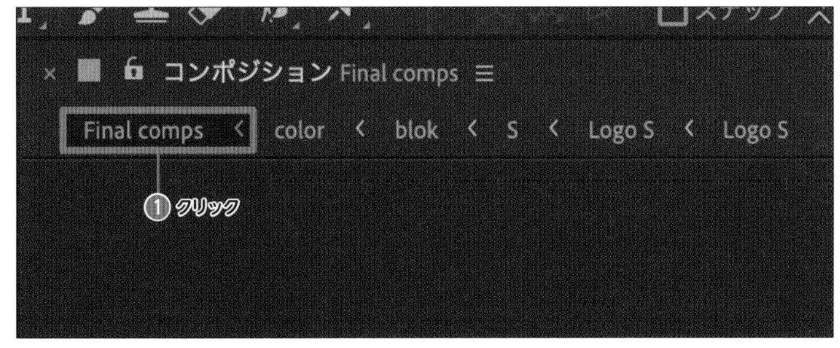

After Effectsの出力を理解する

After Effectsから動画ファイルに書き出す場合、レンダーキューに追加することで出力できます。ただし出力できるファイル形式が限られているため、基本的にはMedia Encoderを利用します。

Media Encoderを利用して書き出す

ここではMedia Encoderを利用して書き出す方法とレンダーキューに追加で書き出す方法のほか、Premiere Proと連携する方法を解説します。

1 Media Encoderキューに追加する

タブを「Final Comps」にした状態で、メニューバーで［ファイル］→［書き出し］→［Media Encoderキューに追加］をクリックします。

2 Media Encoderを起動する

Media Encoderが起動し立ち上がります。右上の［キュー］タブをクリックします。

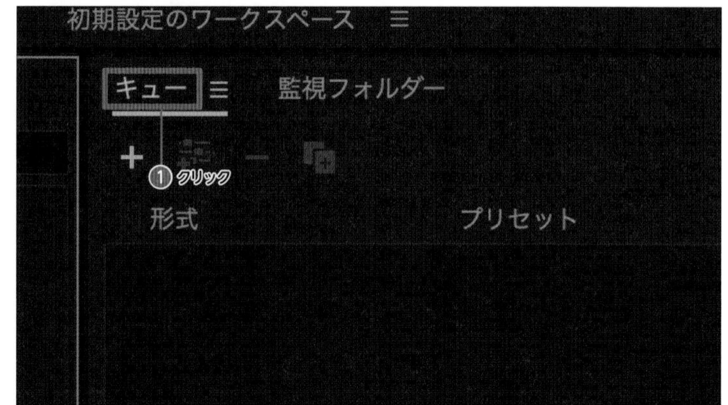

3 書き出し設定をする

右上のパネルに「キュー」タブがありファイル形式としては「H.264」が、プリセットには「ソースの一致・高速ビットレート」がデフォルトで設定されており、その右側には保存先が表示されています。変更する場合はクリックします。

4 キューを開始する

設定が完了したら［キューを開始］をクリックします。エンコードが始まり、しばらくすると指定した保存先にファイルが書き出されます。

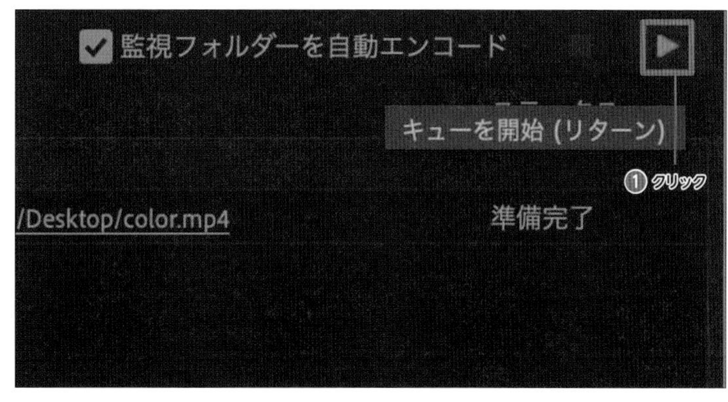

レンダーキューに追加で書き出す

1 レンダーキューに追加する

タブを「Final comps」にした状態で、メニューバーで［ファイル］→［書き出し］→［レンダーキューに追加］の順にクリックします。

2 出力モジュール設定ウィンドウを表示する

「レンダーキュー」というタブが表示されます。「出力モジュール」の［ロスレス圧縮］をクリックすると出力モジュール設定のウィンドウが表示されます。

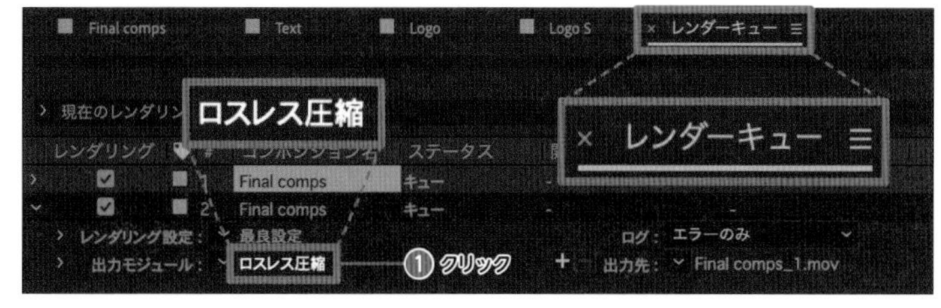

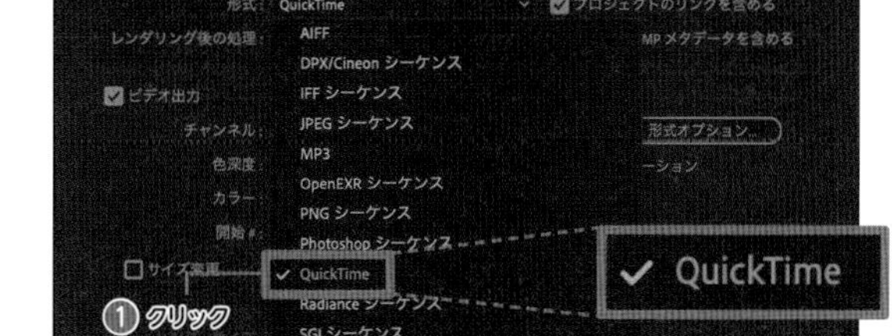

MEMO

選択できる形式はPremiere ProやMedia Encoderよりも少なくなっていますので、Mac OSでProResなどの指定がない限りは、Media Encoderを利用することをお勧めします。

3 書き出し設定をする

「レンダーキュー」タブの「出力先」で出力先のファイル名をクリックして保存先を指定します。設定が完了したら［レンダリング］をクリックします。エンコードが始まり、しばらくすると指定した保存先にファイルが書き出されます。

Premiere Proと連携する

After Effectsで作成、編集したコンポジションは、Premiere Proに読み込んでクリップとして使うことができます。また、このコンポジションをAfter Effectsで再編集すると、Premiere Proにも反映されます。

1 プロジェクトを保存する

メニューバーで[ファイル]→[書き出し]→[Media Encoderキューに追加]をクリックします。[別名で保存]にカーソルを合わせ[別名で保存]をクリックします。わかりやすいように名前を入力して保存します。

2 Premiere Proを起動して読み込む

Premiere Proを起動し立ち上げ、メニューバーで[ファイル]→[Adobe Dynamic Link]→[After Effectsコンポジション]を[読み込み]の順にクリックします。

先ほど保存したプロジェクトをクリックすると、右側の「コンポジション」にプロジェクト内のコンポジションが表示されます。利用するコンポジション(ここでは[Final comps])をクリックして[OK]をクリックします。

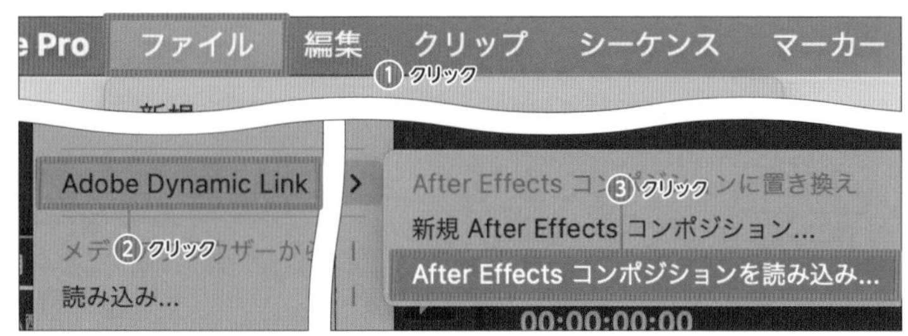

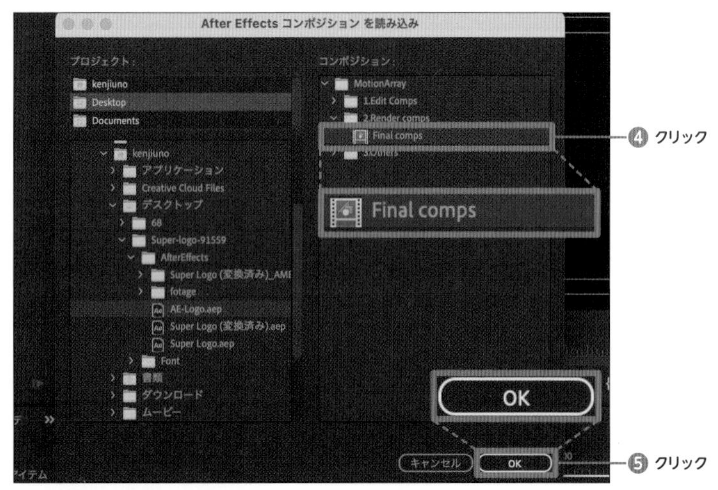

3 シーケンスに配置する

Premiere Proの「プロジェクト」パネルにコンポジションが読み込まれます。ほかのクリップと同様にドラッグ&ドロップで「タイムライン」パネルに配置することができます。また、エフェクトを適用したり、「エフェクトコントロール」パネルで「位置」や「スケール」の調整などもできます。

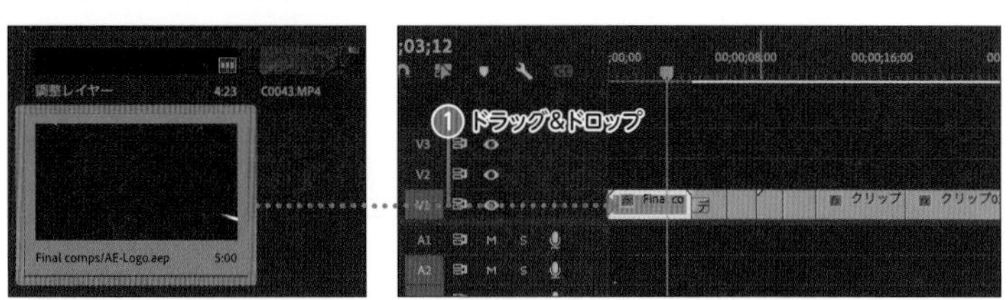

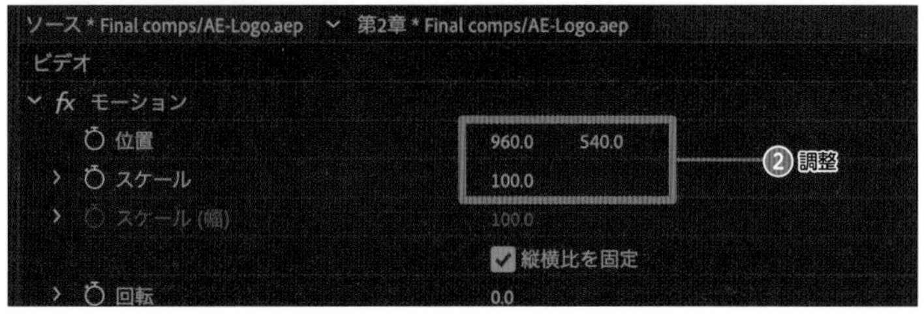

4 After Effectsで編集する

Premiere Proに読み込んだコンポジションをAfter Effectsで編集します。

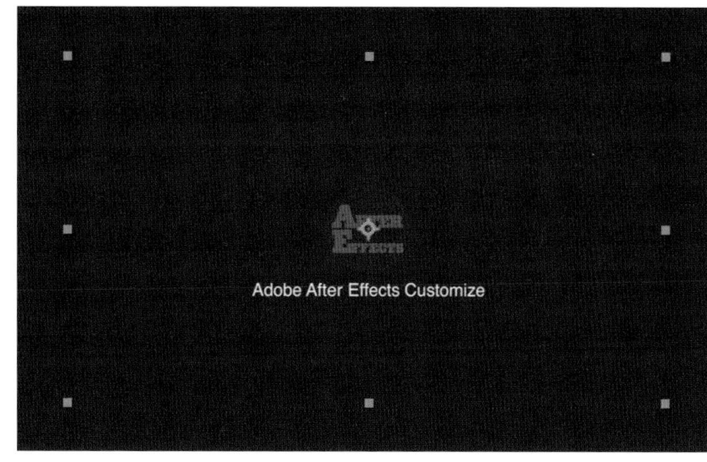

5 Premiere Proを確認する

Premiere Proに戻るとAfter Effectsで編集した状態に変更されています。

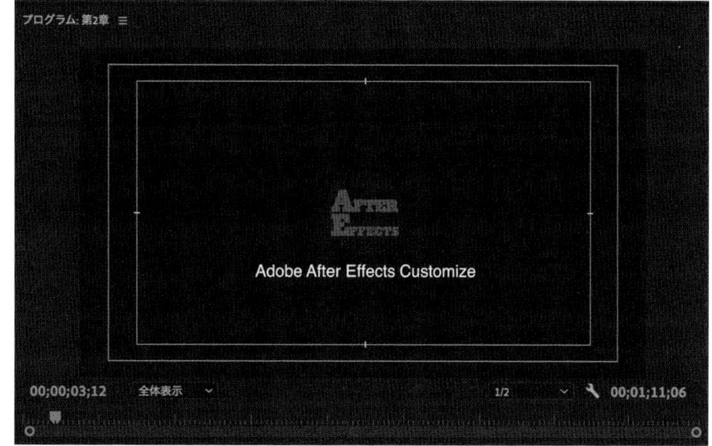

6 Premiere Proで書き出す

Premiere Proで通常通りに書き出しを行えば、指定した保存先にファイルが出力されます。

MEMO

保存を忘れないようにする

After Effectsで編集をすると保存しなくてもダイレクトでPremiere Proに反映されますが、保存せずに閉じてしまうと、再度After Effectsを立ち上げても編集前の状態に戻ってしまいます。After Effectsを閉じる前は必ず保存しておくようにしましょう。

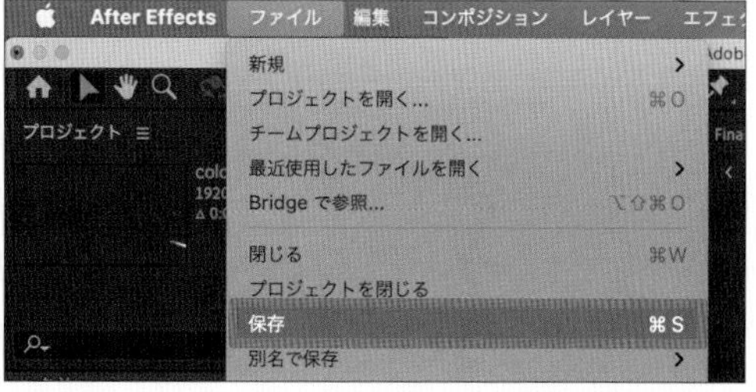

モーショングラフィックスの書き出し(テロップ)

ここではAfter Effectsのテンプレートを編集し、「.mogrt」という拡張子で書き出す手順を解説します。こうすることで、以降はAfter Effectsを開かなくてもPremiere Proで編集が可能となります。

テンプレートをダウンロードして使用する

まずは、「mixkit」(https://mixkit.co/) というサイトから無料のAfter Effectsテンプレートをダウンロードし、Premiere Proで編集していきます。

1 テンプレートをダウンロードする

[Template] → [After Effects] の順にクリックします。After Effectsのテンプレートが表示されたら、ここでは[Lower-thirds] をクリックします。

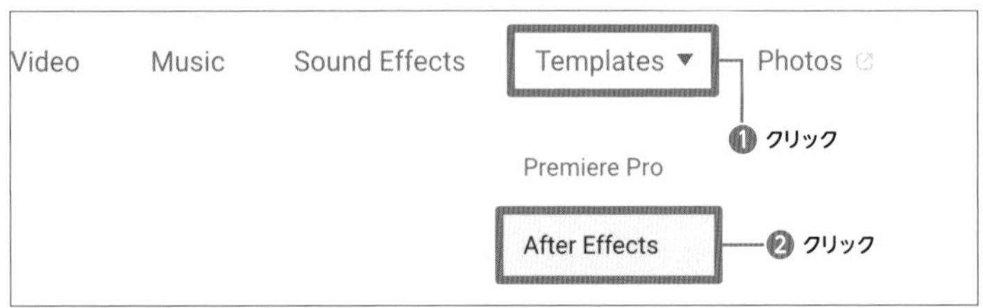

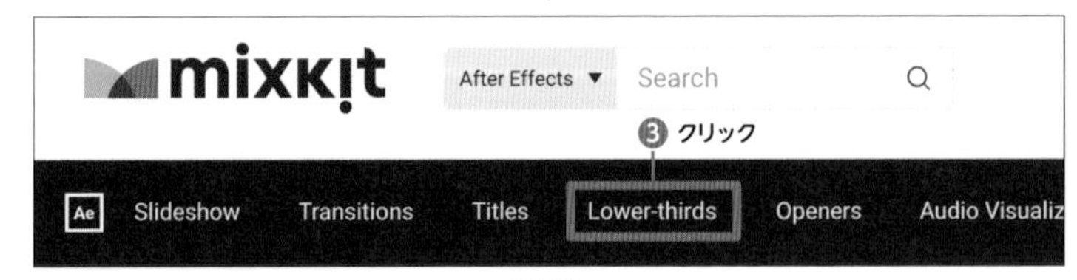

[Angled Line Lower Third] をクリックして [Download Free Template] をクリックします。ファイルがダウンロードされます。

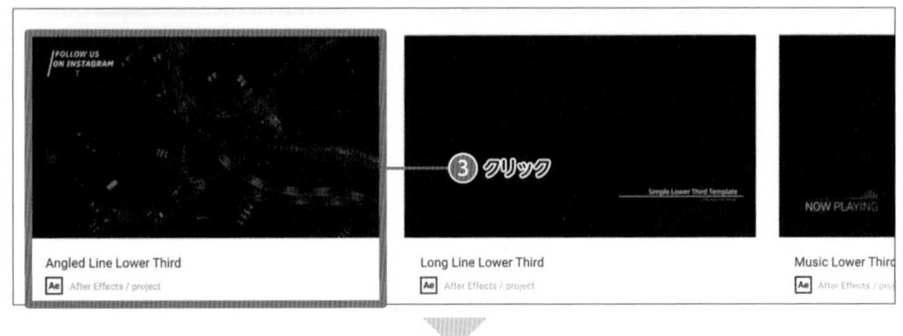

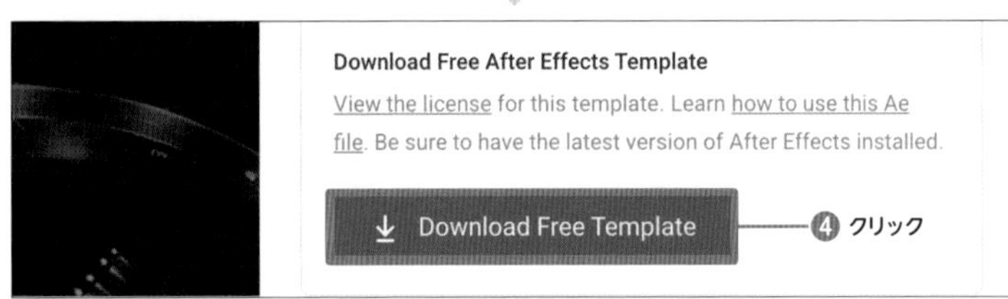

2 ファイルを開く

ダウンロードしたファイルをダブルクリックし、解凍したフォルダ内のAfter Effectsのファイル(LowerThird_05.aep) をダブルクリックして開きます。

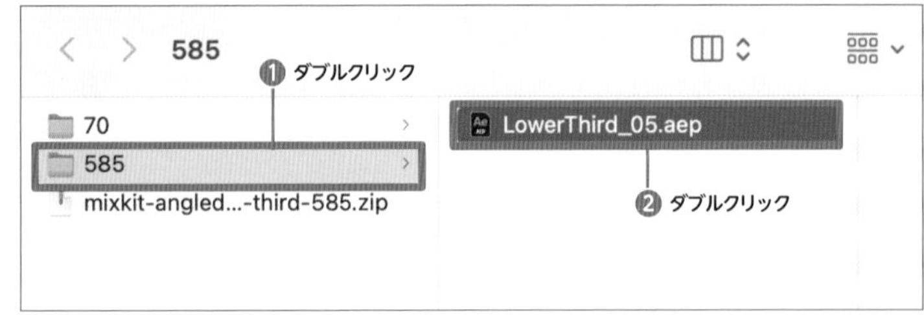

3 テンプレートを確認する

After Effectsが立ち上がり、テンプレートが表示されます。いったん再生してどのようなテンプレートなのかを確認します。

4 エッセンシャルグラフィックスで開く

「タイムライン」パネルの空きスペースを右クリックし、[エッセンシャルグラフィックスで開く]をクリックします。

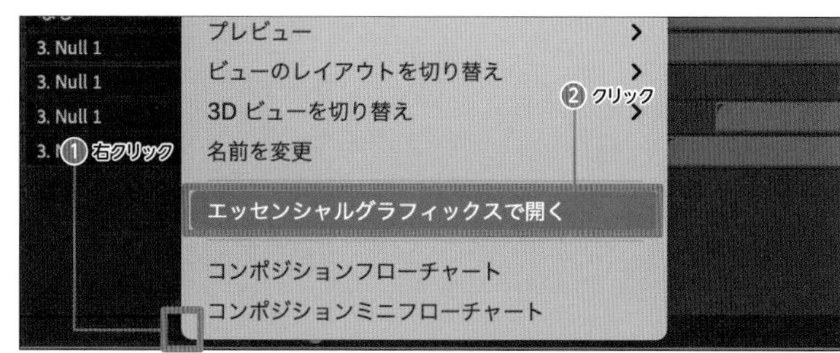

5 名前を変更する

「エッセンシャルグラフィックス」パネルで、わかりやすいように任意の名前を入力します。

6 上段のテキストを追加する

[Text01_LT05]をダブルクリックします。「Text01_LT05」タブが表示されたら、「エッセンシャルグラフィックス」パネルの[サポートするプロパティのみ]をクリックします。[ソーステキスト]を「エッセンシャルグラフィックス」パネルにドラッグ＆ドロップで追加します。

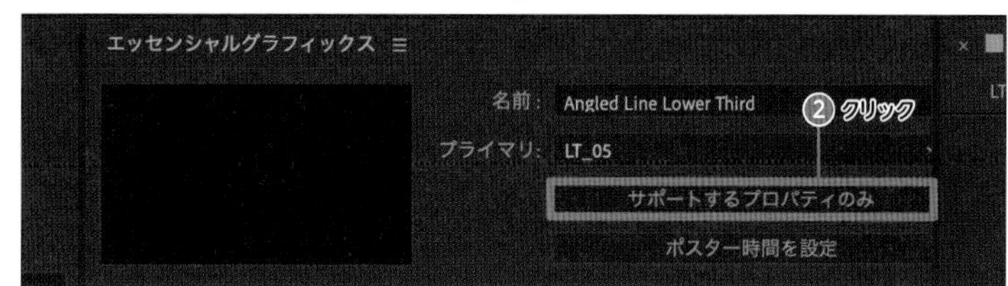

7 確認する

これが上段のテキストであることがわかるよう、「エッセンシャルグラフィックス」パネルの入力スペースに「上段テキスト」と入力します。

その右側のスペースに任意のテキスト（ここでは「Adobe」）を入力し、テキストが変わることを確認します。確認できたら［プロパティを編集］をクリックします。

8 フォントなどを追加する

「ソーステキストプロパティ」で、［カスタムフォントの選択を有効にする］、［フォントサイズ調整を有効にする］、［フェイクテキストスタイルを有効にする］をクリックしてチェックを付け、［OK］をクリックします。

「エッセンシャルグラフィックス」パネルに「フォント」「スタイル」「サイズ」「フェイクスタイル」が追加されます。

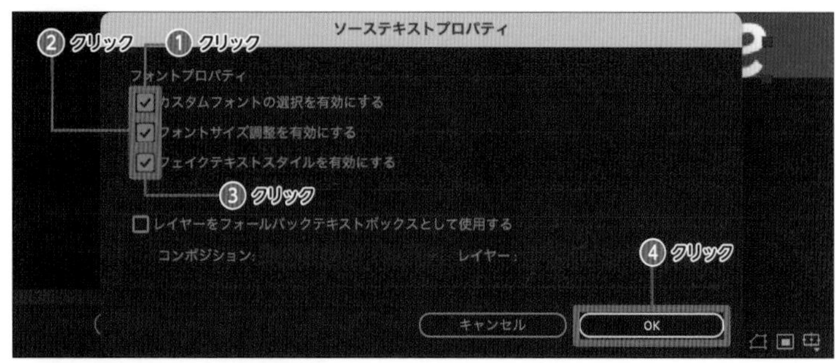

9 位置やスケールなどを追加する

「トランスフォーム」の［位置］や［スケール］、［回転］［不透明度］を「エッセンシャルグラフィックス」パネルにドラッグ＆ドロップで追加します。

10 中段テキストを追加する

［LT_05］タブをクリックして、［Text02_LT05］をダブルクリックします。

11 中段テキストを調整

「Text02_LT05」というタブが表示されます。「エッセンシャルグラフィックス」パネルで［サポートするプロパティのみ］をクリックし、［ソーステキスト］を「エッセンシャルグラフィックス」パネルにドラッグ＆ドロップで追加します。

これが中段のテキストであることがわかるよう、「エッセンシャルグラフィックス」パネルの入力スペースに「中段テキスト」と入力します。その右側のスペースに任意のテキスト（ここでは「After Effects」）を入力し、テキストが変わることを確認します。

12 位置やスケールなどを追加する

「トランスフォーム」の［位置］や［スケール］、［回転］［不透明度］を「エッセンシャルグラフィックス」パネルにドラッグ＆ドロップで追加します。

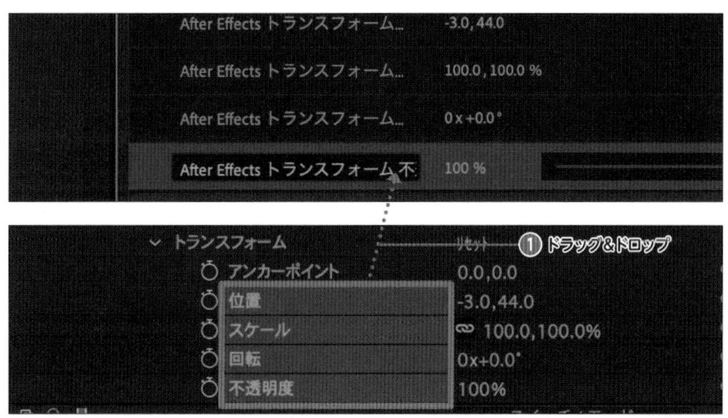

13 下段テキストを追加する

［LT_05］タブをクリックして［Text03_LT05］をダブルクリックします。「Text03_LT05」というタブが表示されたら、「エッセンシャルグラフィックス」パネルの［サポートするプロパティのみ］をクリックします。［ソーステキスト］を「エッセンシャルグラフィックス」パネルにドラッグ＆ドロップで追加します。

「エッセンシャルグラフィックス」パネルの入力スペースに「下段テキスト」と入力します。その右側のスペースに任意のテキスト（ここでは「Essential Graphics」）を入力し、テキストが変わることを確認します。

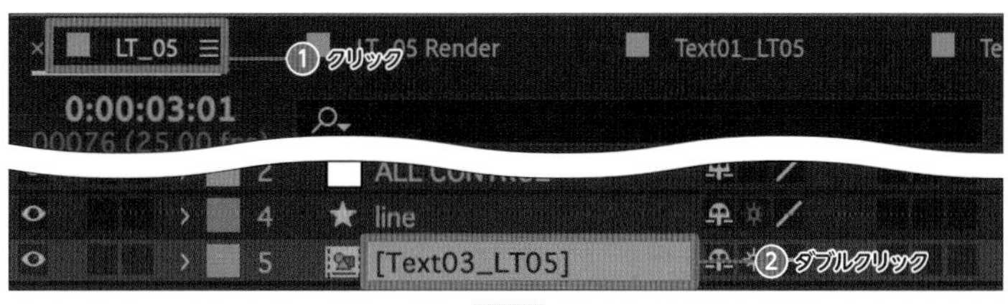

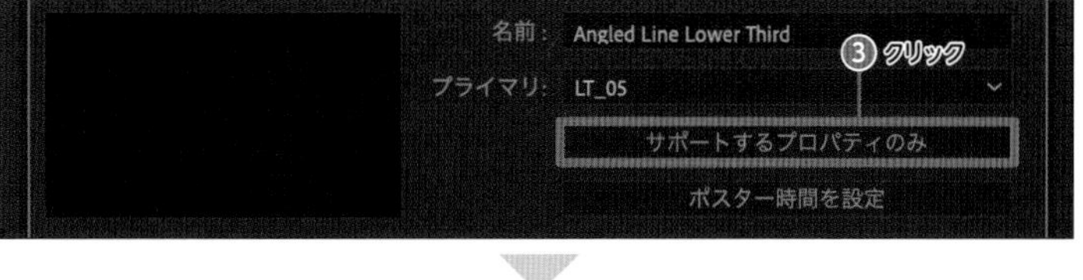

14 位置やスケールなどを追加する

「トランスフォーム」の[位置]や[スケール]、[回転][不透明度]を「エッセンシャルグラフィックス」パネルにドラッグ＆ドロップで追加します。

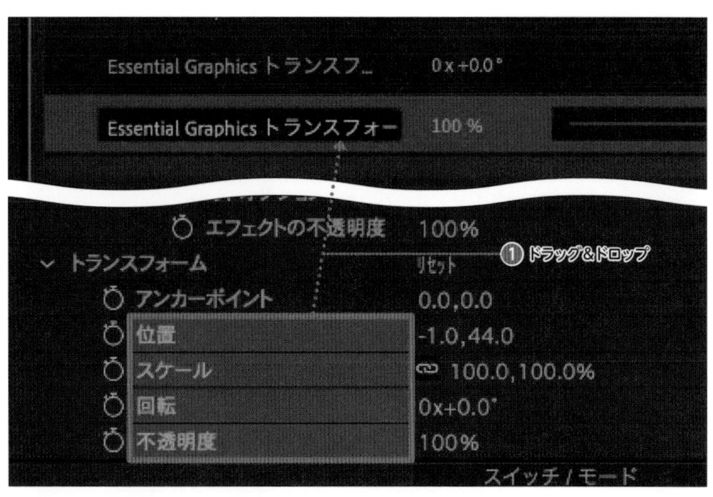

15 その他の項目を追加する

[LT_05] タブをクリックして[Text 01] クリックし、[カラー]を「エッセンシャルグラフィックス」パネルの「上段テキスト」の下へドラッグ＆ドロップで追加します。

同様に、[Text 02]をクリックして[カラー]を「エッセンシャルグラフィックス」パネルの「中段テキスト」の下へドラッグ＆ドロップで追加します。

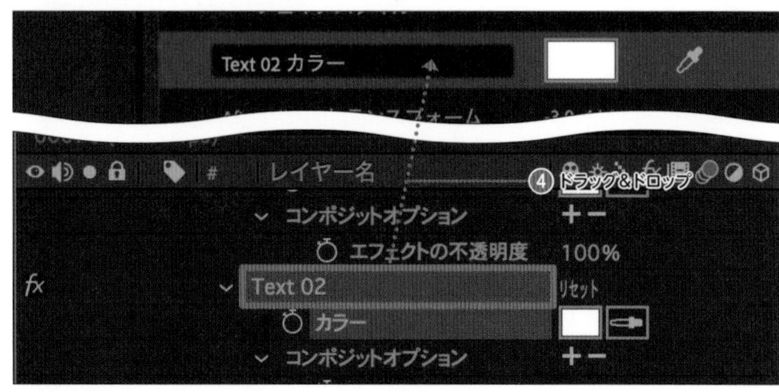

[Text 03]をクリックして[カラー]を「エッセンシャルグラフィックス」パネルの「下段テキスト」の下へドラッグ＆ドロップで追加します。

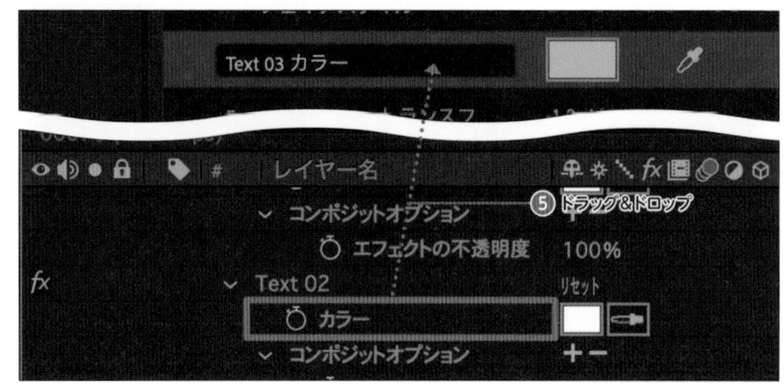

16 その他の項目を追加する

「エッセンシャルグラフィックス」パネルの「書式設定を追加」で［グループを追加］をクリックします。フォルダーが作成されたら名前を入力して、「上段テキスト」の［テキスト］［フォント］［スタイル］［サイズ］［フェイクスタイル］［カラー］をドラッグ＆ドロップで移動しまとめます。

同様の手順で、中段テキストと下段テキストもそれぞれでフォルダを作り、まとめておきます。

17 線を追加する

［Color Control］をクリックして展開し、［エフェクト］→［Text 01］の順にクリックして、［カラー］を「エッセンシャルグラフィックス」パネルへドラッグ＆ドロップで追加します。

18 書き出しを行う

「エッセンシャルグラフィックス」パネルで［モーショングラフィックステンプレートを書き出し］をクリックし、［保存］をクリックします。

保存先をクリックして指定し、3つの項目にチェックが入っていることを確認して［OK］をクリックします。

指定した保存先にモーショングラフィックステンプレートのファイル（.mogrt）が書き出されます。

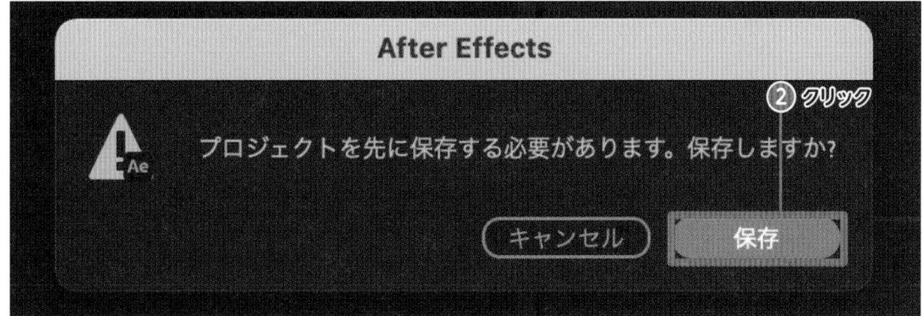

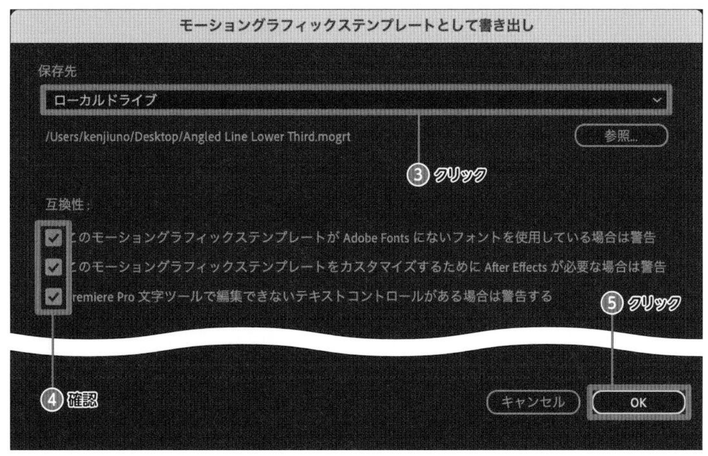

モーションググラフィックステンプレートを使う

1 テンプレートを適用する

Premiere Proを立ち上げ、メニューバーで[ウィンドウ]→[エッセンシャルグラフィックス]の順にクリックします。

ダウンロードしたモーショングラフィックステンプレートのファイルを「エッセンシャルグラフィックス」パネルにドラッグ&ドロップすると、追加されます。

2 シーケンスに配置する

配置したい場所を決め、「タイムライン」パネルのビデオトラックにドラッグ&ドロップで移動します。

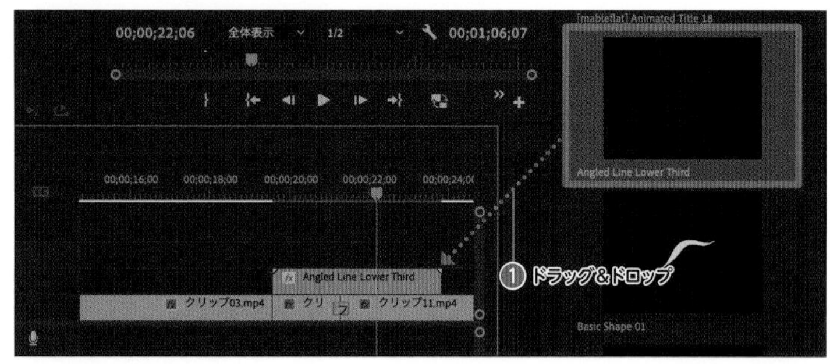

3 テキストなどをカスタマイズする

クリップをクリックして、「エッセンシャルグラフィックス」パネルでテキストやフォントカラーなどを変更します。

4 位置やスケールを調整する

「エフェクトコントロール」パネルで「位置」や「スケール」の値を調整して完了です。

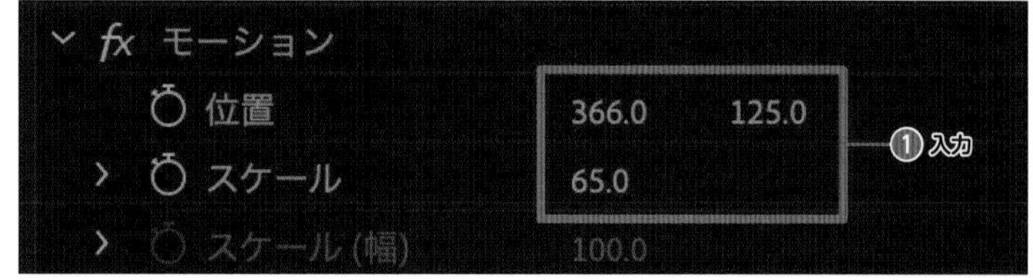

Chapter

7

知っておくと便利なレシピ

この章では、「知らなくても編集作業はできるものの、知っておくと効率がアップする」という“小技”的なレシピを紹介します。これらを押さえておくと、長い目で見たときに多くの時間が節約できます。

Recipe 72 マーカー機能で動画にメモを残す

マーカー機能でタイムライン上にメモを残しておくと、編集がスムーズに進む場合があります。日をまたぐ編集作業や、共同編集の記録などに役立ちます。

マーカーで目印を付ける

目印を付けたい位置に再生ヘッドを合わせ、「タイムライン」パネル左上にある■をクリックして、トラックマーカーを追加します。なお、クリップを選択した状態でこの手順を行うと、クリップ内にマーカーが追加されます（クリップマーカー）。

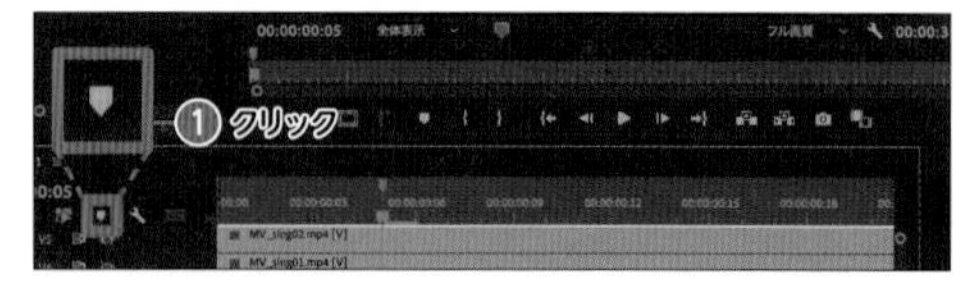

MEMO

キーボードの M キーを押すことで、より手軽にマーカーを付けることもできます。また、「プログラムモニター」パネル内の■は、必ずトラックマーカーとして追加されます。

マーカーに名前を付ける

作成したマーカーをダブルクリックするとマーカーの設定用のウインドウが開きます。ここでマーカーに名前やコメントを入力でき、［OK］をクリックすると保存されます。「削除」をクリックすると、マーカーが削除されます。

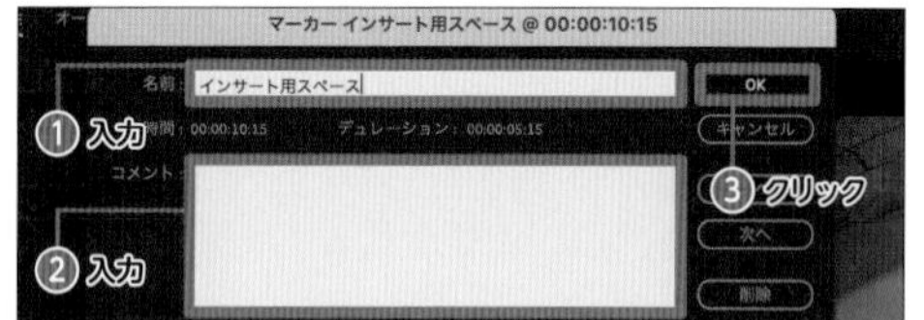

帯状の長いマーカーを付ける

作成したマーカーを、キーボードの Option キーを押しながらドラッグすると、ドラッグした分だけマーカーが長く帯状になります。

マーカーに名前を付けておくと、この帯状の部分に表示されます。

一覧でマーカーを確認する

「編集」ワークスペースで、「プロジェクト」パネルのタブを右まで確認すると「マーカー」パネルがあります。見つからない場合は、「メニューバー」から［ウィンドウ］→［マーカー］をクリックします。「マーカー」パネル上では、マーカーを一覧で確認できます。「マーカー」パネルに何も表示されないときには、「プログラムモニター」パネルを一度クリックすると、正常にマーカー一覧が表示されます。

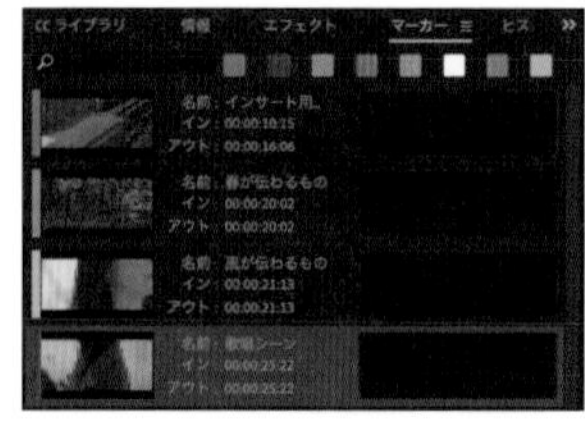

Recipe 73 定規とガイドでピッタリ配置する

複数のテキストボックスや図形をきれいに揃えたいとき、目視だけで配置しようとすると地道な作業になり、かつ正確さにも欠けてしまいます。そこで便利なのが、定規とガイドです。

1 「プログラムモニター」パネルのボタンを追加する

「プログラムモニター」パネルの右下にある■をクリックすると、「ボタンエディター」のウィンドウが開きます。

■を、ドラッグ＆ドロップで下へ持っていきます。同様の手順で■も下へ持っていきます。最後に [OK] をクリックします。すると、「プログラムモニター」パネルにボタンが追加されます。

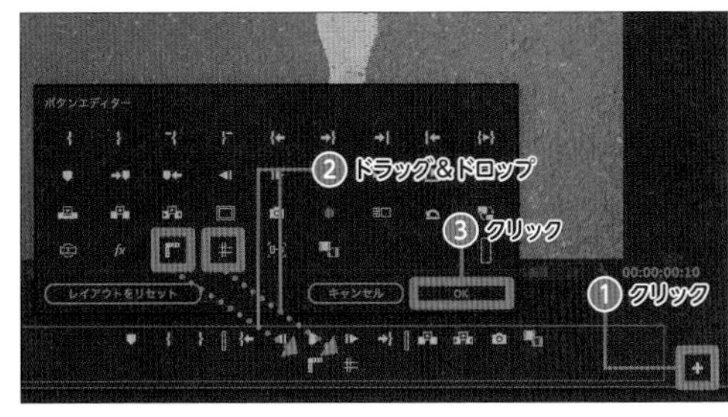

2 定規とガイドを表示させる

■をクリックして定規を表示し、■をクリックしてガイドを表示します。アイコンが青く点灯した状態になっていることを確認します。「プログラムモニター」パネルには、定規が表示されています。

3 ガイド線を引く

左側の定規にマウスカーソルを合わせると、マウスカーソルが■に変わります。そのまま定規の上をクリックし、ドラッグ＆ドロップで「プログラムモニター」パネル中央に移動させると、縦のガイド線が配置されます。

上側の定規で同様の手順を行うと横のガイド線を配置することができます。また、配置したガイド線を「プログラムモニター」パネルの外へとドラッグ＆ドロップすると削除することもできます。

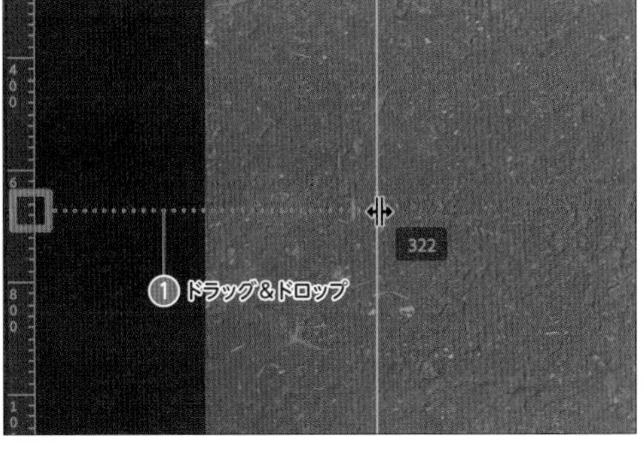

4 ガイド線に図形が吸着するか確認する

「ツール」パネルの■を長押しで選択し、■を選択して長方形を作成し、command キーを押しながらドラッグで移動させます。ガイド線に吸着させて配置させることができます。テキストでも同様の手順で吸着させるように配置させることができます。

なお、ガイド線は動画を書き出す際は表示されないので、編集作業の際の目安として活用してください。

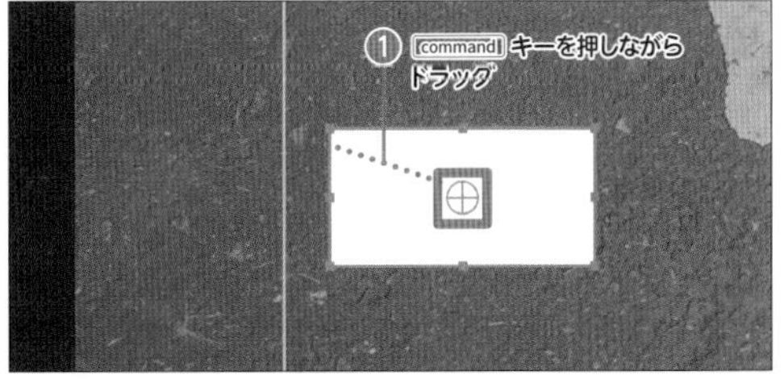

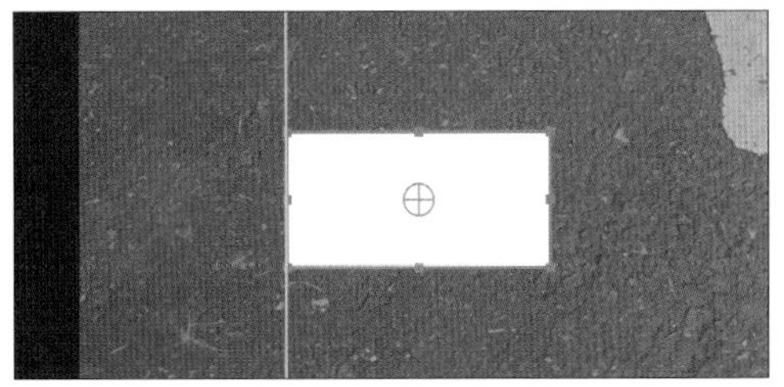

Chapter 7 知っておくと便利なレシピ

Recipe 74 プロジェクトファイルを共有する

別のパソコンで編集作業を引き継ぐ場合は、プロジェクトファイルを共有する必要があります。ここではその方法を解説します。

フォルダの整理を行っていた場合

P.30の手順でフォルダ構造を整理していた場合は、すべてのデータが包括されているフォルダを丸ごとコピーすれば、リンクが繋がった状態を保持したままプロジェクトファイルを共有することができます。

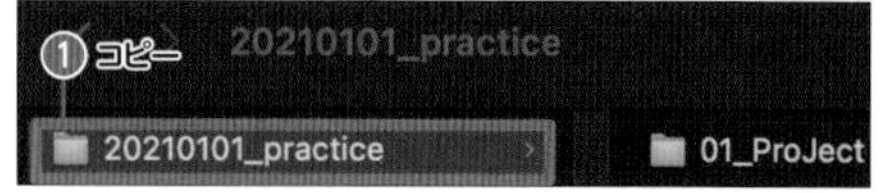

and more...

2回目以降の共有はプロジェクトファイルだけでOK！

何度もプロジェクトを共有する場合、毎回フォルダ構造をコピーすることでも共有可能です。しかしすべてのデータを丸ごとコピーするのは時間がかかります。たとえば2台のパソコンがどちらも同じフォルダ構造を有し、かつ素材データもある状態であれば、プロジェクトファイルだけを共有することですぐに開くことができます。プロジェクトファイルだけの複製であれば、比較的短時間で共有可能です。

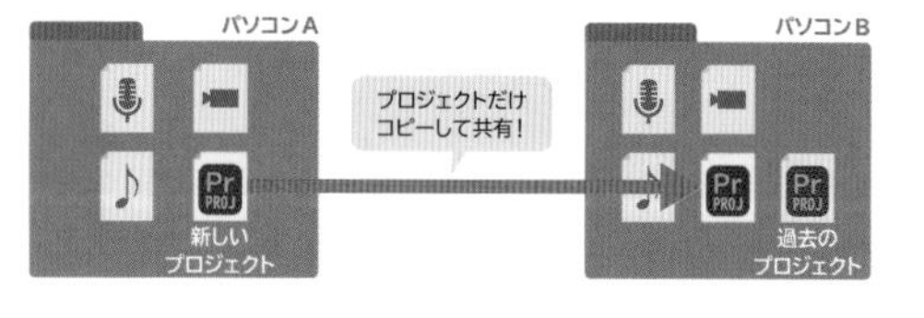

使用素材がさまざまな場所に保存されている場合

使用素材が包括されず、さまざまな場所に保存されている場合は、プロジェクトファイルを共有しにくく、リンク切れを起こす場合があります。このような場合には、プロジェクトマネージャーの機能を使い、使用素材を一箇所に集約させます。

1 素材を収集する

メニューバーで［ファイル］→［プロジェクトマネージャー］の順にクリックします。「プロジェクトマネージャー」で、共有したいシーケンスにチェックが付いていることを確認します。また、「処理後のプロジェクト」が「ファイルをコピーして収集」にチェックが付いていることを確認します。「保存先パス」で［参照］をクリックし、デスクトップなどわかりやすい場所を指定します。最後に［OK］をクリックします。「プロジェクトを保存するか」聞かれた場合は、［実行］をクリックしてください。

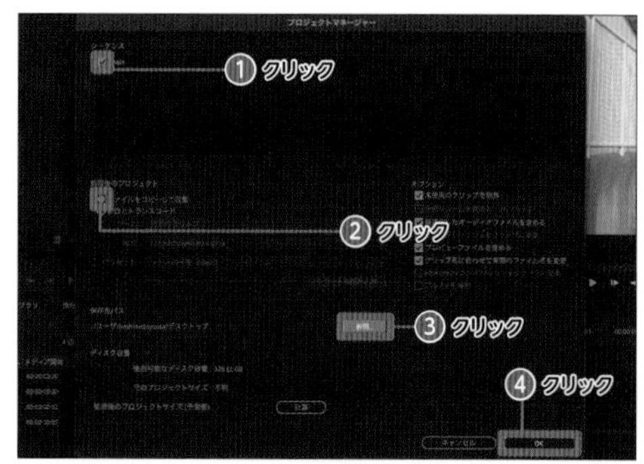

2 素材が複製される

デスクトップを確認すると、動画素材のコピーが1つのフォルダに集約され、プロジェクトファイルを含むすべての構成要素が包括された状態になりました。このフォルダをコピーすれば、リンクが繋がった状態を保持したまま共有することができます。

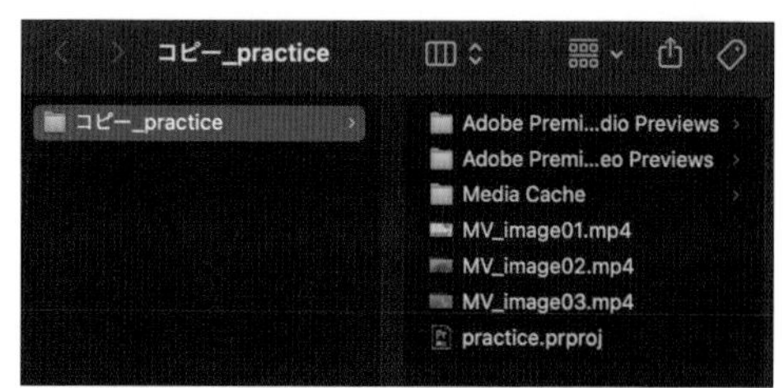

Recipe 75 クリップをカラー分けする

多くの動画素材を扱うようになると、どれがいつ撮影された素材なのか混乱してくる場合があります。撮影した場所や時間など、グループごとにクリップのカラーを変えて認識しやすくする方法を解説します。

「タイムライン」パネルで分ける

1 クリップを選択する

カラーを変更したいクリップを選択します。複数まとめてカラー変更もできるので、その場合は複数のクリップを選択します。

2 クリップのカラーを変更する

選択したクリップの上で右クリックし、[ラベル] をクリックすると、さまざまな色の名前が表示されます。

ここでは [パープル] をクリックすると、「タイムライン」パネルでのクリップの色が変更されます。

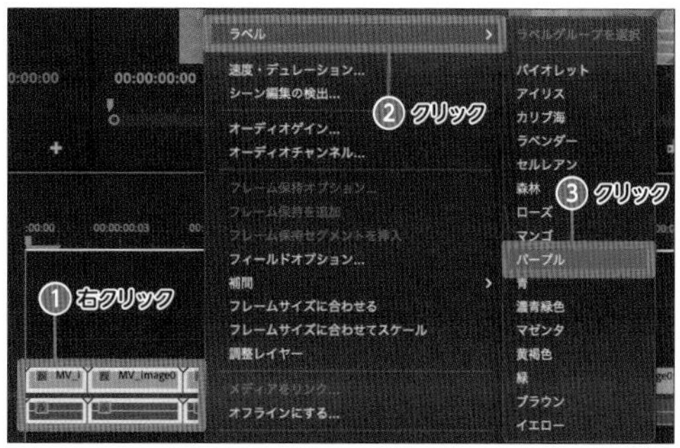

「プロジェクト」パネルで分ける

1 「プロジェクト」パネル内で素材のカラーを変更する

「プロジェクト」パネル左下の■をクリックし、リスト表示させます。カラーを変更したい素材を選択し、右クリックします。[ラベル] を選択し、今回は [イエロー] をクリックします。

リスト表示の際には、一番左側に正方形に表示されているカラーが変更されています。

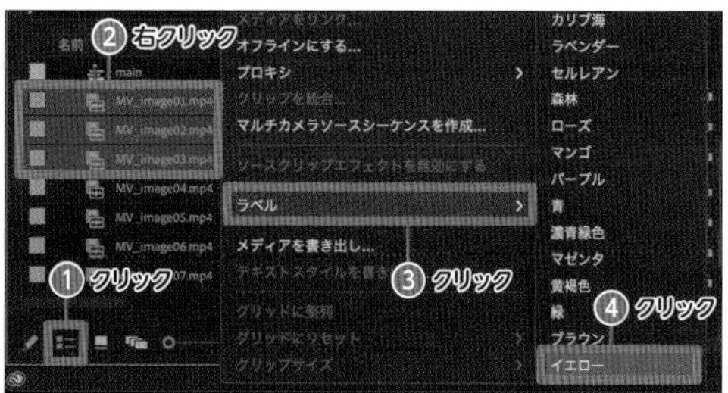

2 「タイムライン」パネルで確認する

カラーを変更した素材を、「タイムライン」パネルにドラッグ＆ドロップで配置すると、そのカラーでクリップが表示されます。

Recipe 76 読みやすいテロップの考え方

動画にテロップを入れるとわかりやすくなりますが、読みにくいものでは逆効果です。テロップデザインの基礎を理解し、読みやすいテロップをデザインしましょう。

「読みやすいフォント」を選ぶ

○
テロップ
テロップ

△
テロップ

テロップを入れるとなると、つい凝ったフォントを選びたくなります。しかし、そのように吟味したフォントをいざ画面に適用してみると、「読みにくい……」と感じるケースは多々あります。

テロップは「読んでもらうこと」が目的です。そのため、とくに最初のうちは、フォントを工夫できないか考えるより、「ゴシック体」や「明朝体」といったシンプルなフォントを使いこなすことを意識してみましょう。

ユニークなフォントは、見出しテロップや強調したいテロップの一部に使うなどして、効果的な場合に使用することをおすすめします。

「見やすい色」を選ぶ

○
テロップ
テロップ

△
テロップ
テロップ

「カラーピッカー」の右下の色を選択すると、鮮やかで明るい色になるため、とても目立ちます。しかし、色の印象が強いと、文字を読むのに疲れたり、安っぽくなってしまう場合があります。そこで、フォントを色を選ぶときには、右下の色から少しだけずらした色を選んでみましょう。

「1度に表示する文字数と表示時間」を考える

文字数：20文字（1行あたり10文字×2行）
表示時間：4文字／1秒

「読みやすいフォント」と「見やすい色」を選択しても、まだ気を付けるべきことがあります。それは、「1度に表示する文字数と表示時間」です。文字数が多過ぎたり、表示時間が短いと、視聴者が文字を読みきれない場合があります。動画編集をしていると何度も同じテロップを見ることになるため気付きにくいのですが、はじめてそのテロップを見る視聴者は、こちらが想像する以上に文字の認識に時間がかかります。

では、どれくらいが適切なテロップの文字量なのでしょう。そこで参考になるのが、上記の「映画の日本語字幕のルール」です。このルールによって、私たちは違和感なく日本語字幕の映画を楽しむことができていたのです。

もちろん、あまりにこのルールを意識し過ぎると動画編集の作業自体が滞ってしまうため、あくまで参考として、適切な文字量の感覚を掴んでいきましょう。

and more...

もっと読みやすくするために

文字より縁取りが太くなってしまうと滲んだように見えたり、しましま模様のようになり目がチラついてしまう場合があります。ベースとなる文字は太く、縁取りは細くすると見やすくなることも意識してみてください。

NG

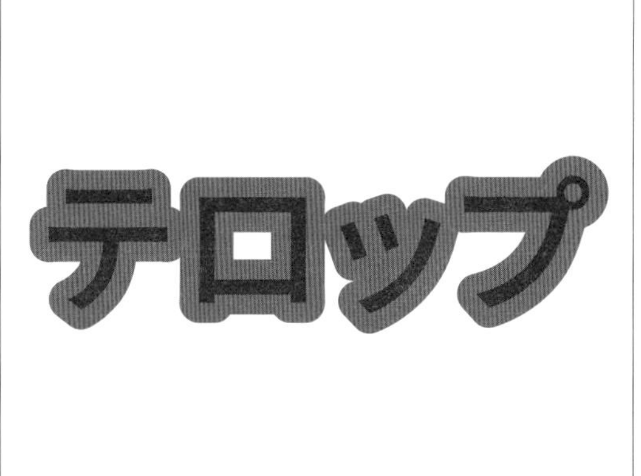

OK

これらは2つとも同じ文字ですが、「配色」と「文字の太さ」をそれぞれ変更しています。左側よりも右側の文字の方が、読みやすい印象があります。
NG例のように、赤とオレンジのような同系色を使うと、とても読みにくくなります。かといって別の色で縁取りすると、配色が難しかったり、雰囲気が崩れたりしてしまいがちです。そんなときには、白色の細い縁取りを挟むと、雰囲気を保ったまま、読みやすいテロップを作ることができます。

真似して実践！テロップデザイン

テロップの装飾方法を理解しても、自力でデザインを考えるのはなかなか難しいものです。そこでサンプルのデザインと、そのデザインを作るための方法を解説します。

以下の手順で、こちらの「テロップ」というテロップを完成させていきます。

1 「テキスト」の項目を設定する

P.64を参考に、テロップと文字を追加します。「エッセンシャルグラフィックス」パネルで［編集］→［テロップ（入力した文字）］の順にクリックし、装飾する対象のテロップを選択します。設定項目の「テキスト」からフォントの種類と太さを選びます。今回はAdobe Fonts（P.224参照）の［源ノ角ゴシック］の［Heavy］を選択します。太いゴシック体であれば、別のフォントでも問題ありません。

2 「アピアランス」の「塗り」と「境界線」を設定する

「アピアランス」の「塗り」の左隣にある枠をクリックします。「カラーピッカー」で、淡い水色（#2DAACD）に設定します。次に、「境界線」のチェックボックスをクリックしてチェックを付け、「塗り」と同様の手順で、「境界線」の色を濃い青（#1B1682）に設定します。また、「境界線の幅」に「10.0」と入力します。

MEMO

「塗り」の「カラーピッカー」のウィンドウを開くと、左上に「ベタ塗り」と表示されていますが、クリックして「線形グラデーション」に切り替えると、グラデーションの塗りを適用することも可能です。

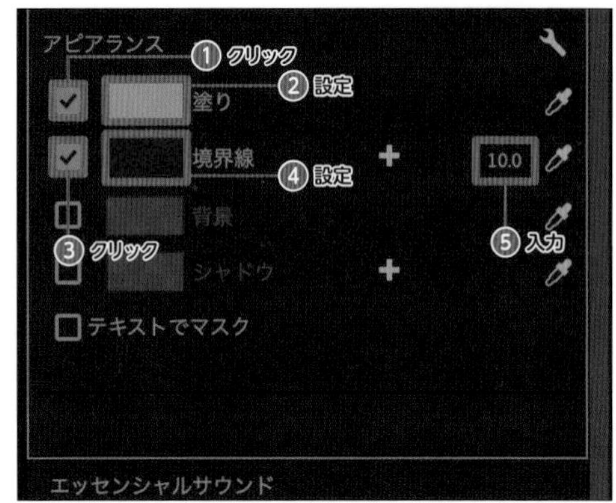

3 境界線の角を丸める

境界線を太くしていくと、角が飛び出てギザギザな印象になってしまうことがあるため、それを解消します。「アピアランス」の右側にある🔧をクリックします。「グラフィックプロパティ」で、「線の結合」で［ラウンド結合］を選択し、［OK］をクリックします。

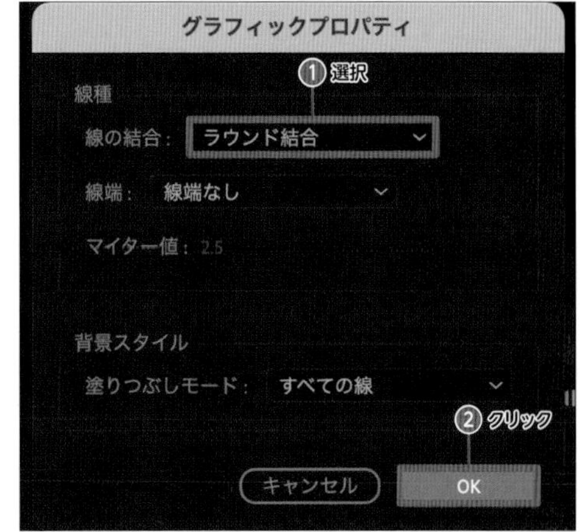

4 「アピアランス」の「シャドウ」を設定する

「シャドウ」にチェックを入れ、色を濃い青(#1B1682)に設定します。シャドウの細かな設定は下記を参考にしてください。「シャドウ」の右隣にある+をクリックし、もう1つ「シャドウ」の項目を作ります。色は白(#FFFFFF)に設定してください。

シャドウの設定	濃い青	白
不透明度	100	100
角度	135	135
距離	7	4
サイズ	0	13
ブラー	0	0

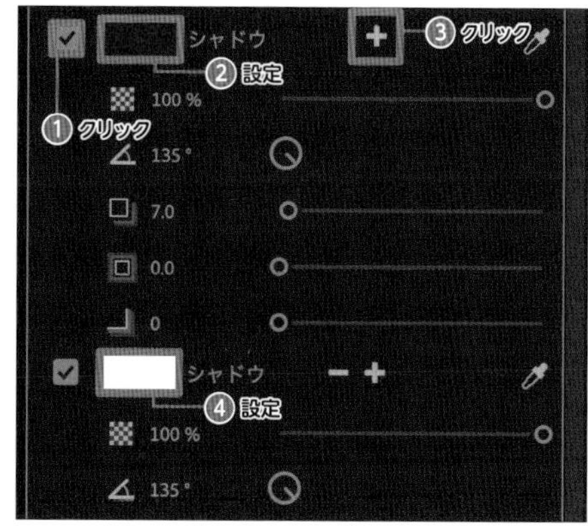

5 テンプレートとして保存する

作成したテロップデザインは「スタイル」としてテンプレート保存することができます。「スタイル」の[なし]をクリックして、プルダウンメニューで[スタイルを作成]をクリックします。「新規テキストスタイル」で、好みの名前を入力し、[OK]をクリックすると保存され、「スタイル」のプルダウンメニュー内に表示されるようになります。同じプロジェクト内であれば､新しくTの「横書き文字ツール」などでテロップを作ったあと、この作成したスタイルを選択すれば、すぐにデザインを適用させることができます。

テロップデザインのサンプル

ここでの手順を参考に、下記の値を使用しながらサンプルを再現してみましょう。配色を変更したりフォントを変更しながら、雰囲気を変えてみることにも挑戦してみてください。装飾に拘りたいときには太めのフォントを使うことがポイントです。なお、フォントはすべてAdobe Fontsを使用しています(P.224参照)。

フォント(太さ)	源ノ明朝(Heavy)
塗り	線形グラデーション 黄(#F2FF32)と 白(#FFFFFF)
境界線	赤(#C80D36)
境界線の幅	10
背景	なし

シャドウ	カラー：ピンク(#EF57D0)	
	不透明度	80
	角度	135
	距離	0
	サイズ	10.0
	ブラー	150

フォント(太さ)	平成丸ゴシックStd(W8)
塗り	線形グラデーション 青(#1926D8)と 黒(#000000)
境界線	白(#FFFFFF)
境界線の幅	8
背景	なし

シャドウ	カラー：青(#1926D8)	
	不透明度	80
	角度	135
	距離	0
	サイズ	30.0
	ブラー	150

フォント(太さ)	源ノ角ゴシック(Heavy)
塗り	線形グラデーション 赤(#D92525)と 暗い赤(#471010)
境界線	黄(#FFFA8F)
境界線の幅	3
背景	なし

シャドウ	カラー：黒(#000000)		カラー：淡いピンク(#FF9292)	
	不透明度	100	不透明度	100
	角度	135	角度	135
	距離	4.0	距離	0
	サイズ	20.0	サイズ	5.0
	ブラー	0	ブラー	200

▲フォントサイズはすべて「100」で設定しています。

Recipe 78

オートリフレーム機能でスマホ向け縦動画に自動調整する

SNSの普及で縦動画が一般化しましたが、動画の画面比率を変更するだけでは、被写体の動きによっては切れてしまいます。そこで、被写体を中央に保つように自動追従し、画面比率を変更する方法を解説します。

元の動画素材(16:9)

▲画面内を被写体が大きく動き回る動画素材

画面比率の変更のみ

▲被写体が動くと切れてしまう…

オートリフレームを使用

▲被写体を自動追従して理想的な縦動画に！

1 横動画(16:9)の素材を使用したシーケンスを準備する

使用したい動画素材のクリップを、ドラッグ＆ドロップで「タイムライン」パネルに配置します。

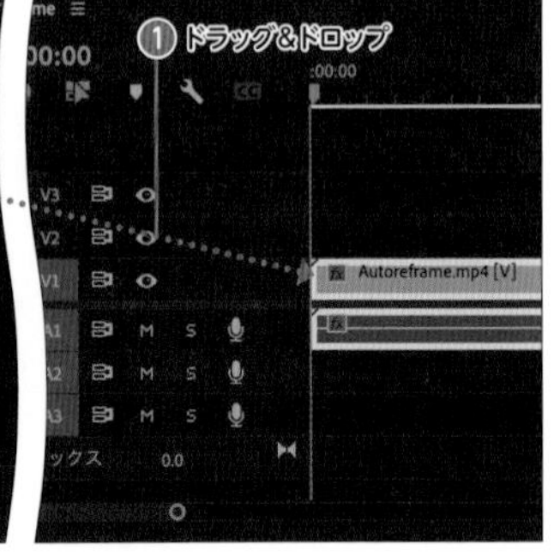

2 「プロジェクト」パネルからシーケンスを選択する

「プロジェクト」パネルを確認し、使用しているシーケンスを右クリックして［オートリフレームシーケンス］をクリックします。すると、「オートリフレーム」の設定用ウィンドウが開きます。

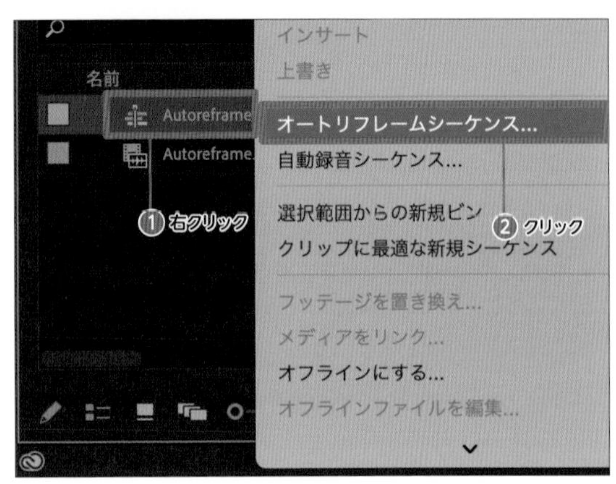

MEMO

「プロジェクト」パネルを▤(リスト表示)にしている際に、名前の左横に▦のアイコンがあるものが、シーケンスのデータです。

3 オートリフレームの設定を行う

まず、「ターゲットアスペクト比」を「垂直方向9:16」を選択します。

ここでの選択方法によって「シーケンス名」が自動で設定されますが、好みの名称があれば変更してください。

「モーションラッキング」の項目は、通常は「デフォルト」で問題ないですが、スポーツなど被写体の動きが激しいときには「高速モーション」、カメラの動きが少ないときには「スローモーション」を選択してください。

最後に［作成］をクリックします。

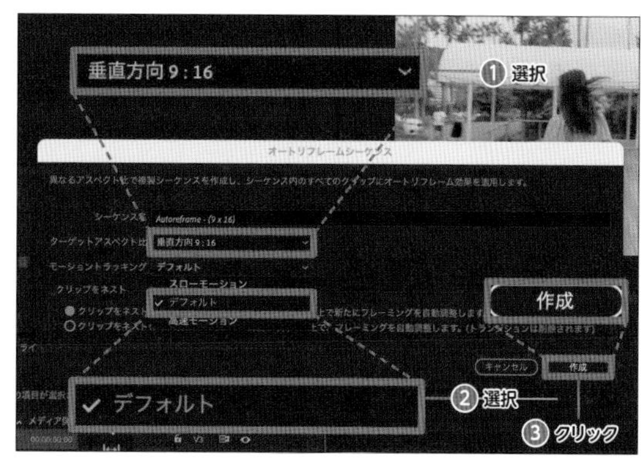

4 オートリフレームが適用された

「タイムライン」パネルを確認すると、オートリフレーム適用後のシーケンスが作成されています。

「プログラムモニター」パネルから動画を再生し、被写体が画面の中央になるよう適正に画面比率が変更されていること確認してください。

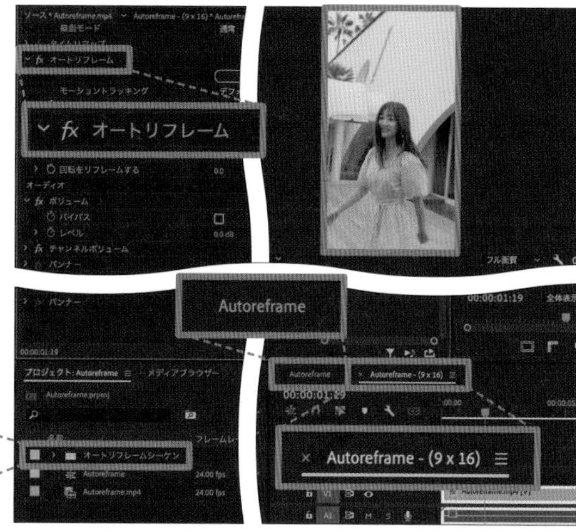

また、オートリフレームはエフェクトの1種なので、「エフェクトコントロール」パネルからも、エフェクトとして適用されていることが確認できます。

and more...

手動で細かな調整を追加で行う

ここまでで解説したように、オートリフレームはエフェクトであるため、「エフェクトコントロール」パネルから細かな調整を行うことができます。細かな調整には、座標やキーフレームの理解が深まっている方は、オートリフレームの自動調整で補完しきれなかった箇所を手動で調整してみましょう。

1 「エフェクトコントロール」パネルを確認する

「エフェクトコントロール」パネルから「オートリフレーム」の項目を表示させます。

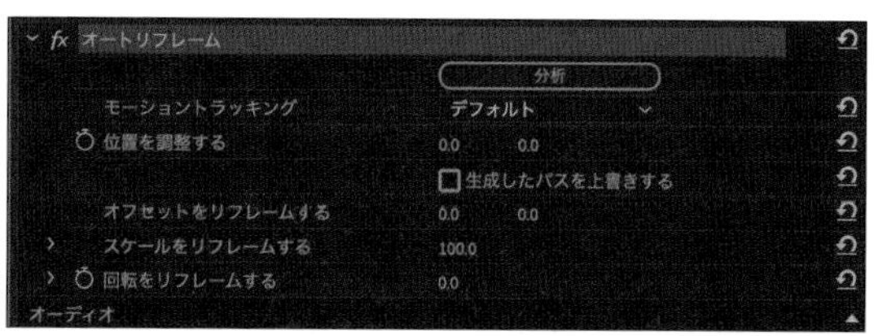

2 座標やキーフレームを調整する

「位置を調整する」の項目内にある「生成したパスを上書きする」のチェックをクリックします。

すると、オートリフレーム機能で被写体を中央に配置し続けるために調整されていた「位置」の情報が「キーフレーム」として表示されます。

「キーフレーム」や「座標」の値を変更しながら、手動でオートリフレームの調整してみてください。

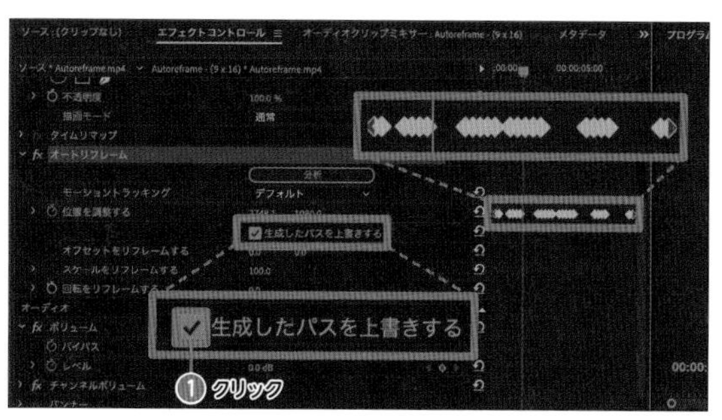

Chapter 7 知っておくと便利なレシピ

Recipe 79

自動の文字起こしでフルテロップを作成する

映像内に入っている音声の文字起こしを自動で行い、テロップ化する方法を解説します。Premiere Proの操作画面では「キャプション」と表記され本来は字幕を意味しますが、広義でテロップと同一の意味を指します。

1 ワークスペースを「キャプション」に切り替える

画面上部の「ワークスペース」パネルから、ワークスペースを「キャプション」に切り替えます。

2 「シーケンスから文字起こし」をクリックする

画面左上の「テキスト」パネル内の［シーケンスから文字起こし］をクリックします。

すると、「自動文字起こし」のウィンドウが表示されます。

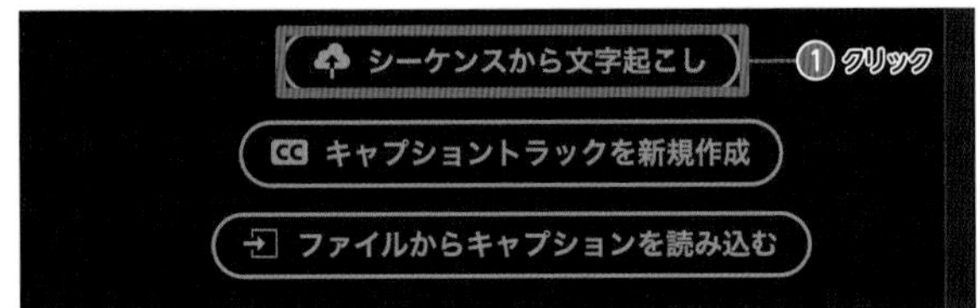

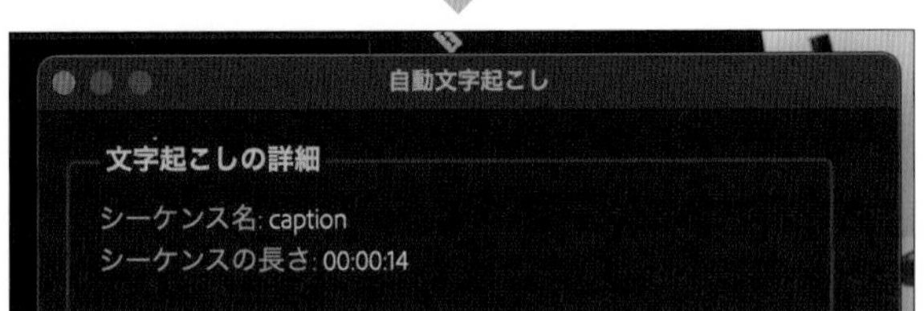

3 「自動文字起こし」の設定を行う

「自動文字起こし」の設定項目のうち、「オーディオ分析」は、「トラック上のオーディオ」から［オーディオ 1］を選択します。複数のオーディオトラックを使用している場合には、文字起こしの対象となるトラックを選んでください。

「言語」は［日本語］を選択し、［文字起こし開始］をクリックすると、自動で音声データの解析が行われます。

4 「キャプションの作成」をクリックする

解析後は、あくまでも文字起こしがされた状態であるため、テロップのデータに変換します。

あとで再編集できるので多少の誤字は無視して、［キャプションの作成］をクリックします。

すると、「キャプションを作成」のウィンドウが表示されます。

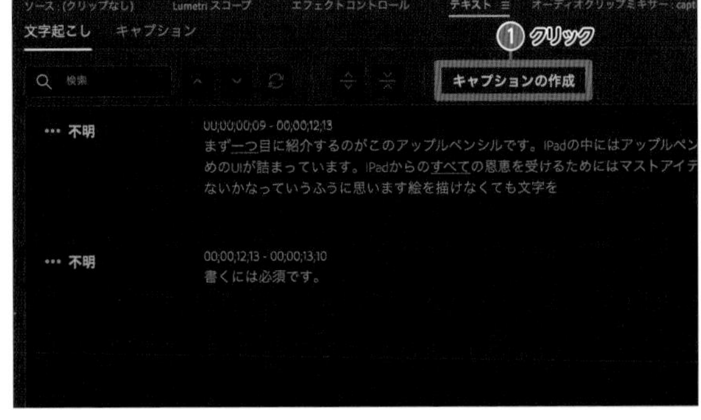

5 「キャプションを作成」の設定を行う

「キャプションを作成」の設定項目は、基本的には、既定のものでも問題ありませんが、「文字の最大長」「秒単位の最小期間」「キャプション(フレーム)の間のギャップ」を最小に設定しておくことがオススメです。

設定が完了したら［作成］をクリックします。

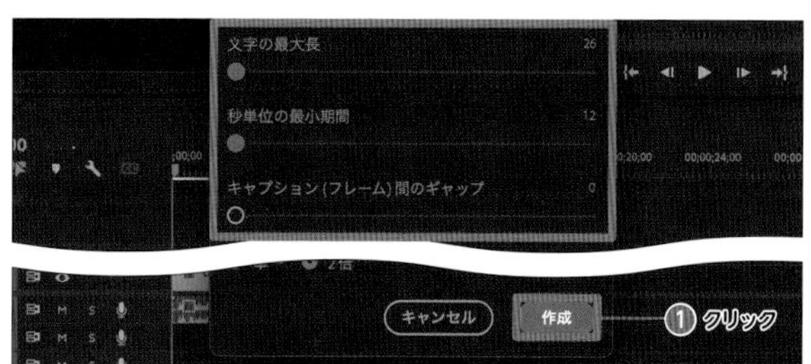

6 「キャプショントラック」が追加されていることを確認する

「タイムライン」パネルに、自動で文字起こしした内容が、クリップとして配置されていることが確認できます。

通常は、「ビデオトラック(画面内「V1」〜「V3」)」と「オーディオトラック(画面内「A1」〜「A3」)」しかありませんが、新たに「キャプショントラック(C1)」内にレイヤーとして配置されます。

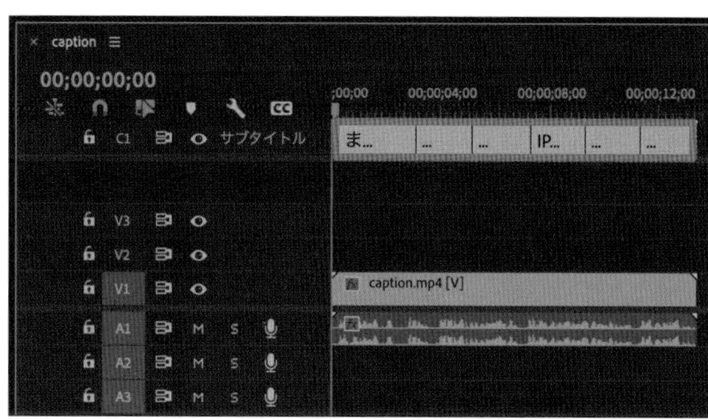

7 テロップのデザインを調整する

キャプションのクリップを選択すると、「エッセンシャルグラフィックス」パネルで、デザインを調整することができます。

1つ分のクリップのデザインが完了したら、「トラックスタイル」の［なし］をクリックし、「スタイルを作成」をクリックします。「新規テキストスタイル」のウィンドウが開くので、好みの名前をつけて［OK］をクリックします。すると、キャプショントラック内の全てのテロップが同じデザインに置き変わります。

※通常の「エッセンシャルグラフィックス」にはない、キャプションが対象となる特有の機能です。

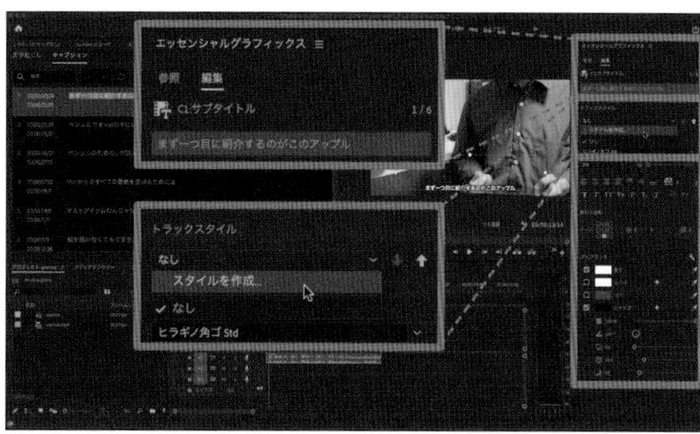

8 テキストの細かな調整を行う

テロップの表示されるタイミングは「タイムライン」パネル上で調整し、誤字脱字を「テキスト」パネル内でテキストをダブルクリックし編集を行います。

意図しない箇所で、クリップが分割されてしまっている場合には、「テキスト」パネル内で、キーボードの「Shift キー」を押しながら、複数のクリップを選択し、をクリックして、キャプションを結合します。

and more...

自動文字起こしで注意したいこと

自動文字起こしは比較的新しい機能で、発展途上な項目もあります。例えば、現在の自動文字起こし機能で作成されたテロップには、エフェクトを適用することができません。そのため、テロップをアニメーションさせたい時など、エフェクトを適用したい場合には、横書き文字ツールで手動で文字起こしをする必要があります。ただし、今後のアップデートで、細かな調整も可能となるかもしれません。使いやすさについては、今後のアップデートを待ちましょう。

Recipe 80

テロップカラーを一括で変更する

動画編集が完了したあとにテロップのフォントやカラーを変更する場合、各タイトルクリップを1つずつ変更すると時間がかかってしまいます。ここでは一括で変更する方法を解説します。

1 テキストクリップを変更する

メニューバーで［ウィンドウ］→［エッセンシャルグラフィックス］の順にクリックします。「タイムライン」パネルで、テキストクリップを１つ選択し、「エッセンシャルグラフィックス」パネルでフォントやカラーを変更します。

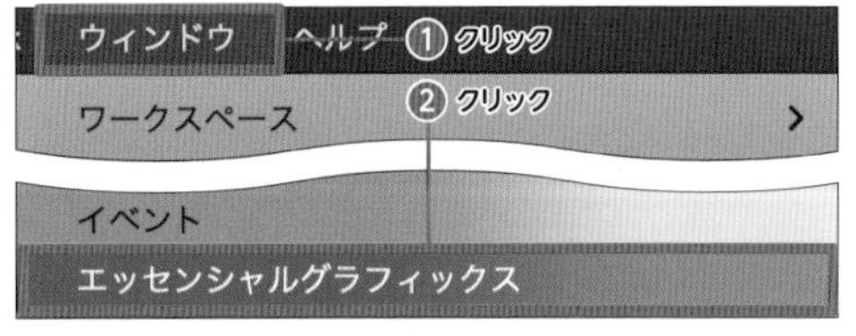

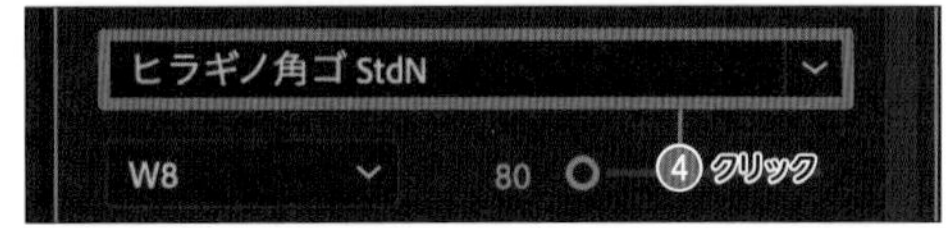

2 スタイルを作成する

「エッセンシャルグラフィックス」パネルで「スタイル」の［スタイルを作成］を選択します。

「新規テキストスタイル」で名前を入力し、［OK］をクリックします。

3 スタイルを適用する

「プロジェクトパネル」に手順2で作成したスタイルが表示されます。「タイムライン」パネルのテキストクリップをすべて選択し、「プロジェクト」パネルのスタイルをドラッグ＆ドロップして適用します。

これですべてのテキストが変更されます。ただし、フォントを変えると位置も若干ずれることがありますので、いったん再生して確認し、微調整を行うようにしましょう。

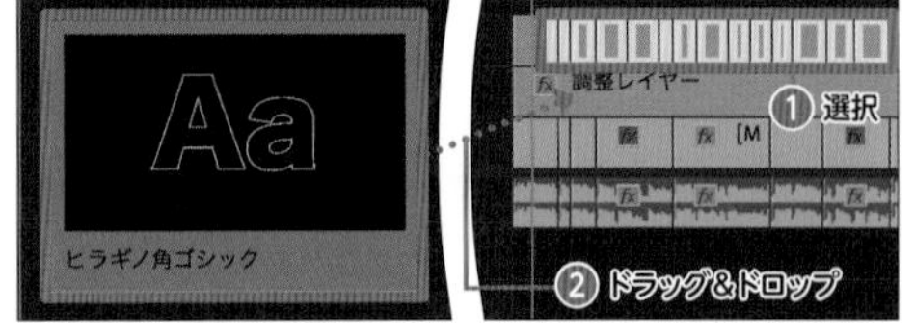

Recipe 81 テキストの中に映像を入れる

テキストの抜きを行えば、テキストの中に映像を入れることができるようになり、簡単におしゃれなタイトルを作ることができます。ここではその方法を解説します。

1 テキストを作成する

「V1」に動画クリップを配置し、P.64を参考に、テキストツールでテキストを作ります。テキストの中に映像が入りますので、サイズは大きめにしてカラーは白にしておきましょう。

2 スタイルを作成する

「エフェクト」パネルの検索窓に「トラックマット」と入力します。[トラックマットキー]を、「V1」にドラッグ＆ドロップして適用します。

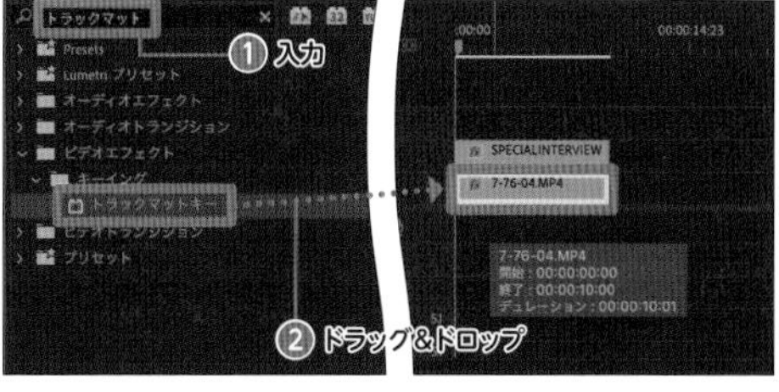

3 スタイルを適用する

「エフェクトコントロール」パネルで、「トラックマットキー」の「マット」を確認します。テキストクリップが配置されているトラック（ここでは[ビデオ2]）を選択します。

これでテキスト部分に映像を入れることができます。

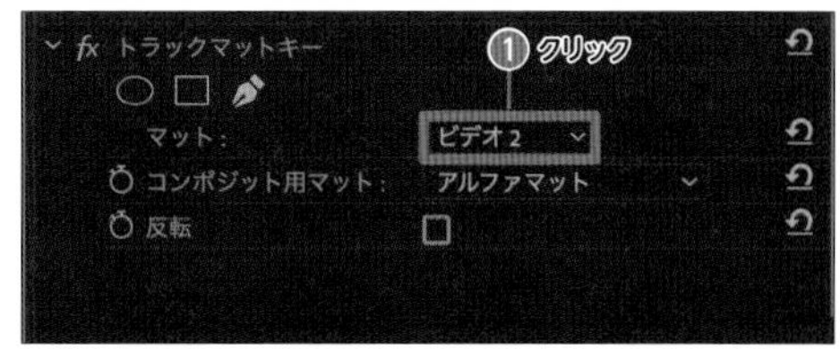

Recipe 82 プロジェクトパネルでフォルダを作成する

「プロジェクト」パネルに読み込んだ素材などが多くなると、どこに何があるかわからなくなってくることがあります。そのようなケースを防ぐことのできる「ビン」を解説します。

ビンとは

「ビン」とはフォルダのようなものです。読み込んだ素材や作成したシーケンスなどを分類し、格納しておくことができます。扱う素材が多くなってきたら、使うようにしましょう。

1 新規ビンを作成する

「プロジェクト」パネルの右下の■をクリックします。

もしくは、「プロジェクト」パネル内で右クリックし［新規ビン］をクリックしてもビンを作成することができます。

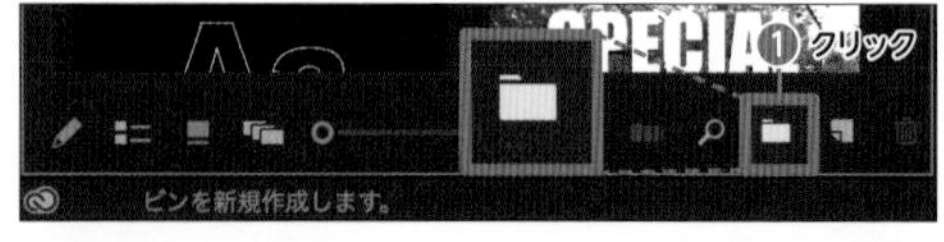

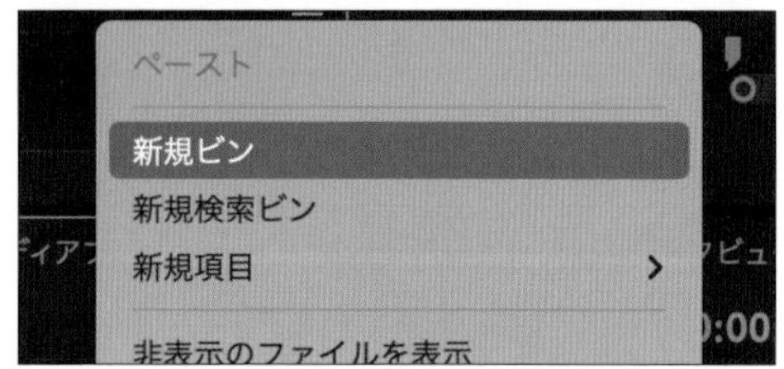

2 名前を変更する

「プロジェクト」パネルに新規ビンが表示されます。何が入っているビンなのかわかるように名前を入力します。

3 格納する

ここでは「シーケンス」というビンを作成したので、「プロジェクト」パネルにあるシーケンスをドラッグ＆ドロップでビンの中に格納します。格納したモノを使用するときはビンをダブルクリックするとビンが開きます。

このように、「プロジェクト」パネルを常に整理しておくことで生産性が向上します。

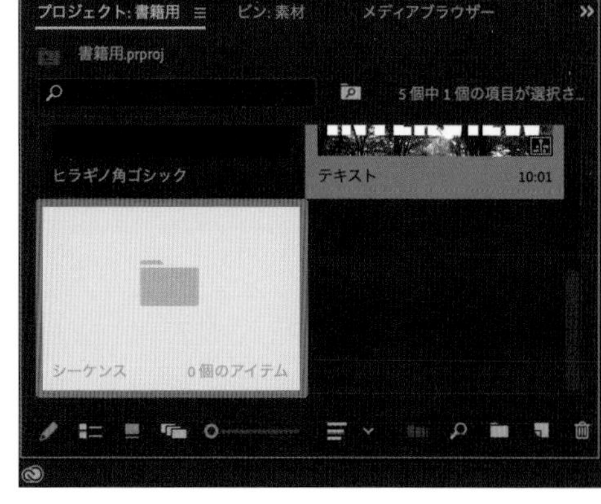

Recipe 83

インとアウトの範囲を指定して書き出す

編集が完了した動画を書き出す際に、指定した範囲だけを書き出すことができます。ここではイン点とアウト点の範囲だけを書き出す方法を解説します。

1 イン点とアウト点を打つ

書き出しをしたい始まりの部分に再生ヘッドを移動させ、I キーを押します。「タイムライン」パネル上にイン点が打たれます。

書き出しをしたい最後の部分に再生ヘッドを移動させ、O キーを押します。「タイムライン」パネル上にアウト点が打たれます。

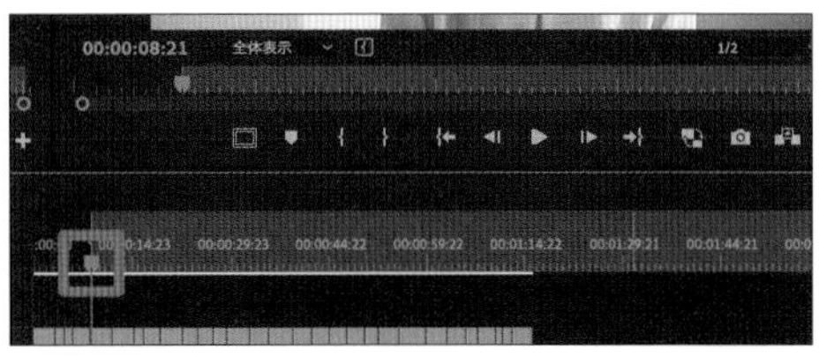

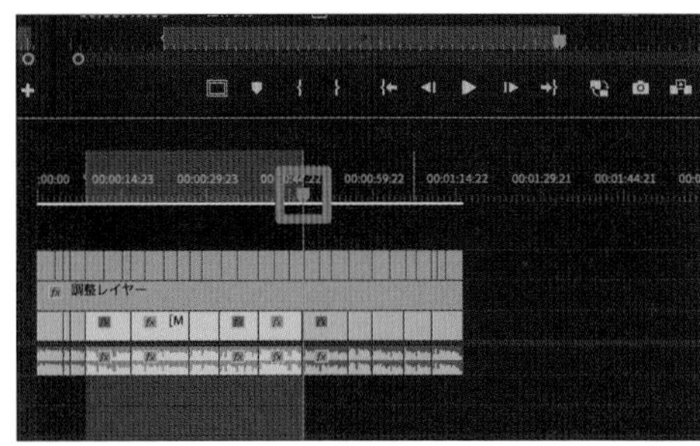

2 書き出し設定を行う

メニューバーで［ファイル］→［書き出し］→［メディア］の順にクリックします。「書き出し設定」で、形式やプリセットを決め保存先を指定します。

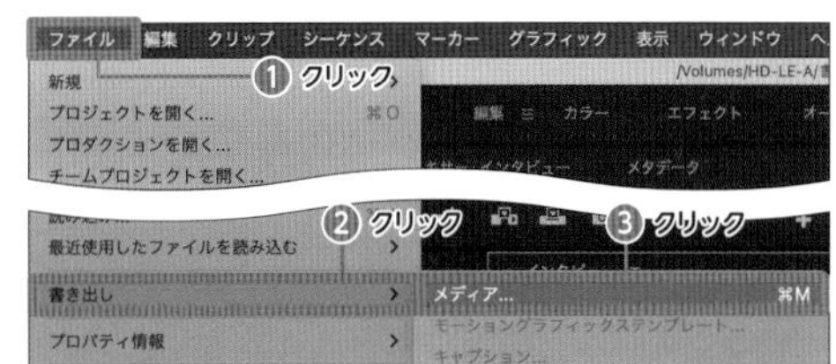

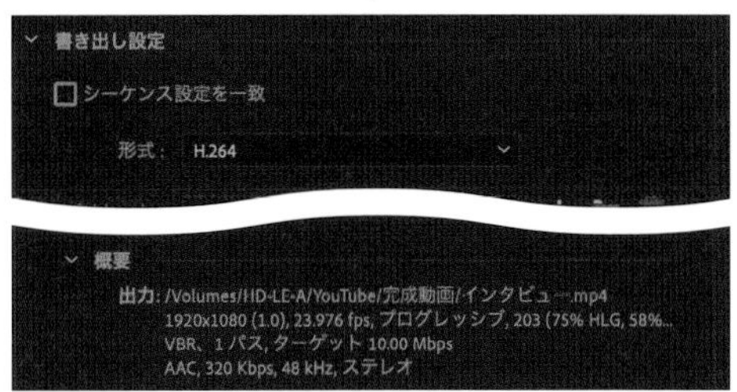

3 ソース範囲を設定する

「書き出し設定」左下の「ソース範囲」で、［シーケンスイン-アウト間］を選択して［書き出し］をクリックします。これでイン点からアウト点までの範囲のみを書き出すことができます。

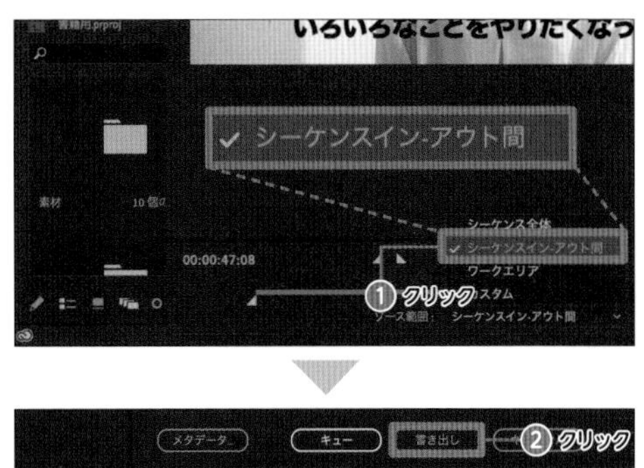

Recipe 84

インとアウトの範囲を指定して挿入する

「タイムライン」パネルにインサート用の動画を差し込むとき、イン点とアウト点を指定すると動画編集の効率がよくなります。ここではその方法を解説します。

1 イン点とアウト点を打つ

インサート動画を挿入したい場所に再生ヘッドを移動させ、I キーを押してイン点を打ちます。インサート動画を終わらせたい場所に再生ヘッドを移動させ、O キーを押してアウト点を打ちます。

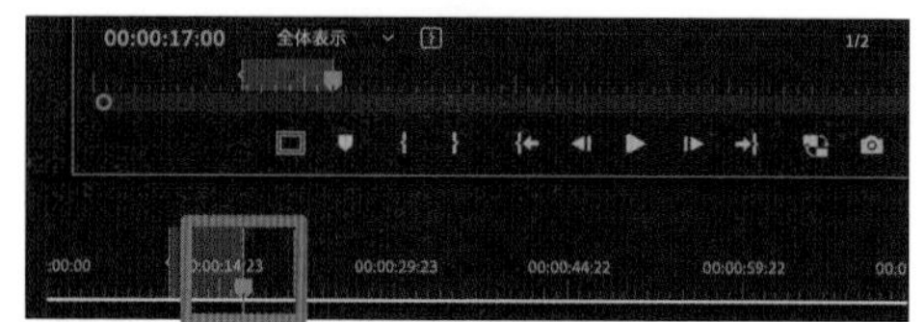

2 インサート動画にイン点を打つ

インサートに使う動画を「ソースモニター」パネルに表示させ、使用したい始まりの部分でキーボードの I キーを押してイン点を打ちます。

3 上書きのアイコンを追加する

「プログラム」モニターのをクリックして、を青い枠の中へドラッグ＆ドロップで移動し、[OK] をクリックします。

4 インサート動画にイン点を打つ

インサート動画を配置したいトラックをクリックします。青い「V1」があるトラックに動画や音声が挿入されます。

先ほど追加したのアイコンをクリックします。すると、手順 1 〜 2 で指定した範囲に動画が挿入されます。

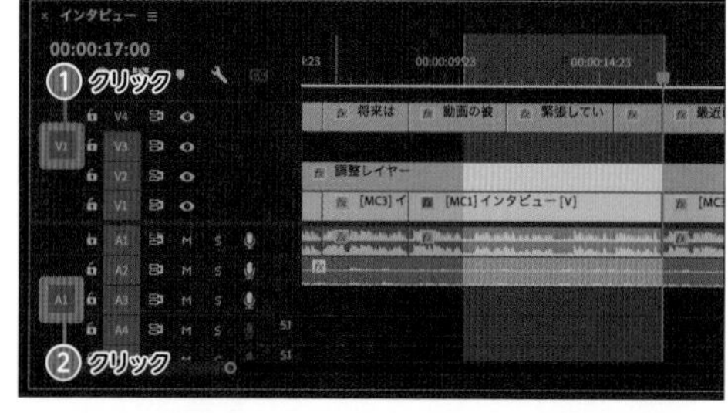

BGMをループさせる

BGMの尺が足りない場合、ただコピーしてBGMをループさせるだけでは違和感が出てしまうことがあります。ここではAdobeの「Audition」でBGMの時間を調整する方法を解説します。

Audition

動画編集で違和感がないようにBGMの長さを調整したい場合は、Adobeの「Audition」を使うと便利です。「Creative Cloud コンプリートプラン」(P.27参照) を契約している場合はダウンロードしてすぐに使うことができます。

1 Adobe Auditionでクリップを編集する

Auditionをダウンロードしたら、Premiere Proの「プロジェクト」パネルに読み込んだBGMクリップを右クリックします。[Adobe Auditionでクリップを編集]→[クリップ]の順にクリックすると、Auditionが起動します。

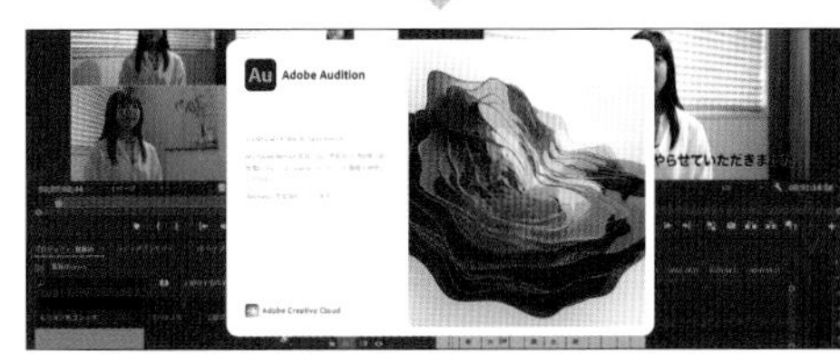

2 マルチトラックセッションを開く

Auditionで[マルチトラック]をクリックして、「新規マルチトラックセッション」でセッション名を入力し、保存先を指定して[OK]をクリックします。

3 BGMをドラッグ＆ドロップする

BGMクリップを「トラック1」へドラッグ＆ドロップで配置します。確認画面が表示されたら[OK]をクリックします。

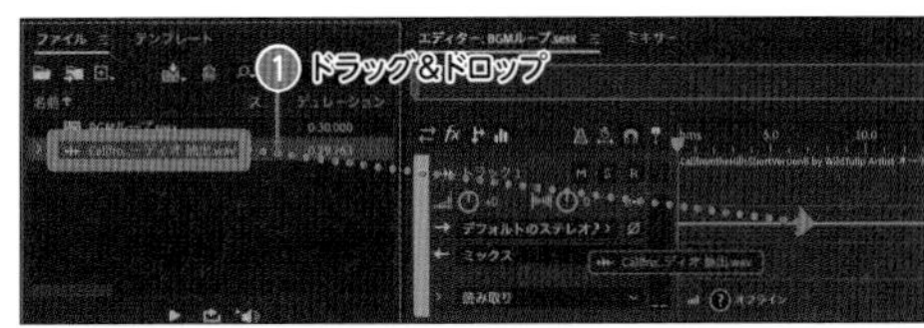

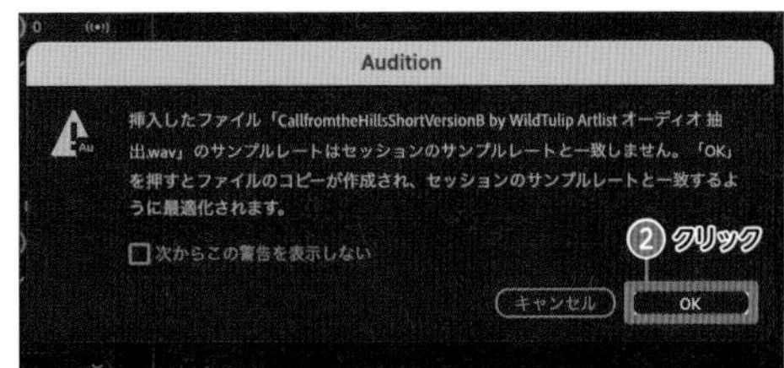

4 ミュージックを選択する

画面右側の「エッセンシャルサウンド」パネルで、[ミュージック]をクリックします。

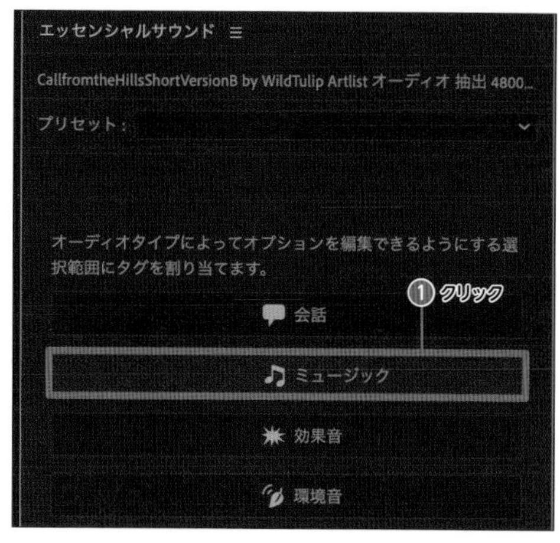

5 デュレーションにチェックを入れる

[デュレーション]をクリックしチェックを付け「ターゲット」にBGMの長さを入力します。

ここでは「1:20:000」にしてみます。

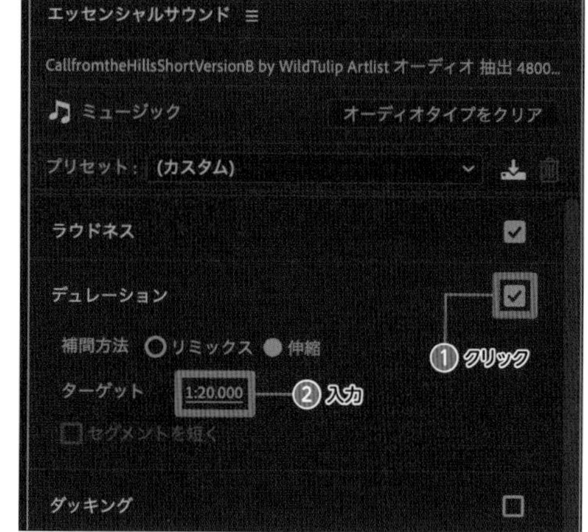

6 リミックスに変更する

「デュレーション」で「補間法」の[リミックス]をクリックします。クリップの分析が始まります。

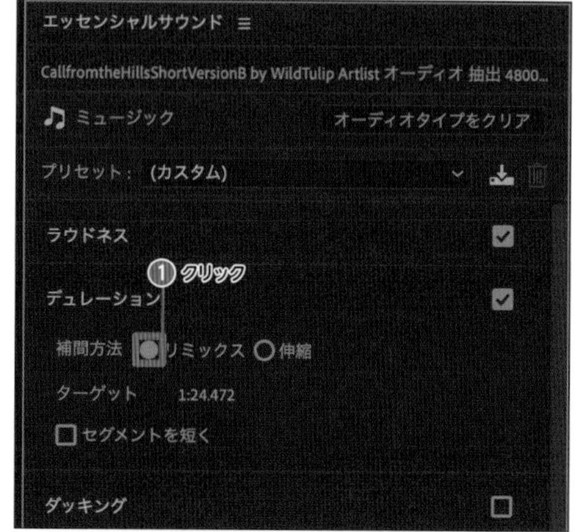

7 確認する

クリップの分析が完了すると縦の波線が入ります。ここがAuditionの分析で自動合成された部分です。

一度 space キーを押して再生して、確認しましょう。ほとんどの場合は、違和感なく合成ができていると思います。

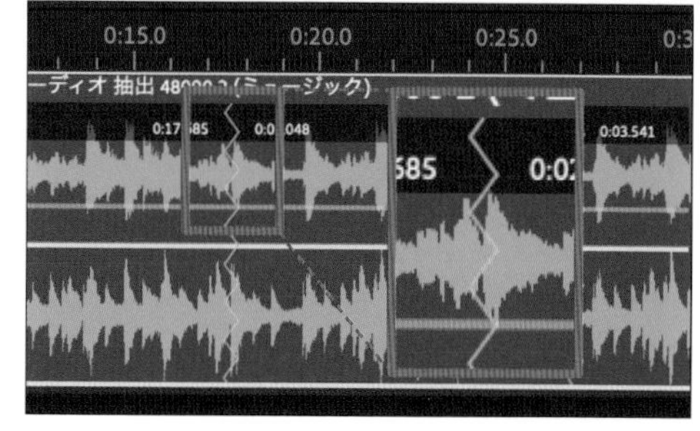

8 Premiere Proへ書き出す

「トラック1」を選択した状態でAuditionのメニューバーで［ファイル］→［書き出し］→［Adobe Premiere Proへ書き出し］の順にクリックします。

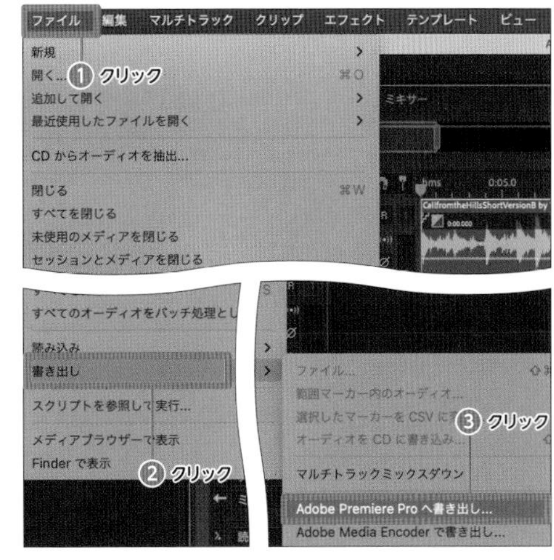

9 Premiere Proへ書き出し設定を行う

「Adobe Premiere Proへ書き出し」が表示されたら、ファイル名を入力し、［参照］をクリックして保存場所を指定します。［セッションのミックスダウン先］をクリックして、［ステレオファイル］をクリックしチェックを付けます。「Adobe Premiere Proで開く」にチェックが入っていることを確認して、［書き出し］をクリックします。

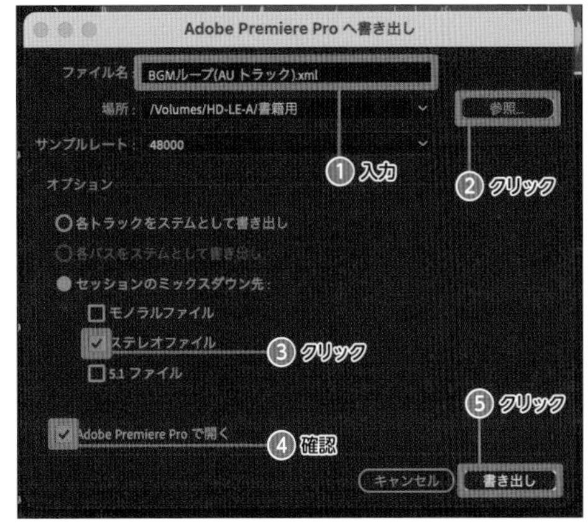

10 Adobe Premiere Proへ書き出す

Premiere Proへ画面が切り替わり「Adobe Auditionトラックをコピー」が表示されます。作成したBGMを配置したいトラックを選択し［OK］をクリックします。指定したトラックにBGMが配置されます。あとは、トリミングをしてフェードアウトさせ、音量などを調整します。

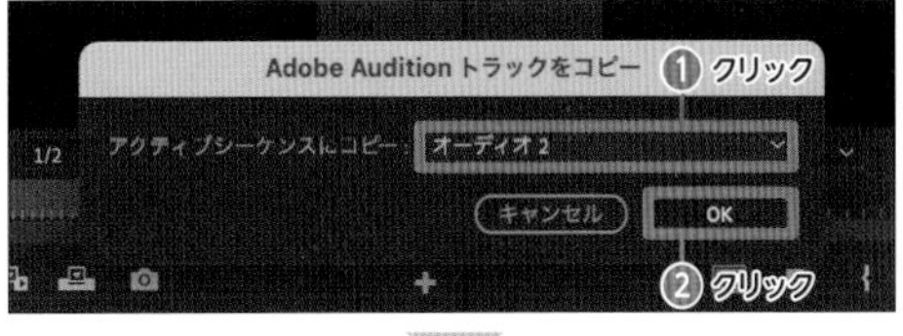

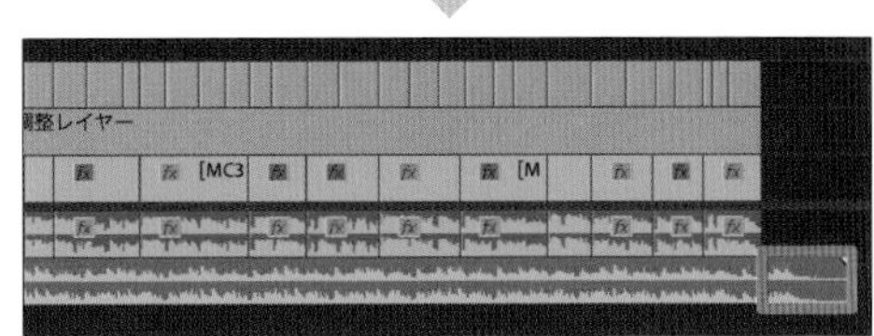

MEMO

BGMは長めに設定する

BGMの長さが足りないとやり直さなければならなくなるので、長めに設定しておくことを推奨します。長いぶんには、上記のようにカットしたりフェードアウトを適用したりするだけで済みます。

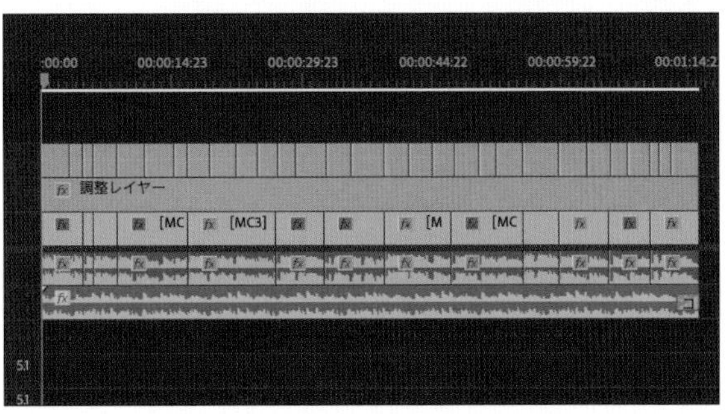

Recipe 86 便利なショートカット

ここでは、頻繁に使うショートカットキーを表にしました。ここで紹介しているものはごく一部ですが、いくつか覚えておくだけで作業効率はアップします。

デフォルトでのショートカットキー

	Windows	Mac
取り消し	ctrl + Z	command + Z
カット	ctrl + X	command + X
コピー	ctrl + C	command + C
ペースト	ctrl + V	command + V
すべて選択	ctrl + A	command + A
新規シーケンス	ctrl + N	command + N
保存	ctrl + S	command + S
書き出し	ctrl + M	command + M
オーディオゲイン	G	G
速度デュレーション	ctrl + R	command + R
レンダリング	Enter	Enter
イン点	I	I
アウト点	O	O
マーカーを追加	M	M
再生ヘッドを5フレーム進める	shift + →	shift + →
再生ヘッドを5フレーム戻す	shift + ←	shift + ←
新規ビン作成	ctrl + B	command + B
次の編集点に再生ヘッドを移動	↓	↓
1つ前の編集点に再生ヘッドを移動	↑	↑

Recipe 87 ショートカットキーをカスタマイズする

Premiere Proは、自身が編集しやすいようにショートカットキーをカスタマイズすることができます。ここでは動画編集で多く使用するカットを設定していきます。

1 キーボードショートカットウィンドウを表示する

メニューバーで、[Premiere Pro] → [キーボードショートカット] の順にクリックします。「キーボードショートカット」が表示されます。

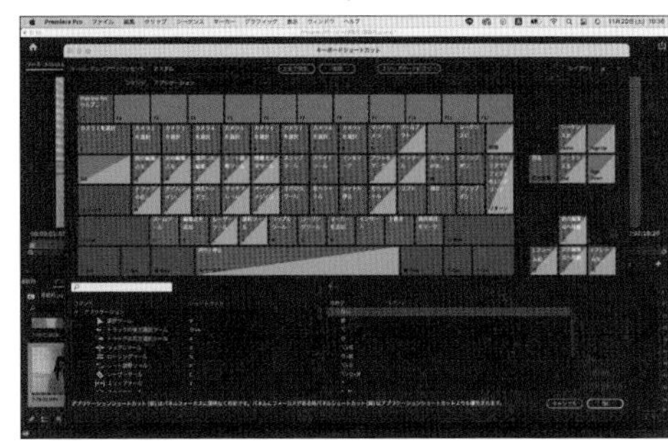

2 カットの設定を行う

ここでは検索窓に「編集点」と入力します。「編集点を追加」という項目が表示されます。Macの場合、デフォルトで command + K キーに設定されています。☒をクリックして消し、自身が使いやすいボタン(ここでは X キー)に設定します。変更できたら [OK] をクリックします。

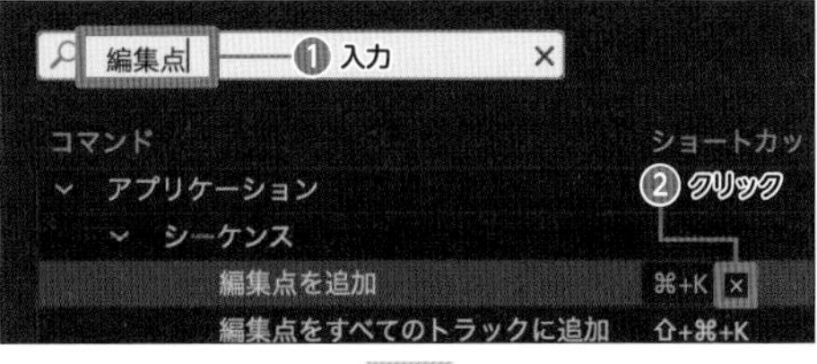

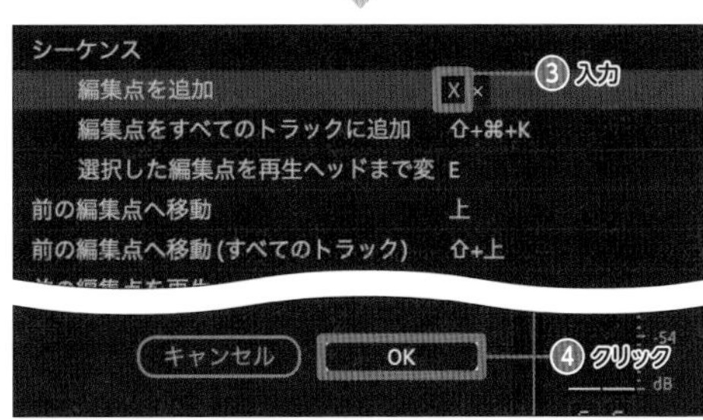

カットしたい場所に再生ヘッドを移動させ、設定したショートカットキーを押せば、わざわざレーザーツールに切り替えなくてもカットをすることができます。

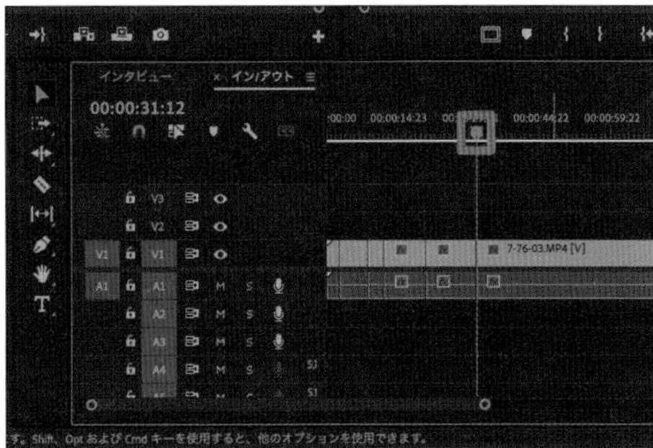

MEMO

カット編集をするとき、 space キーで「プログラムモニター」パネルを再生/停止させ、設定したショートカットキーを押してカットをするとスムーズです。また、その際デフォルトで設定されているリップル削除の Q キーを押せば、かなり効率よく動画編集ができるようになります。

Recipe 88 おすすめの外部サイト

ここでは動画編集に役立つ外部サイトを紹介します。ここで取り上げているもの以外にもたくさんありますので、探してみるといいでしょう。なお、著作権等に関してはそれぞれのページを確認してください。

Shutterstock（https://www.shutterstock.com/ja/）

ShutterStockでは、ロイヤリティフリーのストックフォト、ベクター画像、イラストなどが購入できます。プロのWebデザイナーやグラフィックデザイナー、動画クリエイターなどにおなじみのサイトです。サイト内には以下のように、無料配布しているものもあります。

❖ クッキング効果音

https://www.shutterstock.com/ja/blog/free-sound-effects-for-food-cooking-videos

食材を切る音や焼く音、煮る音、混ぜる音など、料理動画などで活用できる音がダウンロードできます。

❖ フィルムグレインオーバーレイ

https://www.shutterstock.com/ja/blog/how-to-use-free-film-grain-overlays

動画にレトロ感やビンテージ感を付けるのに役立つ5つのフィルムグレインをダウンロードできます。

❖ LUT

https://www.shutterstock.com/ja/blog/free-luts-for-log-footage

カラーグレーディングを行う際に便利な13個のLUTをダウンロードできます。

Adobe Fonts（https://fonts.adobe.com/）

標準でパソコンに入っているフォント以外でフォントを探してみたいときには、Adobe Fontsが便利です。好みのフォントをワンクリックするだけで、Premiere Proでも使用することができます。多くのフォントがありますが、時期によっては非対応となってしまうフォントが出てきたりもしますので、その際は代替フォントを探してみてください。

Chapter

8

プロのお手本レシピ

ここからはより実践的なレシピを紹介します。プロが実際に動画編集に取りかかる際、どのような考え方や手順で行うのか、さまざまな動画のタイプ別に解説します。

Recipe 89 製品紹介の動画を作る①

製品紹介の動画は、視聴者にその魅力を知ってもらい、購買意欲につなげることを目的にしています。ここではその作り方を解説します。

製品紹介の動画とは

製品を紹介する動画といっても、テレビやWeb用のCM、テレビショッピング、商品レビューなどさまざまです。以下のように、それぞれ特徴はあるものの「こうやって作らなければならない」という決まりはありません。

CMの特徴

一般的に数秒から1分程度の比較的短い動画を制作します。製品を全面に打ち出すCMもあれば、ショートムービーのようにストーリー性があるCMも最近は増えています。

テレビショッピングの特徴

一般的に10分から60分程度の動画を制作します。製品を説明したり、実演販売をするので、視聴者の興味や関心を持続させる工夫が必要になります。

商品レビューの特徴

一般的に5分から10分程度の動画を制作します。製品を実際に使ってみて、よかった点や悪かった点など感想を伝えます。YouTubeでも多く見られるタイプの動画です。

製品紹介の動画を作るポイント

製品紹介の動画は、コンセプトを明確にすることがもっとも大切です。ここでは具体的なコンセプトの作り方は省きますが、誰に何を紹介し、どのような目的を達成させるための動画にするのかを決めます。ターゲットが誰なのか、製品は何なのか、製品の特徴は何なのか、製品を手にするとどのようなことが起きるのか、動画を見た視聴者にどのような行動をしてもらいたいのか……などを明確にしたうえで、そのコンセプトに最適な動画を作成することになります。

今回の商材はヘッドホンだけど、音のよさだけじゃなくてデザイン性も訴求したい。ということはライティングは明るめで、モデルはこんな人で……

MEMO

引き出しを増やすことの重要性

コンセプトが明確になったらどのような動画にするのか決めていくのですが、このとき、いかにたくさんの動画を見て知識を溜めておいたかが大切になります。これを「引き出し」と呼んだりするのですが、知識を頭の中に参考資料のように溜め、作業の際はその中から必要なものを組み合わせたりオマージュしたりして制作していきます。
映画、テレビ番組、CM、YouTubeと、さまざまな媒体に動画は溢れています。これらを、「作り手目線」の視点から見ることによって、引き出しを増やすことにつながります。

作例：Adobe Premiere Proを紹介する動画

ここまでにお伝えしたことを念頭に置いて、練習用としてAdobe Premiere Proを紹介する動画を作っていきます。これから動画編集を始めようとしている人に対して、Adobe Premiere Proは使いやすく初心者にもおすすめだと知ってもらうのが、その目的です。

1 曲を選ぶ

まず最初に曲を決めます。無料で著作権フリーの音楽素材を使ってもよいのですが、そのような音楽はすでに多く出回っていることが多いため、仕事として動画制作を行う場合は有料の音楽素材を使うことをおすすめします。

ここでは有料BGM音楽素材サイト「Artlist」(https://artlist.io/jp/) を使用しています。

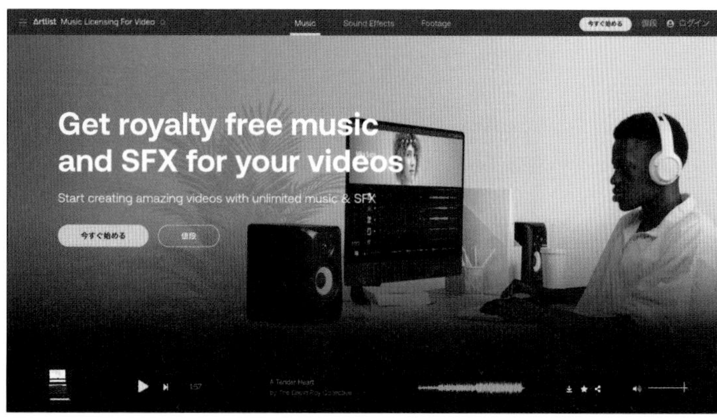

2 シーケンスを作成する

仕事ではシーケンスを指定されることもありますが、「4Kで作ってください」といった指定がない場合は「1080p24」か「1080p30」で作成して問題ありません。ここでは、「AVCHD 1080p24」のシーケンスで作成します。

3 音楽を配置する

音楽を「タイムライン」パネルのオーディオトラックに配置して、音楽を聴きながら拍や拍子、リズム、テンポの部分にマーカーで印を付けていきます。

拍や拍子、リズム、テンポがわからない場合は、オーディオトラックの幅を広げてズームハンドルをドラッグして、タイムラインを拡大します。波形が盛り上がっている部分が拍や拍子、リズム、テンポに当てはまるため、そこにマーカーで印を付けていきます。

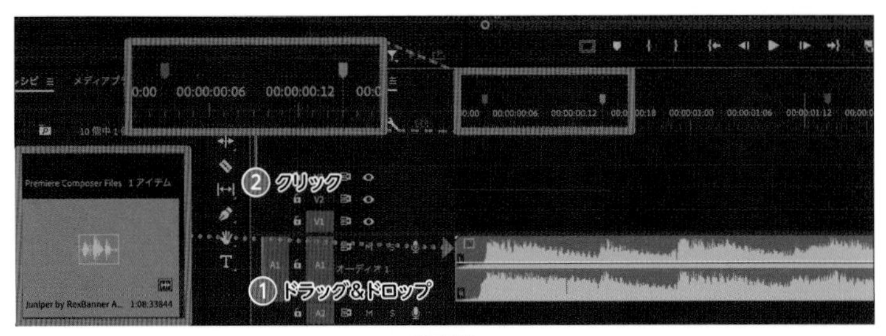

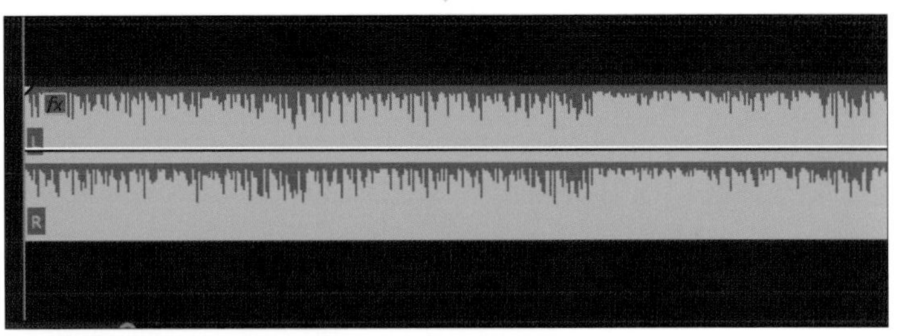

4 30秒でカットする

一通りマーカーで印を付けたらタイムコードを見て30秒の地点で右クリックして［消去］をクリックし、それ以降の音楽は消去します。

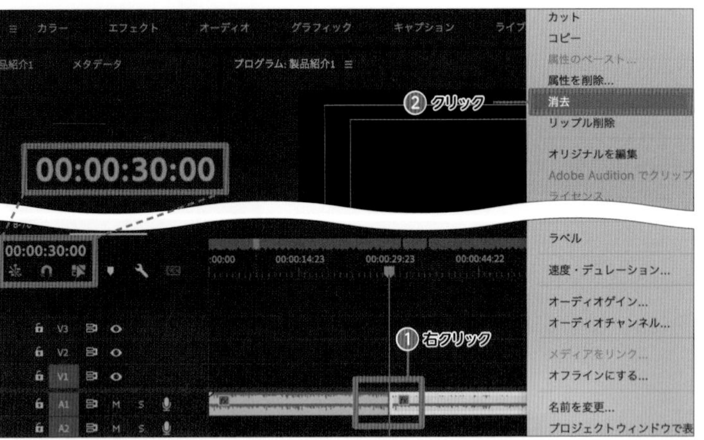

5 音声クリップを移動する

音声素材［89.mp3］を「プロジェクト」パネルに読み込み音声クリップをダブルクリックしてソースモニターへ移動します。少し長めに収録しているので使用する音声を決め、イン点とアウト点を打ち、右の3ヶ所を抜き出して、「タイムライン」パネルのビデオトラックに配置します。

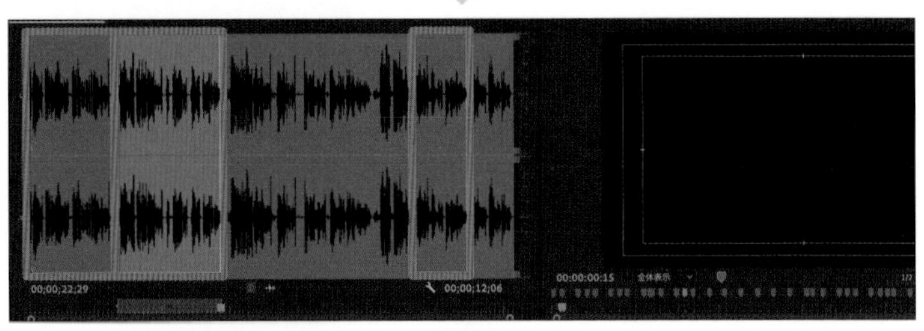

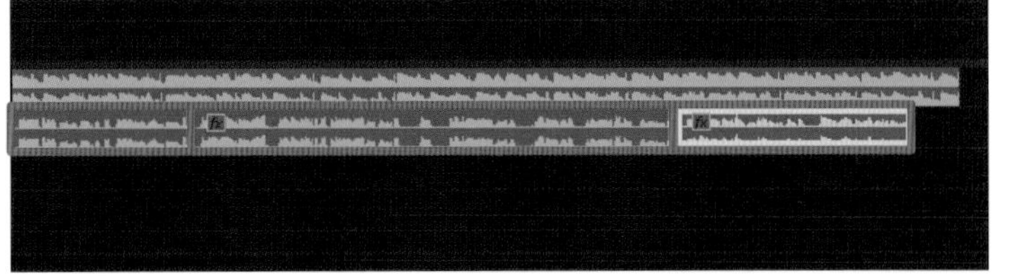

6 映像をマーカーに合わせて配置する

「プロジェクト」パネルのクリップをダブルクリックして「ソースモニター」パネルへ移動します。イン点とアウト点を打ち、「タイムライン」パネルのビデオトラックに配置します。このとき「ソースモニター」パネルの■を、「タイムライン」パネルにドラッグ＆ドロップすることで、映像のみをシーケンスに配置できます。各素材を配置し、マーカーに合うようにトリミングやレート調整ツールを使い、長さやスピードを微調整します。この作業を繰り返し行います。

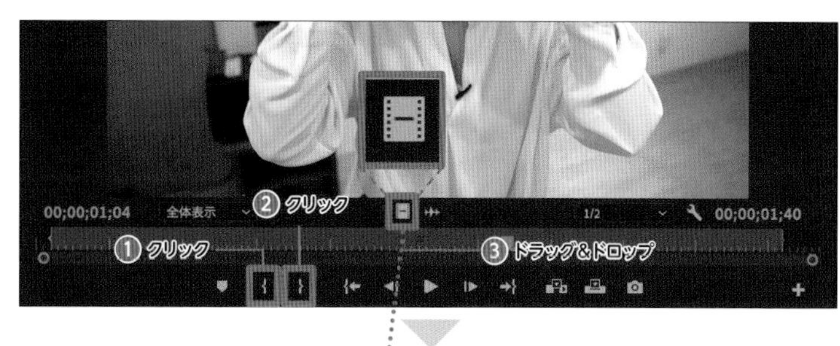

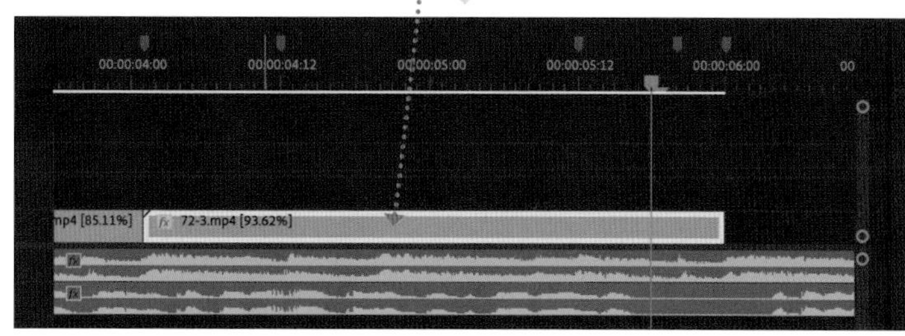

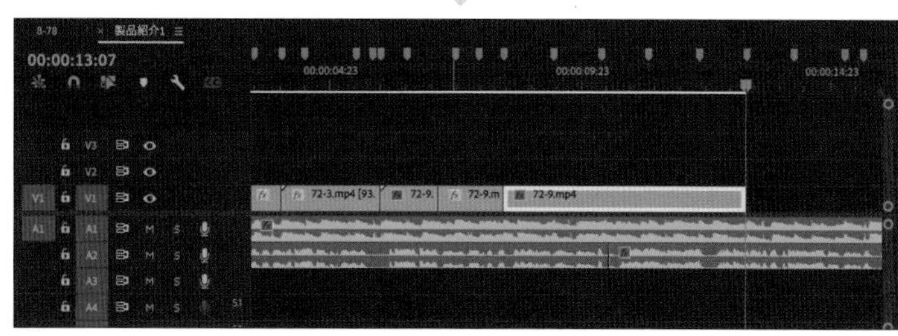

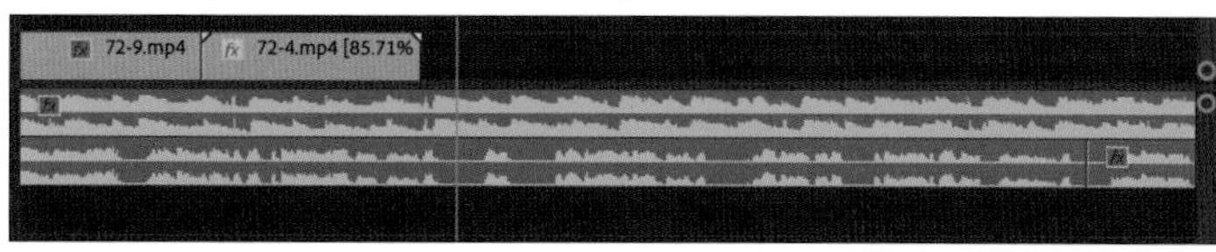

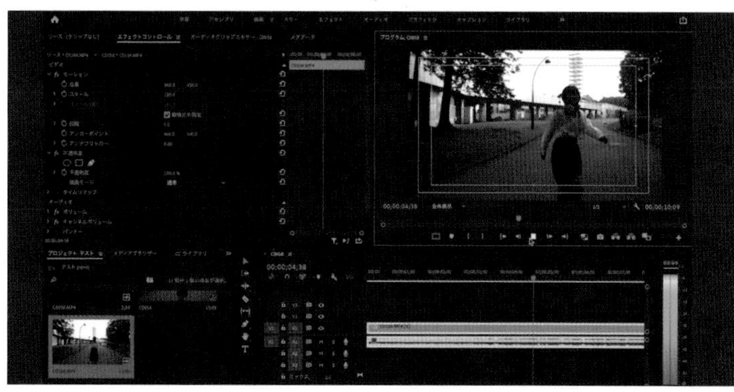

7 映像素材を配置する

最後に映像素材［89-1.mp4］をドラッグ＆ドロップで配置します。「Adobe Premiere Pro」と製品名を読み上げている音声も入れたいので、映像と音声の両方を「タイムライン」パネルに配置し、「エフェクトコントロール」パネルの「位置」や「スケール」の値を調整します。

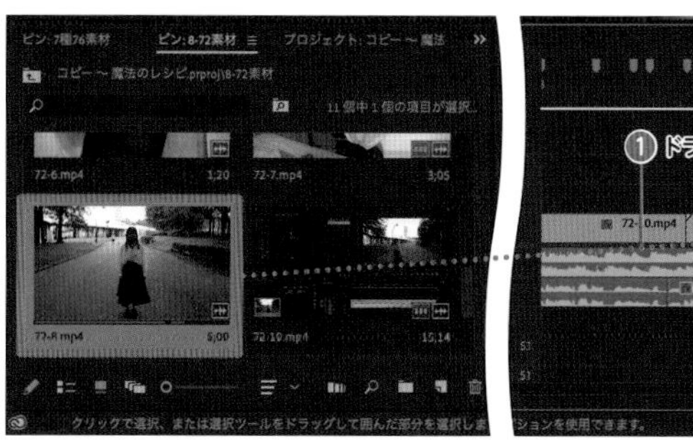

8 スキンレタッチを行う

P.142を参考に、被写体のスキンレタッチを行います。

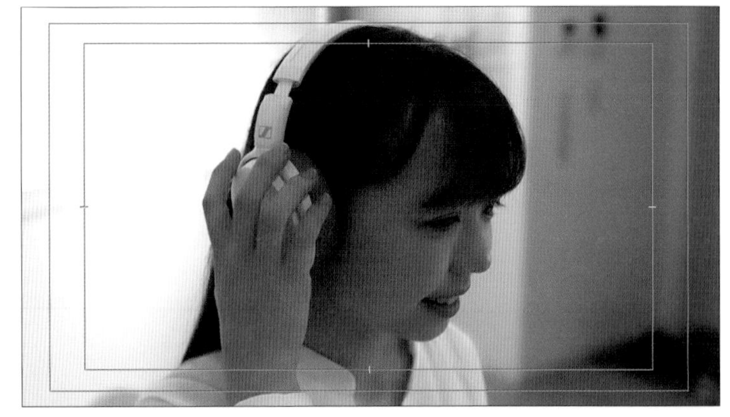

9 テロップを作成する

動画の最後に流れる「Adobe Premiere Pro」という音声に合わせて、テロップを入れます。テロップの入れ方はP.64を参考にしてください。

10 ボリュームを調整する

BGMのクリップを選択し、右クリックして[オーディオゲイン]をクリックします。「オーディオゲイン」で、音声の邪魔にならないようにボリュームを調整します。[最大ピークをノーマライズ]をクリックして「-15」から「-20」くらいの数値を入力し、[OK]をクリックします。

11 フェードイン&フェードアウトを適用する

「エフェクト」パネルのタブで[オーディオトランジション]をクリックし、[クロスフェード]をクリックします。

BGMのクリップの先頭には[コンスタントパワー]を、最後尾には[コンスタントゲイン]をドラッグ&ドロップして適用します。

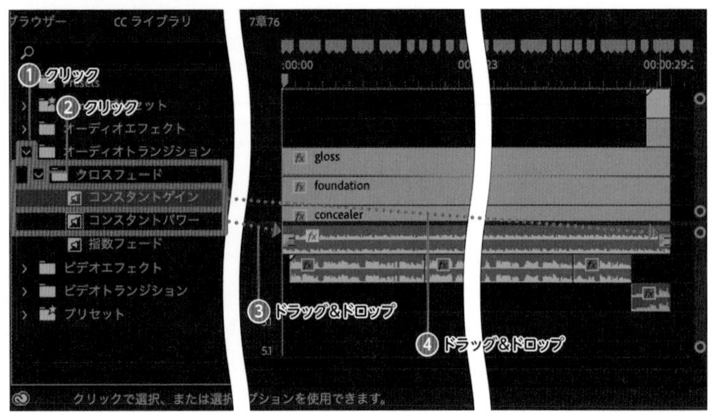

12 音声クリップを調整する

すべての音声クリップを選択し、右クリックして［オーディオゲイン］をクリックします。音声は0以上になると音飛びしてしまうので、［最大ピークをノーマライズ］をクリックして「-2」か「-3」くらいの数値を入力して［OK］をクリックします。

13 ノイズと雑音を軽減する

メニューバーで［ウィンドウ］→［エッセンシャルサウンド］の順にクリックし、「エッセンシャルサウンド」パネルを表示します。

最後のクリップを選択し、「エッセンシャルサウンド」パネルで［会話］をクリックします。次に［修復］をクリックしてチェックを付けます。［ノイズを軽減］と［雑音を軽減］もクリックしてチェックを付けます。これで空調の音がほぼ聞こえなくなります。

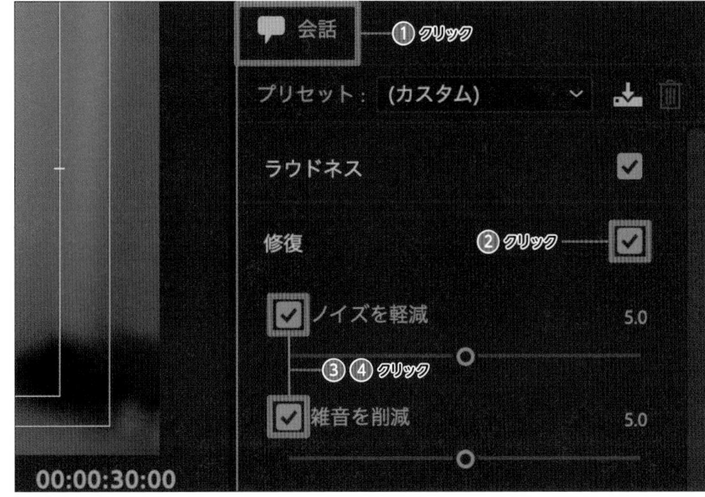

14 微調整する

最後にメニューバーで［シーケンス］→［インからアウトをレンダリング］をクリックしてレンダリングを行い、クリップの長さやスピードなどを微調整し、最終確認をします。

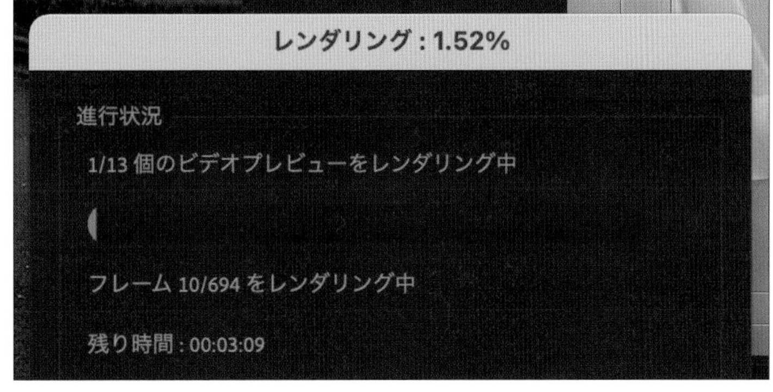

15 書き出す

動画を確認したら書き出しを行います。メニューバーで［ファイル］→［書き出し］→［メディア］の順にクリックします。編集時と色の相違がないように、書き出し設定でLUTを適用させるようにしましょう。

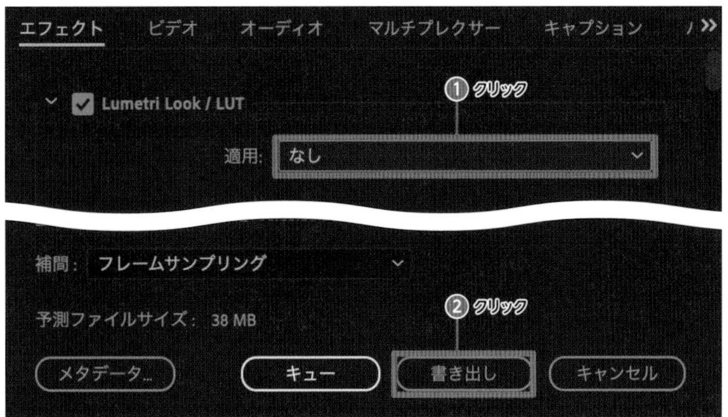

Chapter 8 プロのお手本レシピ

製品紹介の動画を作る②

製品紹介2つ目のレシピとして、ここではバックパックの紹介動画を作成します。製品の魅力を整理し、企画に落とし込んでから、撮影や編集作業を進行します。

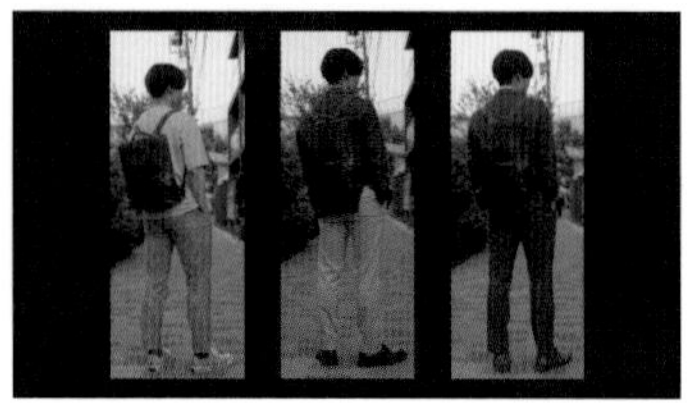

作例：バックパックの紹介動画

ここでは、バックパックの製品紹介の映像制作を依頼いただいたことを想定し、クライアントへの納品までのワークフローに沿って解説します。

映像制作のワークフロー

1 企画　動画を作る目的を企画書に落とし込み、絵コンテを作成します。絵コンテは、制作に関わる人数が多くなるほど共通認識を持つために役立ちます。

2 撮影　企画書や絵コンテをもとに、撮影を行います。

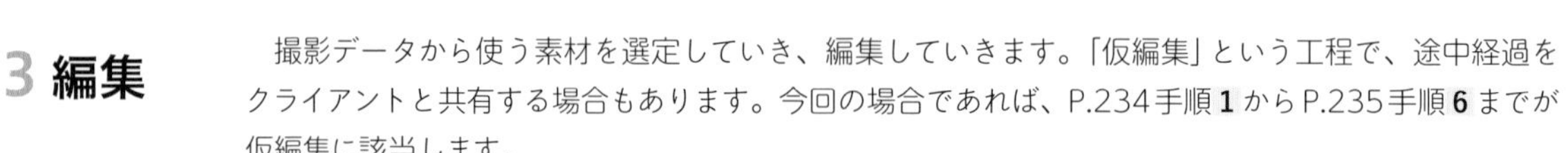

3 編集　撮影データから使う素材を選定していき、編集していきます。「仮編集」という工程で、途中経過をクライアントと共有する場合もあります。今回の場合であれば、P.234手順**1**からP.235手順**6**までが仮編集に該当します。

4 納品　書き出した動画を納品して完了です。納品するまでにテロップの修正や、映像素材の差し替えなど、完成形にも見える動画が多く書き出されることがあります。多数のバリエーションの中でも、クライアントから最終確認が行えた状態を「完パケ」と呼びます。

1 企画する

動画を作る目的を考える

目的
構成
台本
演者

どんな動画を作るかも大事ですが、まずは動画を作る目的を考えます。「商品の特徴を伝える」「ブランドの魅力を感じてもらう」といった視聴者に伝えたいことや、「店舗に足を運んでもらう」のような視聴者にどう行動して欲しいかなどを決めていきます。「動画を作る」こと自体が目的になってしまっている場合もあるので、クライアントにヒアリングしながら、目的を明確にしていきます。その目的にあわせて、動画の構成案や台本を考えます。また、並行して撮影場所や演者の選定も行っていきます。

❖ 絵コンテを作成する

動画の構成を「絵コンテ」で視覚的な情報に落とし込んでいきます。絵コンテとは、撮影イメージとその内容を簡易的なイラストとテキストで構成した映像の「下書き」のようなものです。

ただし、絵コンテは絶対に必要だというわけではなく、少ない人数でコンパクトに撮影する際には、動画の流れを文字で表す「字コンテ」の方がスムーズな場合も多いです。無理に絵コンテ作ろうとすると、そればかりに時間がかかってしまいます。あくまでも必要な場面でだけ作成しましょう。

また、撮影規模がより大きい場合には、仮撮影を行い、絵コンテの動画版である「Vコンテ（ビデオコンテ）」を作成することもあります。このVコンテによって、クライアントと綿密なイメージ作りを行います。

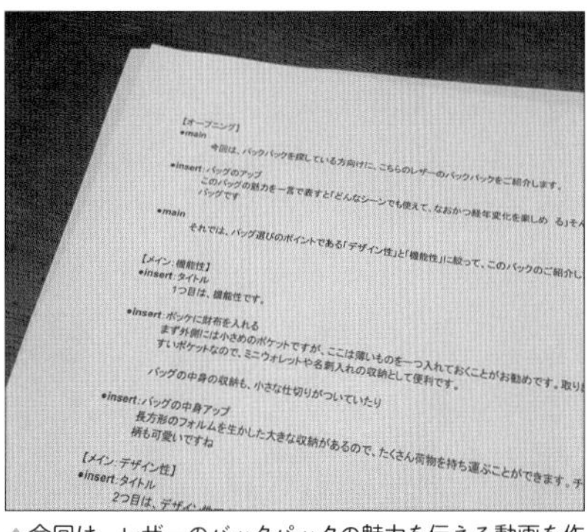
【オープニング】
●main
今回は、バックパックを探している方向けに、こちらのレザーのバックパックをご紹介します。
●insert：バッグのアップ
このバッグの魅力を一言で表すと「どんなシーンでも使えて、なおかつ経年変化を楽しめ る」そん
バッグです
●main
それでは、バッグ選びのポイントである「デザイン性」と「機能性」に絞って、このバックのご紹介し
【メイン：機能性】
●insert：タイトル
1つ目は、機能性です。
●insert：ポックに財布を入れる
まず外側には小さめのポケットですが、ここは薄いものを一つ入れておくことがお勧めです。取り
すいポケットなので、ミニウォレットや名刺入れの収納として便利です。
バッグの中身の収納も、小さな仕切りがついていたり
●insert：バッグの中身アップ
長方形のフォルムを生かした大きな収納があるので、たくさん荷物を持ち運ぶことができます。チ
柄も可愛いですね
【メイン：デザイン性】
insert：タイトル
2つ目は、デザイン

▲今回は、レザーのバックパックの魅力を伝える動画を作ることを想定し、字コンテを作成しました

2 撮影する

今回は、販売店のスタッフが商品の魅力を伝えるメイン映像とその途中に挿入するサブ映像の撮影を行います。その際、メイン映像を「A-ROLL」、サブの映像を「B-ROLL」と呼ぶことがあります。B-ROLLの役割には、多くの役割がありますが、中でも重要なのは下記の３つです。

①メイン映像だけでは伝えにくいことを補完する
②メイン映像の不自然な編集点をカバーする
③別の時間軸を作る

近年では、映像業界全体の中でも、印象的なB-ROLLを多用し、メイン映像のように扱う手法も登場しています。そのため、B-ROLLは単にサブ映像ではなく、メイン映像にもなり得ます。明確にサブ映像として扱う動画素材は「インサート」と呼ぶ方が一般的ですが、現場や業界によってまちまちです。

今回は、販売店のスタッフが視聴者に語りかけるメイン映像で親近感を演出し、B-ROLLはサブ映像として使用します。

▲メイン映像（A-ROLL）

▲サブ映像（B-ROLL／インサート）

3 編集する

仮編集を行う ※ダウンロードファイルの完成品と見比べながら作業してください

1 新規シーケンスを作成する

メニューバーで［ファイル］→［新規］→［シーケンス］の順にクリックします。ここではシーケンスプリセットを「AVCHD」、「1080p」、「AVCHD 1080p29.97」とします。

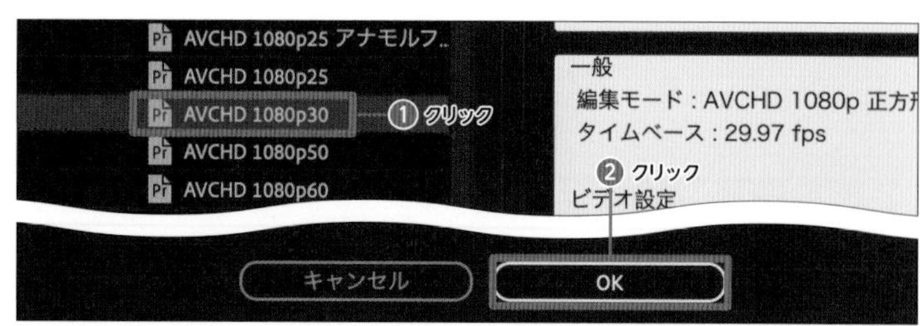

2 プロジェクトパネルをフォルダ分けする

必要な動画素材を「プロジェクト」パネルに読み込みます。多くの素材を扱うため、P.40を参考に「プロジェクト」パネル内に「insert」という名称でフォルダ(ビン)を作成します。

作成した「insert」内には「Pi_insert01.mp4」から「Pi_insert11.mp4」までを入れておきます。

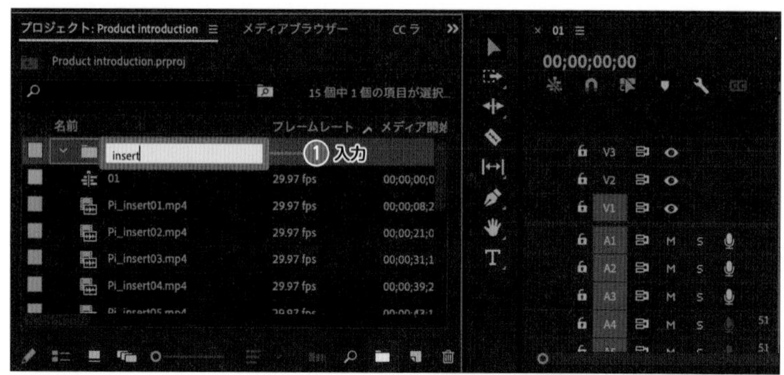

3 インサートの動画素材にラベルを付ける

作成した「ビン:insert」内の動画素材をすべて選択し、右クリック→「ラベル」からラベルの色を選択します。今回は［ローズ］を選択します。

同様にビンのラベルもクリップに合わせて変更しておきます。

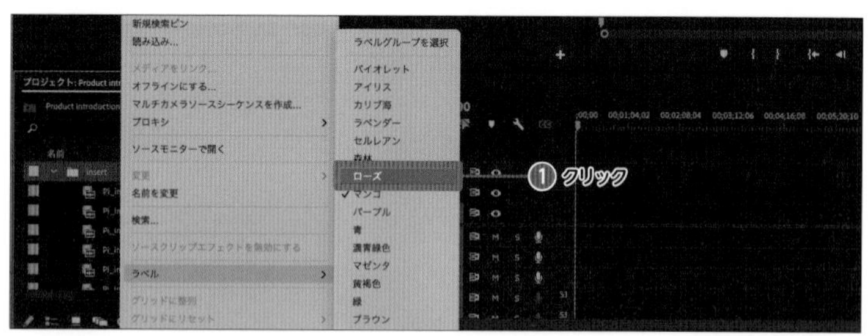

4 カット編集を行う

「タイムライン」パネル上の「V1」にメインパートの［Pi_Main01.mp4］を配置します。

動画の撮り始めと撮り終わりも、不要なのでカットします。演者が、言葉に詰まっていた箇所や、不自然な間があればカットします。

カット編集をしすぎると逆に不自然になってしまうので、撮影でなるべく完結させることを目指します。

今回は、各話題の間をカット編集で詰めました。

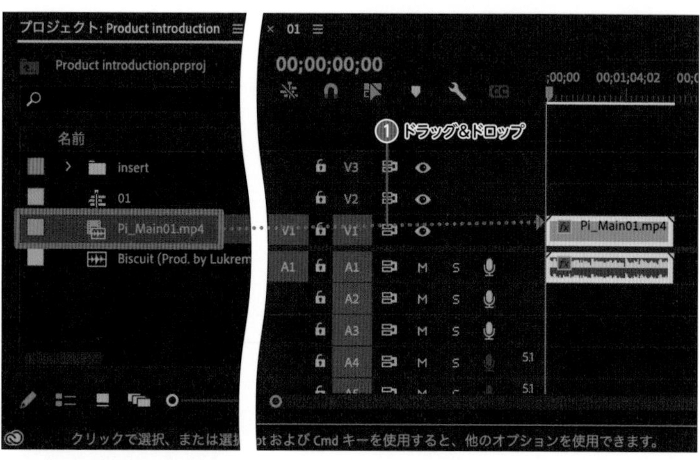

5 インサートを追加する

「V1」のメインパートのカット編集が終わったら、話題に合わせてインサート動画素材を追加していきます。

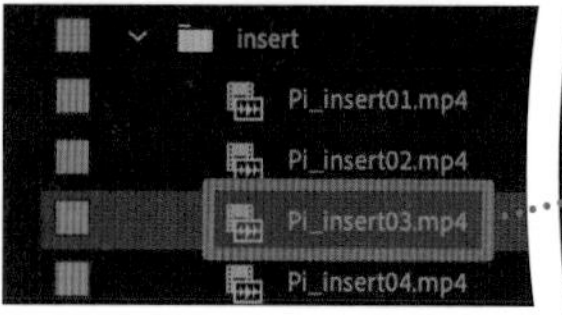

6 BGMを追加する

「タイムライン」パネルの「A2」にBGMをドラッグ＆ドロップで配置します。メインの音声が聞き取りやすいようにBGMの音量を「-35」dBに下げます。

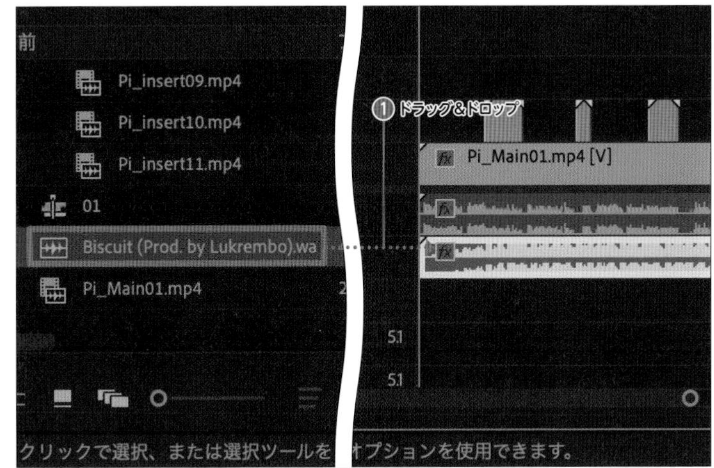

MEMO

今回BGMは、https://www.youtube.com/watch?v=XflaFwVRNV4 からダウンロードして使用しました。
インターネット上に公開されているBGMを利用する際には、適宜、利用規則などを確認しましょう。

インサートに擬似的なカメラワークをつける

1 インサートを再調整する

「どんなシーンでも使えて、経年変化を楽しめる」のシーンに追加したインサートのクリップ［Pi_insert01.mp4］を選択し、「エフェクトコントロール」パネルから、「スケール」に「120.0」と入力します。

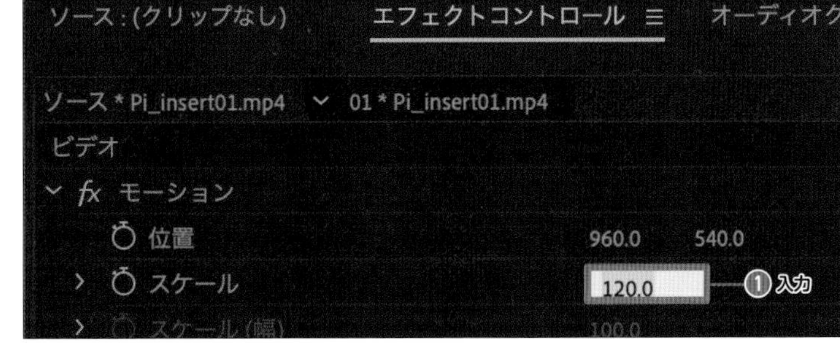

2 アニメーションをオンにする

インサートのクリップの先頭に再生ヘッドを合わせ「位置」が「960,540」であることを確認し、をクリックしてアニメーションをオンにします。

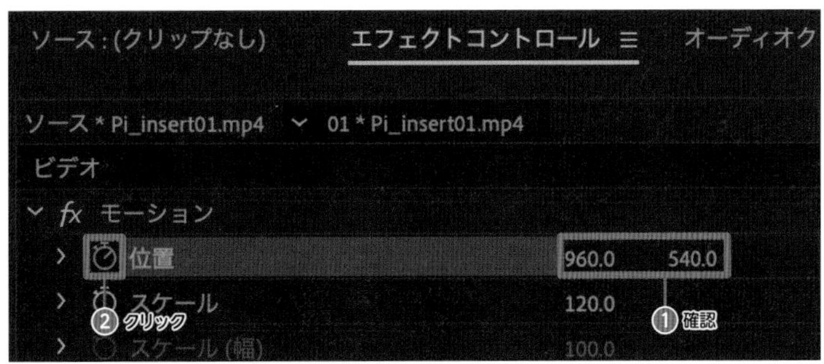

3 インサートにカメラワークを付ける

クリップの末端に再生ヘッドを合わせ、「位置」に「1100.0,540.0」と入力します。すると自動でキーフレームが追加され、右に動いていくアニメーションが追加されます。

撮影時にカメラをスムーズに左右に動かすには、専用の機材が必要になりますが、「エフェクトコントロール」パネルの「位置」でアニメーションさせることで、スムーズなカメラワークを擬似的に再現できます。

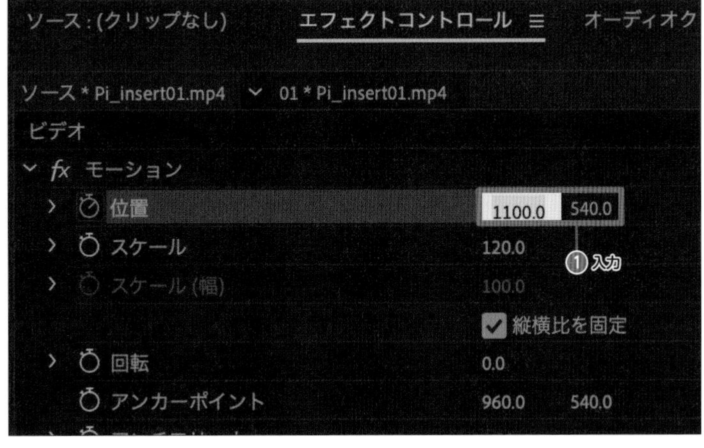

インサートを印象的に登場させる

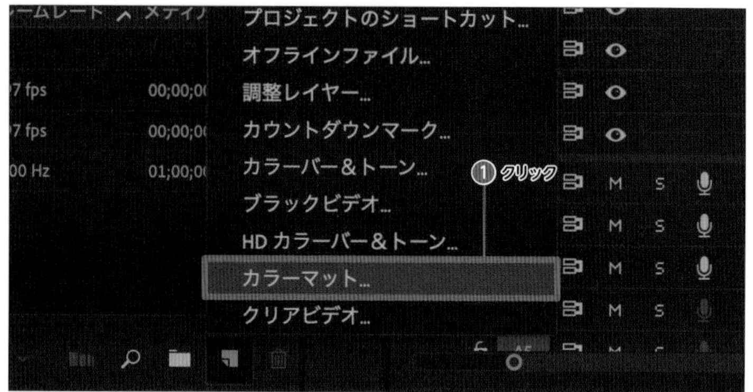

1 カラーマットを作成する

「プロジェクト」パネルの右下の■をクリックし、[カラーマット] をクリックします。ビデオ設定は変更せずに [OK] をクリックします。配色は「カラーピッカー」で黒色になるように選択し、[OK] をクリックします。「名前」は任意の名称か、デフォルトのまま [OK] をクリックします。

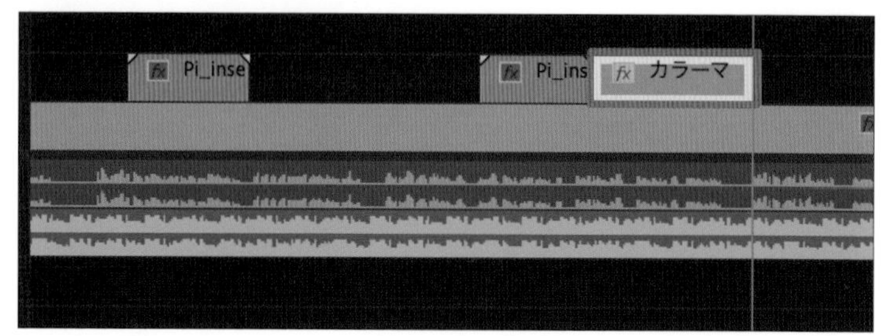

2 カラーマットを配置して背景を作る

「カジュアルな服装では〜」のシーンに「カラーマット」を「V2」に配置します。「カラーマット」の長さを5秒前後に調整し「エフェクトコントロール」パネルで「不透明度」に「99」%と入力します。

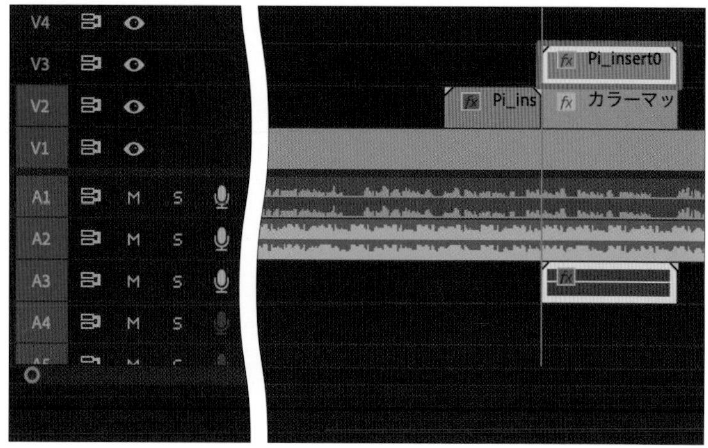

3 インサートのクロップエフェクトで切り取る

最終的には合計3つのインサートが動画上に表示されますが、まずは1つだけ作成します。「V3」に、[Pi_insert09.mp4] をドラッグ&ドロップして配置します。「V2」にあるカラーマットのクリップと同じ長さになるよう調整します。次に「エフェクト」パネルから「クロップ」を適用します。「エフェクトコントロール」パネルから、下記の値を入力し、縦長の映像を作ります。(左:「40%」、上:「5%」、右:「40%」、下:「5%」)。

4 トランスフォームを適用する

「エフェクト」パネルの検索窓で「トランスフォーム」と入力し、ドラッグ＆ドロップで「Pi_insert09.mp4」に適用します。

MEMO

「エフェクトコントロール」パネル内の「モーション」の「位置」は、おもに対象物の「表示位置」に使用し、「トランスフォーム」の「位置」は、おもに「アニメーションさせる位置」に使用します。

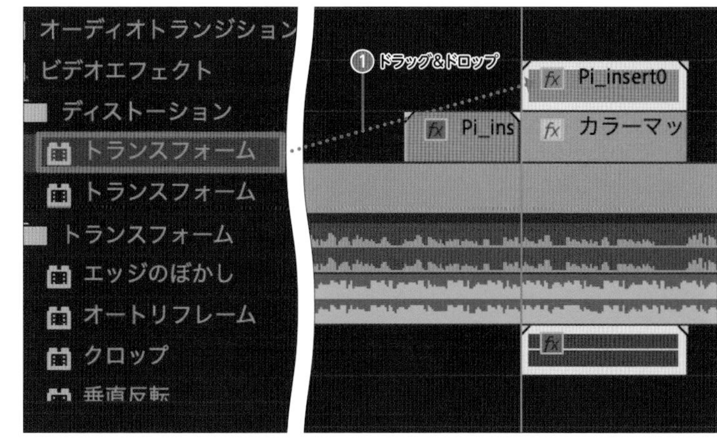

5 アニメーションをオンにする

インサートのクリップの先頭から11フレーム後に再生ヘッドを合わせ、「エフェクトコントロール」パネルの「トランスフォーム」の「位置」の⏱をクリックします。

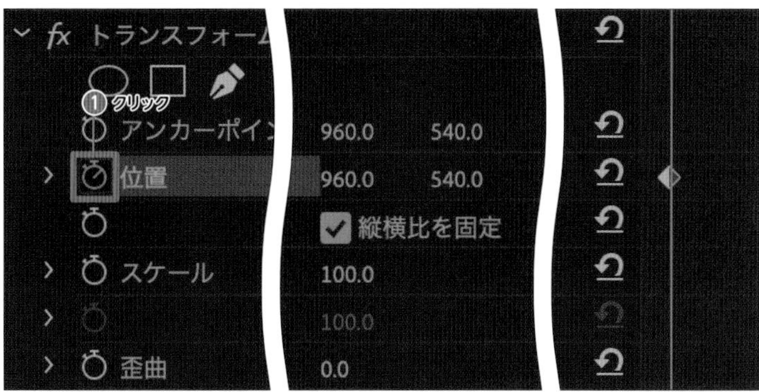

6 アニメーションの開始位置を決める

インサートのクリップの先頭に再生ヘッドを合わせ直し、「トランスフォーム」の「位置」のY軸の値に「1600」と入力します。

すると、インサート映像は画面外の下の方に配置され、キーフレームが打たれます。

手順**5**で画面中央にインサート映像が配置されている状態でアニメーションをオンにしていたので、再生すると画面外から中央に動くアニメーションになります。

7 アニメーションの動きを滑らかにする

作成したキーフレームを2つを選択し、右クリック→「時間補間法」→「イーズイン」をクリックします。同様の手順で「イーズアウト」もクリックします。

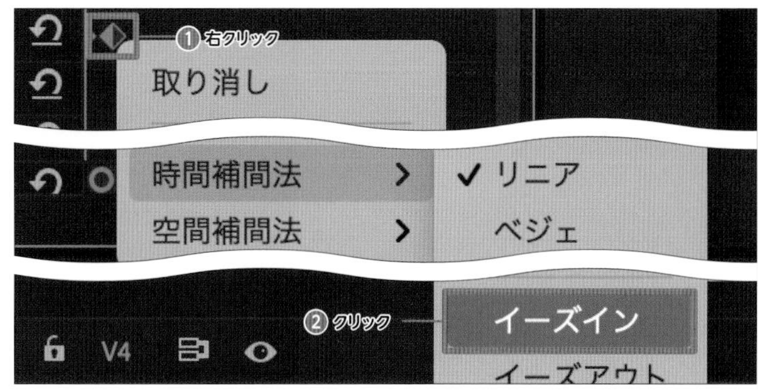

8 2つ目のインサートを作成する

「V4」に、インサート用の動画[Pi_insert10.mp4]をドラッグ&ドロップで配置します。これまでで作成した「V3」のクリップを右クリックし[コピー]をクリックします。次に「V4」のクリップを右クリックし[属性をペースト]をクリックします。「属性をペースト」のウィンドウが開くので、「モーション」「エフェクト」の項目にチェックが付いていることを確認し、[OK]をクリックします。「V4」のクリップも、1つ目と同じクロップとアニメーションが付いた状態になります。

9 1つ目のインサートの位置を変更する

「V3」と「V4」のクリップがピッタリ重なってしまっている状態なので、「V3」のクリップを選択し「エフェクトコントロール」パネルの「モーション」の「位置」のX軸の値を「470.0,540.0」と、X軸を小さくし、左側に移動させます。

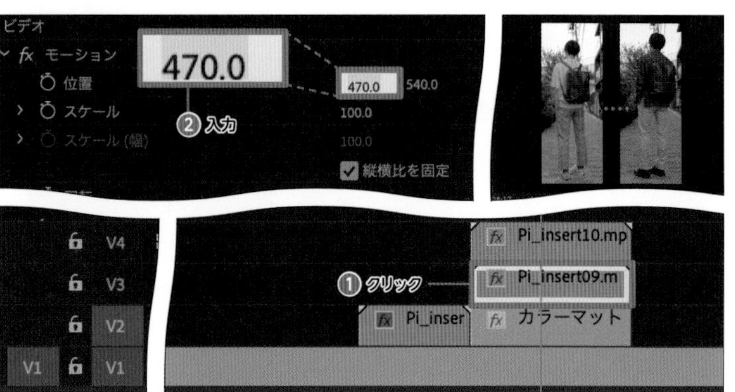

10 3つ目のインサートを作成する

2つ目のインサートと同じ手順で、3つ目のインサートを「V5」に作成します。

「V3」とクリップがピッタリ重なったあとは、「エフェクトコントロール」パネルの「位置」の値を「1450.0,540.0」と、X軸を大きくして、右側に移動させます。

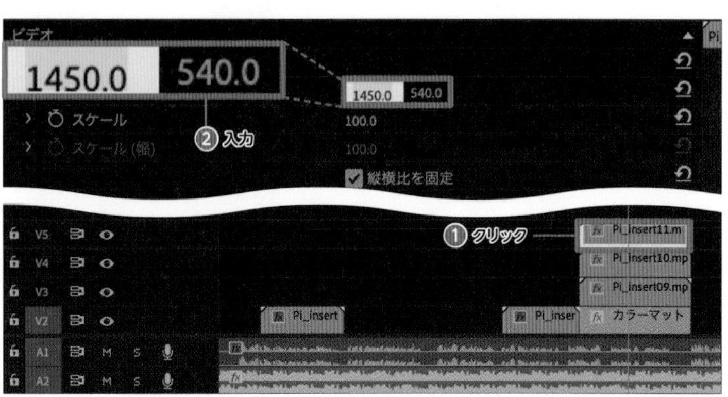

11 インサートが順に表示されるように調整する

「V3」~「V5」で作ったクリップを1つずつ階段状にずらしていきます。

その状態で再生すると、すばやく順番にインサートが表示され、バリエーション感をアピールできます。

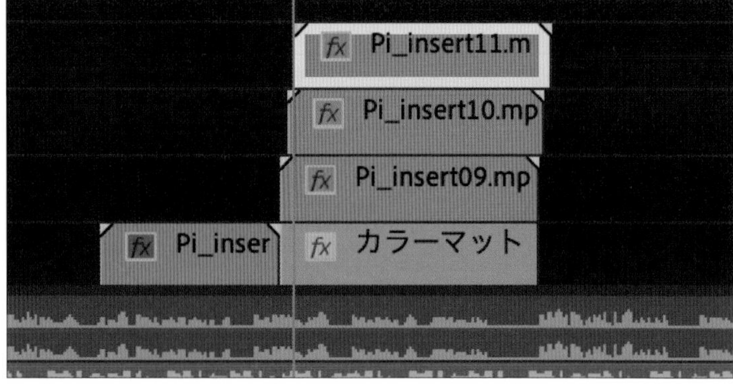

12 インサートの末端を調整する

クリップを階段状にずらすとクリップの末端もずれるためで、カットして揃えます。

「エフェクト」パネルから、[フィルムディゾルブ]を検索し、ドラッグ&ドロップで3つのインサートのクリップの末端にそれぞれ適用します。そして、徐々に消えるように「フィルムディゾルブ」の長さを調整します。

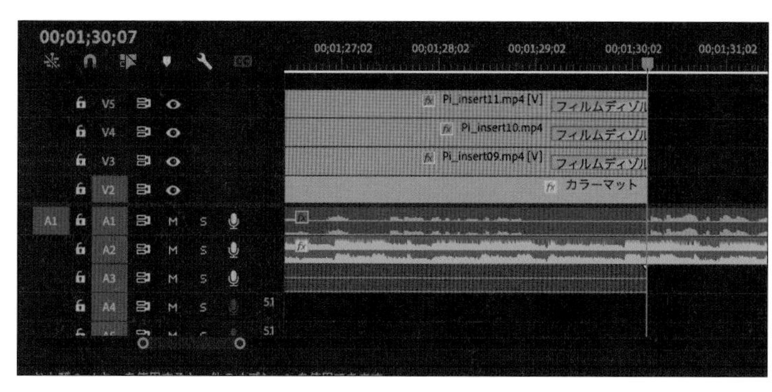

13 テロップを追加する

動画冒頭でバックの魅力を一言で「どんなシーンでも使えて、経年変化を楽しめる」と話しているシーンに、テロップを加えて目立ちやすくします。

「ツール」パネルより T をクリックし、「プログラムモニター」パネル内で文字を入力し、任意の場所に配置します。

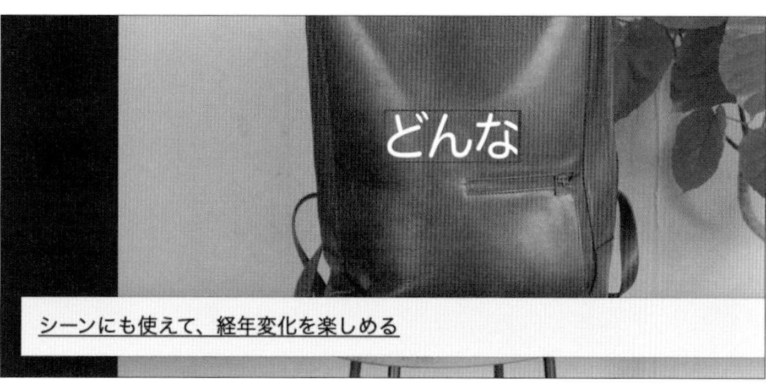

14 見出しテロップを追加する

話題が変わるタイミングごとに、インサートを2秒ほど配置し、「1,機能性」「2.デザイン性」と見出しも配置します。

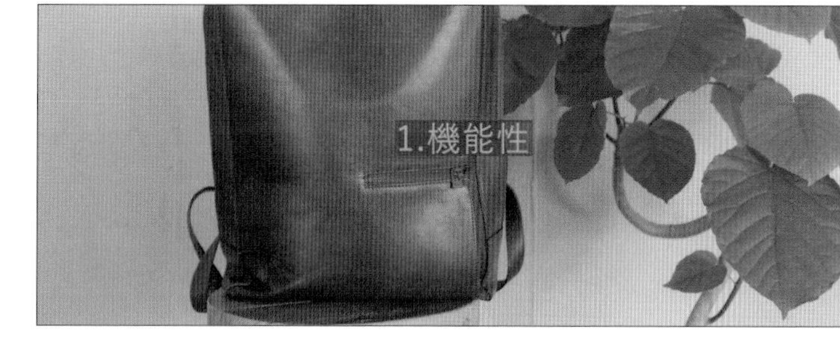

4 納品する

クライアントが指定するフォーマットで動画を書き出します。納品するまでにテロップの修正や、映像素材の差し替えなど、動画が多く書き出されることがあります。そのため、書き出した動画のファイル名の最後に日付を入力し管理します。書き出した動画どうしで比較したり、修正経過をたどることがあるため、基本的には書き出した動画はすべて保管しておきます。

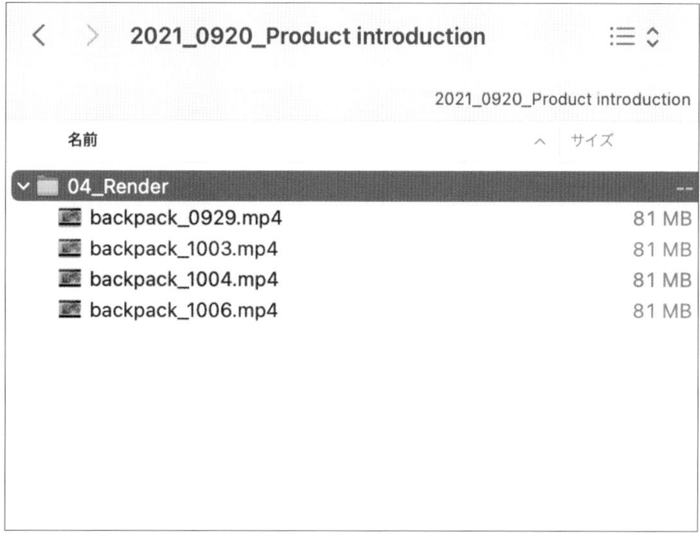

MEMO

書き出したバリエーションの中でも、今回は「backpack_1006.mp4」が完パケです。

Recipe 91

MVなどで使える演出①

MV（ミュージックビデオ）を作る際、曲の世界観を映像化することで、うまくマッチさせることを目指します。ここでは、その作り方を解説していきます。

MV作成の基本

MVの作り方は多様ですが、そのうちの1つが、ストーリーの起承転結に合わせた作り方です。映画やドラマには、比較的落ち着いて視聴できる部分があったり、感情が大きく動く部分があったりします。同様に、MVでも感情の波を作ることが求められます。最初から最後まで一定のリズムやテンポで映像を切り替えるのではなく、あえてズラしたり、曲のサビに向かって盛り上がるように、映像を切り替えるスピードを早めたりするなど工夫も必要になってきます。もちろん例外も多々ありますが、この基本形をしっかり理解しておけば、ほかのタイプの映像を作るときにも応用が可能です。その上で、MVを作っていく基本的なポイントを3つご紹介します。なお、次ページからの解説使用している楽曲は「TheFutureIsNow_by_MARLOE_Artlist.wav」というものです。お手本の動画も参考にしつつ、ご自身でもダウンロードして、手を動かしてみてください。

1 曲を選ぶ

MVの場合は、まずクライアントから曲を渡されます。その曲調によってどのような演出を加えるのかを決めていきます。先に曲があり、そのストーリーを作ってどのような映像が必要なのかを決め、撮影、編集という流れになります。

Artlist
https://artlist.io/jp/

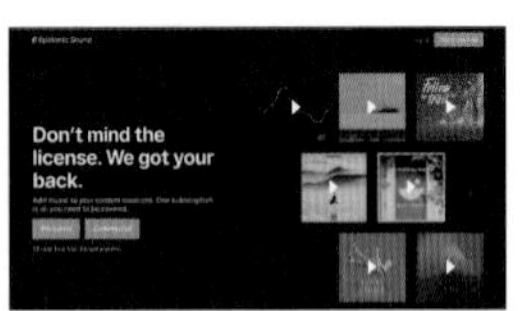

Epidemic Sound
https://www.epidemicsound.com/

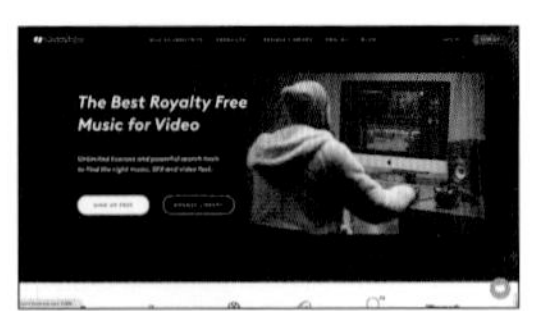

Soundstripe
https://www.soundstripe.com/

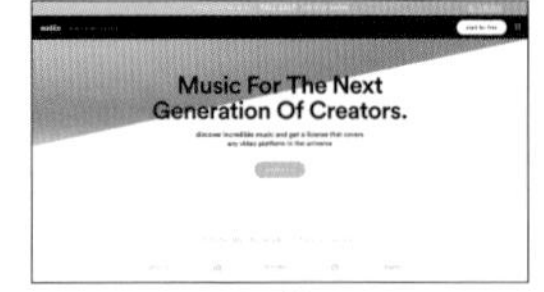

Audiio
https://audiio.com/

2 シーケンスを作成する

仕事として請け負う場合、書き出し形式を指定されることがあり、その形式に合わせるためにシーケンスから設定を決める必要があります。一方、4Kなどの指定がない場合は、スローを使うことを考慮して「1080p24」で作成します。

3 映像と音楽を合わせる

音楽クリップをオーディオトラックへ配置したら、音楽を聴きながら拍や拍子、リズム、テンポの部分にマーカーで印を付けていきます。オーディオトラックの幅を広げてズームハンドルをドラッグしてタイムラインを拡大し、キーボードのカーソルを押していくと音が変わる部分が必ずあります。そこにマーカーで印を付けます。このマーカーを目安にして映像を配置していきます。

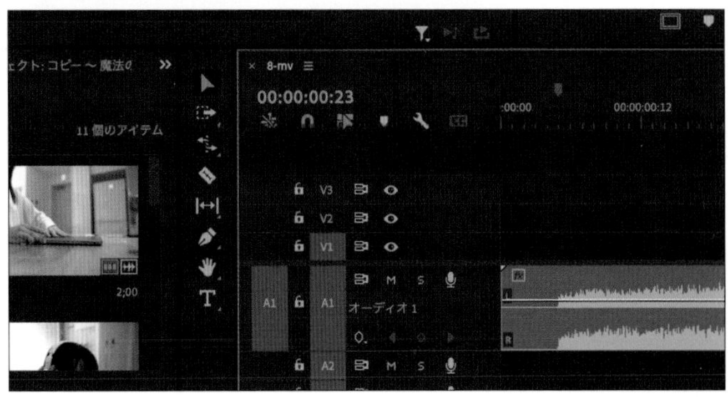

演出① EYE ZOOM TRANSITION

曲のどの部分で演出を加えるか決めたら、実作業に入っていきます。以下に紹介するトランジションを使うと、MVとしてぐっと見栄えがよくなります。まずは、目に吸い込まれるような演出の作り方を紹介します。

1 映像素材を配置する

映像素材［91-1.mp4］をダブルクリックして「ソースモニター」パネルに移動します。

モデルが瞬きをして目を開いた場所から数秒後でクリックしてアウト点を打ち、ビデオトラックへ配置します。

2 レーザーツールでカットする

「プログラムモニター」パネルを拡大させ、瞬きをし目を開け始めた半目のところに再生ヘッドを合わせレーザーツールでカットします。

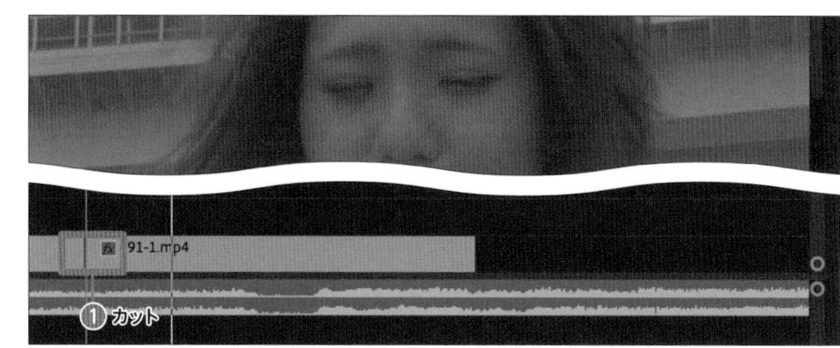

3 2つ目の素材を配置する

レーザーツールでカットした場所を先頭にして、映像素材［91-2.mp4］を「タイムライン」パネルの「V2」にドラッグ＆ドロップで配置します。

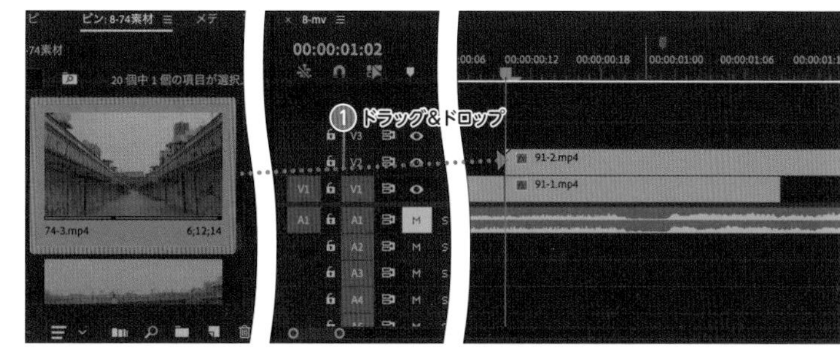

4 レーザーツールでカットする

「91-1.mp4」の最後尾と重なる「91-2.mp4」をレーザーツールでカットして、「V1」に配置します。

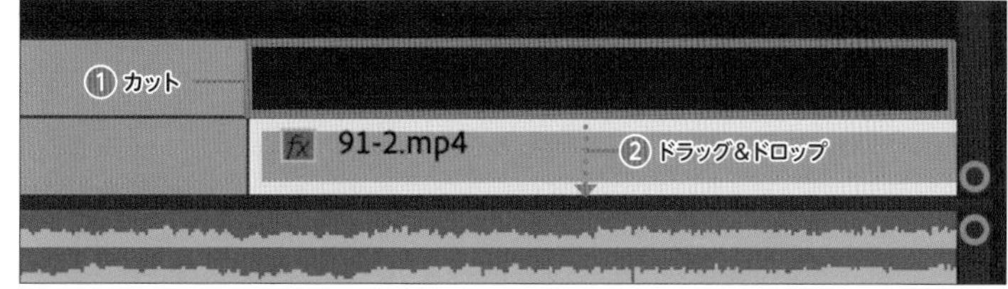

5 楕円形マスクを適用する

「V2」のクリップを選択し、再生ヘッドを先頭に移動します。「エフェクトコントロール」パネルの「不透明度」で◯をクリックします。

マスクが適用されますので、クリックして黒目に重なるように大きさや位置を調整します。

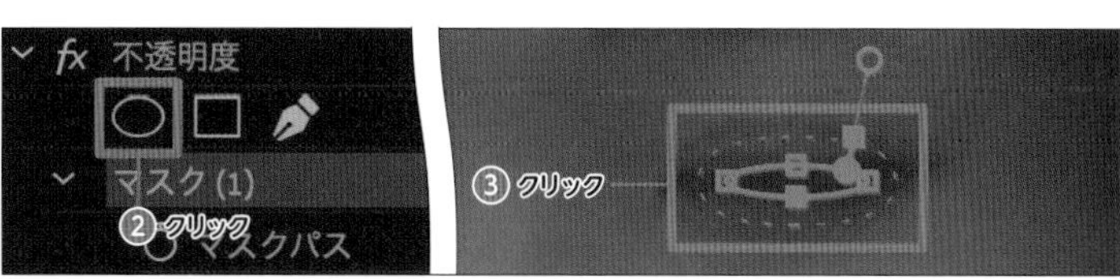

6 キーフレームを打つ

「マスクパス」の⏱をクリックしてキーフレームを打ちます。「プログラムモニター」パネルのマスクが非表示になってしまった場合は、「エフェクトコントロール」パネルの［マスク(1)］をクリックすると表示されます。

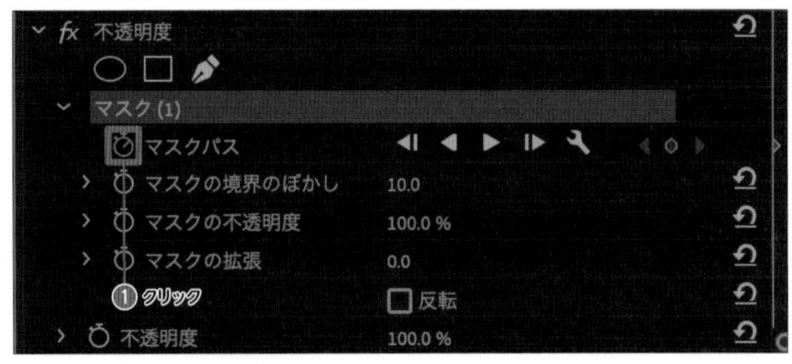

7 1フレームずつマスクを調整する

キーボードの右カーソルを1回押して、1フレームずつ「プログラムモニター」パネルのマスクの位置と大きさをドラッグして、黒目に合わせて広げていきます。これを最後まで行います。

「プログラムモニター」パネルで［全体表示］を選択し、全体表示に戻します。

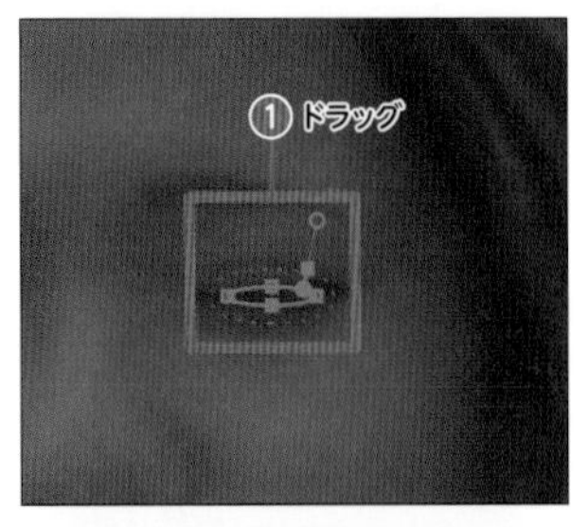

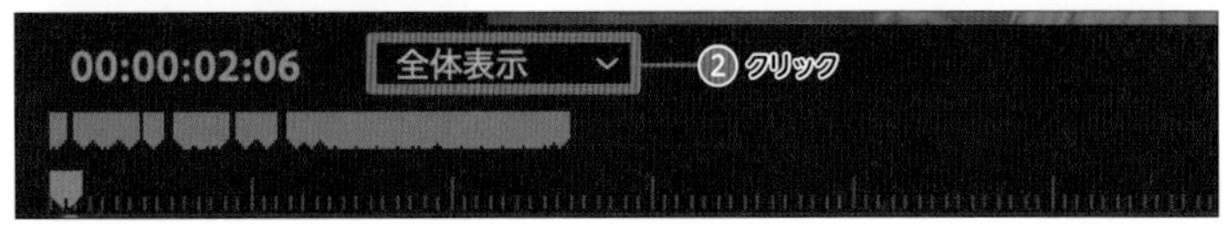

8 ネストする

重なっている2つのクリップ両方を選択し右クリックして［ネスト］をクリックします。2つのクリップが、1つのクリップにまとまります。

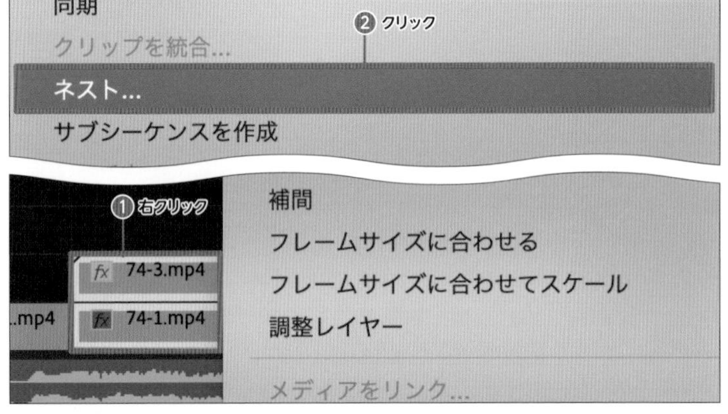

9 ズームインを作成する

「エフェクトコントロール」パネルで「位置」と「スケール」の⏱をクリックしてキーフレームを打ち、ズームインを作っていきます。次にP.138と同じ要領で無料プラグイン「Premiere Composer」をダウンロードして適用し、［Zoom In］をクリックして適用します。

10 マーカーに編集点を合わせる

クリップをカットしたり、スピードを調整して先ほど打ったマーカーに編集点を合わせます。

これで、目に吸い込まれるような演出が完成です。

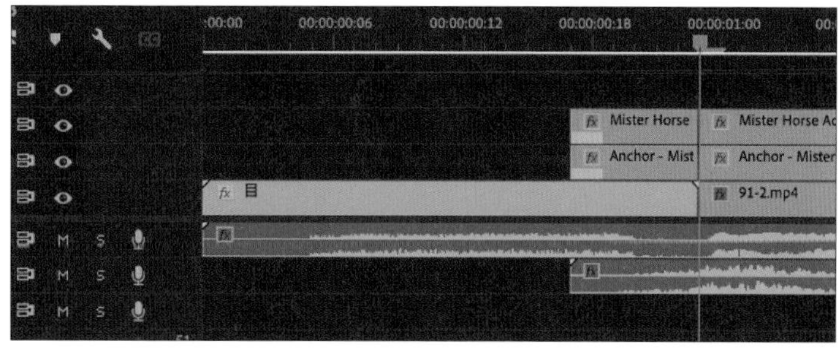

演出②MASK TRANSITION

マスクを使ったスムーズな場面転換の作り方をご紹介します。お手本では、バスが通過するタイミングで適用しています。あえてリズムには厳密に合わせていません。

1 映像素材を配置する

[91-3.mp4] を「タイムライン」パネルの「V2」にドラッグ＆ドロップで配置します。

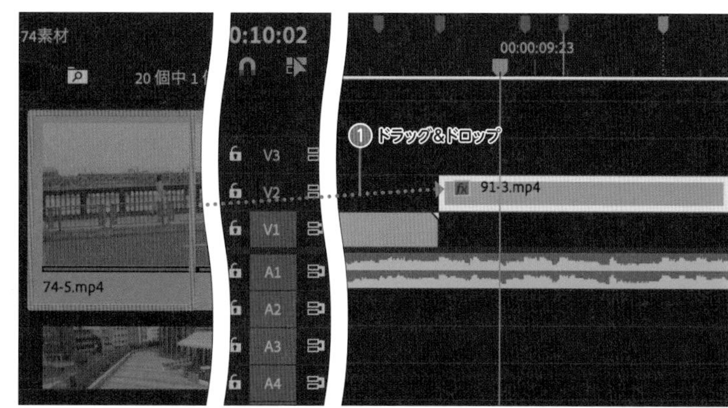

2 長方形マスクを作成する

「エフェクトコントロール」パネルの「不透明度」で■をクリックして、[反転] をクリックしチェックを付けます。

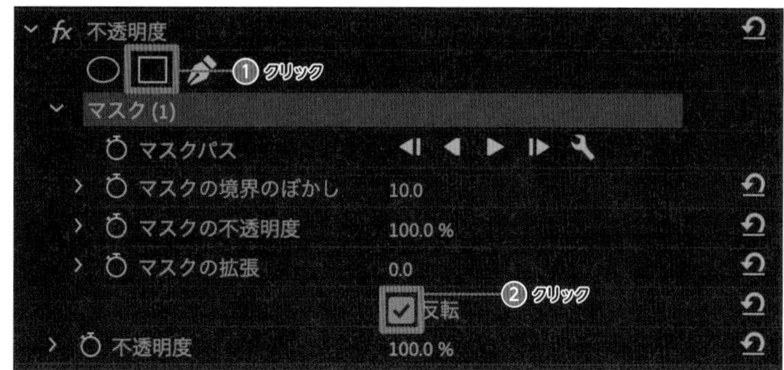

3 マスクの位置を決める

「プログラムモニター」パネルの拡大率で [50%] を選択して縮小し、映像のバスが通り過ぎて背景が見え始める1フレーム手前で、マスクをドラッグしてフレームの外に配置します。

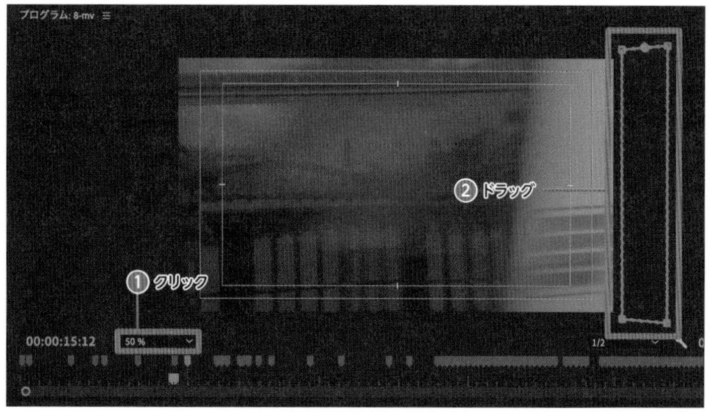

4 キーフレームを打つ

「マスクパス」のをクリックして、キーフレームを打ちます。「プログラムモニター」パネルのマスクが非表示になってしまった場合は、「エフェクトコントロール」パネルの［マスク（1）］をクリックすると表示されます。

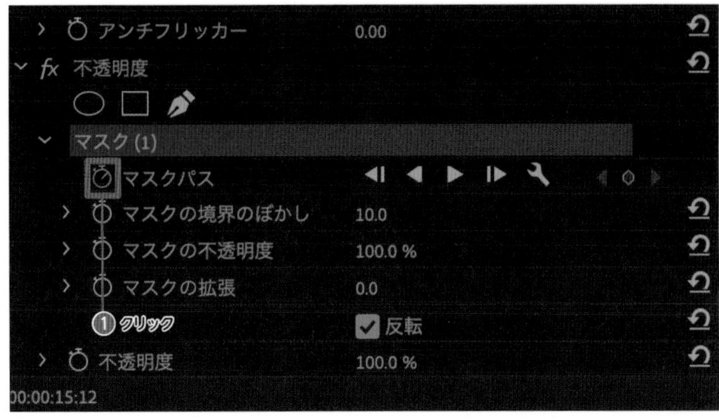

5 1フレームずつマスクを調整する

キーボードの右カーソルを1回押して、1フレームずつ「プログラムモニター」パネルのマスクの位置と大きさをドラッグして調整していきます。これを最後まで行います。

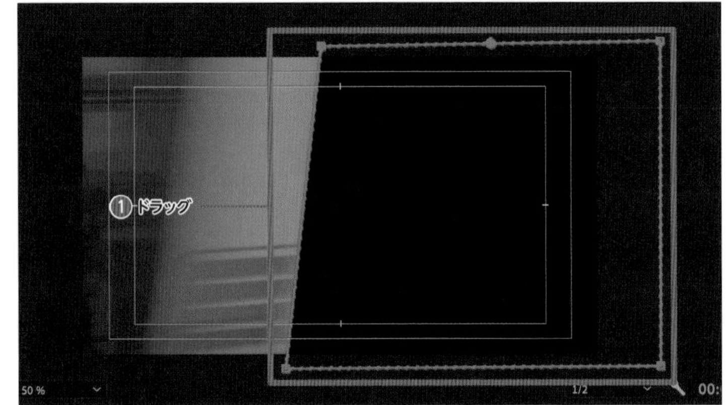

6 映像素材を配置する

マスクのキーフレームの先頭の位置に次の映像素材［91-4.mp4］をドラッグ＆ドロップして配置します。「プログラムモニター」パネルの拡大率で［全体表示］を選択します。

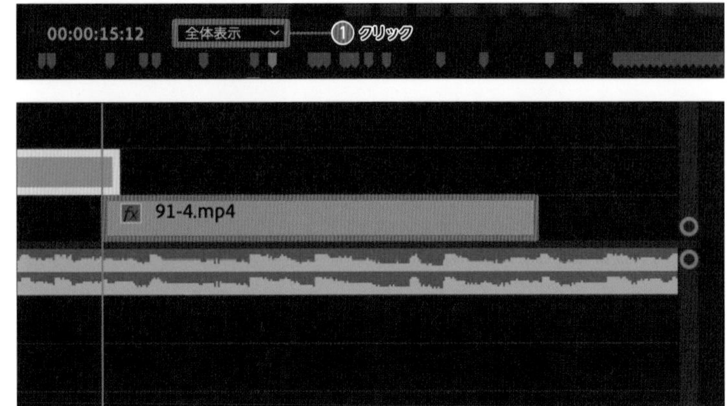

7 1フレームずつマスクを調整する

このままでもいいのですが、よりスムーズに切り替わるように、「Premiere Composer」（P.140参照）のパントランジションを適用します。クリップをカットしたり、スピードを調整して先ほど打ったマーカーに編集点を合わせます。これで、マスクトランジションを使った自然な場面転換が完成です。

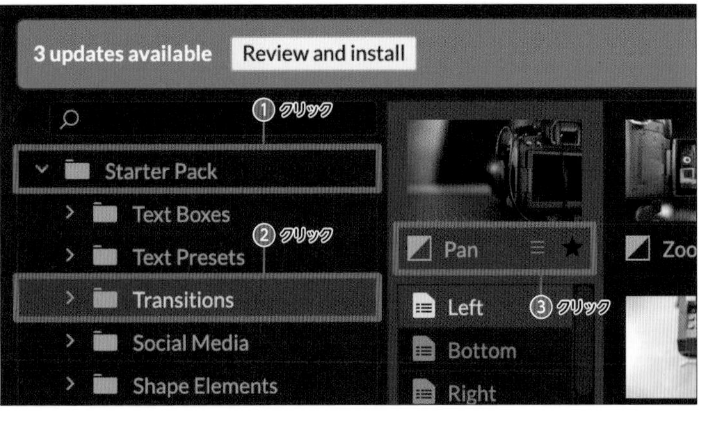

演出③ COLOR COLLECTION & COLOR GRADING

独自の世界観を演出するためにカラーを調整していきます。

1　調整レイヤーを配置する

→［調整レイヤー］の順にクリックし、調整レイヤーをビデオトラックに配置しすべてのクリップの上に乗るようドラッグ＆ドロップで配置します。

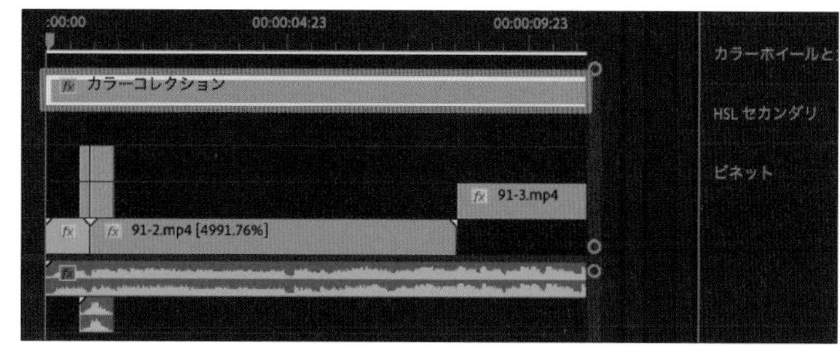

2　カラー調整の準備をする

メニューバーで［ウィンドウ］→［Lumetriスコープ］の順にクリックします。同じ手順で［Lumetriカラー］もクリックして表示させます。

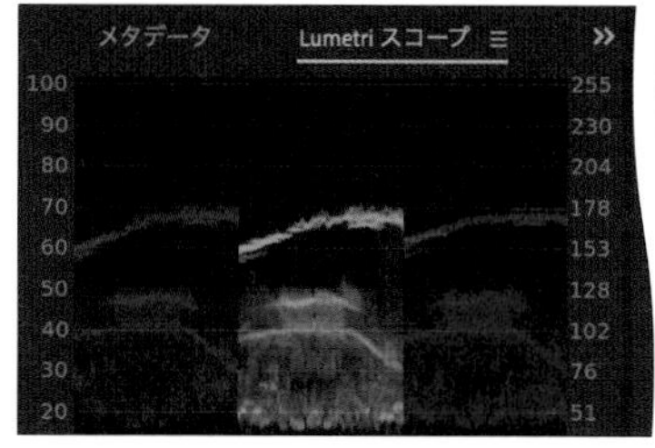

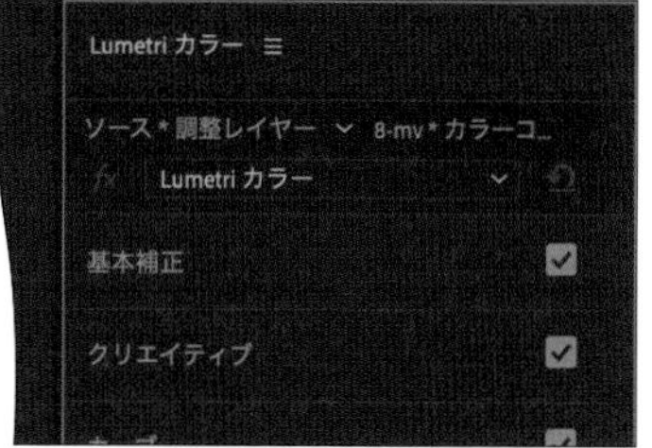

3　カラーコレクションを行う

「Lumetriカラー」パネルで「基本補正」の［トーン］をクリックし、「Lumetriスコープ」パネルの波形（輝度）および「プログラムモニター」パネルを見ながら調整していきます。

4　調整レイヤーを配置する

手順**1**を参考に、もう1つ調整レイヤーをビデオトラックにドラッグ＆ドロップで配置し、すべてのクリップの上に乗るようにします。

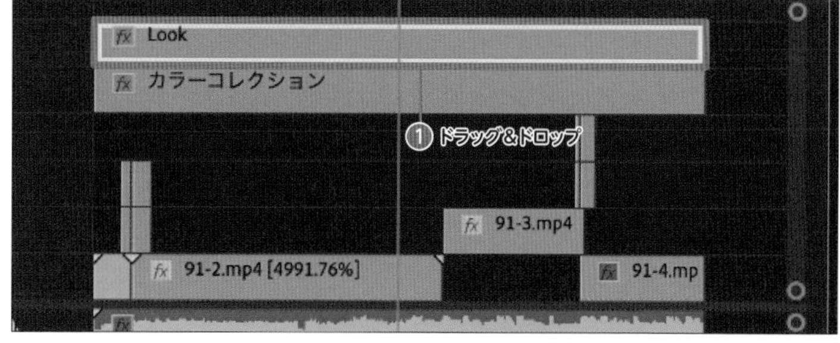

5　Lookを適用する

「Lumetriカラー」パネルで［クリエイティブ］をクリックして、好きなLook（ここでは［Teal_Moonlight］）を選択し、強さを調整します。最後に、スキンレタッチを行って完成です。

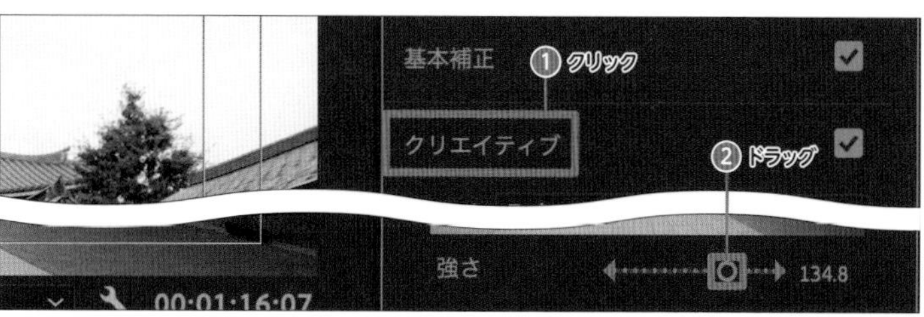

Chapter 8 プロのお手本レシピ

Recipe 92 MVなどで使える演出②

ミュージックビデオの撮影方法と編集方法についてを解説します。ミュージックビデオならではの考え方や、色による世界観の作り方についてもこのレシピで触れていきます。

「構成」の作り方

①楽曲を聴き込みイメージを膨らませる

まずは楽曲を聴き込み、歌詞や曲調のイメージを掴みます。また、楽曲制作者にヒアリングすることが可能であれば、世界観や意図を共有してもらいます。

もちろん歌詞から直接的な構成を考える場合もありますが、その楽曲が作られるまでの背景を踏まえて構成を検討すると表現の幅が広がります。なお、今回はaun「いつか僕ら」という楽曲を使用しています。

②イメージを具体化する

既存のミュージックビデオや写真でイメージに近い参考作品(リファレンス)を収集したり、それらを並べてイメージボードを作成したりします。その後、絵コンテや字コンテに落とし込みつつ、ロケーションを検討します。

今回は、川沿いでモデルが歌っているシーンをメインのカットにしつつ、間奏で多くのインサート映像を断続的に表現する構成としました。

作成した絵コンテやイメージボードはスタッフとも確認し合い、イメージを共有します。

「衣装」の選び方

①ロケーションに合わせて衣装を選ぶ

モデルが歌ってるシーンがメインの構成のため、そのモデルが引き立つことを第一に考えます。例えば、今回は川沿いでの撮影になるため、空の写り込みも含め、景色が青っぽくなることが見込まれます。そのため、青い背景でもモデルが引き立つように衣装は白を基調としました。

色彩だけでなく、衣装の素材感やシルエットなども考慮して、モデルが引き立つ方法を検討する場合もあります。逆に街並みに馴染ませることを優先した衣装を検討する場合もあります。

②効率よく画変わりする衣装を考える

「歌っているモデル(リップシンク)」と「イメージカットとしてのモデル」は、別の時間軸のモデルとして撮影します。衣装替えのない状態で、同じモデルが歌っていたり歌っていなかったりすると、視聴者の認識に迷いが生まれやすいです。そのため、衣装を変更し、別の時間軸のモデルだと暗に表現します。ただし、スケジュールに制約がある際には、衣装替えに時間が割けないこともあります。そのため、今回はアウターの有無で効率よく衣装替えを行いました。

十分な時間や環境があれば、別衣装での撮影も検討します。

▲リップシンク用

▲イメージカット用

「撮影」のコツ

1 画角で画変わりを意識する

リップシンクのシーンは、寄りと引きとで撮影します。寄りの撮影は、カメラやモデルの些細な動きも描写されやすいので手持ちで撮影します。引きの撮影では、大きくカメラワークがある場合を除き、ちょっとした手ブレ感がストレスになる場合があります。そのため、今回はしっかり三脚で固定しました。この2種類の画角のギャップを組み合わせながら、画変わりのある映像を作り出します。

▲リップシンク引き（三脚固定）

▲リップシンク寄り（手持ち）

2 撮影時にベストショットを断定しない

絵コンテ通りに撮影できても、なるべく多くのバリエーションを撮影します。絵コンテは、あくまで1つの認識の指標です。例えば、「髪がなびくシーン」が綺麗に撮れたとしても、風の強さや画角の違いで何度か撮影しておきます。ベストショットを判断するのは、撮影時でなく、のちの編集時であることも多いです。

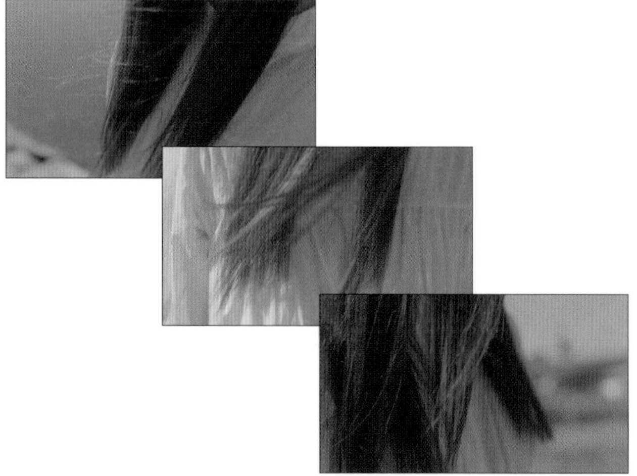

3 インサート映像に「動き」をつける

インサート用に、風景など情景描写を撮影しようとすると、風景画のように動きのない映像になりがちです。それでは、写真と変わりありません。植物を撮るなら蝶が舞うシーンを狙い、線路を撮るなら電車が通り過ぎた直後を狙って撮影します。全ての撮影で動きのあるシーンを撮影することは難しいですが、だからこそ現場では狙って撮影する意識を心がけておきます。モデルが不在でも成り立つため、別日程でじっくり撮影したり、別のカメラマンが専属撮影する場合もあります。

仮編集の流れ ※ダウンロードファイルの完成品と見比べながら作業してください

1 クリップを配置する

「V3」に［MV_sing01.mp4］の動画素材を配置し、「V4」に［MV_sing02.mp4］の動画素材を配置します。「A1」には、楽曲の［music.wav］音声素材を配置します。

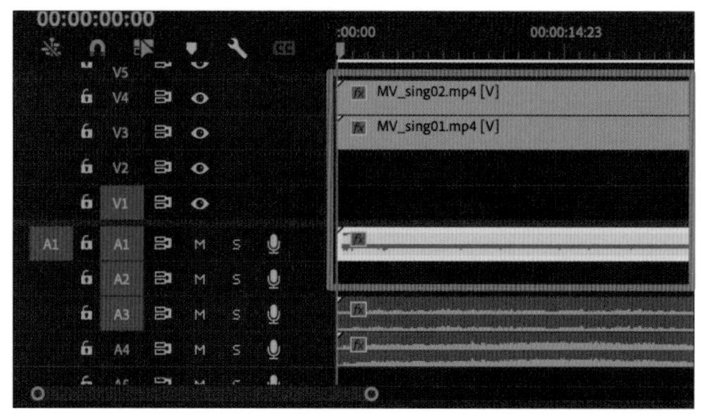

MEMO

事前に「リップシンク」「インサート」で動画素材にラベルをつけておくと、あとあとシーケンス上でも区別がつけやすいです（P.232参考）。

2 音声を同期する

クリップを全て選択した状態で、右クリックして [同期] をクリックすると「クリップを同期」のウィンドウが開きます。

「同期ポイント」は「オーディオ」を選択し、「トラックチャンネル」に「1」と入力し [OK] をクリックします。

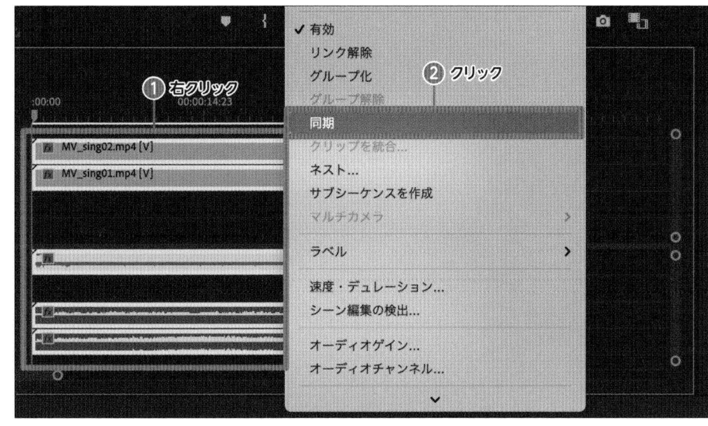

3 使用する素材を選ぶ

「インタビュー動画のレシピ②(P.265)」を参考に、マルチカメラを切り替える要領で、リップシンクの寄りと引きのクリップから使う箇所を、「V1」に移動させます。その後「V3」と「V4」は をクリックし非表示にしておきます。オーディオトラックも、「A1」の をクリックし、楽曲の音声だけが再生されるようにしておくと、快適に編集しやすくなります。

4 インサートを並べる

リップシンク以外のシーンのインサート(「image」フォルダ内の素材)を「V1」に配置していきます。どんなインサート映像を使用するか、構想段階で確定しているものもありますが、現場で撮れたたくさんの素材の中から、どの素材を採用するかは、この手順で決める場合もあります。「プログラムモニター」パネルで再生しながら、よりよい素材を選別していきます。「MV_sing03.mp4」という口元をアップにしたリップシンクの動画素材もありますが、撮影尺が短く音声同期が行えないため、インサート映像と同様の手順で、手動で歌い出しに合わせてクリップを配置します。

and more...

歌詞のテロップを入れない方がいい!?

歌詞を入れると一気にミュージックビデオっぽさが表現されるように思えますが、視聴者としては、映像と歌詞とで目に入る情報が分散してしまいます。例えば、ドラマ仕立てのミュージックビデオで、歌詞テロップを表示してしまうと、歌詞テロップに気を取られてストーリーに追いつけなかったりします。歌詞を主体にする場合であれば、リリックビデオという映像作品のジャンルとなります。今回は、モデルが歌うシーンが主体となり、歌詞テロップとも一定の親和性があるため、主張の少ない歌詞テロップを表示しました。作品作りにおいて絶対的なルールはないので、どんな作品を作りたいか、その意図によって判断してみましょう。テロップの入れ方は、p.266なども参考にしてみてください。

カラーコレクションとカラーグレーディング

カラーグレーディングは色での演出が行え、特に多くの動画素材を扱う場面においては一貫した世界観を共有することにも役立ちます。この演出を行う前に、複数の動画素材の色調をそれぞれ正しく均一な状態にしておく(カラーコレクション)ことで、一貫したカラー演出がより行いやすくなります。

カラーコレクションでは、それぞれの動画が正しい色になるように固有の調整(以下の●▲■)を行い、カラーグレーディングでは、共通の調整(以下の★)を行うことで一貫した世界観を共有できます。

カラーグレーディングの最終的な目的によって、その方法はさまざまですが、今回は一貫した世界観の共有を目的としています。

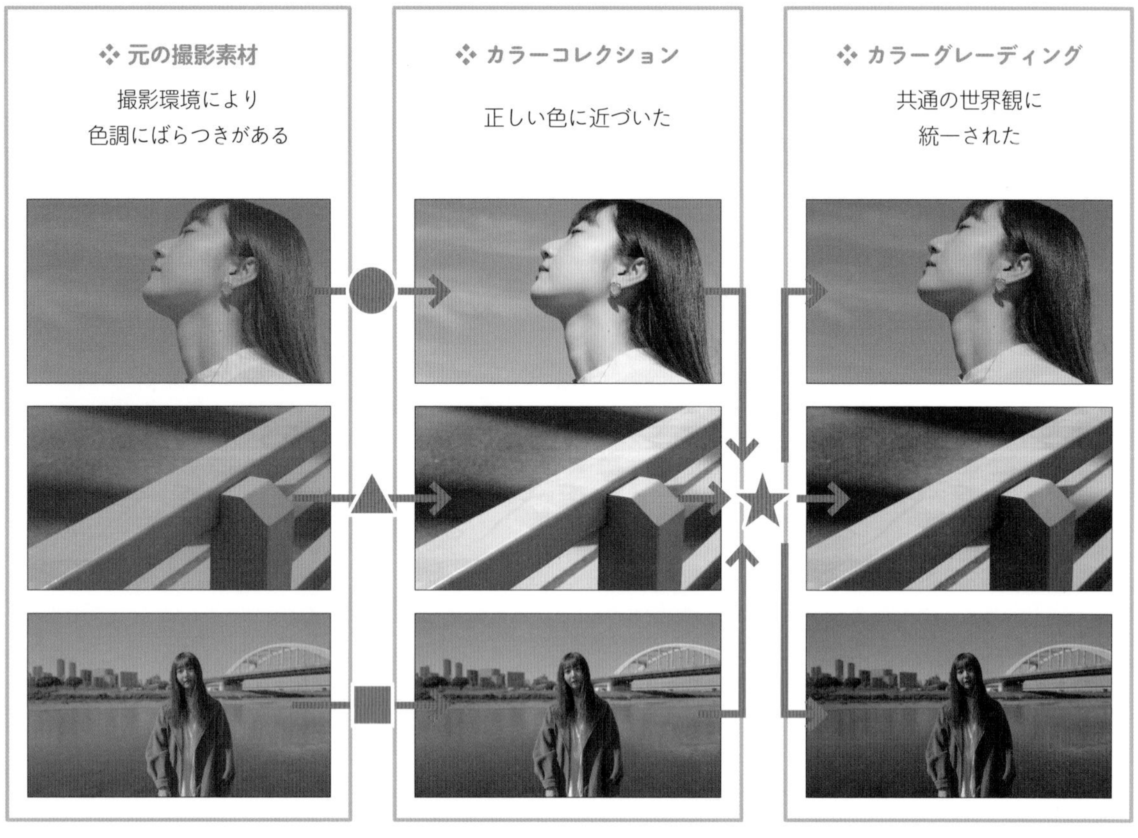

1 正しい色に補正する(カラーコレクション)

色を調整する前に

今回は撮影時に、色調補正が行いやすいLog撮影の方式をとっています。それ以外の一般的な撮影形式では、カメラ内部で、自動でカラーコレクションを済ませたとも言える状態になっています。そのため、一般的な撮影素材であれば、カラーコレクションやカラーグレーディングによる演出が行いにくくなります(不可能ではありません)。思い通りの演出を行うために、Log撮影に対応したカメラであるかも確認しておきましょう。

正しい色とは？

今日では、スマホアプリなどでも写真加工ができ、カラー補正も身近になってきましたが、正しい色と言われるとなかなかイメージしにくいのではないでしょうか？ そのためPremiere Proでは、映像から波形や数値で情報を表し、数字上での正しい色の目安を計ったり、調整したりできるようになっています。

調整方法は無数に存在しますが、まずはカラーコレクションに関心を持ったときに覚えておきたい、基本的な調整方法を解説します。

1　ベクトルスコープYUVを選択する

「ワークスペース」を「カラー」に切り替え、「Lumetriスコープ」パネルを表示させます。

「Lumetriスコープ」パネルを右クリックし、「波形」にチェックが入っている状態を確認し、「波形タイプ」→「輝度」をクリックします。

また、「ベクトルスコープYUV」にもチェックを入れます。

2　ハイライトとシャドウを整える

「Lumetri スコープ」パネルの「波形(輝度)」が「0～100」の間にバランス良く収まるように、「Lumetriカラー」パネルの「基本補正」でパラメータを調整していきます。

まず「白レベル」「黒レベル」の値を増減させて、画面の明るい方(ハイライト)と暗い方(シャドウ)へ分布を広げていきます。それぞれ、画面の中で最も明るい場所、最も暗い場所を指しています。

「白レベル」や「黒レベル」を増減させても「0」や「100」に上手く分布されない場合は、「露光量」や「コントラスト」の増減で解消できることがあります。

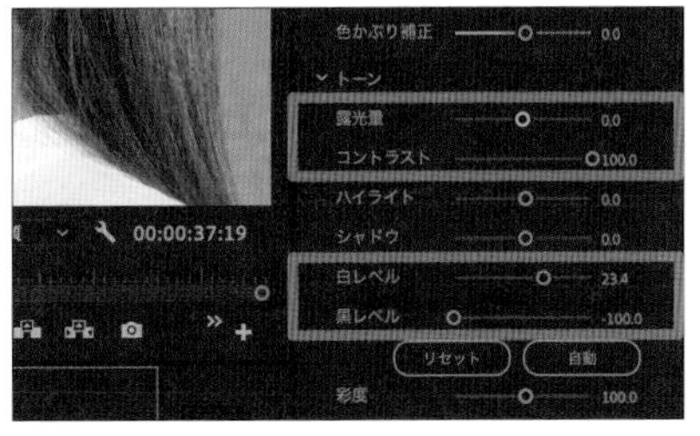

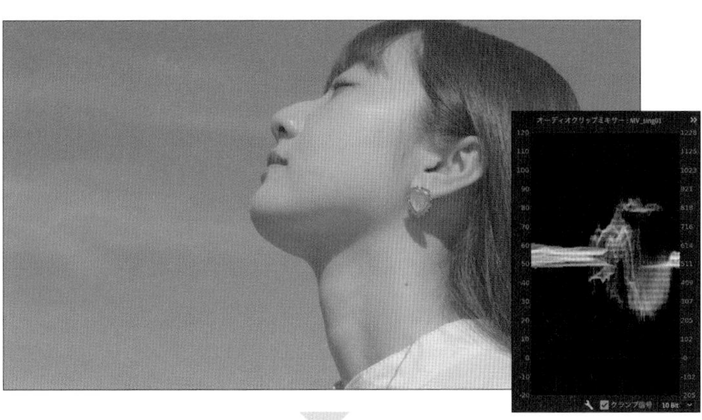

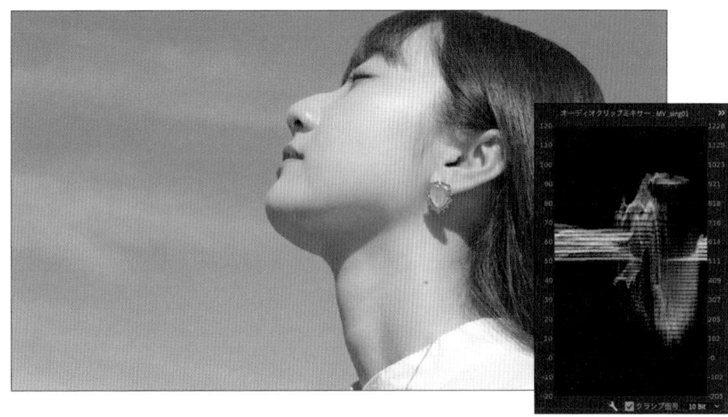

❖ Lumetriスコープの波形(輝度)の見方

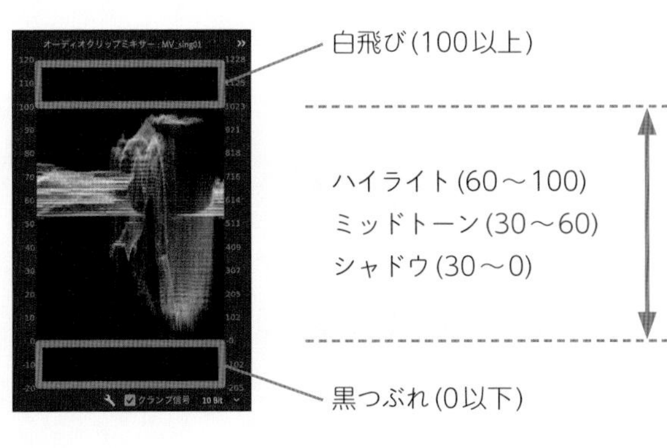

波形が0～100の間にバランスよく分布されるよう調整し、数字上でいい映像というための状態を目指します。

3 ミッドトーンを整える

引き続き、「Lumetriスコープ」パネルの「波形(輝度)」が「0～100」の間にバランス良く収まることを目指します。

前の手順で最も明るい箇所と暗い箇所の分布が調整できたので、その間に分布されるミッドトーンを調整します。

「ハイライト」「シャドウ」の値を増減させ、ミッドトーンもバランス良く分布されるよう目指します。

完璧に「0～100」の間に分布させることは難しいですが、一方の輝度に偏らないように、幅広く輝度の情報を持つ映像になるよう補正します。

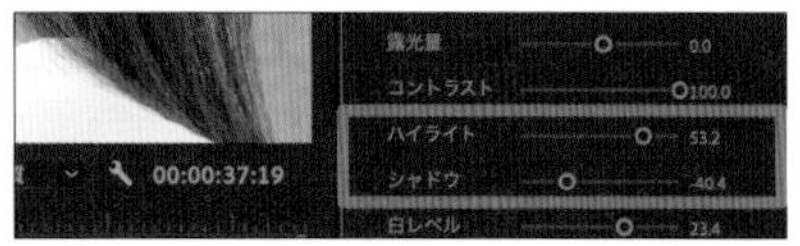

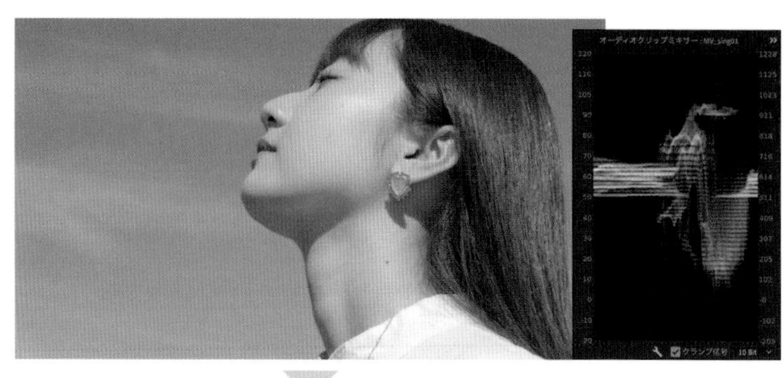

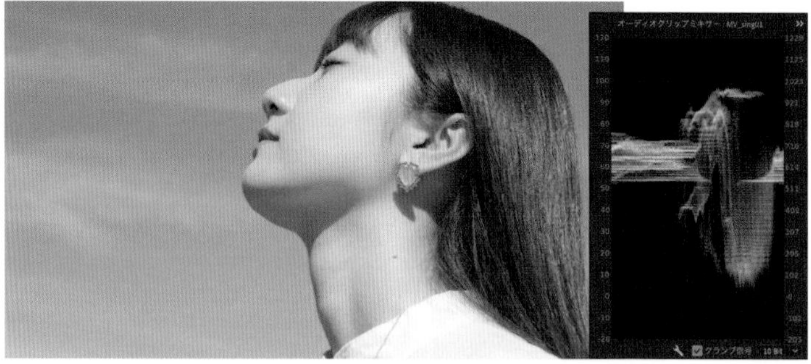

4 彩度を整える

「Lumetriカラー」パネルの「基本補正」でパラメータを調整しながら、「Lumetriスコープ」パネルの「ベクトルスコープYUV」の六角形の内側に色の分布を広げることを目指します。

「基本補正」の「彩度」を増加させていきます。六角形の内側に収めることを意識します。

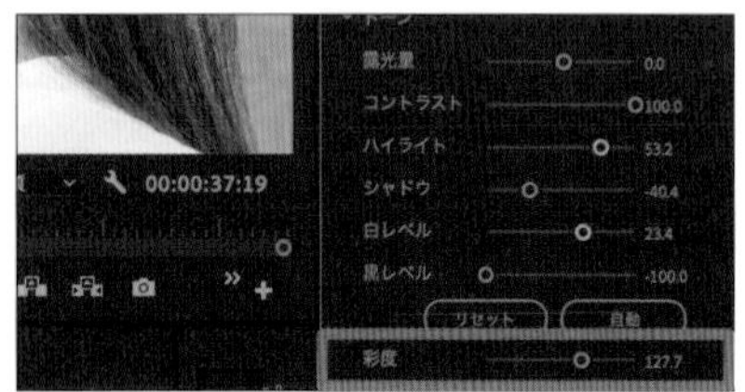

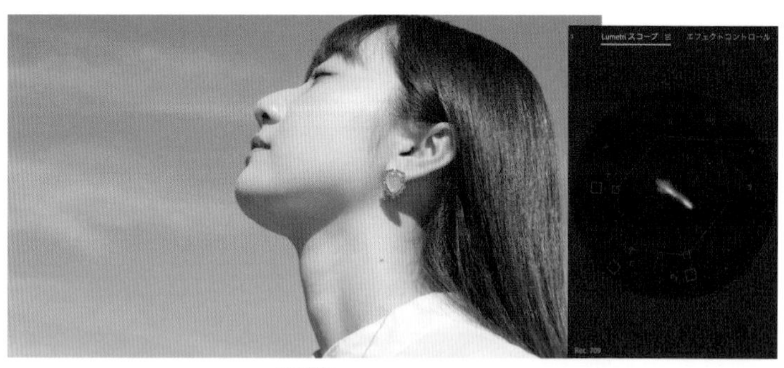

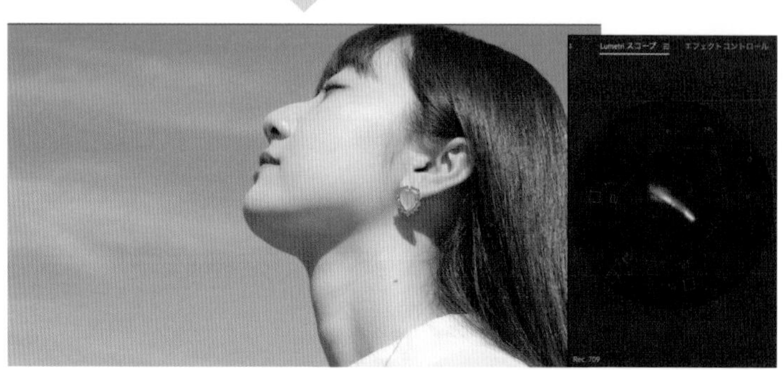

5 ホワイトバランスを整える

「Lumetriカラー」パネルの「基本補正」内にある「ホワイトバランス」にあるを クリックします。その状態で、「プログラムモニター」パネルの画面上で、白い部分をクリックし、ホワイトバランスを調整します。

画面上に白い部分がない時には、「色温度」「色かぶり補正」の値を増減させ、適切なホワイトバランスになるよう調整します。

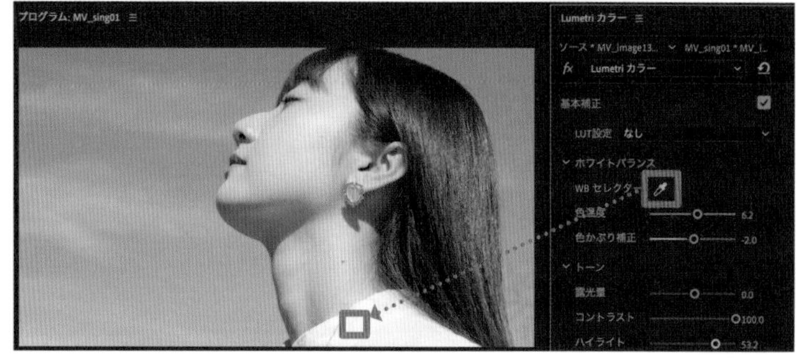

2 LUTでカラー演出をする(カラーグレーディング)

Lumetriカラーを細かく調整していき動画全体に演出をかけていくこともありますが、今回は配布しているLut(カラーグレーディングのプリセット)を適用します。

1 調整レイヤーを作成する

「プロジェクト」パネル内で右クリックし、新規項目→調整レイヤーをクリックします(P.74参照)。設定項目はデフォルトのまま[OK]をクリックします。

作成した調整レイヤーは、動画全体の尺に合わせて「V2」に配置します。

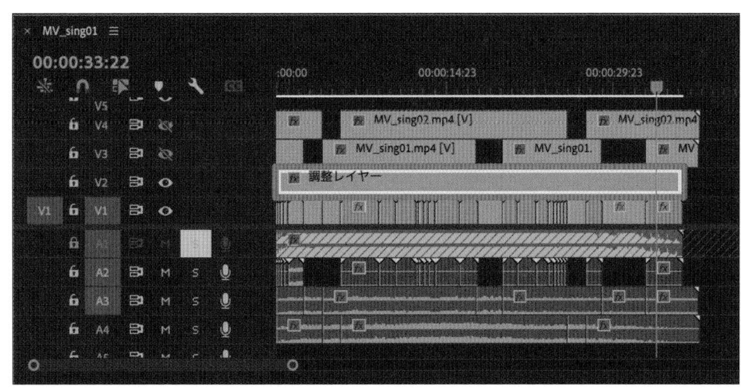

2 世界観にあった色味を作り出す(LUTを当てる)

カラーコレクションは、各クリップごとに行いましたが、今回のカラーグレーディングでは動画全体に一貫したカラー演出を行うため、調整レイヤーに対して適用します。

「Lumetriカラー」パネルの「クリエイティブ」の項目を開き、[Look]をクリックします。

さまざまなLUTが保存されていますが、「参照」をクリックします。

配布したLUTである「CJ_01.cube」が保存されている箇所を指定し、適用します。

3 演出の強さを調整する

単にLUTの適用のみだと、色の演出として強すぎたり、弱すぎたりする場合があるので、「強さ」の値を増減させて、調整します。

「色の演出としては少し弱いかもな」と思うほどが、視聴者にとっては適切だったりもします。

4 クロップを作る

最後にもう一度、調整レイヤーを作成し「V5」に配置します。P.75を参考に、調整レイヤーに[クロップ]を適用します。

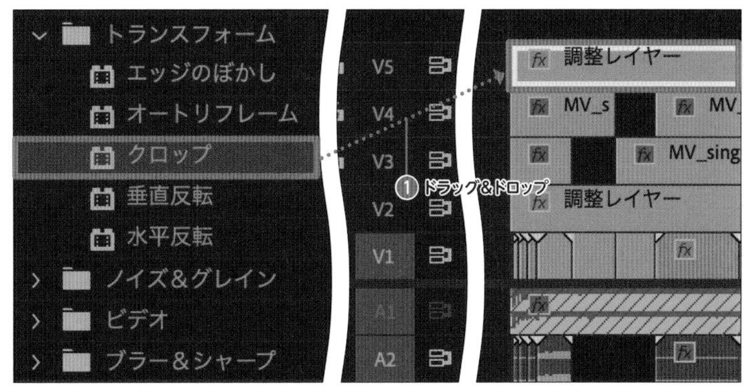

Chapter 8 プロのお手本レシピ

Recipe 93 インタビュー動画を作る①

インタビュー動画は、企業の人材採用や製品を利用した人の感想など、幅広い用途で活用できます。ここでは、企業の人材採用を想定したインタビュー動画の作り方を解説します。

マルチカメラ機能を使う

インタビュー動画では、基本的に被写体の動きがほとんどありません。また、カメラも三脚に固定して撮影するので、そのままでは飽きやすい動画になってしまいます。飽きさせないための工夫の1つが、「マルチカメラ」機能を活用することです。マルチカメラ機能とは、2台以上のカメラで違うアングルから撮影を行い、編集時にアングルを切り替えることです。テレビ番組のスイッチングのように映像が切り替わるので、変化が出て飽きさせない動画にすることができます。

1 クリップを読み込む

「プロジェクト」パネルにクリップを読み込みます。[93-1.mp4]、[93-2.mp4]、[93-3.mp4] 3つのクリップを選択し、右クリック→[マルチカメラソースシーケンスを作成] をクリックします。

2 マルチカメラソースシーケンスを作成する

「マルチカメラソースシーケンスを作成」で、名前の入力欄に名前を入力します。「同期ポイント」で [オーディオトラックチャンネル] をクリックし、動画内の音声に合わせて自動で同期するようにします。

「オーディオ」で [オーディオを切り替え] を選択し、カメラの音声を選択できるようにし、[OK] をクリックします。同期が始まります。

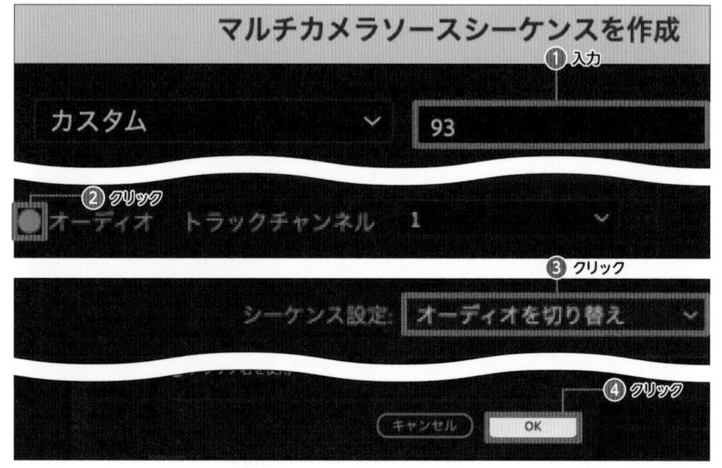

3 クリップを配置する

「プロジェクト」パネルに手順**1**で名前を付けたクリップと処理済みのクリップをまとめたフォルダーが表示されます。名前を付けたクリップをドラッグ&ドロップで「タイムライン」パネルに配置します。

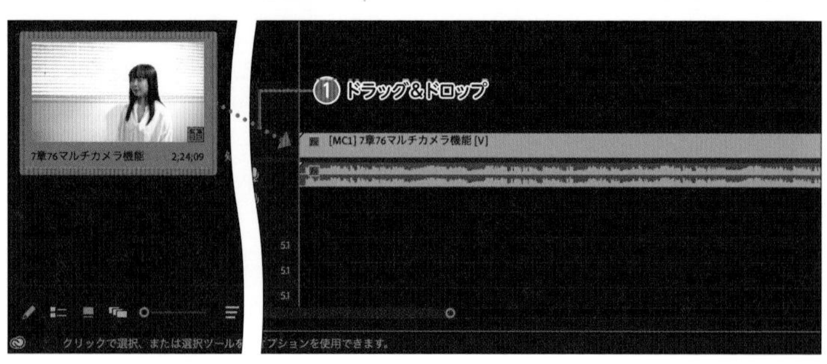

カット編集を行う

1　不要な部分をカットする

「プログラムモニター」パネルで再生しながら、言い間違いしていたり間が空き過ぎたりしている部分をレーザーツールでカットし、削除していきます。

MEMO

カットの際は、ズームハンドルを動かして拡大させ、丁寧にカットすることをおすすめします。

2　マルチカメラを選択する

一通りカットできたら、「プログラムモニター」パネル上で右クリックして、[表示モード]→[マルチカメラ]の順にクリックします。

3　各アングルを変更する

「プログラムモニター」パネルの左側に3つのアングルからの映像が表示され、右側に現在選択されているアングルの映像が表示されます。

各クリップを選択し、任意のタイミングで「プログラムモニター」パネル左側の映像をクリックしてアングルを切り替えていきます。

MEMO

この際、細かく切り替え過ぎると視聴者は鬱陶しく感じてしまいますので注意しましょう。

4　コンポジットビデオを選択する

各クリップのアングルを切り替えたら、「プログラムモニター」パネル上で右クリックして、[表示モード]→[コンポジットビデオ]の順にクリックし、もとの画面に戻します。

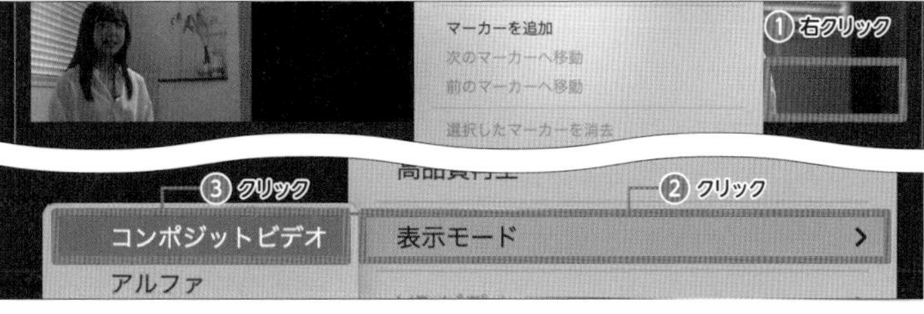

Chapter 8 プロのお手本レシピ

カラー調整を行う

今回、使用したカメラは3台共に違う機種（Sony α7Ⅲ、Sony α6400、DJI Osmo Pocket2）なのでカラーがバラバラになってしまっています。そこで、Premiere Proの機能を使ってカラーを近づけていきます。

1 カラー補正をする

メニューバーで［ウィンドウ］→［Lumetriカラー］の順にクリックします。

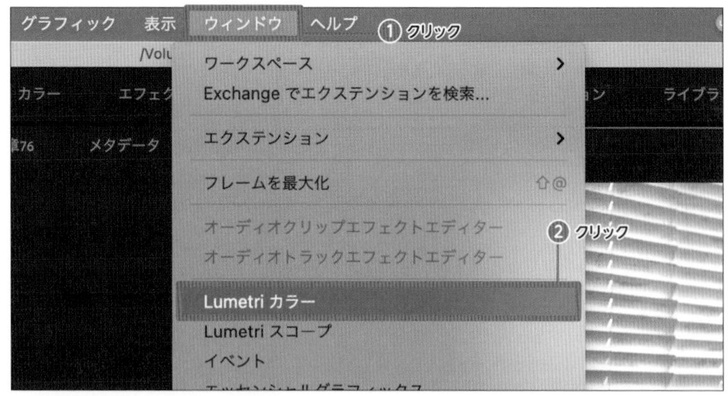

2 比較表示する

左側に「Lumetriカラー」パネルが表示されますので、［カラーホイールとカラーマッチ］をクリックしてチェックを付け、［比較表示］を選択します。

3 一致を適用する

「プログラムモニター」パネルが2画面になったら［一致を適用］をクリックします。

これで自動的にほぼ同じカラーにすることができます。［比較表示］を再度クリックすると、プログラムモニターがもとの画面に戻ります。

4 調整レイヤーを配置する

■→［調整レイヤー］の順にクリックして、「タイムライン」パネルのビデオトラック上にドラッグ＆ドロップで配置します。すべてのクリップの上に乗るようにドラッグしてトリミングします。

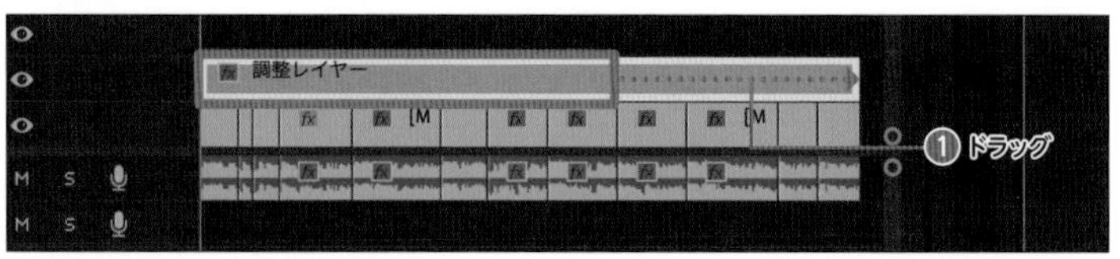

5 基本補正を行う

調整レイヤーを選択した状態で、「Lumetriカラー」パネルで「基本補正」の［トーン］を選択し、カラーを微調整します。

映像を調整する

ここまでの手順で、インタビュー部分の映像のベースが完成しました。続いて、映像全体の調整をしていきます。このままでは突然インタビューが始まってしまうので、動画のイントロダクションとして、公園で撮影した動画(93-4.mp4)を加えます。

1 先頭に動画クリップを配置する

クリップをダブルクリックし、「ソースモニター」パネルでイン点とアウト点をクリックして打ち、長さを調整します。⌘キーを押しながらシーケンスの先頭にドラッグ&ドロップで配置すると、ほかのクリップがシフトして先頭にクリップを配置することができます。

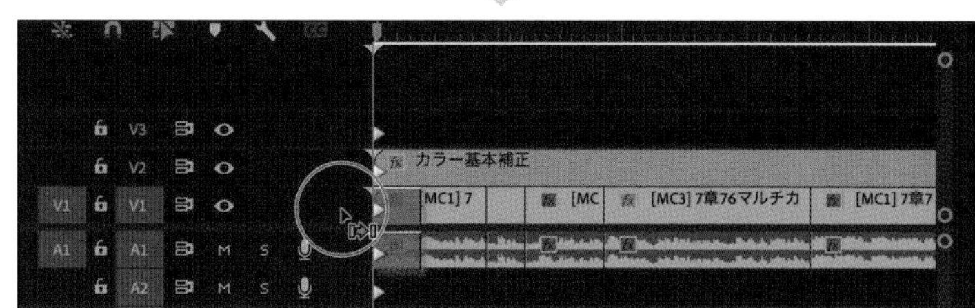

2 フェードイン&フェードアウトを適用する

「エフェクト」パネルで[ビデオトランジション]→[ディゾルブ]の順にクリックします。先頭のクリップの始まりに[ディゾルブ]を、最後尾に[クロスディゾルブ]を、それぞれドラッグ&ドロップで適用し、フェードインとフェードアウトを加えます。

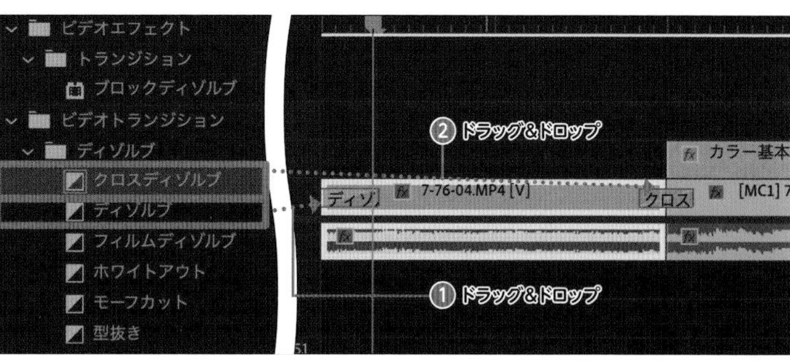

3 フェードアウトを適用する

このままでは、インタビュー終了とともに突然画面が真っ暗になってしまうので、動画の最後にフェードアウトを加えます。

手順**2**を参考に、最後のクリップの最後尾にディゾルブを適用します。

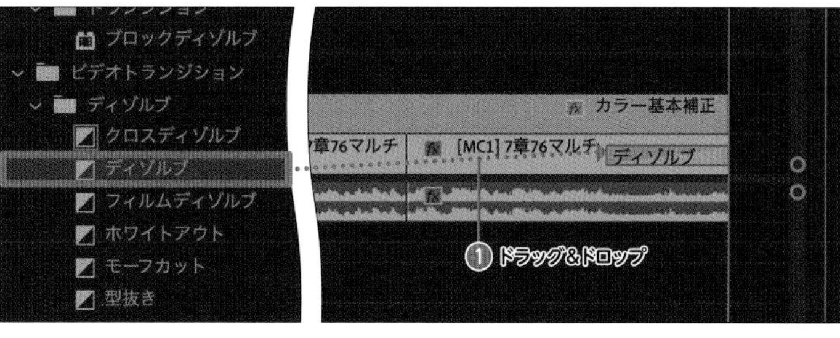

4 スキンレタッチを行う

最後に、スキンレタッチを行います(P.145参照)。

5 B-ROLLを配置する

P.233でも解説したB-ROLLを配置します。パソコンを開く映像(93-7.mp4)や、編集画面(93-8.mp4)などを話の内容に合う場所に配置します。適宜カットしたり、速度を調整したりして、飽きのこない映像に仕上げます。

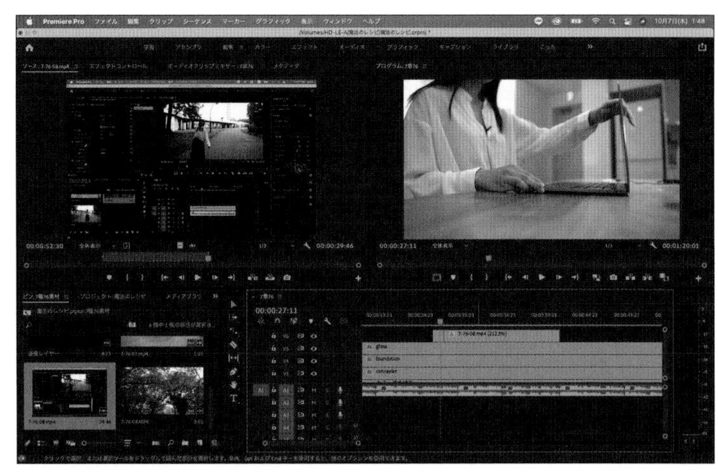

6 字幕を作成する

インタビューで答えている言葉を字幕にすることによって視聴者により伝わりやすくなります。Premiere Proの最新バージョンでは音声を字幕にする機能が付いていますが、正確ではないので(P.212参照)、ここでは音声を聞きながら「エッセンシャルグラフィックス」パネルで字幕を入れていきます。

メニューバーで、[ウィンドウ]→[エッセンシャルグラフィックス]の順にクリックします。

「プログラムモニター」パネルを再生させて映像内で話されている言葉をテキストとして入力し、フォントやフォントサイズ、カラーなどを調整します。「タイムライン」パネルに字幕のクリップが自動で配置されますので音声と合うようにトリミングします。

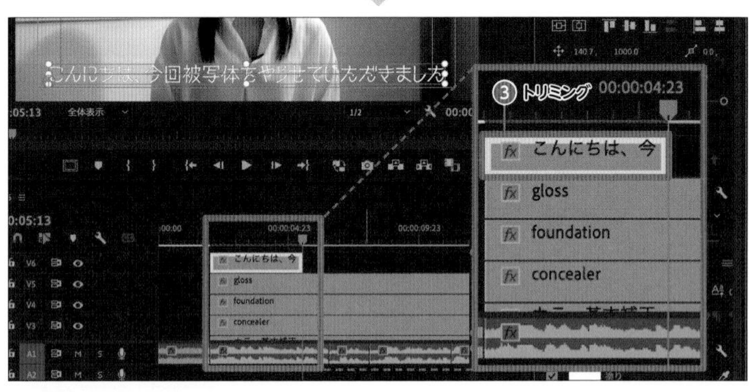

7 字幕を複製する

字幕のクリップを option キーを押しながら横にドラッグします。すると複製されます。フォントやフォントサイズ、カラーなども複製されますので、テキストを変更し、「エッセンシャルグラフィックス」パネルで、[整列]と「変形」の[水平方向中央]をクリックします。そして音声と合うようにトリミングします。

これを最後まで行います。

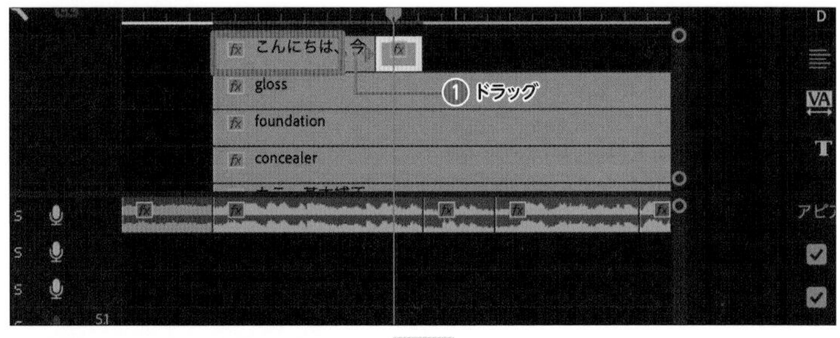

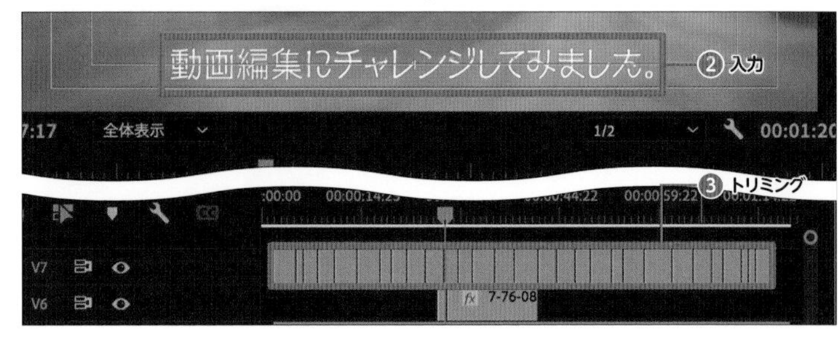

8　テロップを加える

「エッセンシャルグラフィックス」パネルで任意のモーショングラフィックステンプレートを「タイムライン」パネルにドラッグ＆ドロップで配置し、インタビュー名などを入力して表示させます。「エフェクトコントロール」パネルで「位置」や「スケール」を調整します。

動画の左上部や右上部にニュース番組のようなテロップを加えると本格的に仕上がります。

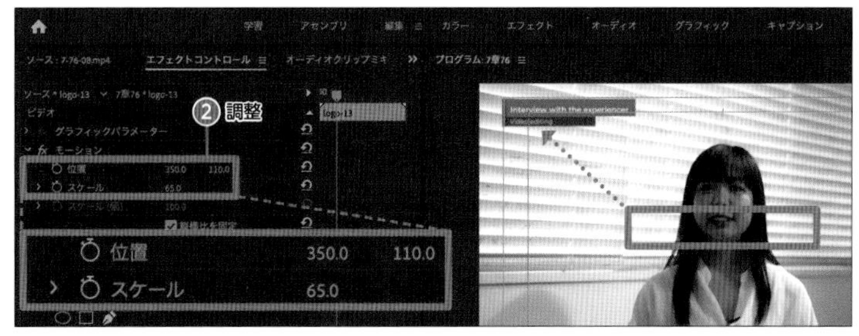

9　テロップを作成する

テロップが表示されるスピードと消えるスピードを変更したくないので、テロップが完全に表示される部分でカットし、消える動きが始まる部分でカットして3つに分けます。

左から3つ目のクリップを動画の最後に移動させ［リップルツール］を長押しして［レート調整ツール］をクリックします。

真ん中のクリップをトリミングと同じくドラッグして引き伸ばします。

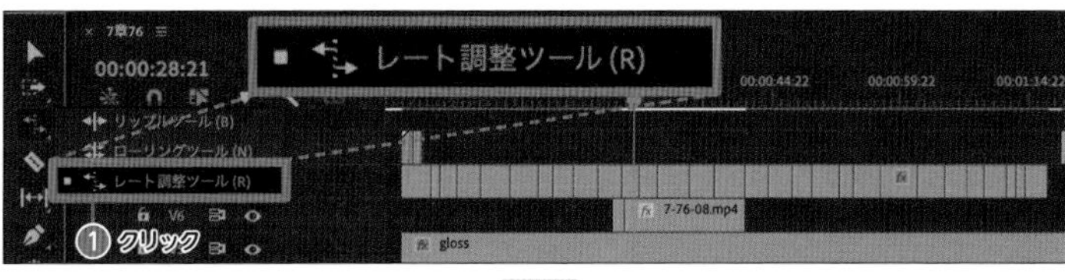

音声を調整する

ここまででインタビュー部分の映像部分が完成しました。続いて、音声を調整をしていきます。

1　音声を選択する

マルチカメラ編集のクリップをすべて選択し、⌘キー＋Lキーで映像と音声のリンクを解除します。音声をすべて選択して右クリックし、［マルチカメラ］→ここでは［カメラ2］をクリックして、使いたいカメラの音声を選択します。

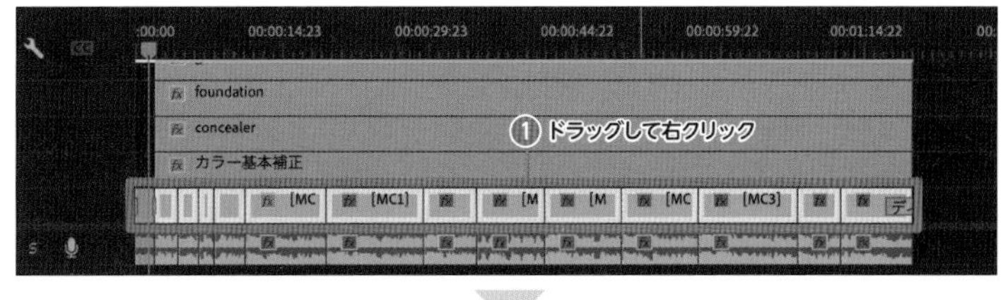

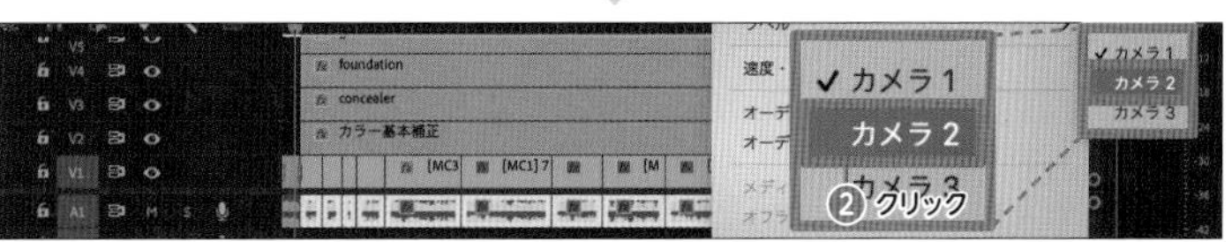

Chapter 8　プロのお手本レシピ

2 ボリュームを調整する

すべての音声クリップを選択し、右クリックして［オーディオゲイン］をクリックします。

音声は0以上になると音飛びしてしまいますので、「オーディオゲイン」で［最大ピークをノーマライズ］をクリックし、「-2」か「-3」と入力して［OK］をクリックします。

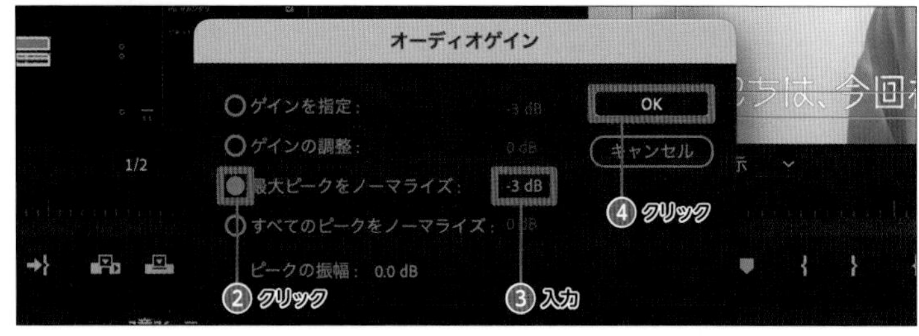

3 ノイズと雑音を軽減する

メニューバーで［ウィンドウ］→［エッセンシャルサウンド］の順にクリックします。「エッセンシャルサウンド」パネルが表示されます。

すべての音声クリップを選択し、「エッセンシャルサウンド」パネルで［会話］をクリックして［修復］をクリックします。［ノイズを軽減］と［雑音を軽減］をクリックしてチェックを付けます。これで空調の音がほぼ聞こえなくなります。

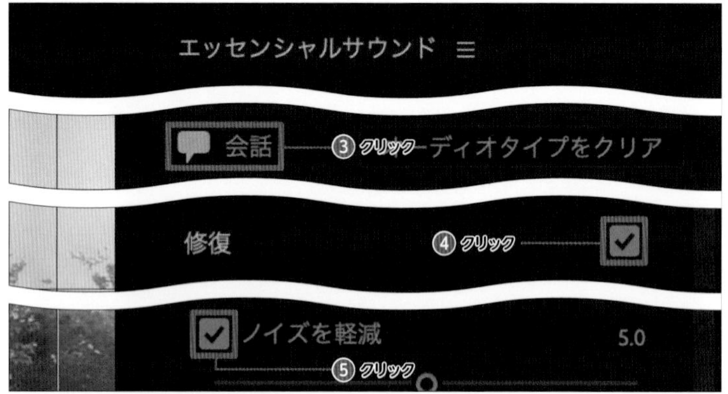

4 BGMを配置する

BGMを「プロジェクト」パネルに読み込んで「タイムライン」パネルのオーディオトラックにドラッグ＆ドロップで配置しトリミングして映像と長さを合わせます。

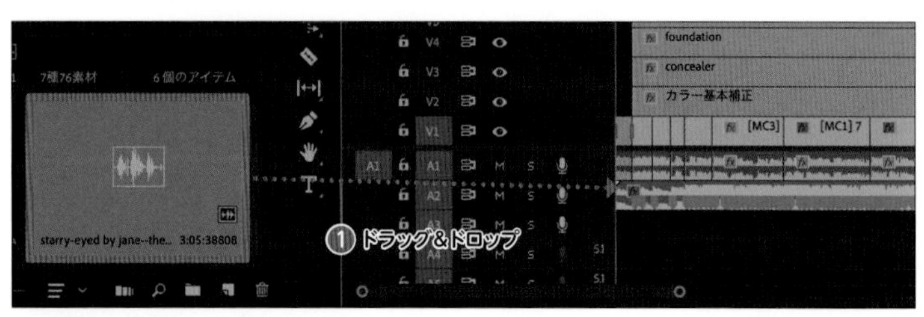

5 BGMのボリュームを調整する

BGMクリップを右クリックして［オーディオゲイン］をクリックします。「オーディオゲイン」で、インタビューの音声の邪魔にならないようにボリュームを調整します。［最大ピークをノーマライズ］をクリックして「-15」から「-20」あたりにして［OK］をクリックします。

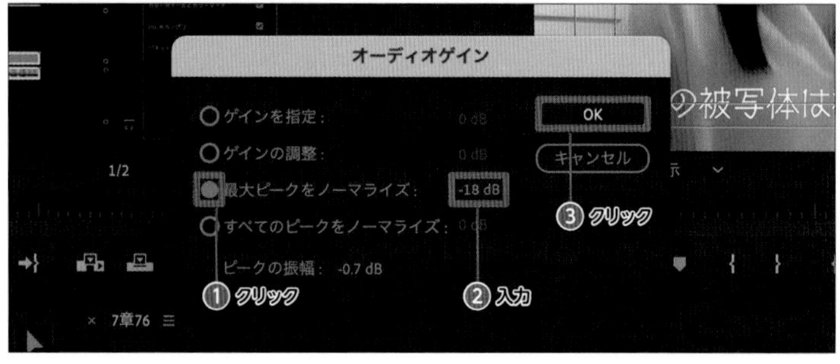

6 フェードイン&フェードアウトを適用する

「エフェクト」パネルで［オーディオトランジション］→［クロスフェード］の順にクリックし、BGMのクリップの先頭に［コンスタントパワー］を、最後尾に［コンスタントゲイン］をドラッグ&ドロップで適用します。

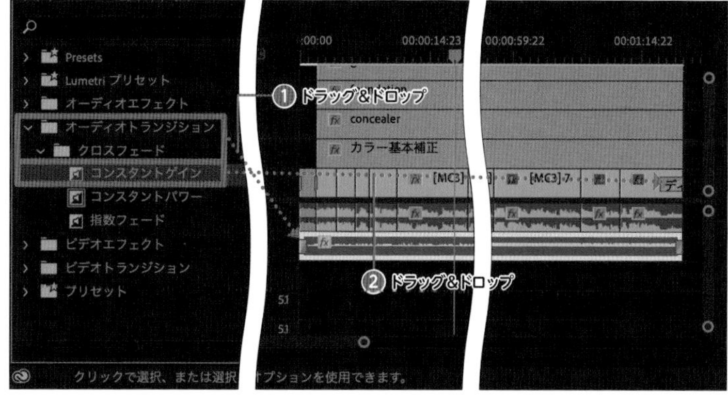

7 音声を微調整する

手順2を参考に、先頭のクリップの音声とインタビューの最後の音声を微調整します。

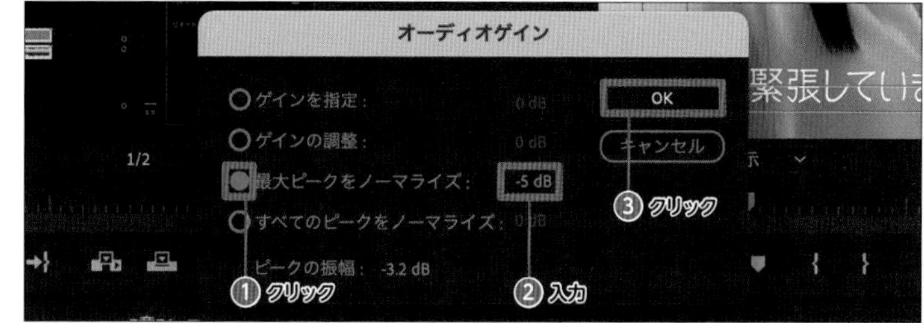

8 確認する

ここまでできたら、「プログラムモニター」パネルで再生し、仕上がりを確認します。今回はインタビュー開始を2秒時点にしていましたが、やや唐突な印象だったので、リップルツールでトリミングし、5秒に修正しました。

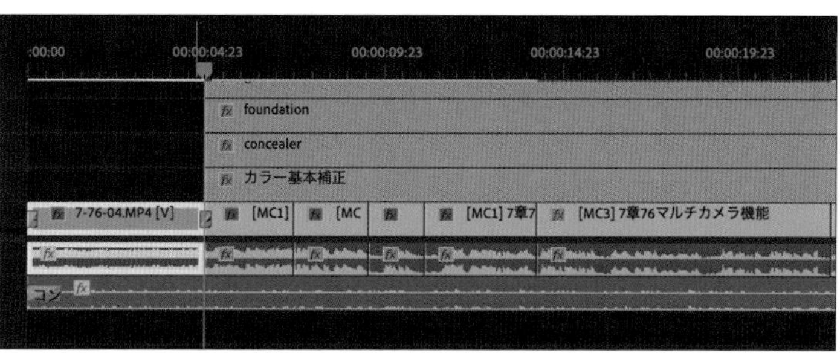

MEMO

確認のポイントは、
- カットの繋がりに違和感がないか
- 音声が音飛びしていないか
- BGMが音声の邪魔をしていないか
- 雑音が入っていないか
- 誤字脱字がないか
- 黒潰れ、白飛びしていないか
- 全体を通して違和感がないか

などをチェックして、修正します。

9 書き出し

動画を確認したら最後に書き出しを行います。

カラーマネジメント（P.150）で解説したように、編集時と色の相違がないように書き出し設定でLUTを適用させるようにしましょう。

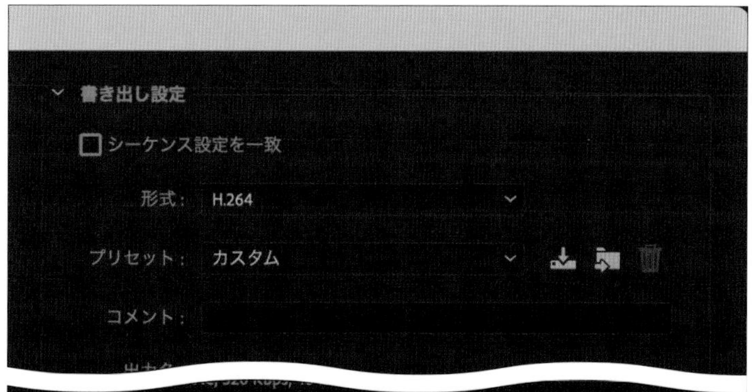

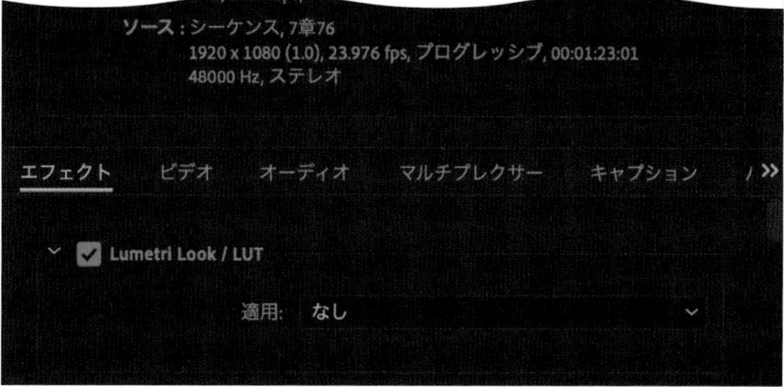

Recipe 94 インタビュー動画を作る②

カメラ３台を同時に使用したインタビュー動画を制作します。完成イメージを持って、事前に構図を決めておくことで、複数台のカメラでの映像素材も扱いやすくなります。

位置関係を明確に撮影する

動画はカットが切り替わるたびに、視聴者の認識していた情報がリセットされてしまいます。どんな背景だったか、共通の登場人物は誰か、などを視聴者は認識し直してから、カットの繋がりを無意識の内に理解しようとします。そのため、作り手側は、視聴者がカットの繋がりを理解しやすくするための手助けをする必要があります。

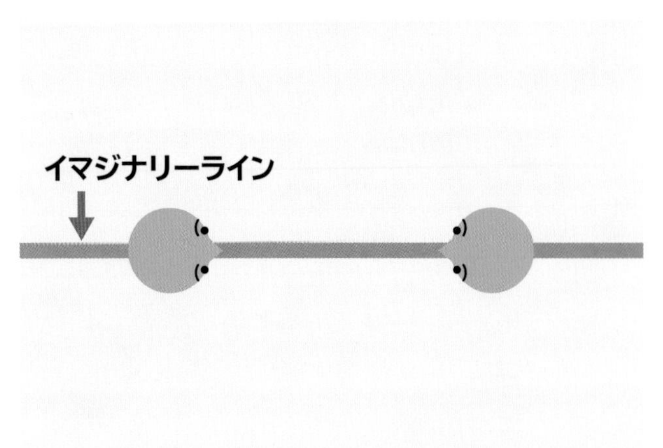

イマジナリーライン

演者の位置関係と方向性が混乱してしまわないように考えられた撮影時の原則として、イマジナリーラインという考え方があります。

対面する２人であれば、上から見た時の２人の視線を結んだ線をイマジナリーラインと呼びます。

撮影する際には、イマジナリーラインのどちら側で撮影するかを決めたら、特別な意図がない限り、この境界線を超えてカットを切り替えることはありません。

この原則を守った撮影素材で編集すると、視聴者は位置関係で混乱することが少なくなります。

GOOD! イマジナリーラインを超えないカメラ配置

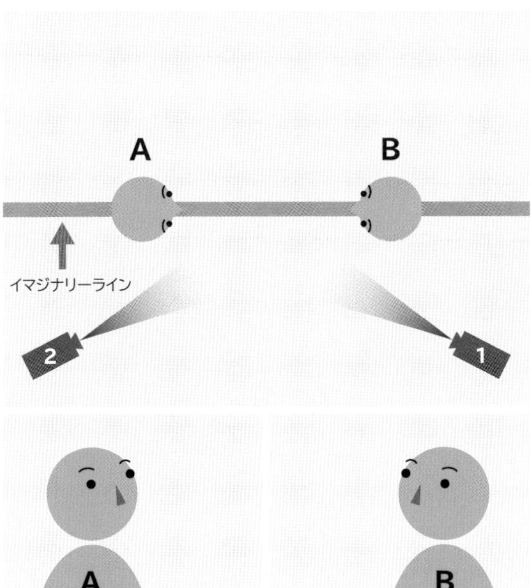

カメラ１の映像　　カメラ２の映像

➡ **演者同士の位置関係を認識しやすい**

NG イマジナリーラインを超えたカメラ配置

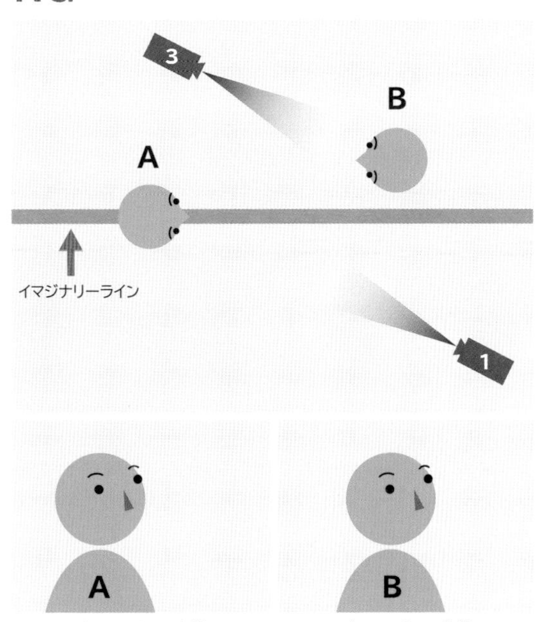

カメラ１の映像　　カメラ３の映像

➡ **位置関係で混乱してしまう**

この原則は、位置関係だけでなく動きや視線を理解してもらう方法としても用いられ、漫画やアニメでも使用されています。あくまで原則なので、あえてこの原則を崩して、そこで発生する違和感を利用した演出方法もあります。

インタビュー動画でのカメラの配置例

今回のインタビュー動画では、演者2人が映るセンターカメラと、それぞれ個人を映すカメラの計3台のカメラを、イマジナリーラインを意識しながら配置します。上記のイラストの例では演者同士が対面していますが、今回はセンターカメラを意識してハの字になるよう着席しています。イマジナリーラインは、今回のように完全に対面していない場合でも存在します。

MEMO

イマジナリーラインを意識しつつ、演者と対話している相手の演者の肩を個人を映すカメラの画角に入れると、位置関係がさらに理解しやすくなります。

MEMO

撮影方法

今回のインタビュー撮影では、カメラを3台使用し、マイクはRODE wireless GO2を使用しました。演者2人分のピンマイクからの音声がセンターカメラ内部に収録されます。演者1と演者2を撮影するカメラに高性能なマイクは不要ですが、編集作業で映像を同期する際にオーディオが必要なので内部収録します。
今回のインサート用の撮影素材は、音声を使わない想定ですが、環境音を収録しておいた方が良い場合もあります。

インタビュー撮影

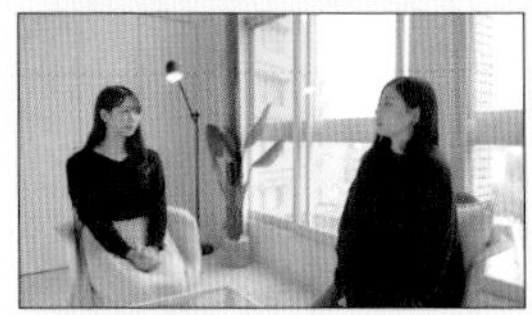
センターカメラ(「Interview_Main.mp4」)
メインオーディオ
ピンマイク音源を収録

演者1(「Interview_Sub01.mp4」)
同期用音源
外部マイクなし

演者2(「Interview_Sub02.mp4」)
同期用音源
外部マイクなし

インサート撮影

演者1(「Interview_Insert01.mp4」、「Interview_Insert02.mp4」)
(環境音)

音声を同期する ※ダウンロードファイルの完成品と見比べながら作業してください

1 クリップを配置する

インタビュー撮影の動画素材3つを「タイムライン」パネルに配置します。

「V3」にセンターカメラの素材、「V4」には演者1の素材、「V5」には演者2の素材を配置します。「V1」と「V2」には何も配置しません。後で「V1」には、最終的に書き出す本編のクリップを配置し、「V2」には後でインサート撮影の素材を配置するので、現時点では空にしておきます。

2 音声を同期する

クリップを全て選択した状態で、右クリック→「同期」をクリックすると「クリップを同期」のウィンドウが開きます。「同期ポイント」は「オーディオ」を選択し、「トラックチャンネル」に「3」と入力し[OK]をクリックします。すると、オーディオの処理が行われ、インタビュー撮影の3つの素材が同期され、同じ時間軸上で再生されます。

3 クリップを整理する

動画素材のうち、先端や末端の不要箇所をカットします。またそれぞれのクリップで右クリック→「ラベル」から、クリップの色を変えておきます。また、メディアのリンクを解除し、演者1、演者2用のカメラのオーディオクリップも削除しておきます(P.176参照)。

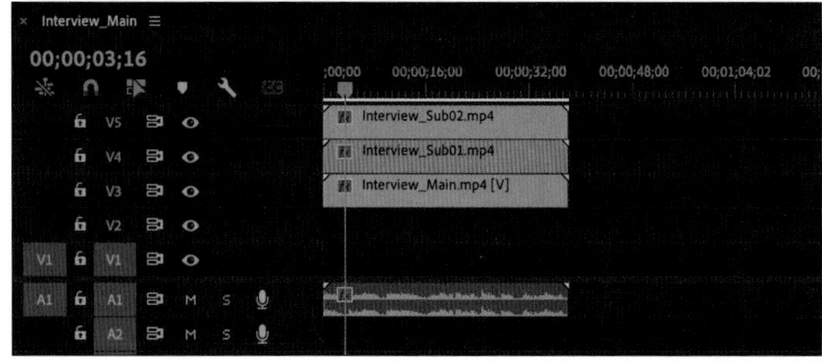

軽い動作でマルチカメラを切り替える

1 センターカメラをプレビューする

「V4」と「V5」の◉をクリックし、映像を非表示にします。すると、「V3」のセンターカメラの映像が「プログラムモニター」パネルに表示されます。

2 使用するセンターカメラの素材を決める

「プログラムモニター」パネルでプレビューしながら、カメラの切り替え地点を探します。再生直後の最初の質問はセンターカメラの映像を使用したいので、質問が終わるまでは再生し続けます。演者1が話し始める直前で「V3」のクリップを選択し、Ctrl / command + K キーをクリックすることで、編集点を追加します。

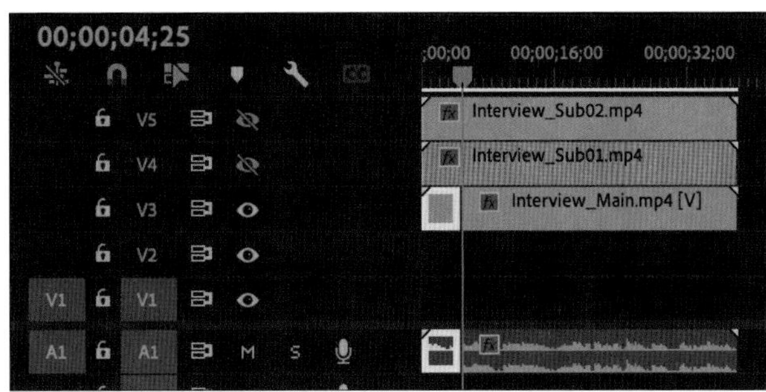

MEMO

ショートカットキーについてはP.222で確認してください。

3 センターカメラの映像を本編用のV1トラックに配置する

編集点が追加され、「V3」のクリップが2つになりました。使用したいのは前方のクリップなので、これを本編用の「V1」にドラッグ&ドロップで移動します。

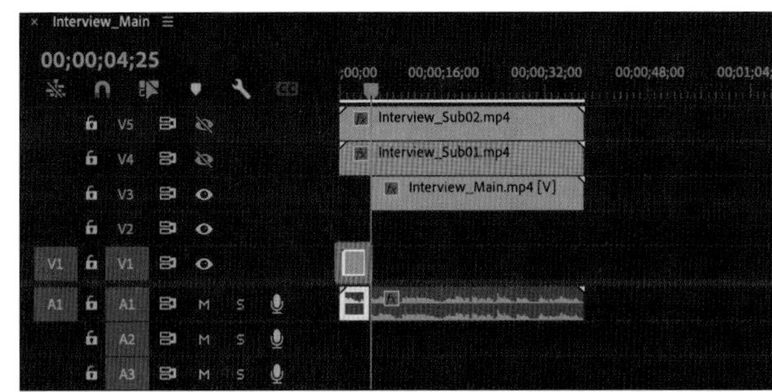

4 使用する演者1の素材を決める

演者1が受け答えする際には、演者1の撮影素材である「V4」を使用します。

「V3」のセンターカメラの◉をクリックし、映像を非表示にし、「V4」の◉をクリックし、映像を表示させます。演者1の受け答えが終わるまで再生し、手順2と同様に編集点を追加します。使用するクリップを「V4」から「V1」に移動させます。この手順を繰り返し、カメラを切り替えていきます。

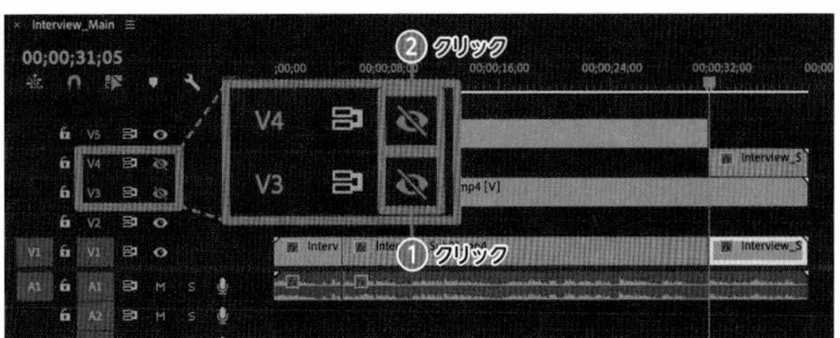

❖ シーケンスの使い方のイメージ

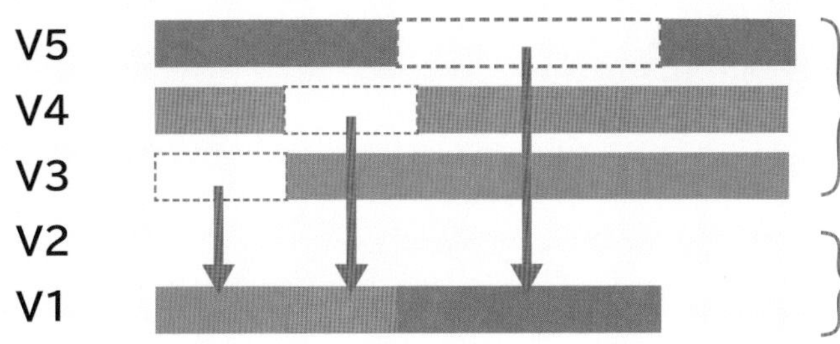

5 プレビュー用のトラックを非表示にする

「V3」から「V5」の確認用のトラックを非表示に、「V1」の本編のトラックだけが表示されるようにします。

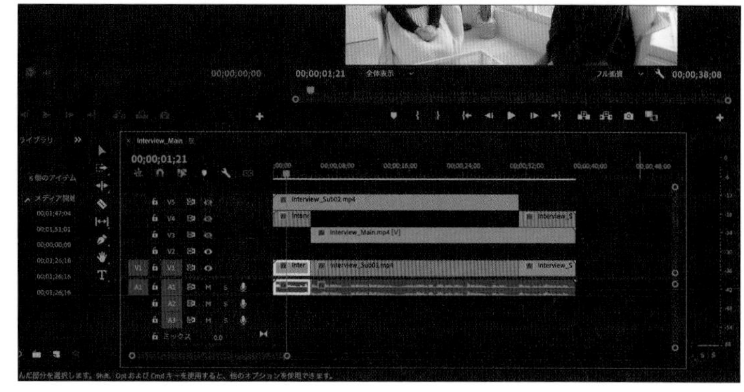

MEMO

この方法では、マルチカメラの映像全てを一度にプレビューすることはできませんが、インタビュー撮影のカメラを切り替える際には、動作が軽く快適な作業を行いやすいというメリットがあります。
MV撮影では、各カメラが動いたり、演者の動きが大きく変化する場合には、全ての映像を一度にプレビューしながらベストショットを探して、カメラを切り替える必要があります。
一方で、インタビュー撮影では、話している演者に合わせてカメラを切り替えることが基本となります。そのため、全ての映像を一度にプレビューせずとも、話し手に合わせたカメラに切り替えればよいことになります。
高性能なパソコンを持っている場合は、あえて軽い動作方法でのマルチカメラの切り替えをする必要はありませんが、適正な編集方法を選択することで効率的に作業をすることができます。

インサートを追加する

1 インサートを配置する

演者1の話の内容に合わせてインサート[Interview_Insert01.mp4][Interview_Insert02.mp4]を追加します。今回は、「カフェで作業している」という話に合わせて撮影した素材を「V2」に配置しました。

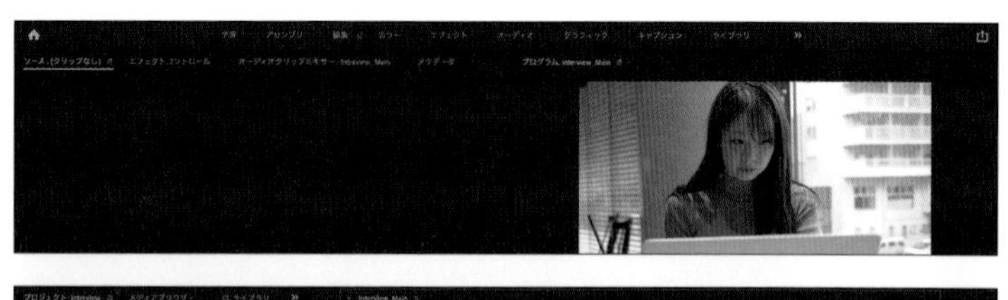

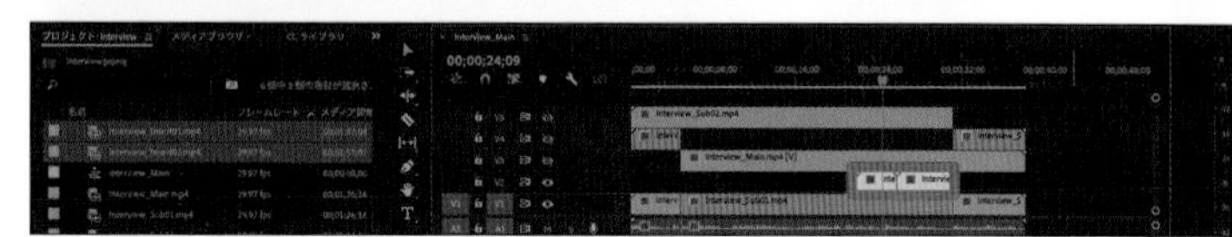

テロップを追加する

1 「縦書き文字ツール」でテロップを追加する

「ツール」パネル内の T を長押しすると ↓T の「縦書き文字ツール」に切り替えることができます。

演者2の質問内容を端的に画面右側に ↓T でテロップを追加します。

その後、「エッセンシャルグラフィックス」パネルで装飾を行います。

2 「横書き文字ツール」でテロップを追加する

演者1の話している内容を画面中央下部に🆃でテロップを追加します。

1つ分のクリップのテロップを入力し終わったら、「エッセンシャルグラフィックス」パネルで装飾を行います。

「V1」〜「V5」の🅱をクリックし、装飾を行ったクリップをコピー&ペーストで増やしていき、テキストの内容だけ差し替えます。

基本的には、演者2の質問のテロップと同じテイストの装飾を行います。

and more...

伝わりやすい文字起こしのコツ

演者が話した内容を、そのまま文字起こししてしまうと文字量が多くなり読みにくくなってしまう場合があります。そのため、適切な情報を視聴者に伝えることを優先し、言葉を削除したり補ったりしながら文字起こしを行います。

例えば、「あのー」「えーっと」「まあ」などは文字起こしでは削除した方が良いことは想像しやすいかもしれません。口に出して何かを話す際に、次の話す言葉を考え、その繋ぎになる言葉を無意識に口に出すことがあります。テロップとして表示させるときには、適切な情報を届けることができるか確認しながら文字起こしをしてみましょう。

実際のセリフ

最近は、これまで結構、家とかでもしてたんですけど
気分転換に自分の好きなカフェに行って作業をしたりとか
ちょっと新しいカフェを開拓してみたりとか
そういう感じで、はい作業してます

↓

テロップ用文字起こし

最近は、家で(動画編集を)していたのですが
気分転換に自分の好きなカフェに行って作業をしたり
新しいカフェを開拓したりして作業しています

用途にもよりますが、演者が直接話していない言葉を補う時には括弧書きで表現します。基本的には、解釈の違いが出ないように、編集者側の判断で言葉を補わない方が無難です。しかし、文脈上で判断がしやすくなるものは言葉を補った方が、視聴者も理解しやすいです。

Premiere Proに備わっている、自動の文字起こし機能(P.212参照)を活用すると素早くテロップを追加することができますが、ここで紹介したように「伝わりやすい文字起こし」を実現するには、手作業で文字起こしをする方がおすすめです。

それぞれにメリットがあるので、場面に応じて使い分けてください。

✣ 用途に合わせたテロップデザインをする

一口にインタビュー動画といっても、テロップのデザインにもTPOがあります。会社のホームページに掲載するのか、YouTubeに投稿するのか、タクシー車内のディスプレイなどに広告掲載するのか、どんな人に向けて作成するのかを明確にする必要があります。掲載場所やターゲットを決めた上で、テロップのデザインを選択しましょう。

Recipe 95 Vlogに使える演出①

一昔前までは、情報発信の手段として文字や画像を使ってブログを活用することが一般的でした。それが現在では、動画を使ってYouTubeに投稿するVlogに変化しました。ここではVlogの作り方を解説します。

オシャレなVlogにするコツ

Vlogとは Video blogの略で、好きなことや得意なこと、日常などを自由に動画にして発信することです。細かい決まりごとはありませんが、せっかくならオシャレに作りたいところです。ここではオシャレなVlogにするコツを紹介します。

細分化する

おしゃれに見せるコツの1つが、一連の動きを細分化して見せることです。たとえば「車の運転」という動きを細分化すると、鍵を開ける、ドアを開ける、乗り込む、シートベルトをする、エンジンをかける、発進する……といったシーンに分けることができます。これをワンカットでダラダラと撮ってしまうと、ただの平凡な日常のシーンになってしまいますが、細分化して撮影し、それらをテンポよくつなぎ合わせるだけでオシャレな動画になります。

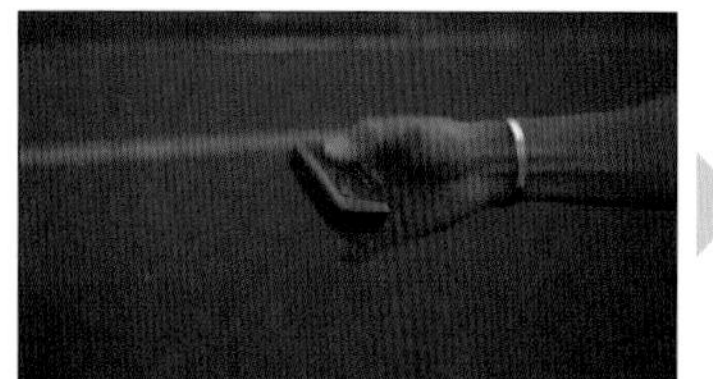

▲鍵のスイッチを押す

▲解錠する

▲ドアを開ける

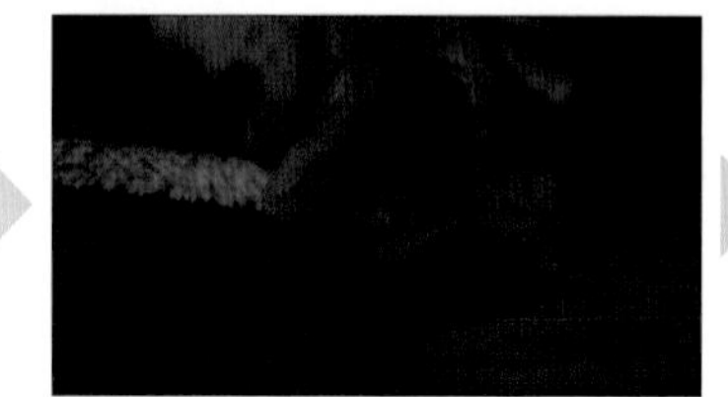

▲シートベルトをする

▲エンジンをかける

▲発進する

短いカットをつなぎ合わせる

上と同じ理由で、Vlogにおいては短い動画をさまざまな構図で撮影してつなぎ合わせるのがおすすめです。慣れないうちに長尺の動画を撮影すると、大きな手振れが入ってしまったり、何を伝えたいのかわからなかったりと、どこか間延びした動画に仕上がってしまうケースが多々あります。

✣ スピードに緩急を付ける

スローモーションやスピードランプエフェクトを活用し、映像のスピードに緩急を付けると、普通の動きでもオシャレに見えます。見せたい部分だけスローにしたり、長尺の映像はスピードを上げたりしてメリハリを付けることが一般的です。

✣ タイムラプスやモーションラプスを活用する

一定間隔で撮影した画像をつなぎ合わせ、コマ送りのような動画にする撮影方法を「タイムラプス」と呼びます。カメラの経路ポイントを設定してタイムラプスに動きを加えた撮影方法を「モーションラプス」と呼びます。最近のスマートフォンにはタイムラプス機能が付いているので簡単にタイムラプスを撮影できます。また、ジンバルを活用している場合は、付属している専用アプリを使うことでモーションラプスの撮影もできます。これらを取り入れるとよりオシャレなVlogになります。

▲タイムラプス

▲モーションラプス

✣ フレームの上下に帯を入れる

上下に黒い帯(クロップ)を入れて映画のように見せるのも効果的です。本来は、異なった画面サイズでも映像が潰れないようにする「レターボックス」という効果なのですが、オシャレに見せるのにも用いることができます。

✣ カラーグレーディングにこだわる

映画のような深みのあるカラーにすることで、日常の動画であってもショートムービーのようなVlogにすることができます。

カラーだけではなく「フィルムグレイン」などを使うと、どこか懐かしさを感じる動画にもすることができます。

❖ 適切なエフェクトやトランジションを意識する

映像を加工することで得られる効果は大きいのですが、かといって、エフェクトやトランジションを適用しすぎると、視聴しづらい動画になってしまいます。無意味な適用は避け、明確な意図のもとにエフェクトやトランジションを適用するようにするよう、心がけましょう。

▲タイヤの回転に合わせてスピントランジションを適用

❖ 曲、音選びにこだわる

同じ映像でも、どのような曲を合わせるかによってイメージが大きく変化します。また、曲だけではなく音選びも大切です。たとえば、自然が豊かな映像に鳥や虫の鳴き声が入っていると、よりのどかな印象になります。収録時に自然の音が入ればよいのですが、うまく収録できない場合などは、あとから音を付け加えたり音だけ別撮りしたりするのもよいでしょう。

▲https://dova-s.jp/

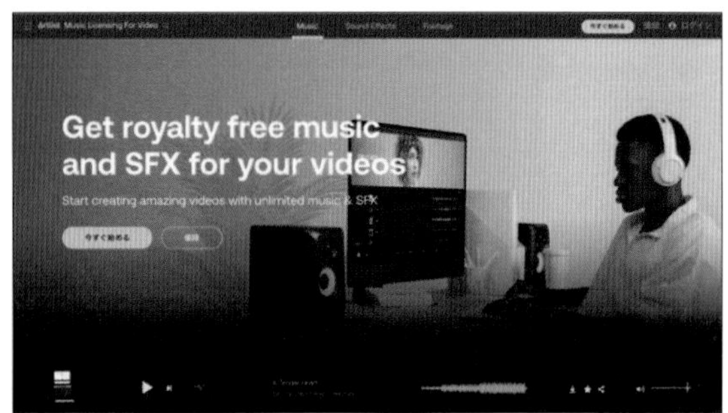

▲https://artlist.io/jp/

❖ 拍子、リズム、テンポ

音楽には拍子、リズム、テンポがあります。基本的には、これらを基準に映像の切り替えを行うようにします。しかし、最初から最後まで同じリズムやテンポで映像を切り替えてしまうと、逆につまらない動画になってしまいます。そのため、基本はリズムに合わせて、部分的に拍子、リズム、テンポを無視するといった表現をするのもありです。

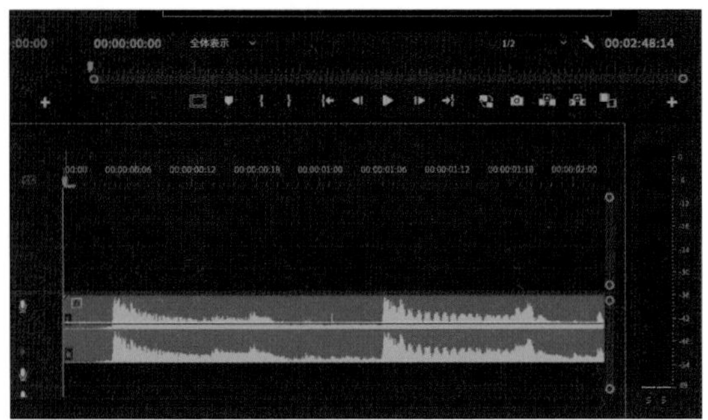

▲音楽をオーディオトラックに配置したら、オーディオトラックの幅を広げます。

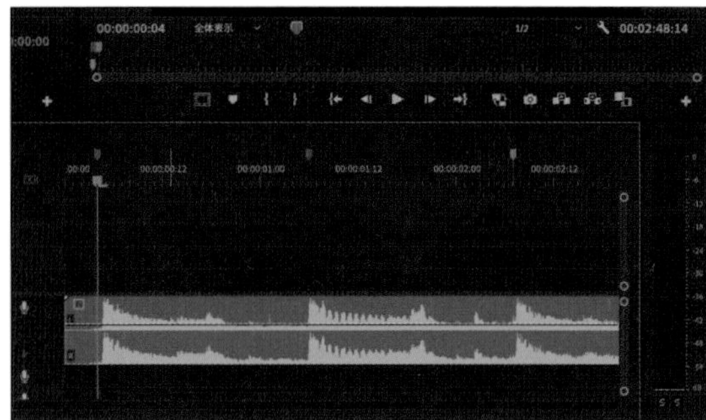

▲波形を見て上がっている所にマーカーで印を付けることで映像を切り替える目安となります。

Vlogを作る上での注意点

Vlogはその手軽さが大きな魅力ですが、それだけに、撮影する際に注意すべき点もあります。ここではVlogを制作する上での注意点を紹介します。

ドローンの使用について

ドローンを使って撮影をする場合は、撮影をしてもよい場所なのかを必ず確認し許可を取るようにしましょう。

基本的には東京都内はドローンの使用は禁止となっています。都内以外でも禁止されている場所は多く、無許可で使用すると逮捕されることもあります。

店舗や施設の許可

飲食店や美術館、博物館など、店舗や施設で撮影をするときも許可を取るようにしましょう。飲食店の中には、撮影を禁止している店舗があります。また、美術館や博物館の多くは撮影を禁止しています。禁止と知らずに撮影し、誰にも注意されなかったからといってVlogを公開してしまうと、のちに大きな問題に発展することがありますので、必ず許可をとるようにしましょう。

肖像権について

街中で動画を撮影していると、他人の顔や車のナンバープレートなどが映り込んでしまう場合があります。意図せずに他人が映ってしまいYouTubeに公開することは、肖像権的には問題ないとされる場合が多いですが、できるだけ避けるようにしましょう。

動画を撮影する場合は、肖像権についての知識を勉強しておくことをおすすめします。

著作権について

曲や効果音を使うとき、必ず著作権の確認が必要です。「無料でダウンロードできる」と「著作権フリー」は違います。無料でもクレジット表記が必要な音楽もありますので、必ず確認をするようにしましょう。

Vlogのオープニング

ここまで解説したことを念頭に置いて、練習用として横浜をテーマにVlogのオープニング部分を作っていきます。

1 シーケンスを作成する

最初にシーケンスを作成します。ここでは「AVCHD1080p24」のシーケンスで作成します。

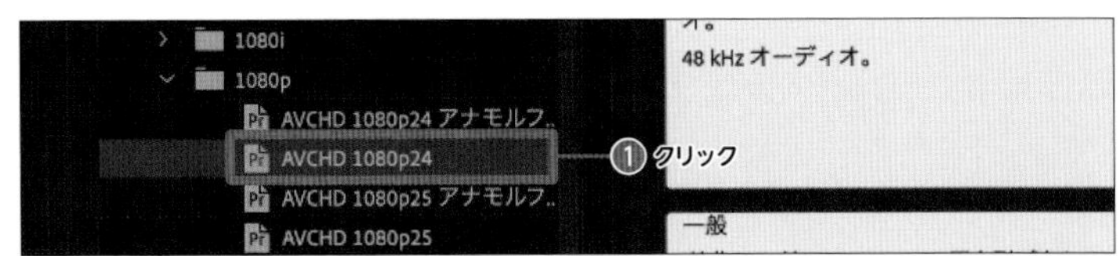

2 曲を選ぶ

車で移動するシーンに合う音楽を選びます。

有料BGM音楽素材サイト「Artlist」(https://artlist.io/jp/)を使用します。

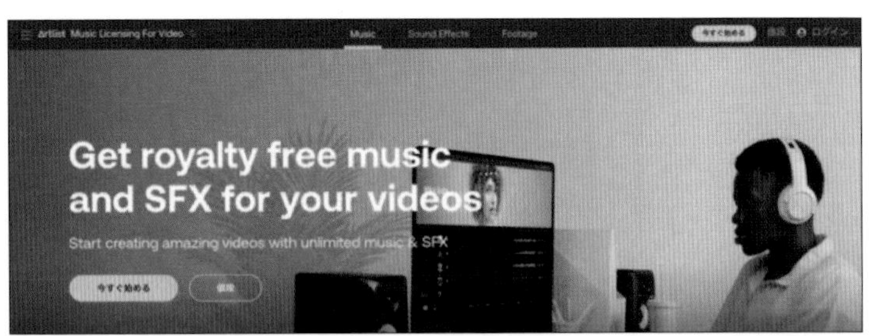

3 音楽を配置する

「プロジェクト」パネルに読み込んだ音楽クリップをダブルクリックして、「ソースモニター」パネルに表示します。いったん音楽を聞いて使いたい部分を決め、イン点とアウト点を打って「タイムライン」パネルのオーディオトラックへドラッグ&ドロップで配置します。

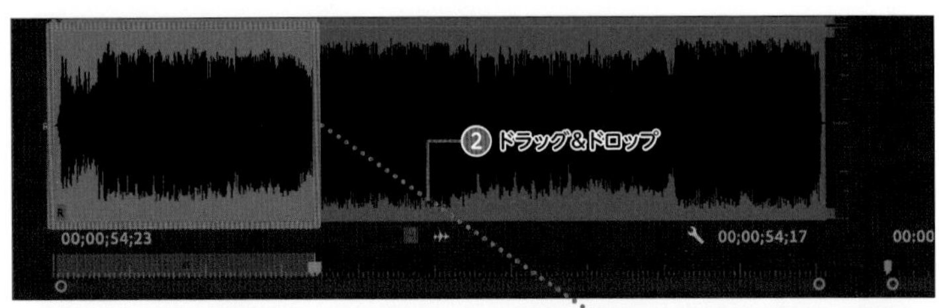

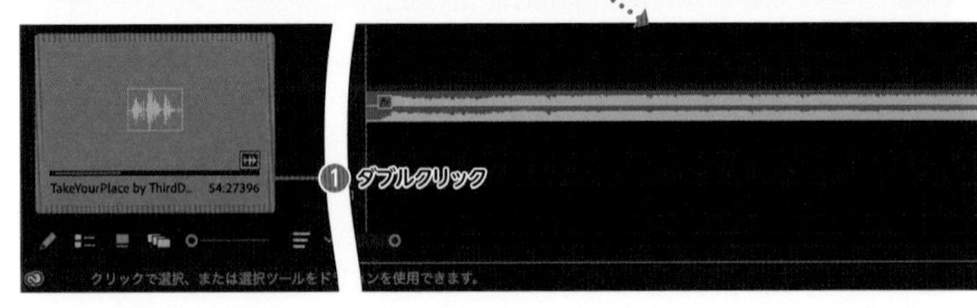

4 マーカーで印を付ける

音楽を聴きながら拍や拍子、リズム、テンポの部分をクリックして、マーカーで印を付けていきます。オーディオトラックの幅をドラッグして広げ、ズームハンドルをドラッグして、拡大すると行いやすくなります。キーボードの右カーソルを押していくと、音が変わる部分が必ずあるので、そこにマーカーで印を付けていくイメージです。

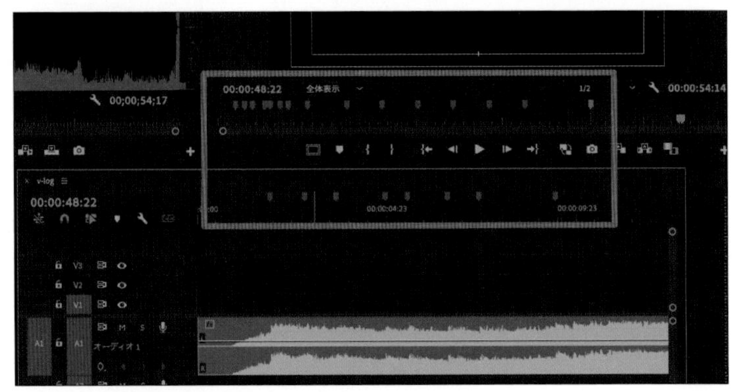

5 動画クリップを配置する

「プロジェクト」パネルに読み込んだ動画クリップをダブルクリックして「ソースモニター」パネルに表示します。使いたい部分を決めイン点とアウト点を打ち「タイムライン」パネルへ配置します。

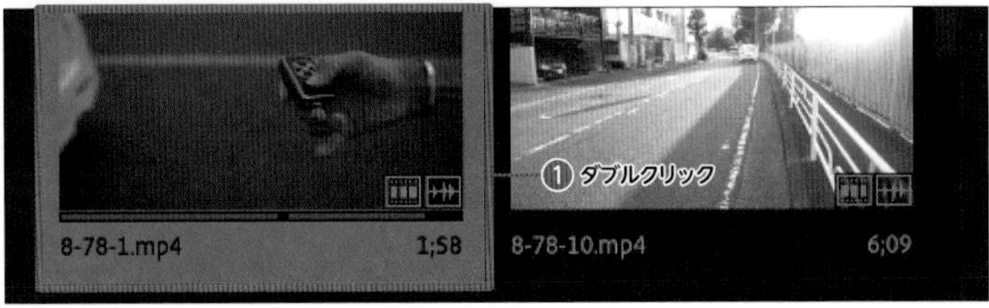

6 マーカーに映像を合わせる

車のクリップをすべて「タイムライン」パネルに配置できたら、マーカーを目安にトリミングしていき、クリップの長さを調整します。また、レート調整ツールを使ってスピードを調整します。

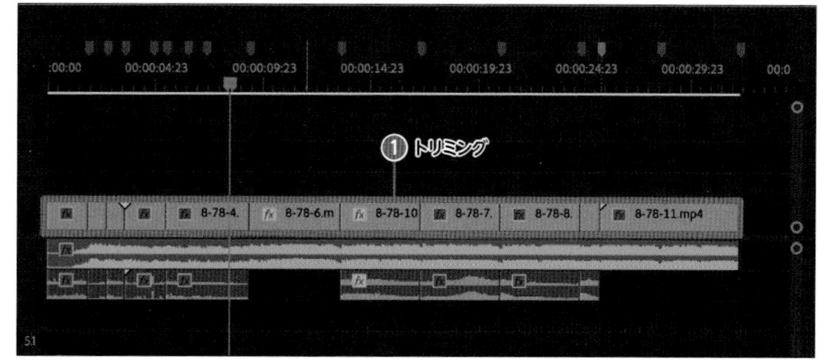

7 位置やスケールを微調整する

「エフェクトコントロール」パネルでシーケンスに配置した動画クリップの「位置」や「スケール」を調整します。

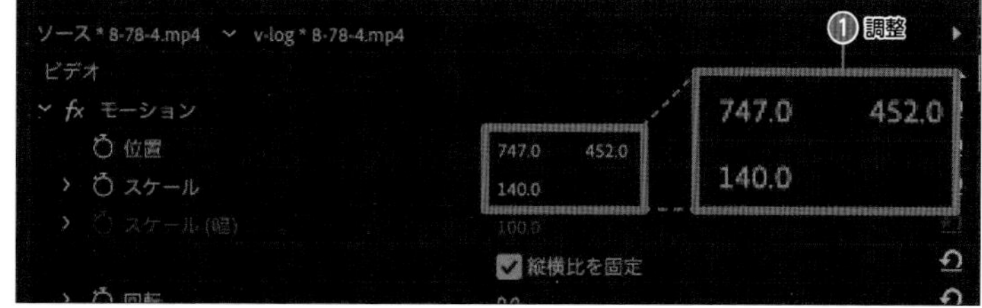

8 BGMや音声を調整する

BGMや音声のボリュームを調整します。臨場感を出すため、エンジン走行音がしっかり入るよう、「最大ピークをノーマライズ」の値を何度か入力しては再生しながら調整していきます。ただし、無理にボリュームを上げると音質が悪くなるので、注意しましょう。

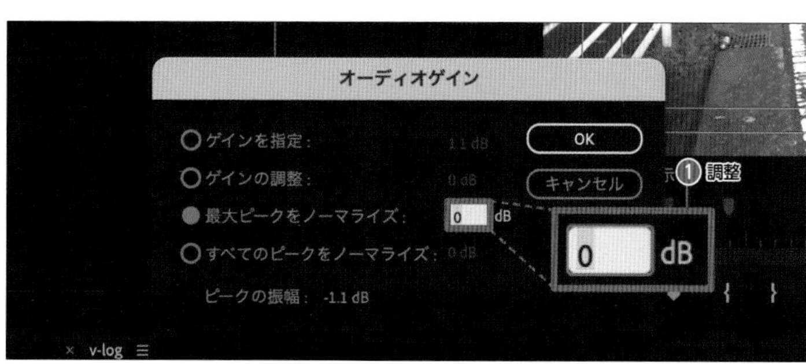

9 ノイズと雑音を軽減する

メニューバーで［ウィンドウ］→［エッセンシャルサウンド］の順にクリックし、すべての音声クリップを選択します。「エッセンシャルサウンド」パネルで［会話］をクリックし、［修復］をクリックします。［ノイズを軽減］をクリックしてチェックを付けます。

10 サウンドを探す

ドアを開けるシーンの音を追加したいので、効果音を探します。

ここでは、「効果音ラボ」(https://soundeffect-lab.info/) というサイトから車のドアを開けるフリー効果音をダウンロードし使います。

Chapter 8 プロのお手本レシピ

11 サウンドを追加する

ダウンロードした効果音を「プロジェクト」パネルに読み込み、ドアを開けるタイミングの箇所にドラッグ＆ドロップで追加し、ボリュームを調整します。同様の手順で必要な効果音を加えていきます。

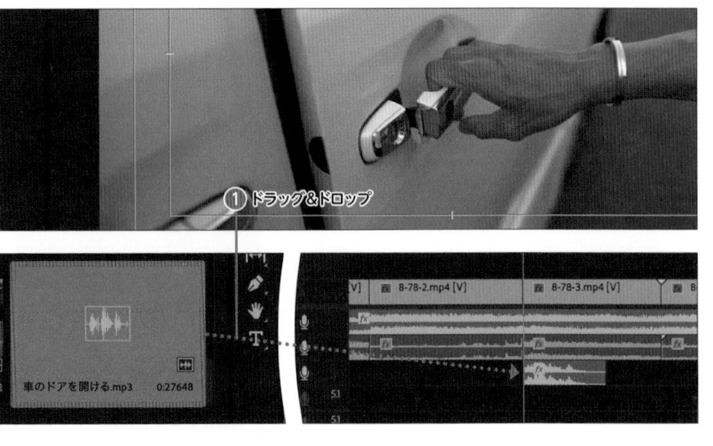

12 フェードイン＆フェードアウトを適用する

「エフェクト」パネルで［オーディオトランジション］→［クロスフェード］の順にクリックし、BGMのクリップの先頭に［コンスタントパワー］を、最後尾に［コンスタントゲイン］をドラッグ＆ドロップで適用します。

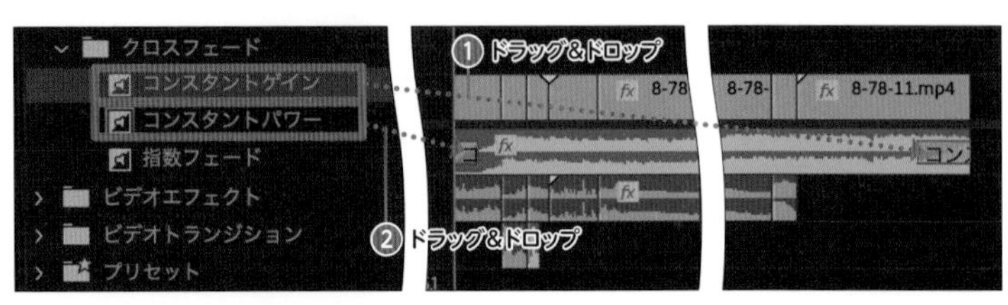

13 カラー調整を行う

シートベルトを締めるシーンの映像が暗過ぎるので、調整します。■→［調整レイヤー］の順にクリックして、シートベルトを締めているクリップの上のビデオトラックに配置します。メニューバーで［ウィンドウ］→［Lumetri カラー］の順にクリックして、「基本補正」の［トーン］を選択して調整します。

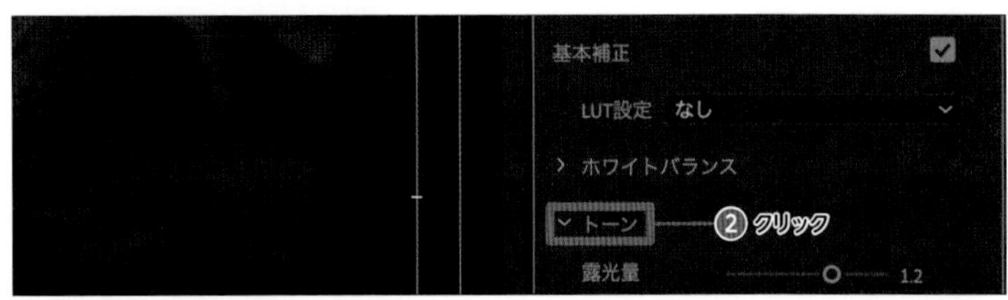

14 Lookを適用する

ここで使っている素材はLOGではなく、通常の映像素材なので、カラーコレクションではなくLookで調整します。手順13を参考に、調整レイヤーを全クリップの上に重なるようにドラッグ＆ドロップで配置します。

「Lumetri カラー」パネルで「クリエイティブ」から任意のLookを選択して適用し、強さを調整します。

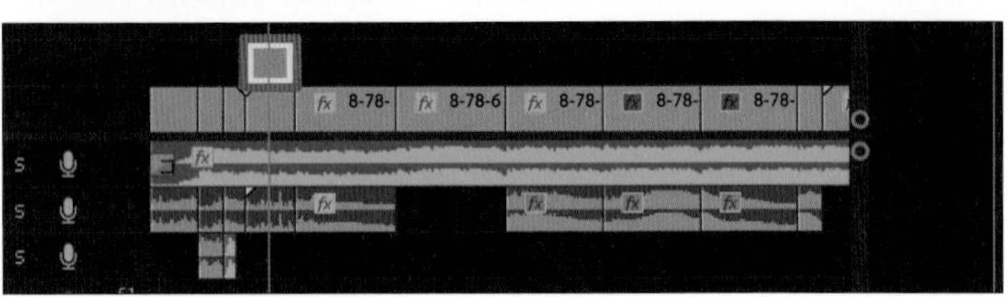

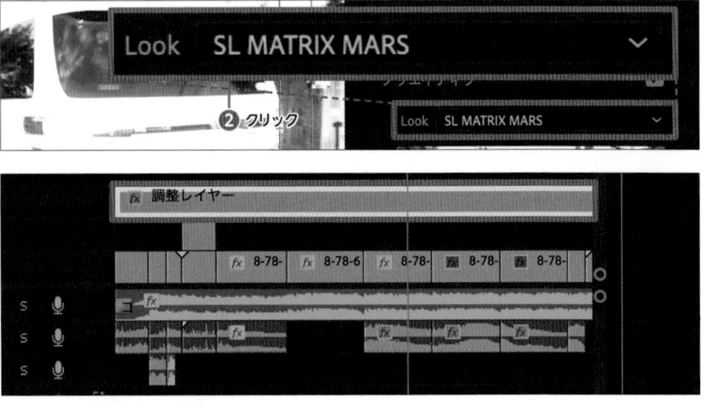

15 クロップを適用する

「エフェクト」パネルで［ビデオエフェクト］→［トランスフォーム］の順にクリックし、「クロップ」をドラッグ＆ドロップで「タイムライン」パネルに配置します。手順13を参考に、調整レイヤーを全クリップの上に重なるようにドラッグ＆ドロップで配置します。「エフェクト」パネルの［クロップ］を調整レイヤーにドラッグ＆ドロップし、上下幅を調整します。

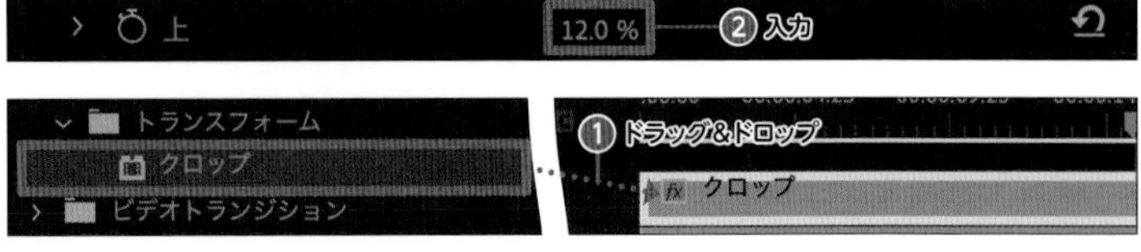

16 トランジションを適用する

タイヤが回るシーンにスピントランジションを適用します。

17 ナンバープレートにモザイクを適用する

P.80を参考に、ナンバープレートが映っているシーンにモザイクを適用し、トラッキングします。

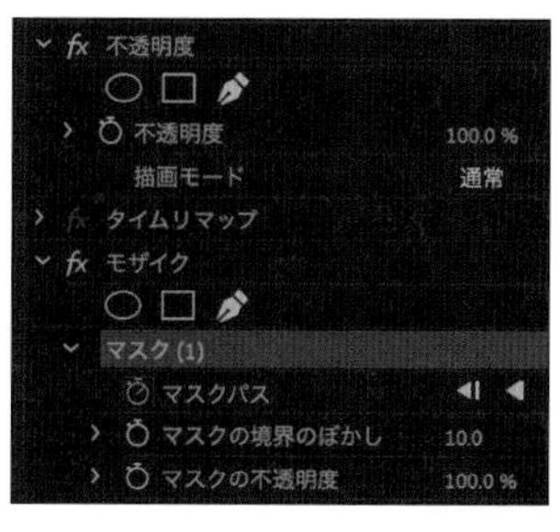

18 タイムラプスを読み込む

スマートフォンでタイムラプスを撮影すると自動で動画にしてくれるのですが、ミラーレスで撮影したタイムラプスやモーションラプスは連続撮影した写真としてデータが残ります。

Premiere Proに読み込むときにオプションから[画像シーケンス]をクリックしてチェックを付けてから[読み込み]をクリックすることで、動画に変換されます。

19 タイムラプスを配置する

「プロジェクト」パネルに読み込んだモーションラプスを動画の最後に配置します。「エフェクトコントロール」パネルで「位置」や「スケール」を調整します。調整レイヤー2つとBGMクリップをトリミングで調整します。

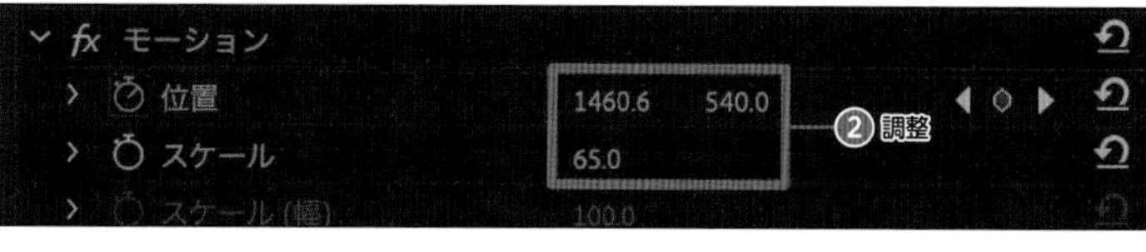

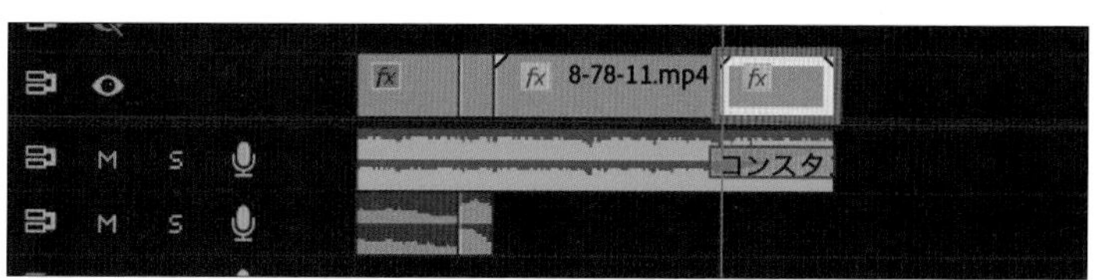

MEMO

キーフレームを打って、より動きを加えてもよいでしょう。

20 書き出す

動画を確認したら最後に書き出しを行います。

カラーマネジメント(P.150参照)で解説したように個人的な動画ではない場合は編集時と色の相違がないように書き出し設定でLUTを適用させるようにしましょう。

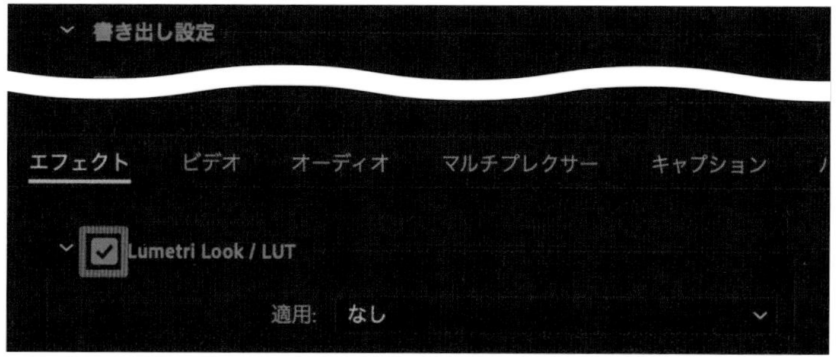

Recipe 96

Vlogに使える演出②

Vlogの撮影方法と、編集方法を解説します。今回は、撮影時にSonyのVLOGCAM ZV-1というコンパクトなカメラを使用しています。より手軽に日常を記録するために、撮影のハードルが低い機材がおすすめです。

▲撮影風景

Vlogで日常を映像表現する

Vlogとは「Video(動画)＋Blog(ブログ)」からなる造語で、自分自身が主役となり日常を動画で共有する表現方法です。「日常を切り取る」という意味では、従来のホームビデオと役割が共通していますが、一定の関心を持っている身内に見せるホームビデオとは異なり、Vlogはインターネット上に公開し、誰かに見てもらうことが前提になっています。

「日常を切り取る」というと、自由に撮って、自由に編集して…というイメージもあるかもしれません。しかし、自分の「日常」を身内以外の人にも楽しんでもらうためには、撮影時や編集時に工夫が必要です。今回はそれぞれのポイントについて解説します。

飽きが来ない素材を準備する

ショート動画が流行ったことで、以前よりVlogは比較的長い尺のコンテンツとも捉えられるようになりました。そんな中、長い動画を見続けてもらうのは難しくなってきています。

長く見続けてもらうための工夫の1つとして「画変わり」を意識する方法があります。「画変わり」とはカメラを長回しで撮り続けるのではなく、短い動画を積み重ねることを指します。

1つの事柄を様々な角度から撮影したり、「食事」のような大きな事柄だけでなく、「準備」「移動」など小さな事柄も切り取ったりして、より多くの動画を撮影します。

この短い動画を積み重ねて1つのVlogにすることで「画変わり」のある映像ができ、長時間でも視聴者が飽きにくい動画にすることができます。

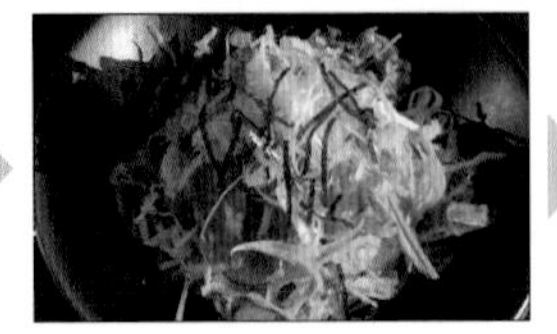

本編の編集方法 ※ダウンロードファイルの完成品と見比べながら作業してください

1 本編用の新規シーケンスを作成する

メニューバーで[ファイル]→[新規]→[シーケンス]の順にクリックします。

今回はシーケンスプリセットから[AVCHD]→[1080p]→[AVCHD 1080p30]の順にクリックします。シーケンス名は[main]と入力します。

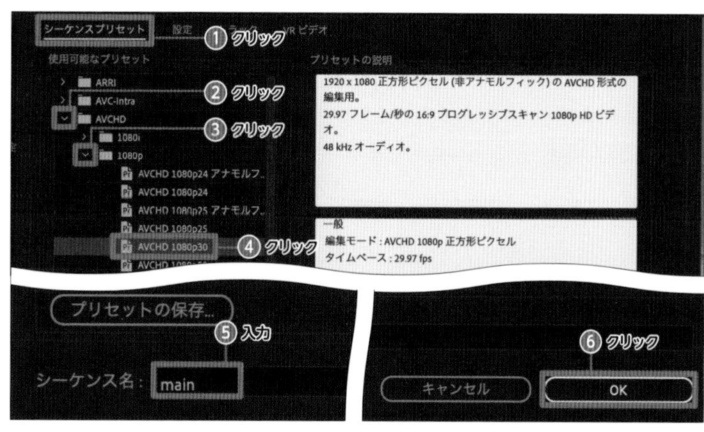

2 仮編集する

全ての動画素材を「V1」に配置します。「プロジェクトモニター」パネルでプレビューを確認しながら、不要な箇所を削除し大まかな仮のカット編集を行います。あらかじめ「プロジェクト」パネルで、「ラベル」をつけて色分けしたり、「ビン」で整理したりすると、「タイムライン」パネルでも見やすいです。

MEMO

動画素材をPremiere Proに読み込む前に、動画素材をフォルダ分けし、そのフォルダごとPremiere Proに読み込むと、自動で「ビン」が作成されます。

動画素材が多く管理が大変な場合は、事前のフォルダ分けも効率化に有効です。

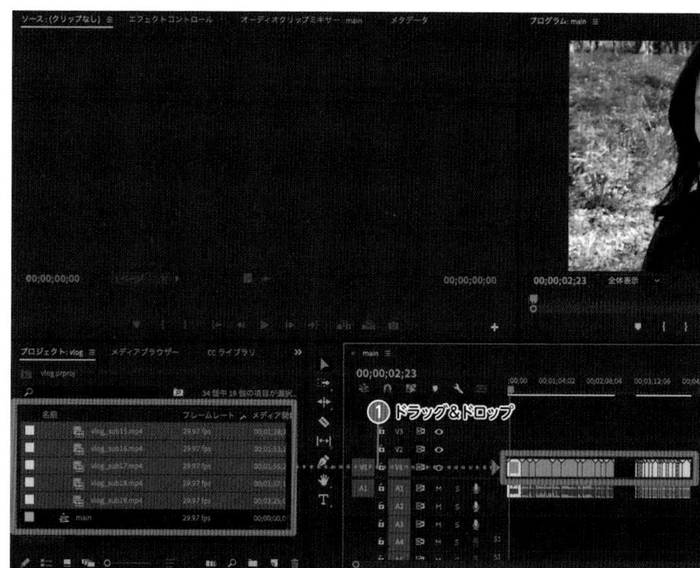

3 BGMに合わせて再編集する

本編で使用したいBGMを「A2」のトラックに配置します。今回は、このBGMの尺に合わせて、本編の尺が収まることを目指します。手順**1**で行った大まかな仮編集の精度を高めるため、さらにカット編集を行います。

MEMO

本編のBGMは、https://www.youtube.com/watch?v=XflaFwVRNV4 からダウンロードして使用しました。

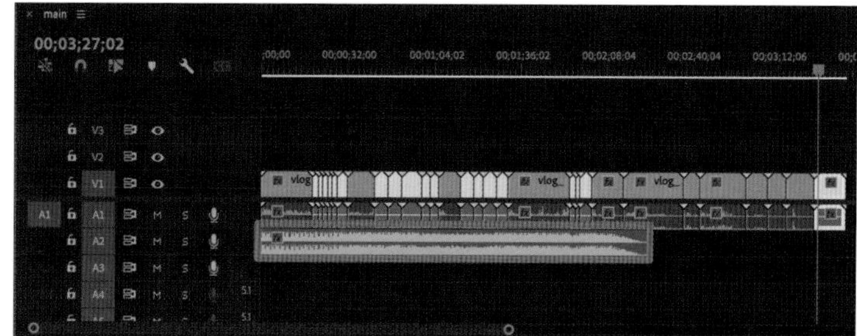

and more...

違和感なく場面を切り替える① 映像での場面つなぎを考える

多くの動画素材をカット編集で繋げていきますが、闇雲に時系列にクリップを並べるだけだと繋がりに違和感があったり単調になったりします。また、前触れなく急に場所が変わったりすることも違和感の原因になります。主要な目的地の映像だけでなく、移動途中のインサートを撮影したり、お店の外観を撮影したりして、場面と場面をつなぐための撮影素材を豊富に準備しておきましょう。演者が「次は〇〇に行こうと思います」のようにセリフを話す映像を用いて場面をつなぐことも効果的です。

4 音声のクリップを取捨選択する

カット編集が済んだら、使用する音源を決めます。演者が話しているクリップの音声は使用しますが、今回はインサート中の音声は不要です。

不要な音声素材は、「A1」のトラックにあるオーディオのクリップを「A3」に移動させます。不要なクリップを「A3」に移動させ終わったら、「A3」のトラックはMの「トラックをミュート」をクリックして、ミュートにします。

現時点では不要であっても、環境音として使用する場合もあるため、不要なオーディオのクリップは削除せず、ミュートで残しておきます。

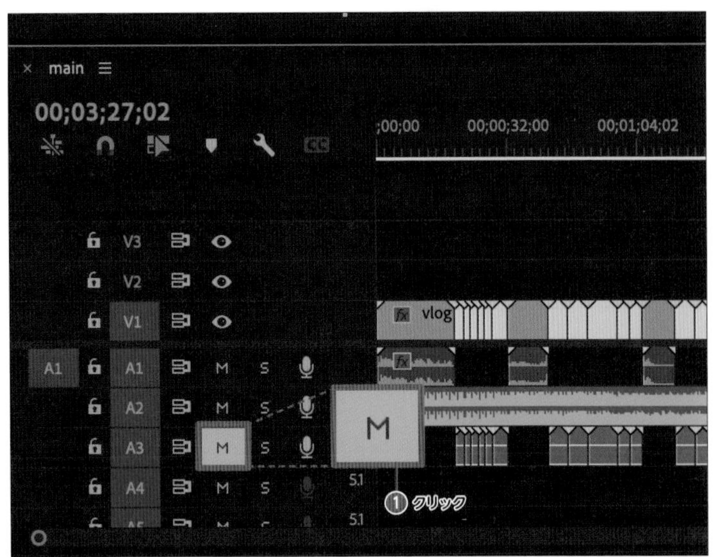

5 BGMのオーディオレベルを調整する

ラバーバンドの機能を利用して、BGMのオーディオレベルを調整します。「ツール」パネルからを選択し、キーフレームを打ちながらオーディオレベルの増減を細かく調整します。

基本的には、演者が話している時には「-1.0dB」、演者が話していない時には「-30dB」としました。

急にオーディオレベルが変化しないよう、ラバーバンドが坂の形になるように意識してください。

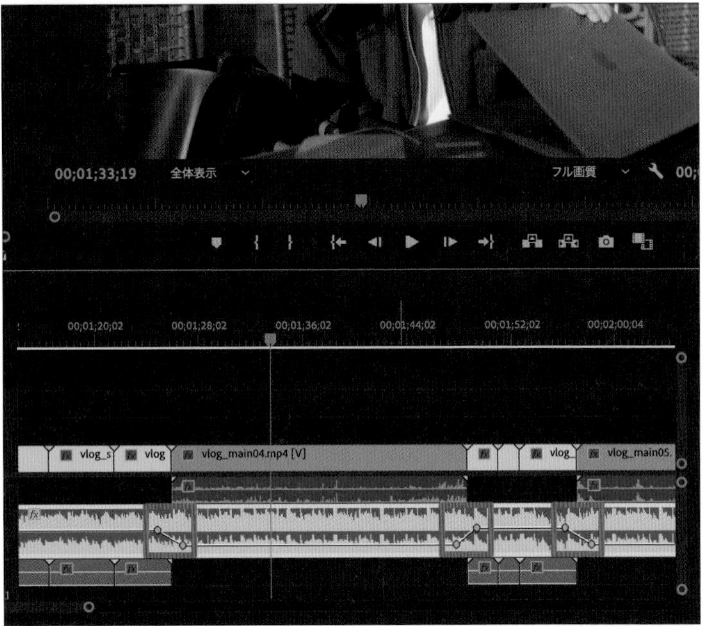

MEMO

ラバーバンドを使用したオーディオレベルの調整方法はP.168を確認してください。

6 テロップを入力する

Tをクリックして、テロップを入力していきます。

演者が話している内容をテロップで文字起こしするだけでなく、撮影中に感じたことや、視聴者に投げかけたい話題もテロップにしていきます。

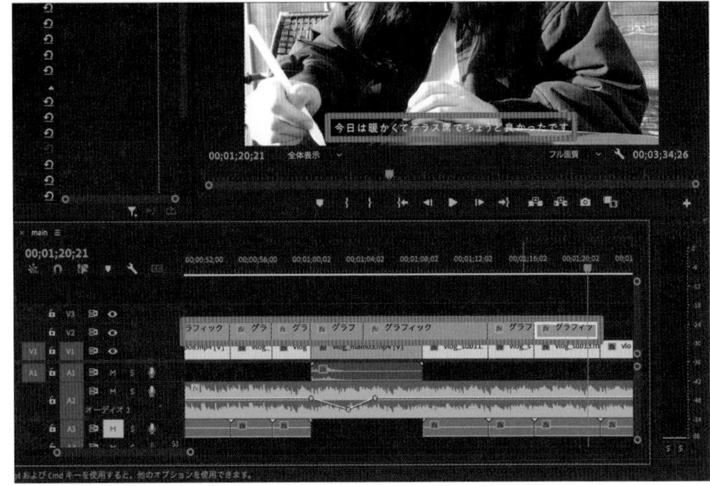

オープニングの編集方法

1 オープニング用の新規シーケンスを作成する

メニューバーで[ファイル]→[新規]→[シーケンス]の順にクリックします。今回はシーケンスプリセットから「AVCHD」→[1080p]→[AVCHD 1080p30]の順にクリックします。シーケンス名は[OP]と入力します。

「タイムライン」パネルには、「main」「OP」のタブが作られ、それぞれのシーケンスを切り替えることができます。

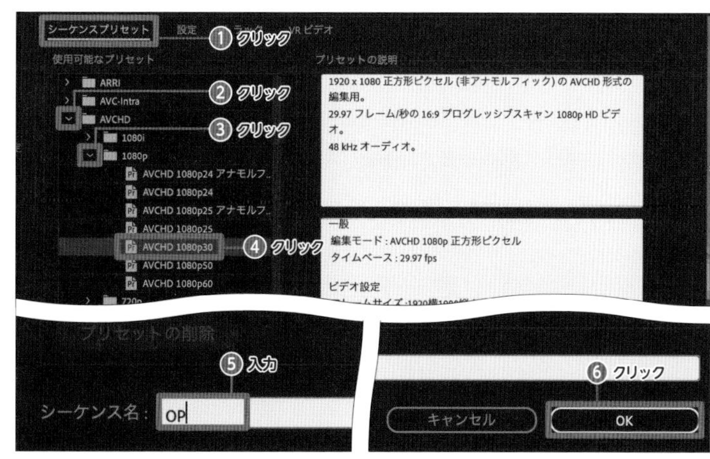

MEMO

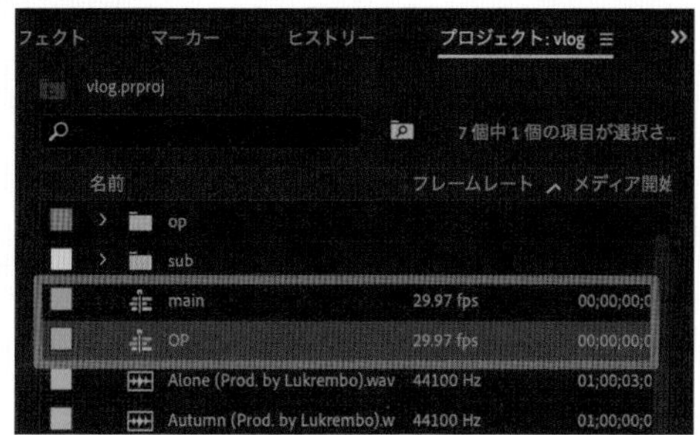

1つのプロジェクトに複数のシーケンスを作る

1つのプロジェクトに対して、1つのシーケンスを作成する場合が多いのですが、今回のように本編とオープニングを分けて編集する場合や、1つの本編を15秒ver、30秒verとバリエーションを作っていくときなどは、複数個のシーケンスを作成します。

「プロジェクト」パネルを確認すると、他の動画素材同様に、シーケンスも表示されています。■のアイコンが付いているものは、対象物がシーケンスであることを示しています。

2 オープニングに使いたい素材を選ぶ

今回はオープニングに4つの動画を使います。

オープニングを見るだけでVlog全体の雰囲気が伝わるダイジェスト版のようなものを意識します。

3 BGMに合わせて調整する

「A2」にBGMを配置し、BGMのビートを意識しながら4つのクリップの長さを調整していきます。

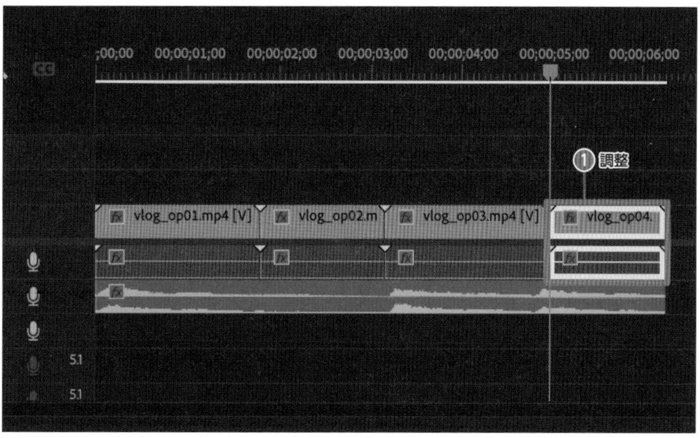

MEMO

オープニングのBGMは、https://www.youtube.com/watch?v=XflaFwVRNV4 からダウンロードして使用しました。
インターネット上に公開されているBGMを利用する際には、適宜、利用規則などを確認しましょう。

4 「main」シーケンスに「OP」を追加する

「main」のシーケンスにタブで切り替えます。

「プロジェクト」パネルから「OP」のシーケンスを選択し、command キーを押しながらドラッグ&ドロップで、「メイン」のシーケンスの「V2」の先頭に配置します。

そうすることで、元から配置されていた全てのクリップが後ろに移動します。

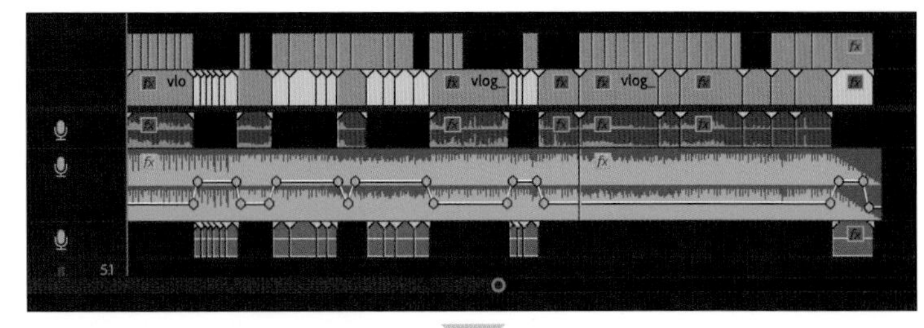

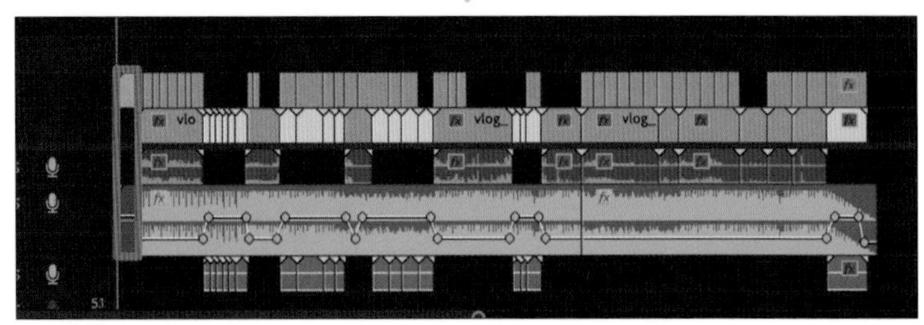

5 「V1」のトラックにスペースを作る

「OP」のクリップの直後のクリップである映像素材を「V2」に、テロップは「V3」に移動させます。

これで「V1」にスペースができます。

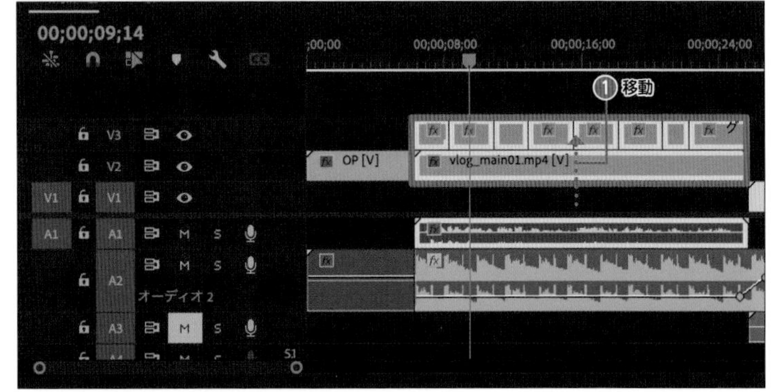

6 カラーマットを配置する

P.236を参考に白いカラーマットを作成し、「V1」のスペースに配置します。

その際、映像の切り替わりを自然にするためにOPのクリップから、本編のクリップを少し跨ぐようにクリップの長さを調整します。

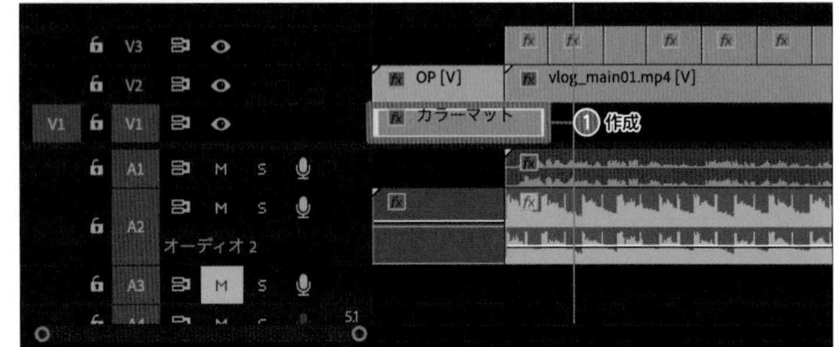

7 クロップで白い帯を作る

OPのクリップに「クロップ」エフェクトを適用し、「エフェクトコントロール」パネルで、クロップの上下の値を各「12%」と入力します。上下が切り取られ、「V1」に配置したカラーマットが表示されることで白い帯ができます。同じ手順で、本編の最初のクリップにもクロップを適用し、白い帯を作成します。

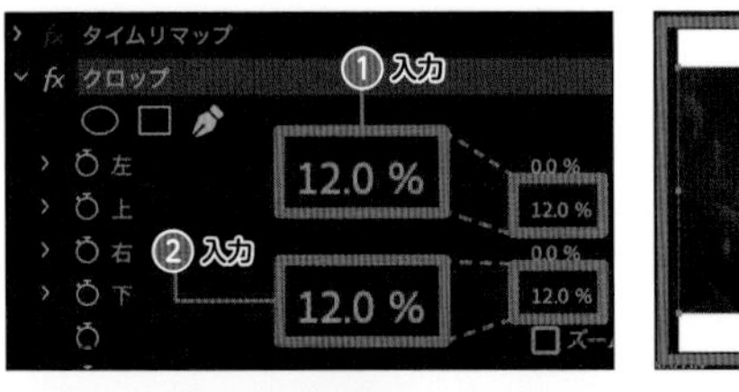

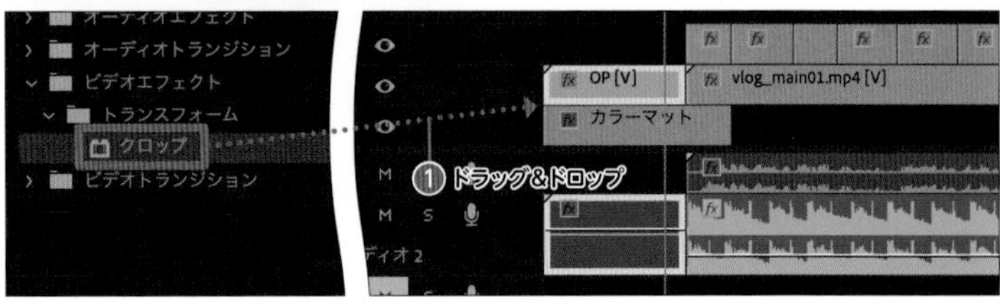

8 クロップをアニメーションさせる

本編のクリップに適用したクロップは1秒ほどかけて上下のクロップが「12%」から「0%」に変化するキーフレームを打ちます。

OPで表示していた白い帯が、本編でスムーズに消えるアニメーションになり、場面の切り替わりを演出できました。

9 テロップを追加する

OP映像の画面中央に、「横書き文字ツール」のTでテロップを追加します。今回は「DAILY VLOG」と入力し、その下に小さく「-working at a cafe-」と入力しました。

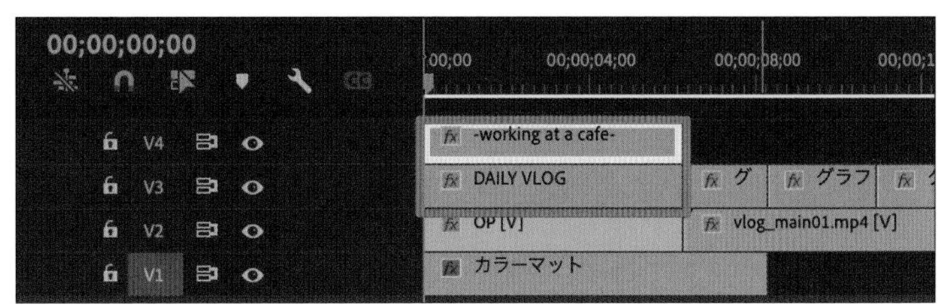

and more...

違和感なく場面を切り替える② 音声での場面つなぎを考える

映像同士を違和感なく繋げる方法を解説しましたが、映像だけでなく音声で繋ぐこともできます。音声での場面の繋ぎ方を2種類紹介します。

Jカット

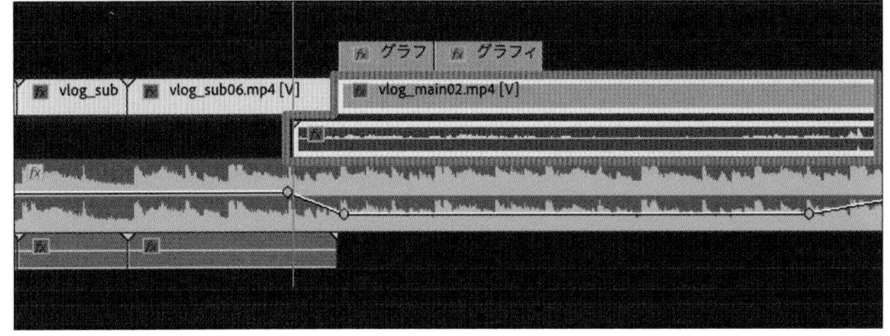

場面が切り替わる前に、次のシーンの音声を先に少しだけ再生します。次のシーンの予兆を生み出すことができ、スムーズに場面を繋ぐことができます。対象のクリップが「J」の形になります。
今回のVlogでもインサート映像から、演者が話すシーンの場面転換で使用することがおすすめです。

Lカット

場面が切り替わる前に、前のシーンの音声が持ち越されて再生されます。前のシーンの余韻を残すことができ、スムーズに場面を繋ぐことができます。対象のクリップが「L」の形になります。

Columm /// 動画編集を仕事にしたい！と思ったら

今日では、誰もが気軽に動画を用いて、さまざまな情報を発信するようになりました。それに伴い、動画による活動をサポートする「動画編集者」として働く人が増えています。動画編集者の仕事は、クライアントが撮影した動画素材に対し、テイストをヒアリングして編集するというものです。

そこで求められる編集スキルは幅広いですが、本書をマスターすれば、個人で仕事をするために必要なスキルは一通り身に付くといってよいでしょう。

そのうえで、実際に仕事を獲得するためには、クラウドソーシングサイト（CrowdWorksやLancers）、求人サイト（Wantedly）などを利用することが多くあります。これらのサイトでは日々、さまざまなジャンルの案件が募集されており、企業の広告動画制作や、個人で活動するYouTuberの動画制作など、1件あたり数千円から数十万円までの予算の案件があります。

その中で「興味がある案件」を探し、案件に応募するという流れです。応募するときには、自己PRとなる営業文やスキルがわかるポートフォリオの作成が必要です。

晴れて動画編集を依頼されたら、次に大切なのは、クライアントとの信頼関係の構築です。普段の仕事と同様に「報告・連絡・相談」を行うことで、クライアントが希望しているイメージとズレることなく進行し、継続的な仕事にもつなげていきます。

そのほか、自分自身でもSNSで発信をし、クリエイター仲間を見つけることで、最新のトレンド情報を取り入れつつ仕事の幅を広げることができます。

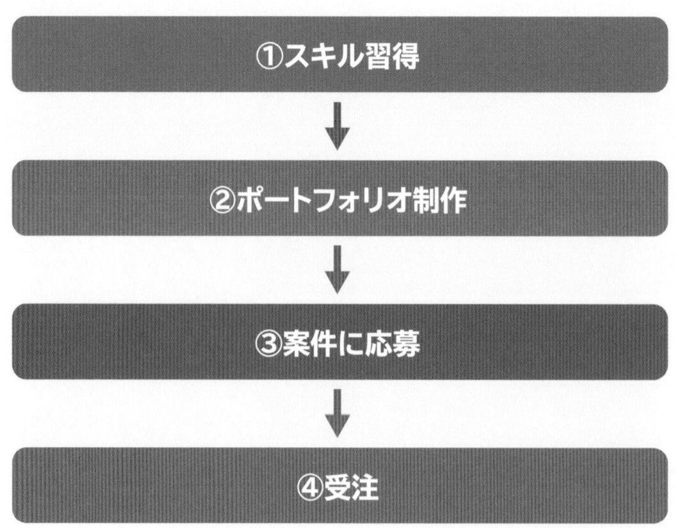

索引 Index

英数字

あ行

Index

か行

さ行

た行

な行

は行

Index

ま行

や行

ら行

わ行

著者紹介

宇野謙治　LINE公式アカウント
購入者限定！
本書の解説動画を順次公開中！

Uno Kenji

宇野謙治

株式会社InnoRise代表取締役。観光土産店・土産品の企画会社勤務を経て独学で動画制作スキルを習得し、企業や店舗のWEB動画や有名起業家の動画コンテンツなどを作成する。2015年株式会社InnoRiseを設立し、動画制作だけではなく、動画制作初心者向けのワークショップや講座などを始める。YouTuberやインスタグラマーが多数受講している。

担当

Recipe01,03,14～26,31～33,36～42,45,47,49,53,54,56～59,69～71,80～89,91,93,95

撮影協力：林芽唯　大石智佳　平野詩菜

佐原まい　LINE公式アカウント
【限定特典付き】動画クリエイターになるための無料講座配信中！

Sahara Mai

佐原まい

1993年和歌山県生まれ。動画クリエイター経験を活かし、知識0から動画編集スキルが学べるオンラインスクール「クリエイターズジャパン」を運営している。YouTubeチャンネルでは「ライフスタイル」や「フリーランスの働き方」についても配信中！SNS総フォロワー8万人以上。

担当

Recipe02,04～13,27～30,34,3543,44,46,48,50～52,55,60～68,72～79,90,92,94,96

共同執筆：橋本勇太
撮影監修：大木優香

本書に関するお問い合わせは、書名・発行日・該当ページを明記の上、下記のいずれかの方法にてお送りください。電話でのお問い合わせはお受けしておりません。

・ナツメ社 web サイトの問い合わせフォーム
　https://www.natsume.co.jp/contact
・FAX（03-3291-1305）
・郵送（下記、ナツメ出版企画株式会社宛て）

なお、回答までに日にちをいただく場合があります。正誤のお問い合わせ以外の書籍内容に関する解説・個別の相談は行っておりません。あらかじめご了承ください。

制作スタッフ

本文デザイン：リンクアップ
DTP：リンクアップ
編集協力：リンクアップ
編集担当：柳沢裕子（ナツメ出版企画株式会社）

Premiere Pro 構成から効果まで 魔法のレシピ

2022年4月1日　初版発行

著　者　宇野謙治　　© Uno Kenji,2022
　　　　佐原まい　　© Sahara Mai,2022

発行者　田村正隆

発行所　株式会社ナツメ社
東京都千代田区神田神保町 1-52　ナツメ社ビル 1F（〒101-0051）
電話 03-3291-1257（代表）　FAX 03-3291-5761
振替 00130-1-58661

制　作　ナツメ出版企画株式会社
東京都千代田区神田神保町 1-52　ナツメ社ビル 3F（〒101-0051）
電話 03-3295-3921（代表）

印刷所　ラン印刷社

ISBN978-4-8163-7151-6　　Printed in Japan

＜定価はカバーに表示してあります＞　＜乱丁・落丁本はお取り替えします＞